高等学校教材

# 新能源技术

第三版

翟秀静　刘奎仁　韩　庆　编著

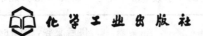
北京·

《新能源技术》系统地介绍了太阳能、氢能、核能、化学电源、生物质能以及风能、海洋能、地热能、可燃冰等新能源的开发与应用技术,包括技术原理、工艺流程、设备和发展趋势等。其中,太阳能技术主要介绍太阳能-热能交换技术、太阳能-光电转换技术、太阳能-化学能转化技术。氢能技术包括氢的制取、氢的储存与输运、氢的应用、氢的安全性等内容。核能技术包括核电技术、核供热、核废物处理与核安全等内容。化学电源主要介绍金属氢化物镍电池、锂离子二次电池、燃料电池、铝电池、储能电池。

《新能源技术》可以作为高等学校能源、冶金、化学、化工、材料、环境和生化等相关学科的本科生、研究生教材,也可供相关学科的研究人员参考。

### 图书在版编目(CIP)数据

新能源技术/翟秀静,刘奎仁,韩庆编著. —3版. 北京:化学工业出版社,2017.2(2023.8重印)
高等学校教材
ISBN 978-7-122-28786-1

Ⅰ.①新… Ⅱ.①翟… ②刘… ③韩… Ⅲ.①新能源-技术-高等学校-教材 Ⅳ.①TK01

中国版本图书馆 CIP 数据核字(2016)第 302754 号

---

责任编辑:窦 臻 林 媛    装帧设计:王晓宇
责任校对:王 静

出版发行:化学工业出版社(北京市东城区青年湖南街13号 邮政编码100011)
印    装:北京建宏印刷有限公司
787mm×1092mm 1/16 印张20 字数533千字 2023年8月北京第3版第8次印刷

购书咨询:010-64518888    售后服务:010-64518899
网    址:http://www.cip.com.cn
凡购买本书,如有缺损质量问题,本社销售中心负责调换。

定  价:45.00元    版权所有 违者必究

# 第三版前言

新能源技术是高技术的支柱。新能源技术包括太阳能技术、氢能技术、核能技术、化学电源技术、生物质能技术、风能技术及地热能技术、海洋能技术等。新能源技术的开发利用，打破了以石油、煤炭为主体的传统能源观念，开创了能源的新时代。

截至2015年，全球超过130个国家实施了新能源扶持政策。新能源产业已经成为全球化产业，其多元化的发展格局正在逐步深化和发展，未来新能源在全球能源格局中将占据更加重要的地位。

我国政府高度重视发展新能源产业。2015年巴黎气候大会通过的全球气候变化新协定为控制全球气温和温室气体排放设定一系列目标。这些目标将推动世界转向使用更为清洁的新能源。全球掀起了新能源发展的高潮，我国能源结构也发生着深刻调整。截至2015年，我国风电装机容量连续4年世界第一，光伏装机容量首次超过德国跃居世界第一，风电和太阳能发电累计装机容量1.7亿千瓦，占全球的1/4以上。我国计划到2030年，新能源的比重将由目前的11.4%达到20%左右。

《新能源技术》教材自2005年出版以来，受到了广大读者的欢迎与好评。2014年，本教材被辽宁省教育厅选入"辽宁省第二批'十二五'普通高等教育本科生省级规划教材"。

《新能源技术》(第二版)自2010年出版以来，新能源技术领域发生了许多深刻变化，在太阳能、氢能、核能、化学电池、生物质能、风能、地热能和海洋能等领域均涌现大量的新产品、新技术和新工艺。有鉴于此，作者根据能源技术的新发展，在第二版的基础上修订完成了本教材的第三版。《新能源技术》(第三版)主要就以下内容进行了更新和完善：

在太阳能技术一章，第三版增加了线性菲涅耳式太阳能发电技术，列出了塔式、槽式和碟式太阳能热发电系统分析比较，补充了太阳能海水淡化技术和太阳能汽车技术；增加了石墨烯-硅太阳能电池、钙钛矿太阳能电池和光伏并网发电系统。

在核能技术一章，第三版介绍了近几年核裂变和核聚变技术的进展，重点介绍了我国高温气冷堆和快中子反应堆的技术，介绍了钠快堆和铅快堆技术；同时对核供热、核废处理及核安全的内容做了补充和调整。

化学电源涉及航天领域的发展，也关系到城市的环保问题，近几年备受重视。镍氢电池和锂离子电池在推动电动汽车发展上取得了长足进步，燃料电池和各种储能电池技术发展快速。第三版在化学电源部分增加了橄榄石结构的$LiFePO_4$的锂离子电池正极材料和超级电容器技术；介绍了近几年快速发展的固体聚合物电解质碱性燃料电池；同时更新了微生物燃料电池和储能电池技术的内容。

生物质能是人类最早直接应用的能源，面对秸秆焚烧的困扰和垃圾围城的困局，生物质能技术亟待发展和应用。第三版在生物质能部分增加了垃圾发电技术，补充和完善了生物柴油、沼气的制取技术。

在氢能技术、风能技术及地热、海洋能等章节，第三版重点介绍了近几年的发展，补充了新的内容，例如波浪能发电装置、海洋温差能-太阳能联合热发电的方式、地热发电、地源热泵和干热岩地热资源的开发等。

作者感谢化学工业出版社的支持，感谢给予本书启示及参考的有关文献作者。由于作者水平有限，不当之处恳请读者批评指正。

编著者

2016年10月

# 第一版前言

能源、材料、信息和生物技术是现代文明的四大支柱，能源是人类生存及发展的物质基础，也是人类从事各种经济活动的原动力。新能源包括太阳能、氢能、核能、生物质能、化学能源、风能、海洋能和地热能等。

太阳能是取之不尽、用之不竭的可再生清洁能源，人类通过光热转换技术、光电转换技术和光化转化技术实现了热发电、蓄热、光伏发电和光化学发电等利用形式。目前太阳能的开发还存在转换效率、成本和使用寿命等一系列问题。

氢能以质量轻、传热高、清洁和来源广等特点展示着诱人的开发前景。氢能的制备、储存和利用目前是世界各国的研究热点，氢能的制备和贮存距离大规模利用还有一定距离。

核能是清洁能源之一，和平利用核能为全球所关注。核能包括核裂变和核聚变。人类已实现对核裂变的控制和利用，但尚未实现可控的核聚变反应。

化学电源是人们生活中应用广泛的方便能源，也是高新技术和现代移动通讯的新型能源。性能优越的金属氢化物-镍电池、锂离子电池和燃料电池是21世纪的绿色能源。化学电源的电化学原理、制造技术和发展趋势是新能源开发的重要组成部分。

生物质能是绿色能源，科学家们预计将成为未来可持续新能源系统的重要组成部分。生物质气化技术、生物质液化技术、生物质固化技术和生物质发电技术等的开发和应用是世界各国的研究热点。

风能是太阳热辐射引起的大气流动的动能，是可再生的清洁能源，风力发电是风能利用的主要领域；海洋能、地热能和可燃冰都是巨大的能源。积极开发科学研究，提供开发技术，是实现可持续发展的需要。

人类生活的地球面临着不可回避的压力：人口迅速增长和人类生活质量不断提高；能源需求的大幅增加与化石能源的日益减少；各种能源形式的开发应用和生态环境的门槛提升。时代呼吁新能源技术的高速发展，太阳能、氢能、核能、生物质能、化学能、风能、海洋能和地热能的能量转化、能量储存和能量传输的理论与技术是21世纪能源与工程的前沿性课题。

新能源技术与物理、化学、材料、生物、环境、机械、矿物和工程技术等诸多学科相互交叉，节能技术与新能源技术互相渗透。

新能源技术直接对接新能源的开发、应用和商品化进程。作者在总结国内外最新的能源技术的基础上，结合自己的科研成果与积累，编著了《新能源技术》一书。全书共7章，翟秀静撰写了第1章、第2章、第5章，刘奎仁撰写了第4章、第6章，韩庆撰写了第3章和第7章。

作者感谢化学工业出版社的支持，感谢给予本书启示及参考的有关文献作者。

由于时间仓促，加上作者水平有限，不当之处恳请读者批评指正。

作者

2005年6月

# 第二版前言

2005年9月,《新能源技术》(第一版)在东北大学和化学工业出版社的支持下出版发行,4年多来新能源技术在全球迅速发展,该书也受到了广大读者的欢迎与好评。

目前,能源问题已经关系到我国经济社会可持续发展的全局。太阳能、风能、生物质能、水能、地热能和海洋能等可再生能源,具有资源分布广、利用潜力大、环境污染小和可永续利用等特点,发展新能源有利于人与自然的和谐发展。从战略高度看,开发环境友好的可再生能源,并使其在保障能源供应中扮演重要角色,已经成为我国可持续能源战略的必然选择。

近年来,我国对新能源技术非常重视,发改委在2008年制定的《"十一五"时期可再生能源发展规划》中提出,到2010年可再生能源在能源消费中的比重达到10%,其中,风电总装机容量达到1000万千瓦,生物质发电总装机容量达到550万千瓦,太阳能发电总容量达到30万千瓦,太阳能热水器总集热面积达到1.5亿平方米。

全球金融危机给可再生能源产业带来了跨越式发展的机遇,而全球气候变暖所导致的灾难性后果更为可再生能源的发展提供了动力,由危机导致的经济转型正在不断引发能源产业的深刻变革,世界各国都把支持可再生能源发展作为恢复经济实现经济可持续发展的重要手段,美欧等国纷纷出台的政府投资计划,普遍加大了对可再生能源技术开发和应用的投入,相当数量的政府资金被用于支持对可再生能源技术的超前研究和技术成果的快速转化。

《新能源技术》(第二版)总结了4年来在太阳能、氢能、核能、生物质能、化学能源、风能、海洋能和地热能等领域的新进展,同时在太阳能一章中补充了多晶硅太阳能电池及多晶硅材料制备、聚合物太阳能电池、染料敏化太阳能电池、屋顶计划和并网发电技术;氢能一章更新了适合我国国情的煤气化重整制氢和焦炉气重整制氢技术;核能一章重点介绍了第四代核能技术、高温气冷堆技术和核聚变堆进;生物质能一章重点介绍了我国目前加大沼气工程的建设,已形成年产沼气数十亿立方米的能力;化学能源章节中增加了钒电池、微生物燃料电池及有机聚合物锂离子电池等内容;"风能"则单列为一章,同时补充了风机大型化技术。此外,为方便读者的阅读和学习,在每章后均附有思考题。

本书第一版得到了读者给予的大力支持及充分肯定,自2005年出版以来重印多次,几位作者分别收到读者的电话、邮件和短信,讨论与《新能源技术》相关的话题,作者在此表示衷心的感谢。

作者感谢化学工业出版社的支持,感谢给予本书启示及参考的有关文献作者。

由于作者水平有限,不当之处恳请读者批评指正。

编著者

2009年11月

# 目录

## 第1章 绪论 / 001
### 1.1 能源 / 001
### 1.2 新能源 / 001
### 1.3 新能源技术 / 002

## 第2章 太阳能 / 004
### 2.1 概述 / 004
#### 2.1.1 太阳和太阳辐射能 / 004
#### 2.1.2 到达地球的太阳辐射能 / 005
#### 2.1.3 太阳能的利用 / 006
### 2.2 太阳能-热能交换技术 / 007
#### 2.2.1 太阳能热发电技术 / 007
#### 2.2.2 太阳能供暖技术 / 016
#### 2.2.3 太阳能制冷技术 / 020
#### 2.2.4 太阳能热水系统 / 023
#### 2.2.5 太阳能集热器 / 025
#### 2.2.6 其他太阳能的热利用技术 / 027
### 2.3 太阳能-光电转换技术 / 031
#### 2.3.1 晶体硅太阳能电池 / 034
#### 2.3.2 非晶硅太阳能电池 / 039
#### 2.3.3 新型硅太阳能电池 / 043
#### 2.3.4 化合物半导体太阳能电池 / 043
#### 2.3.5 染料敏化纳米晶太阳能电池 / 048
#### 2.3.6 太阳能电池（光伏发电）的发展 / 052
#### 2.3.7 太阳能光伏并网系统 / 054
### 2.4 太阳能-化学能转化技术 / 057
#### 2.4.1 光合作用 / 057
#### 2.4.2 光化学作用——光催化水解制氢 / 058
#### 2.4.3 光电转化——电解水制氢 / 058
#### 2.4.4 太阳能-高温热化学反应 / 058
思考题 / 059
参考文献 / 059

## 第3章 氢能 / 064
### 3.1 氢的制取 / 065
#### 3.1.1 化石燃料制氢技术 / 065
#### 3.1.2 电解水制氢 / 077
#### 3.1.3 生物制氢技术 / 083
#### 3.1.4 太阳能光解水制氢 / 088
#### 3.1.5 热化学分解水制氢 / 091

3.1.6 其他制氢技术 / 094
3.1.7 氢气提纯 / 096
3.2 氢的储存与输运 / 097
3.2.1 储氢技术 / 098
3.2.2 氢的输运 / 107
3.3 氢的应用 / 108
3.3.1 氢在燃气轮机发电系统中的应用 / 108
3.3.2 氢在内燃机中的应用 / 110
3.3.3 氢在发动机上的应用 / 115
3.4 氢的安全性 / 116
3.4.1 泄漏性 / 116
3.4.2 氢脆 / 117
3.4.3 氢的扩散 / 117
3.4.4 氢的可燃性 / 118
3.4.5 氢的爆炸性 / 119
思考题 / 119
参考文献 / 120

# 第4章 核能 / 126

4.1 概述 / 126
4.1.1 人类认识和利用核能的历史 / 126
4.1.2 人类利用核能的现状 / 126
4.1.3 核能应用的基础知识 / 128
4.1.4 核能的优势及用途 / 129
4.2 核电技术 / 132
4.2.1 核裂变反应堆 / 132
4.2.2 核聚变装置 / 143
4.3 核供热 / 148
4.3.1 常压深水池供热反应堆 / 149
4.3.2 常压壳式供热堆 / 151
4.3.3 核供热堆的其他用途 / 153
4.3.4 核供热堆前景展望 / 153
4.4 核废物处理与核安全 / 154
4.4.1 核废物的管理及处置 / 154
4.4.2 核安全 / 159
思考题 / 160
参考文献 / 160

# 第5章 化学电源 / 164

5.1 金属氢化物镍电池 / 165
5.1.1 MH/Ni 电池的工作原理 / 165
5.1.2 MH/Ni 二次电池的结构与性能 / 166
5.1.3 MH/Ni 电池的性能 / 166
5.1.4 MH/Ni 二次电池的制造工艺 / 167

5.1.5 MH/Ni 电池的材料 / 170
5.1.6 MH/Ni 电池的发展 / 170
5.2 锂离子二次电池 / 171
5.2.1 锂离子电池的工作原理 / 171
5.2.2 锂离子电池的结构 / 171
5.2.3 锂离子电池的性能 / 172
5.2.4 锂离子电池的制备工艺 / 173
5.2.5 锂离子电池的材料 / 174
5.2.6 有机聚合物锂离子电池 / 177
5.2.7 超级电容器 / 177
5.2.8 锂离子电池的发展 / 178
5.3 燃料电池 / 178
5.3.1 碱性燃料电池（AFC） / 179
5.3.2 磷酸型燃料电池（PAFC） / 181
5.3.3 质子交换膜燃料电池（PEMFC） / 184
5.3.4 熔融碳酸盐燃料电池（MCFC） / 190
5.3.5 固体氧化物燃料电池（SOFC） / 194
5.3.6 微生物燃料电池 / 199
5.4 铝电池 / 201
5.4.1 水溶液电解质铝电池 / 201
5.4.2 铝-空气电池 / 203
5.4.3 非水溶液电解质铝电池 / 205
5.5 储能电池 / 206
5.5.1 全钒液流电池 / 207
5.5.2 钠硫电池 / 210
思考题 / 212
参考文献 / 213

# 第6章 生物质能 / 218

6.1 生物质能概述 / 218
6.1.1 生物质的特点 / 219
6.1.2 生物质能分类 / 219
6.1.3 生物质能利用的现状 / 220
6.1.4 生物质能利用技术的发展现状 / 220
6.2 生物质能转化技术 / 221
6.2.1 物理转换技术 / 221
6.2.2 生物质化学转化技术 / 226
6.2.3 生物转换技术 / 245
6.3 生物质利用新技术 / 261
6.3.1 垃圾处理技术 / 261
6.3.2 沼气发电技术 / 262
6.3.3 生物柴油生产技术 / 264
6.3.4 生物质制氢技术 / 268
6.3.5 生物质能的前景 / 273

思考题 / 274

参考文献 / 275

# 第 7 章　风能 / 278

## 7.1　风能利用的发展历程 / 278
## 7.2　风力发电系统 / 279
### 7.2.1　关于风能的理论计算 / 279
### 7.2.2　风机的工作原理 / 280
### 7.2.3　风机系统 / 281
### 7.2.4　风机技术 / 285
## 7.3　风力发电场地 / 290
### 7.3.1　海上风力发电 / 290
### 7.3.2　高空风力发电 / 291
### 7.3.3　低风速风力发电 / 291
### 7.3.4　风力发电存在的问题 / 292
## 7.4　我国风能的发展历程 / 292
### 7.4.1　我国风能的发展历史 / 292
### 7.4.2　我国风能存在的问题 / 292
### 7.4.3　我国风能的发展前景 / 293

思考题 / 294

参考文献 / 294

# 第 8 章　其他新能源 / 295

## 8.1　海洋能 / 295
### 8.1.1　潮汐能发电 / 295
### 8.1.2　波浪能发电 / 298
### 8.1.3　温差能发电 / 299
### 8.1.4　盐差能发电 / 302
## 8.2　地热能 / 302
### 8.2.1　地热能资源 / 302
### 8.2.2　地热能的利用 / 303
### 8.2.3　地热能的开发 / 304
### 8.2.4　地热能的发展 / 305
## 8.3　可燃冰 / 305
### 8.3.1　可燃冰的形成 / 306
### 8.3.2　可燃冰的性质 / 306
### 8.3.3　可燃冰的开采技术 / 306
### 8.3.4　可燃冰的全球分布与储量 / 307
### 8.3.5　我国可燃冰的现状与发展 / 308

思考题 / 308

参考文献 / 308

# 附录　相关单位的换算关系 / 310

# 第1章

# 绪论

能源与新材料、生物技术、信息技术一起构成了文明社会的四大支柱。能源是推动社会发展和经济进步的主要物质基础,能源技术的每次进步都带动了人类社会的发展。随着煤炭、石油和天然气等化石燃料资源面临不可再生的消耗和生态环境保护的需要,新能源的开发将促进世界能源结构的转变,新能源技术的日臻成熟将带来产业领域的革命性变化。

## 1.1 能源

能源分为一次能源和二次能源。一次能源包括三大类:
① 来自地球以外天体的能量,主要是太阳能;
② 地球本身蕴藏的能量,如海洋和陆地内储存的燃料、地球的热能等;
③ 地球与天体相互作用产生的能量,如潮汐能。

能源有多种分类方法,按形成方式可分为一次能源(如煤、石油、天然气、太阳能等)和二次能源(电、煤气、蒸汽等);按循环方式可分为不可再生能源(化石燃料)和可再生能源(生物质能、氢能、化学能源);按使用性质可分为含能体能源(煤炭、石油等)和过程能源(太阳能、电能等);按环境保护的要求,能源可分为清洁能源(又称绿色能源,如太阳能、氢能、风能、潮汐能等,也包括垃圾处理等)和非清洁能源;按现阶段的成熟程度可分为常规能源和新能源。

## 1.2 新能源

新能源与常规能源是一个相对的概念,随着时代的发展,新能源的内涵不断变化和更新。目前,新能源主要包括太阳能、氢能、核能、化学能、生物质能、风能、地热能和海洋能等。新能源的开发是解决能源危机和环境保护问题的金钥匙。

(1) 太阳能  太阳能是人类最主要的可再生能源。太阳每年输出的能量约为 $1.73\times10^{11}$ MW,到达地球的能量大约是总能量的22亿分之一,其中辐射到地球陆地上的能量大约为 $8.5\times10^{10}$ MW。这个数量远大于人类目前消耗的能量的总和,相当于 $1.7\times10^{18}$ t 标准煤。

(2) 氢能  氢是未来最理想的二次能源。氢以化合物的形式储存于地球上最广泛的物质——水中,如果把海水中的氢全部提取出来,总热量是地球现有化石燃料的9000倍。

(3) 核能  核能是原子核结构发生变化时放出的能量。核能释放包括核裂变和核聚变。核裂变所用原料铀1g就可释放相当于30t煤的能量,而核聚变所用的氘仅用560t就可以为全世界提供一年消耗的能量。海洋中氘的储量可供人类使用几十亿年,同样是"取之不尽,用之不竭"的清洁能源。

(4) 生物质能  生物质能目前占世界能源中消耗量的14%。估计地球每年植物光合作用固定的碳达到2000亿吨,含能量 $3\times10^{21}$ J。地球上的植物每年生产的能量是目前人类消耗矿物能的 20 倍。

(5) 化学能　化学能实际是直接把化学能转变为低压直流电能的装置，也叫电池。化学能已经成为国民经济中不可缺少的重要的组成部分。同时化学能还将承担其他新能源的储存功能。

(6) 风能　风能是大气流动的动能，是来源于太阳能的可再生能源。估计全球风能储量为 $10^{14}$ MW，如有千万分之一被人类利用，就有 $10^7$ MW 的可利用风能，这是全球目前的电能总需求量，也是水利资源可利用量的 10 倍。

(7) 地热能　地热能是来自地球深处的可再生热能。全世界地热资源总量大约 $1.45×10^{26}$ J，相当于全球煤热能的 1.7 亿倍，是分布广、洁净、热流密度大和使用方便的新能源。

(8) 海洋能　海洋能是依附在海水中的可再生能源，包括潮汐能、潮流能、海流能、波浪能、海水温差能和海水盐差能。估计全世界海洋能的理论可再生量为 $7.6×10^{13}$ W，相当于目前人类对电能的总需求量。

(9) 可燃冰　可燃冰是天然气的水合物。它在海底分布范围占海洋总面积的 10%，相当于 4000 万平方公里，它的储量够人类使用 1000 年。

## 1.3　新能源技术

新能源的分布广、储量大和清洁环保，将为人类提供发展的动力。实现新能源的利用需要新技术支撑，新能源技术是人类开发新能源的基础和保障。

(1) 太阳能利用技术　太阳能利用技术主要包括：太阳能-热能转换技术，即通过转换装置将太阳辐射能转换为热能加以利用，例如太阳能热发电、太阳能采暖技术、太阳能制冷与空调技术、太阳能热水系统、太阳能干燥系统、太阳灶和太阳房等；太阳能-光电转换技术，即太阳能电池，包括应用广泛的半导体太阳能电池和光化学电池的制备技术；太阳能-化学能转化技术，例如光化学作用、光合作用和光电转换等。

(2) 氢能利用技术　氢能利用技术包括制氢技术、氢提纯技术和氢储存与输运技术。制氢技术范围很广，包括化石燃料制氢、电解水制氢、固体聚合物电解质电解制氢、高温水蒸气电解制氢、生物制氢、生物质制氢、热化学分解水制氢及甲醇重整制氢、$H_2S$ 分解制氢等。氢的储存是氢能利用的重要保障，主要技术包括液化储氢、压缩氢气储存、金属氢化物储氢、配位氢化物储氢、物理吸附储氢、有机物储氢和玻璃微球储氢等。氢的应用技术主要包括：燃料电池、燃气轮机（蒸汽轮机）发电、MH/Ni 电池、内燃机和火箭发动机等。

(3) 核电技术　核电技术主要有核裂变和核聚变。自 20 世纪 50 年代第一座核电站诞生以来，全球核裂变发电迅速发展，核电技术不断完善，各种类型的反应堆相继出现，如压水堆、沸水堆、重水堆、石墨堆、气冷堆及快中子堆等。人类实现核聚变并进行控制其难度非常大，采用等离子体最有希望实现核聚变反应。将等离子体加热到点火温度，采用一定的装置和方法来控制反应物的密度和维持此密度的时间，目前人们使用得最多的是应用磁约束和惯性约束。

(4) 化学电能技术　化学电能技术即电池制备技术，目前以下几种电池研究活跃并具有发展前景：金属氢化物-镍电池、锂离子二次电池、燃料电池（包括碱性燃料电池，简称 AFC；质子交换膜燃料电池，简称 PEMFC；磷酸燃料电池，简称 PAFC；熔融碳酸盐燃料电池，简称 MCFC；固体氧化物燃料电池，简称 SOFC）、微生物燃料电池、铝电池和储能电池等。

(5) 生物质能应用技术　生物质能的开发利用在许多国家得到高度重视，生物质能有可能成为未来可持续能源系统的主要成员，扩大其利用是减排 $CO_2$ 的最重要的途径。生物质能的开发技术有生物质气化技术、生物质固化技术、生物质热解技术、生物质液化技术、生物柴油技术和沼气技术等。

(6) 风能应用技术　风力发电技术是涉及空气动力学、自动控制、机械传动、电机学、力学和材料学等多学科的综合性高技术系统工程。目前在风能发电领域，研究难点和热点主要集中在风电机组大型化、风力发电机组的先进控制策略和优化技术等。

(7) 海洋能与地热能应用技术　海洋能作为一种特殊的能源，它的能量主要来自潮汐、涌流和波涛的冲击力，温度差及海水中溶解的化学成分。在上述能源中，目前仅有潮汐能被大规模利用，即潮汐能发电技术。波浪能发电、温差能发电和盐差能发电技术仍处于研发阶段。

地热开发技术集中在地热发电、地热采暖、供热和供热水的技术。

# 第 2 章

# 太阳能

## 2.1 概述

### 2.1.1 太阳和太阳辐射能

太阳是离地球最近的恒星，日地间的距离大约为 $1.5\times10^8$ km。从地球上望去，太阳的张角为 0.0093 弧度（32°），乘以日地距离，便得太阳的直径为 $1.4\times10^6$ km，约为地球直径的 109 倍。就体积而论，太阳的体积是地球的 130 多万倍。根据万有引力定律，在已知地球质量的情况下，推算出太阳的质量为 $1.99\times10^{30}$ kg，即为地球质量的 33 万倍。太阳的平均密度是 $1.4\times10^3$ kg/m³，是地球平均密度的四分之一。

太阳的结构分内部和大气两大部分。自里向外，内部又分为内核、中介层和对流层三个层次；大气可分为光球、色球和日冕三个层次。设太阳内部部分的半径为 $R$，在 $(0\sim0.23)R$ 的区域内是太阳的核心。核心内的温度高达 $4\times10^7$ K，中心处压力达 $3\times10^{14}$ kPa，密度是水的 100 倍，质量占整个太阳质量的 40%。由于这里温度极高，压力极大，物质离子化并呈等离子态。不同的原子核在这里相互碰撞，引起一系列热核反应，释放出巨大的能量。这部分产生的能量占太阳产生总能量的 90%，并以对流和辐射的方式向外传递。核反应中产生的射线，在通过其他几个较冷区域时，消耗能量，增加波长，变成 X 射线、紫外线和可见光。

中介层在 $0.23R\sim0.7R$ 区域，这部分也称为辐射输能区。这里温度下降到 $1.3\times10^5$ K，密度下降到 79kg/m³。从 $0.7R\sim1R$ 之间的区域称为对流层，对流层的温度下降到 6000K，密度为 1kg/m³。

太阳大气的最内层是光球层，这是人们看到的太阳表面，这里的温度为 6000K，密度为 $10^{-3}$ kg/m³，厚约 500km。光球层由强烈电离的气体组成，并能吸收和发射连续的辐射光谱，太阳能的绝大部分能量都由此辐射到太空。

光球层外面是色球层，厚约 $1\times10^4\sim5\times10^4$ km，大部分由氢和氦组成。这里的温度为 5000K，密度只有 $10^{-5}$ kg/m³。色球层有时出现极猛烈喷射的日焰，此时太阳的辐射量最大。有些太阳上的电子流到太空，形成太阳风，打击到地球大气层上缘，产生磁暴和极光。

色球层外是伸入太空的银白色的日冕，那里的温度达一百多万开，高度有时可达几十个太阳半径。

由此看来，太阳并不是一个一定温度的黑体，而是许多层不同波长发射和吸收的辐射体。但在应用太阳能系统时，通常把它看成是温度为 6000K 的黑色辐射体。

太阳物质的组成，就质量说，氢占 78.4%，氦占 19.8%，至于种类繁多的金属和其他元素，总计只占 1.8%。太阳的能源主要来自两种热核反应：一是质子与质子的循环；另一个是碳与氮的循环。

质子-质子循环过程，可写成如下的核反应方程式：

$$^1_1H+^1_1H \longrightarrow ^2_1D+e^++\nu^-+h\nu$$
$$^2_1D+^1_1H \longrightarrow ^3_2He+Y$$
$$^3_2He+^3_2He \longrightarrow ^4_2He+2^1_1H$$

式中，$^2_1D$ 是氘；$e^+$ 是正电子；$\nu^-$ 是中微子，$h\nu$ 是光子。

碳与氮的循环过程由 6 个步骤组成，它们的核反应方程式如下：

$$^1_1H+^{12}_6C \longrightarrow ^{13}_7N+\nu \qquad\qquad ^{14}_7N+^1_1H \longrightarrow ^{15}_8O+\nu$$
$$^{13}_7N \longrightarrow ^{13}_6C+e^+ \qquad\qquad ^{15}_8O \longrightarrow ^{15}_7N+e^+$$
$$^{13}_6C+^1_1H \longrightarrow ^{14}_7N+\nu \qquad\qquad ^{15}_7N+^1_1H \longrightarrow ^{12}_6C+^4_2He$$

这个核反应中，参与反应的碳、氮总量不变。

两种热核反应都是使 4 个氢原子核合成 1 个氦原子核（α 粒子）。在合成的过程中，质量亏损 0.7%。根据爱因斯坦定律：

$$E=mc^2 \tag{2-1}$$

1kg 质量可转化为 $9\times10^{16}$ J 的能量，在消耗 1kg 氢元素时转化的能量为：

$$9\times10^{16}\text{J}\times0.7\%=6.3\times10^{14}\text{J} \tag{2-2}$$

太阳的辐射功率为 $3.8\times10^{26}$ W，每秒钟要消耗 $6\times10^{11}$ kg 氢核燃料，实际质量损失为 $4.2\times10^9$ kg。太阳上氢的储量极为丰富，按目前的辐射水平，太阳的寿命可达几十亿年。

太阳的能量以电磁波的形式向外辐射，它的辐射波长范围从 0.1nm 以下的宇宙射线直至无线电波的绝大部分，人眼所能感觉到的可见光（波长从 400～780nm）只占整个电磁辐射的很小部分。

## 2.1.2 到达地球的太阳辐射能

地球是太阳系的一颗行星，只接受到太阳总辐射量的 22 亿分之一，即有 $1.73\times10^{17}$ W 到达地球大气层上缘。由于穿越大气层时的衰减，最后约有一半的能量，即 $8.5\times10^{16}$ W 到达地球表面。这个数量相当目前全世界总发电量的几十万倍。

地球在绕太阳运行过程中，与太阳间的距离变化不大，到达地球大气层上界的太阳辐射强度几乎是一个常量，用太阳常数 $I_{sc}$ 来表示。太阳常数的数值是指在平均日地距离时，地球大气层上界垂直太阳光线的单位面积表面、单位时间内所接受到的太阳能。近年来测得的太阳常数值 $I_{sc}=1.35\times10^3$ W/m$^2$，日地距离的变化造成的影响不超过±3.4%。

太阳辐射穿过地球大气层时，不仅受到大气层中的空气分子、水汽及灰尘所散射，而且受到大气中氧、臭氧、水和二氧化碳的吸收。具体地讲，太阳光谱中的 X 射线及其他波长更短的辐射，因为在电离层被氮、氧及其他大气分子强烈吸收而不能穿越大气到达地表，大部分紫外线被臭氧吸收；可见光能量减弱，主要是地球大气强烈散射引起的；红外光谱能量减弱，主要是由于水汽对太阳辐射选择性吸收的结果；波长超过 2500μm 的辐射，在大气上界本来就很低，加上二氧化碳和水对它的强烈吸收，能到达地面的能量就更小。因此，到达地面的太阳能，只考虑 290～2500μm 的辐射就行了。这部分太阳辐射透过大气层时，由于大气的散射和吸收，能量同样衰减。

讨论太阳辐射到达地面的衰减情况也很困难，其中影响最大的是云产生的散射和吸收。在整个天空被厚云层覆盖时，到达地表的太阳辐射量还不及入射量的 1/10；而在积云散开时，从云侧面向地面的反射量强，有时局部地区得到的太阳辐射比无云时还强。可见，云效应的表现方式非常复杂、变化量也很大。另外，大气的压强、温度、湿度及灰尘微粒的含量，对太阳辐射的散射和吸收的影响也不小，变化也很复杂，这就使计算到达地表的太阳辐射强度格外困难。目前，人们根据实际测量和一些经验公式，将世界部分地区的太阳辐射日总量、月总量和年总量制成表格，以便查找。从测量结果看，中国大部分地区的太阳辐射量都比较大,最高地区在青藏高原,年辐射总量达 $9\times10^9$ J/(m²·a)。如此丰富的太阳能资源,对开发利用太阳能提供了良好的条件。

我国蕴藏着丰富的太阳能资源,太阳能利用前景非常广阔。我国地处北半球亚欧大陆的东部,主要处于温带和亚热带。在我国广阔富饶的 960 万平方公里的土地上,有着非常丰富的太阳能资源(见表2-1)。

表 2-1 中国太阳能资源类型地区

| 类别 | 全年日照时间 /h | 年总量 /($10^4$ kJ/m²) | 地区 | 地区比较 |
| --- | --- | --- | --- | --- |
| 一类 | 3200～3300 | 670～837 | 宁夏和甘肃北部,新疆南部,山西北部,青海和西藏西部,河北西北部,内蒙古 | 印度,巴基斯坦北部 |
| 二类 | 3000～3200 | 586～796 | 宁夏南部,甘肃中部,青海东部,西藏东南部 | 雅加达 |
| 三类 | 2200～3000 | 502～670 | 山东,河南,河北中南部,山西南部,新疆北部,吉林,辽宁,云南,陕西北部,甘肃东南部,广东南部,福建南部,江苏北部,安徽北部,海南岛,台湾西南部 | 华盛顿 |
| 四类 | 1400～2200 | 419～502 | 湖南,湖北,广西,江西,浙江,福建北部,广东北部,陕西南部,江苏南部,安徽南部,黑龙江 | 米兰 |
| 五类 | 1000～1400 | 335～410 | 四川,贵阳 | 巴黎,莫斯科 |

据估算,我国陆地每年接受的太阳能辐射量约为 $5.02\times10^{22}$ J,相当于 $1.7\times10^{12}$ t 标准煤。全国各地年辐照总量达 3340～8360MJ/m²,中值为 5852MJ/m²,年日照时数超过 2200h。

### 2.1.3 太阳能的利用

太阳能是一种洁净的自然再生能源,取之不尽,用之不竭,而且太阳能是所有国家和个人都能够得以分享的能源。为了能够经济有效地利用这一能源,人们从科学技术上着手研究太阳能的收集、转换、储存及输送,已经取得显著进展,这无疑对人类的文明具有重大意义。

太阳能有直接太阳能和广义太阳能之分。所谓直接太阳能,就是指太阳直接辐射能量。而广义太阳能,即由太阳辐射能所产生的其他自然能,例如水力、风能、波浪能、海洋温差能和生物质能等。它们的利用方式有很大区别,这里的太阳能利用仅指直接太阳能,直接太阳能的利用又分为热利用和光利用两个主要方面。

#### 2.1.3.1 太阳能的热利用

太阳能热利用系统根据温区不同又分为低温太阳能利用系统(80℃以下);中温太阳能利用系统(80～350℃);高温太阳利用系统(350℃以上)。

(1) 低温太阳能利用系统  低温太阳能利用系统的利用主要包括热水器、被动式太阳房、太阳能干燥及太阳能制冷等。近年来,低温太阳能利用系统的主要研究发展任务是降低太阳能集热器的制造成本、提高运行效率和可靠性,简化设备安装的方法。

低温太阳能利用系统中,决定成本和效率的关键部件是平板集热器。目前的平板集热器全部采用铝挤压件,这使制造工艺简化,而且为装配玻璃板和集热板提供了良好的支架。另外,密封技术取得了很大进展,吸热涂料的性能大为提高。这些成果标志着低温太阳能利用技术日趋成熟。

(2) 中温太阳能利用系统  中温太阳能利用主要给工业生产提供中温用热,例如木材的干燥、纺织品的漂白印染、塑料制品的热压成型和化工的蒸馏等。中温太阳能利用系统的集热器都要一定程度的聚光。近几年来,聚光集热器的研制有了很大的进展,开始由实验室走向市场。但聚光集热器的成本远高于平板集热器，而且中温系统的蓄热比低温系统困难得多，这些问题的解决还有待进一步研究。

(3) 高温太阳能利用系统　高温太阳能利用系统主要用于大型热发电，它的集热系统需建造大型的旋转物面聚光集热器和定日镜场。这两者（特别是定日镜）的投资耗费太大，它的应用目前尚处在实验阶段。近几年来，集中目标在研究技术先进、成本较低的定日镜。

#### 2.1.3.2　太阳能的光利用

太阳能的光利用有两个方面：一是太阳能电池；二是光化学利用。

(1) 太阳能电池　太阳能电池具有方便、不需燃料和无污染等优点，近几年来得到很大发展，有可能成为未来社会能源结构中的主要成员。太阳电池种类繁多，主要光电池系列有单晶硅电池、多晶硅电池、非晶硅薄膜电池、砷化镓电池和硫化镉电池等。

(2) 光化学制氢　光化学制氢有几种途径：一是光化学分解水制氢，这是利用光直接照在电解液上，通过电解质的作用，将其中的水分解为氢和氧；二是光电化学电池分解水制氢，这是通过光电化学电池将太阳能转换成电能；三是太阳光络合催化分解水制氢，这是通过络合物（催化剂）吸收光能，产生电荷分离、转移和集结，并通过一系列偶联过程，最终使水分解为氧和氢。

## 2.2　太阳能-热能交换技术

通过转换装置将太阳辐射能转换为热能加以利用，称为太阳能-热能转换技术，也称为太阳能光热利用技术。太阳能光热利用主要包括：太阳能热发电技术、太阳能供暖技术、太阳能制冷与空调技术、太阳能热水系统、太阳能干燥系统、太阳灶和太阳房等。

### 2.2.1　太阳能热发电技术

全球太阳能热发电装机容量稳步上升，截至 2013 年 3 月，国外太阳能热发电装机容量超过 2.8GW，其具体分布如图 2-1 所示。西班牙和美国仍是主要市场。在西班牙，共有 45 座太

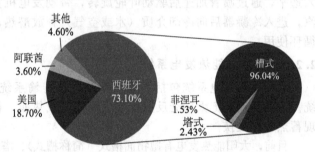

图 2-1　国外太阳能热发电装机容量情况
（数据来自 SolarPACES 执委会会议报告）

阳能热发电站处于商业化运行的状态，总装机容量达到 2053.8MW。

目前，国际上已经投入商业化运行的塔式太阳能热发电站共有三座，分别为 PS10 和 PS20 电站[图 2-2 (a)]以及 GemaSolar 电站[图 2-2 (b)]，均位于西班牙境内。

#### 2.2.1.1　太阳能热发电的类型和特点

太阳能发电主要有两种类型：①太阳能热动力发电，利用反射镜或集热器将阳光聚集起来，加热水或其他介质，产生蒸汽或热气流以推动涡轮发电机发电；②利用热电直接转换为电能的装置，将聚集的太阳光和热直接发电。例如温差发电、热离子发电和磁流体发电等，目前太阳能热发电技术主要为热动力发电系统。

太阳能发电的特点是太阳辐射能很容易以极高的效率转换为热能，但把热能转变为功则受到限制。热力学第二定律和卡诺定律阐述了热转换为功的条件和最大转换效率，提高热机效率的主要途径是提高热源温度。太阳能是一种能流密度很低的能源，若要提高经济效益，就必须提高热机效率和规模大型化。

(a) PS10和PS20塔式电站　　　　　　　　　(b) Gema Solar塔式电站

图 2-2　西班牙塔式电站

太阳能热发电还需考虑太阳能的间歇性的不利因素，为保证正常供电和发电系统正常运转，理论上有三种选择：①配置蓄电装置，把多余的电能储存起来以供需要；②在太阳能集热器与热机之间设置储热装置，把电负荷较低时多余的热能储存起来，使发电机在用电高峰时能以更大的功率发电；③把太阳能发电系统和电网并联。

#### 2.2.1.2　太阳能热发电原理

太阳能热发电是利用集热器将太阳辐射能转换为热能，再通过热力循环进行发电。热源采用太阳能向蒸发器供热，工质（通常是水）在蒸发器（或锅炉）中蒸发为蒸汽并过热，进入透平，通过喷管加速后驱动叶轮旋转，带动发电机实现发电。离开透平的工质成为饱和蒸汽，进入冷凝器后向冷却介质（水或空气）释放潜热，凝结为液体工质并重新回到蒸发器中循环使用。

#### 2.2.1.3　太阳能热发电系统

太阳能热发电系统包括：集热系统，热传输系统，蓄热与热交换系统，汽轮机发电系统。它的功能是把太阳光反射、集中并能变成热能，再把热能储存和转变成高温水蒸气，实现蓄热和热交换。

目前，太阳能热发电有抛物面槽式（简称槽式）、塔式、碟式和线性菲涅耳式 4 种主要形式。

（1）塔式电站　塔式太阳能发电系统是采用由大量平面反射镜组合而成的聚光装置（称为定日镜），将太阳辐射能反射到位于定日镜群中央的高塔上的吸热器，加热工质产生高温高压蒸汽或气体，驱动热动力发电机组发电，从而将太阳能转换为电能，实现"光—热—电"的转换。

塔式太阳能系统的聚光比在 200～1000 之间，系统最高运行温度可以达到 1500℃。塔式太阳能发电聚光温度高，可以获得较其他几种太阳能热发电高的热电转化效率，是一种适合于大容量发电设备的太阳能发电技术。

按照工作介质的不同，塔式太阳能热发电系统主要有水/蒸汽、熔盐和空气三种形式。图 2-3 是水/蒸汽塔式太阳能热发电系统原理，它的工作介质是水和蒸汽。熔盐和空气塔式太阳能热发电系统的工作介

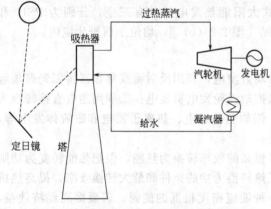

图 2-3　水/蒸汽塔式太阳能热发电系统原理

质是熔盐和空气。

水/蒸汽塔式太阳能热发电系统的优点是：水的热导率较高、无腐蚀、无毒和易于输运等，但水/蒸汽塔式太阳能热发电中过热阶段蒸汽的热容很小，蒸汽段管路易发生过热烧蚀。

空气塔式太阳能热发电系统的优点是使用空气作为介质，具有从环境中直接获取的优点，对环境没有污染，允许较高的工作温度，启动快，无须附加的冷启动加热和保温系统，易于运行和维护，但始终存在局部过热与失效及流动不均匀问题，应用也受到局限。

熔盐塔式太阳能热发电系统运行时，熔盐在吸热器内加热后，盐/蒸汽发生器产生蒸汽，并推动汽轮机发电，乏汽经凝汽器冷凝后返回蒸汽发生器循环使用。熔盐介质系统、操作系统运行时不考虑压力，提高了安全性。

熔盐在整个循环没有相变，且热容较大，吸热器可以承受更高的热流密度，使热吸收器更加紧凑，降低了生产成本，减少了热损失。熔盐本身是很好的蓄热材料，因此整个太阳能热发电系统传热和蓄热可以采用相同的工作介质，大大简化了系统。但是熔盐存在高温分解和腐蚀问题。

目前，国际上已经商业化运行的塔式太阳能热发电站有三座，全部位于西班牙境内。分别于 2007 年和 2008 年建立。

我国第一座太阳能塔式热发电站在八达岭，容量为 1MW，采用腔式吸热器，水/蒸汽作为换热工质，定日镜场由 100 面定日镜组成，定日镜场共占地约 46000$m^2$，每面定日镜的单面反光面积为 100$m^2$，吸热塔高 118m，储能系统储存容量能够满足 1MW·h 的发电需求。

塔式电站的优点是聚光倍数高，容易达到较高的工作温度；能量集中过程由反射光一次完成，方法简捷有效；吸收器散热器面积相对较小，光热转换效率高。但塔式电站建设费用高，其中反射镜的费用占 50% 以上。太阳能塔式电站的总体效率可以达到 20%。

目前世界上较大的太阳能塔式电站功率已达到 $10^4$kW，太阳能的直辐射通过多个反射镜聚集到放置在高塔顶的中心吸收器上。计算机控制每块反射镜都能独立地根据太阳的位置来调整各自的方位和倾角，这保障了每块反射镜都能随时把太阳能反射到吸收器上。但这无疑增加了成本，塔式电站的致命缺点是太阳能电站规模越大，反射镜阵列占的面积越大，吸收塔的高度也要提升。例如，一个计划中的 1MW 的塔式电站，要用 2.93 万块反射镜，单镜面积为 30$m^2$。这些反射镜布置在 3$km^2$ 的场地上，塔的高度为 305m。图 2-4 为太阳能塔式电站示意图。

图 2-4 太阳能塔式电站示意图

（2）碟式电站　与槽式和塔式光热发电设备相比，碟式光热发电设备的发电效率最高，其聚光比达到 3000 以上，是三种方式中聚光比最高的。碟式光热发电设备可以实行模块化生产，这一特点使其可以被快速部署于任何太阳能丰富的地方，如屋顶、地面等。

碟式光热发电装置占地面积小、发电效率高，更适合开发用于个体用户或小型企业的发电装置。目前，碟式光热发电技术最具发展潜力，近几年碟式光热发电技术的发展速度更是令世界瞩目。表 2-2 列出了这 3 种光热发电技术的特点、性能及成本的对比。

表 2-2 比较三种发电系统的技术特点、性能及成本

| 类型 | 聚光比 | 光电转化率/% | 发电成本/(元/W) | 建设成本/(元/W) | 占地面积 |
| --- | --- | --- | --- | --- | --- |
| 槽式 | 中 | 14~16 | 0.15~0.26 | 3.6(6h储能) | 大 |
| 塔式 | 中 | 16~20 | 0.07~0.16 | 3.4(不含储能) | 中 |
| 碟式 | 高 | 18~25 | 0.24 | 4.4(不含储能) | 小 |

碟式光热发电装置主要由抛物面反射镜、集热器、撑杆、中心支撑、电控装置、基座、塔架、热机箱、太阳跟踪探测器、地面传感器、蓄电池箱组成，结构如图 2-5 所示。

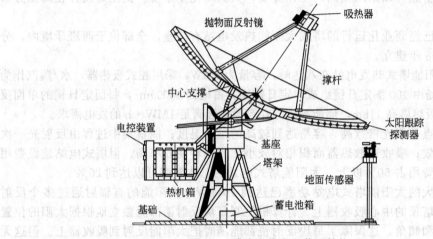

图 2-5 碟式光热发电装置结构

吸热器通过撑杆连接到抛物面反射盘上，基座上装有转向系统，太阳跟踪探测器探测到太阳的位置，通过地面传感器将信息传递给电控装置，进而驱动基座进行旋转。系统需配置蓄电池存储电能，以便夜间或雨雪天气提供电能。

此类型的碟式光热发电装置的关键部件主要有：抛物面反射镜、吸热器、蒸汽发动机和太阳跟踪系统。

碟式光热发电装置的工作原理是：利用抛物面反射镜将太阳光聚焦到位于抛物面反射盘焦点的吸热器上，吸热器吸收由反射镜汇聚的太阳光辐射能并将其转化成热能，驱动蒸汽发动机，进而带动发电机进行发电。

碟式电站采用碟状（也称盘状）抛物镜作集热器（见图 2-6）。如果建立一个 100MW 的碟状抛物镜集热器分散布置的太阳能电站，约需要 1 万~2 万个直径为 6m 的抛物镜。每个抛物镜上需要装一个相当复杂的高温吸收器，实现汇集上万个吸收器内的高温工作介质，不仅系统复杂，而且管路和绝热材料费用很高，目前仍未广泛推广。

（3）槽式电站 槽式电站与碟式电站相似，它把聚焦器分散布置，使载热介质在单个分散的太阳能聚焦集热器中加热成蒸汽，再汇集至汽轮机。如采用双回路系统，则加热后的载热介质不直接送到汽轮机，而是集中在一个热交换器内，然后把热量传递给汽轮机回路中的工质。这种槽式抛物镜焦热器分散式电站的优点是各聚焦集热器可同步跟踪，降低了控制代价。缺点是能量集中过程依赖于管道和泵，其间热损失和阻力损失将增加成本。

图 2-6　碟式太阳能热发电系统

目前的太阳能热发电技术路线中，槽式太阳能热发电技术已经基本发展为成熟阶段，得到了最广泛的应用，装机占到所有太阳能热发电装机的 80% 以上。一般的槽式太阳能热发电站均配置了 7～8h 的熔盐间接蓄热。槽式太阳能集热技术还可以用于与传统能源互补发电、工业供热、家庭和公共场所采暖、制冷与空调、海水淡化和太阳能热化学等众多领域。图 2-7 为槽形抛物镜集热器分散布置式电站原理示意图。

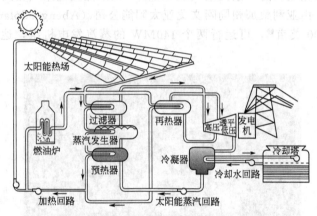

图 2-7　槽形抛物镜集热器分散布置式电站原理示意图

槽式抛物镜集热器是一种线聚焦集热器（见图 2-8），它的聚光倍数低于塔式集热器和碟式集热器。集热过程分辐射与传热、传质两步走的方式进行，加之吸收器散热面积较大，所以集热器能达到的介质工作温度一般不超过 380℃，因此被称为中温太阳能热发电系统。

槽式太阳能热发电聚光镜由反射镜和支架组成，反射镜截面为抛物面。平行入射的太阳光经反射镜反射后会聚到集热管，反射镜由支架支撑并转动跟踪太阳。

① 反射镜　槽式太阳能热发电聚光镜由反射镜和支架组成。反射镜截面为抛物面，平行入射的太阳光经反射镜反射后会聚到集热管。反射镜由支架支撑并转动跟踪太阳。

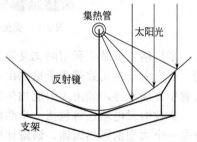

图 2-8　槽式太阳能聚光集热器

② 集热管　槽式太阳能热发电集热管置于抛物面聚光镜的焦线上，为双层结构。内层为涂有选择性吸收涂层的钢管，外层为有增透膜的玻璃管，内外层之间抽真空，集热管两端具有膨胀节，而由于玻璃和金属的膨胀系数不同，整个集热管最为关键的技术是玻璃与金属之间连接处的密封。

③ 跟踪技术　太阳能热发电的跟踪方式可分为单轴跟踪和双轴跟踪。与塔式太阳能热发电不同的是，槽式太阳能热发电的聚光镜跟踪一般采用单轴跟踪技术，所以较塔式技术简单。双轴跟踪效率远高于单轴跟踪，但由于具有成本高和可靠性低等问题，故发展缓慢。

④ 工作介质　太阳能热发电中的工作介质分为吸热介质、蓄热介质和做功介质。做功介质一般是水蒸气。吸热介质目前主要有导热油、水和熔盐。蓄热材料主要分为显热蓄热材料、相变蓄热材料、热化学（可逆化学反应）蓄热材料和吸附（脱附）蓄热材料等。

随着技术的不断成熟与效率的不断提升，槽式太阳能热发电的LCOE（平准化电力成本）将不断下降，从而能够与传统的火电进行竞争。美国再生能源实验室NREL做的调研报告估计，到2020年，美国槽式电站的LCOE将下降到6.2美分/(kW·h)。

槽式电站是线聚焦，聚光倍数小于100，为中温太阳能热发电系统。但槽式电站跟踪精度低，导致控制代价小，同时采用管状吸收器，工作介质受热流动同时集中能量。碟式电站采用碟状（也称盘状）抛物镜作集热器（见图2-6）。如果建立一个100MW的碟状抛物镜集热器分散布置的太阳能电站，约需要1万~2万个直径为6m的抛物镜。每个抛物镜上需要装一个相当复杂的高温吸收器，实现汇集上万个吸收器内的高温工作介质，不仅系统复杂，而且管路和绝热材料费用很高，目前仍未广泛推广。

在美国亚利桑那州建设的"索拉纳（Solana）"太阳能发电站（见图2-9），西班牙语为"阳光灿烂的地方"，由亚利桑那州同阿文戈亚太阳能公司（AbengoaSolar）合作。索拉纳太阳能发电站占地1900英亩❶，可运行两个140MW的蒸汽发电机组，达到280MW的总发电量。

图2-9　美国亚利桑那州的索拉纳（Solana）发电站

索拉纳发电站将利用阿文戈亚公司的集中太阳能发电低压槽技术，最大限度地收集太阳光。研究人员运用数排镜子追踪由东向西的太阳光，以最大限度地将其收集到接收管中。接收管中充满液体，经由太阳能加热后，流入热交换器中，生成蒸汽，推动发电涡轮运作。

索拉纳发电站还将包括一个热储能系统，以便可以根据需要随时发电。该系统的主要部分是一个大型的隔热罐体，该罐体中充满熔盐，和集中太阳能发电技术一起用于储存接收管中液体的热量。这些热量可以在太阳光薄弱或是没有太阳光时用于发电。

(4) 线性菲涅耳式太阳能热发电系统　线性菲涅耳式太阳能热发电系统是通过跟踪太阳运动的条形反射镜将太阳辐射聚集到吸热管上，加热传热流体，并通过热力循环进行发电的

---

❶ 1英亩＝0.004047km²。

系统。系统主要由线性菲涅耳聚光集热器、发电机组、凝汽器等组成。

线性菲涅耳反射装置（linear fresnel reflector，简称LFR），在太阳能利用中非常有用，尤其是在需要大面积镜场安装时。LFR由多个平面的或轻微弯曲的光学镜面组成，这些光学镜面跟踪反射太阳直接入射光到长的固定线性目标吸热器上以加热工质，其几何聚光比可达60~80。LFR技术可以设想为槽式抛物聚光镜的线性分段离散化，但是，与抛物型槽式反射技术所不同的是，它不必保持抛物面形状，每一镜元可以在同一水平面布置。

图2-10 线性菲涅耳太阳能热发电系统

线性菲涅耳式太阳能热发电系统使用廉价且弹性弯曲的反射镜反射，而不是相对昂贵的抛物型反射镜，制造安装相对简单，更适合自动化和标准化的高效大规模生产。由于镜子近地安装，大大减少风的阻力，对基础设施的需求也会大幅降低。如果每个反射线采用单一的跟踪控制，可以容易清洁，冰雹保护及光学控制。

2012年，位于西班牙的线性菲涅耳式太阳能热发电站建立（见图2-10），装机容量30MW，总占地面积70hm$^2$。集热器面积30.2万平方米，传热介质为水，镜场进口温度140℃，出口温度270℃，运行压力$55\times10^5$Pa，最大热能输出150MW·t，冷却方式为空冷，储热方式为单罐温跃层，储热容量为0.5h。电站已于2012年3月在西班牙并网发电。

(5) 太阳能热发电系统的比较　比较塔式、槽式和碟式三种电站，人们发现塔式电站和碟式抛物镜集热器分散布置式电站均为点聚焦，聚光倍数高达500以上，均为高温太阳能热发电系统。但塔式电站的跟踪代价高，碟式电站的能量集中代价大，二者受到了目前技术水准的限制，实现商业化尚需时日。

表2-3列出了塔式、槽式和碟式太阳能热发电系统分析比较（线性菲涅耳式系统视为简化的槽式太阳能热发电系统）。

表2-3　塔式、槽式和碟式太阳能热发电系统的分析比较

| 发电方式 | 塔式 | 槽式 | 碟式 |
| --- | --- | --- | --- |
| 电站规模/MW | 10~100 | 10~100 | 5~10 |
| 聚光方式 | 平、凹面反射镜 | 抛物面反射镜 | 旋转对称抛物面反射镜 |
| 跟踪方式 | 双轴跟踪 | 单轴跟踪 | 双轴跟踪 |
| 光热转换效率/% | 60 | 70 | 85 |
| 峰值效率/% | 23 | 20 | 29 |
| 年净效率/% | 7~20 | 11~16 | 12~25 |
| 能否储能 | 可以 | 有限制 | 蓄电池 |
| 单位面积造价/(美元/m$^2$) | 200~475 | 275~630 | 320~3100 |

续表

| 发电方式 | 塔式 | 槽式 | 碟式 |
| --- | --- | --- | --- |
| 单位瓦数造价/(美元/W) | 2.7~4.0 | 2.5~4.4 | 1.3~12.6 |
| 发展状况 | 试验示范阶段 | 可商业化 | 试验示范阶段 |
| 优点 | 较高的转化效率，开发前景较好；可混合发电；高温储能；可通过改进定日镜和蓄热方式降低成本 | 可商业化，投资成本低；占地少；可混合发电；可中温储能 | 转化效率高；可模块化；可混合发电 |
| 缺点 | 需研究聚光场和吸热场的优化配合；初次投资和运营的费用高，商业化程度不够 | 只能产生中等温度的蒸汽，真空管技术有待提高 | 造价高，无与之配套的商业化斯特林热机；可靠性有待加强；大规模生产还需研究 |
| 开发风险 | 中 | 低 | 高 |

由表2-3可以看出，塔式、槽式和碟式太阳能热发电系统还处于研发阶段，其中槽式电站相对成熟。

#### 2.2.1.4 太阳能集热吸收器

太阳能发电站与火力发电站之间的最重要的区别是用集热器取代锅炉。集热器的功用是有效地吸收太阳能而又不向外扩散。集热器有多种，本章主要介绍真空管吸收器和腔体式吸收器。

(1) 真空管吸收器　真空管吸收器的结构如图2-11。真空管吸收器为一置于同心玻璃管内的金属圆管，其外表面涂有光谱选择性涂层，夹层抽真空以减少对流热损。真空管吸收器主要与短焦抛物镜相配，以此可以增大吸收表面，降低光照处的热流密度，从而降低热损；真空管吸收器也可配用长焦抛物镜。

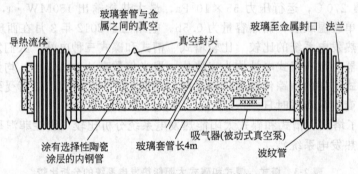

图2-11　真空管吸收器的结构

真空管吸收器的优点是金属管与玻璃管之间不存在对流热损，玻璃管外径较小且透明，从而既减少了对阳光的遮影，也通过增大热阻降低了外表面的对流热损；有选择性涂层的金属管壁对阳光的吸收率很高，但发射率却非常低。

真空管吸收器的缺点是：由于玻璃和金属的热膨胀系数不同，玻璃管与金属管之间存在温差，造成中温时（略低于350℃）真空封口处的玻璃容易脆裂，从而难以在室外环境下长期维持真空度；在中温时光学选择性涂层容易老化和脱落，难以长期维持大规模光学选择性吸收表面的热稳定性；较大的流通断面造成工作流体的雷诺数较低，热损增大。

(2) 腔体式吸收器　腔体式吸收器的结构为一柱形腔体，外表面覆隔热材料，由于腔体的黑体效应，使其能充分吸收聚焦后的阳光。腔体式吸收器主要适用于长焦聚光器。图2-12为腔体式吸收器集热器剖面图。

腔体式吸收器的优点是吸热过程不是发生在最强聚焦区，而是在聚焦过后和发射时，并以较大的内表面积向工作流体传热，致使和真空管吸收器相比具有较低的投射辐射能流密度；腔体壁温较均匀，可减小与流体之间的温差，使开口的有效温度降低，从而最终使热损降低。

经优化设计的腔体式吸收器，热性能比真空管吸收器稳定，在同样情况下，工作介质平均温度大于 230℃ 时，腔体式吸收器既不需要抽真空，也不需要涂光学选择性涂层，仅采用传统的材料和制造工艺；成本低和便于维护也是腔体式吸收器的特性。腔体式吸收器的集热效率大于真空管吸收器，这使它成为槽形抛物镜集热器的吸收器。腔体式吸收器的发展已受到重视。

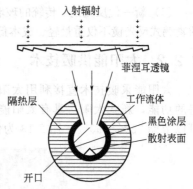

图 2-12 腔体式吸收器集热器剖面图

#### 2.2.1.5 太阳能热电站的发展趋势及相关科学问题

太阳能热发电技术涉及光学、热物理、材料、力学及自动控制等学科，是一门综合性的技术，也是太阳能研究领域的难题。当前，太阳发电技术的新方案有以下几种。

（1）以熔盐为传热介质的腔体式直接吸收接收器（DAR） 在 DAR 中有一块隔热良好、倾斜放置的吸热板，来自定日镜场的高强度太阳辐射经腔体内壁反射到吸热板上，吸热板又传给板顶端熔融的碳酸盐。目前开展的研究是：对熔盐掺杂，提高熔盐对太阳辐射的直接吸收能力；研究吸热板与熔盐液膜之间强化传热的途径；研究熔盐在高温下的热物性参数（包括热导率、比热容、黏度和热辐射）。

（2）勃莱敦循环 该方案是以微粒和惰性气体组成的固-气两相流为工作介质，当工作介质通过接收器时，强烈地吸收射入接收器窗口的高强度太阳辐射，并在极短时间内达到高温状态。受热的工质可直接推动燃气轮机工作。

采用耐高温且导热能力强的陶瓷材料（如碳化硅）作吸收器，实际上它是腔体内的一个换热器。当空气通过换热器后，温度升高到 1000℃，压力达 1000kPa，可直接供燃气轮机做功。由于燃气轮机排气温度高达 500℃，利用排气产生蒸汽推动汽轮机。这种燃气-蒸汽联合循环的效率可望达到 40%～50%。为强化传热，降低热损和缩短启动时间，目前开发成功了一种多腔体容积式太阳能接收器。这种接收器由大量小通道组成一个蜂窝状结构，小通道的入口面向定日镜场。当空气被压缩机驱动而通过多腔体接收器时，经聚集的高强度太阳辐射照射的腔体壁能使空气加热到很高的温度。这种多腔体结构的突出优点是接收器入口处温度较低，减小了对环境的辐射和对流热损。同时多腔体结构不需在高压下工作，不存在腐蚀问题。主要缺点是腔体与空气之间的换热性能差。进一步的工作是研究接收器的材料、结构及因日照变化而引起的动态反应等复杂问题。

（3）两级聚光 从热力学考虑，应尽可能提高工作介质的温度，设备又不能复杂。科学家们完成的一种新的两级光学的槽型抛物镜集热器，使太阳热电站的转换效率大为提高而且成本降低。这种设计能使主级的聚光比增大 2～2.5 倍，并且主级聚光镜的张角可保持 90°甚至 120°，由于作为第二级的符合抛物镜可置于真空接受器之内，可使热损大为降低，工作温度由 400℃ 增至 500℃，可满足常规火电厂所需的蒸汽参数。

（4）SEGS 单回路系统 SEGS 原来均采用双回路系统，必须装备一系列换热器。采用最新的单回路系统就不再以合成油为传热介质，而使水直接通过真空集热管。为实现这种新方案，必须深入地研究集热管中的两相流传热和高温（420℃）高压（10000～12000kPa）下的流动状态、温度、压力、汽击及振动等控制问题和日照变化时工况的适应问题。

（5）新一代反光镜　传统的玻璃/金属反光镜价格高、反射率低，目前一种在聚合物上镀银的紧绷式反光镜不仅重量轻、成本低、反射率高并抗老化，使用两年后的反射率仍在90%以上。

### 2.2.2　太阳能供暖技术

太阳能采暖技术直接利用太阳辐射能供暖，也称太阳房。现代技术不断扩展和完善太阳房的功能，新式太阳房具有太阳能收集器、热储存器、辅助能源系统和室内暖房风扇系统，可以节能75%～90%。图2-13为传统的太阳房。

图2-13　传统的太阳能房屋

当代世界太阳能科技发展有两大基本趋势：一是光电与光热结合；二是太阳能与建筑的结合。用太阳能代替常规能源提供建筑物的功能，包括供暖、空调和照明等，即为太阳能建筑。太阳能建筑的发展大体可分为三个阶段。

① 被动式太阳房，这是一种完全通过建筑朝向和周围环境的合理布置，内部空间和外部形体的巧妙处理，恰当选择材料，具有集取、蓄存和分配太阳热能功能的建筑。

② 主动式太阳房，以太阳集热器、管道、风机或泵、散热器和贮热装置等组成的太阳能采暖系统或与吸收式制冷机组成的太阳能供暖和空调的建筑。

③ 利用光伏发电，通过光电转换设备提供建筑所需的全部能源，完全用太阳能满足建筑供暖、空调、照明和用电等一系列功能要求，即"零能房屋"。

#### 2.2.2.1　被动式太阳房

不用任何机械动力，仅靠太阳能自然供暖的方式称为被动式太阳房。被动式太阳房的结构见图2-14，被动式太阳房不需辅助能源，主要靠太阳能采暖。

（1）利用温室效应的被动式太阳房　图2-14所示的太阳房在向阳面利用温室效应建成集热墙，在集热墙的上部和下部向室内分别开排气孔和通风孔。选择这两种通孔时要考虑到合适位置，当太阳照射到集热墙时，墙内的空气在被加热后会由于冷热空气密度不同而产生

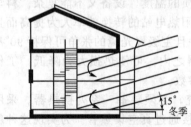

图2-14　利用温室效应的
被动式太阳房的结构示意图

对流。由于热的空气上升，会源源不断进入室内，而室内底层的冷空气则被集热墙吸收，形成循环对流后，室内的温度慢慢升高。当没有阳光时，关闭集热墙的通风孔，房屋的四壁和顶棚的保温性得到保障，室温可以保持。当天气炎热时，将集热墙上部通向室内的通风孔关闭，再打开顶部的排气孔，如有地下室还可引入冷空气。这种集热墙将起抽风作用，使室内的空气加速运动，达到降温的目的。

（2）自然式被动太阳房　图 2-15 是另一种结构的被动式太阳房，称为自然式被动太阳房。这种太阳房南面墙采用大面积的落地窗，背面则是较封闭的实墙。冬天阳光通过落地窗直接进入宅内，提供热能。这种太阳房的阳台根据太阳高度角设计，夏天阳光仅照到阳台而不进室内，并且室内空气流通。

#### 2.2.2.2 主动式太阳房

主动式太阳房不是自然接受太阳能取暖，而是安装了一套系统来实现热循环供暖。它通常在建筑物上装设一套集热、蓄热装置与辅助能源系统，实现人类主动地利用太阳能。主动式太阳房本身就是一个集热器，通过建筑设计把隔热材料、遮光材料和储能材料有机地用于建筑物，实现房屋吸收和储存太阳能。

（1）能源过剩式太阳房　图 2-16 是一种能源过剩式太阳房的结构示意图，被称为 PV（photovoltaic）系统。利用 PV 系统能把太阳能转化为电能和热能，除用于建筑物自身能耗外，还含有过剩能源，因此被称为能源过剩住宅。

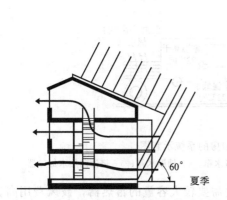

图 2-15　自然式被动太阳房的结构示意图

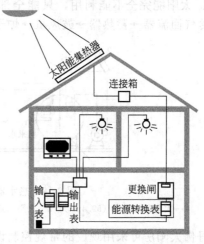

图 2-16　太阳房的 PV 系统工作原理示意图

PV 系统是 20 世纪 90 年代发展起来的一种新型的太阳能系统，它的原理是利用特殊的太阳能集热模块，把太阳能转化为电能，同时保留传统太阳能系统的供热和供暖功能。

随着科学技术的发展，PV 系统不断完善。Helitrope 式 PV 系统将房子设计成自身可以绕中轴随太阳旋转 360°，冬天可以使起居室、卧室主要朝南以获得更多的阳光，夏天则使其背向阳光以减少照射。在住宅顶部装有随太阳转动的集热板，以保障最大的集热面积，获得较多的太阳能；在住宅外墙设置真空式集热器作辅助能源，得到的过剩能源可输出公用。

这种 PV 系统如果安装 $54m^2$ 的集热板，即可获得 120kW 的电能，自身仅消耗 20kW，这远低于自身的要求，是典型的能源过剩住宅。

Schcierher 能源过剩住宅的设计使 PV 系统的模块布满朝阳光的每一寸房顶，同时住宅具有良好的保湿、隔热、通风系统。PV 系统估计每年产生 5700kW 的电能，仅有十分之一用于自身。住宅实现了在房外 $-20 \sim 50℃$ 的温度下，室内常年保持 $15 \sim 20℃$ 温度而不需要外来能源。

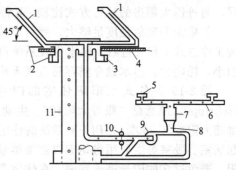

图 2-17　丹佛太阳房的供暖系统示意图
1—太阳集热器顶部压力通风系统；2—风挡；3—冷气回流口；4—屋顶；5—热风调节器；6—调节风闸；7—炉子；8—电机带动的风闸；9—鼓风机；10—热水预热器；11—蓄热器

(2) 低能耗式太阳房  图2-17所示为采用空气工作流来作为供暖系统的太阳房,称为丹佛太阳房。丹佛太阳房利用空气加热器、卵石床蓄热器及辅助热源天然气炉供暖。集热器有两组,总面积为55.7m²,集热器相对于屋顶的倾角为45°;卵石蓄热介质为10640kg,卵石的平均直径为2.5~3.8cm,比热容为0.75kJ/(kg·℃);鼓风机、炉子、风闸及冷风热风调节器为辅件。

① 丹佛太阳房的运行方式

a. 建筑物不需要取暖并且太阳辐射强劲时,仅开风闸,气流经集热器→热水预热器→鼓风机→蓄热装置→集热器。

b. 建筑物所需热量可直接由太阳提供时,打开或关闭部分相应的风闸,气流经集热器→热水预热器→鼓风机→炉子→热风调节器→冷风回流器→集热器。

c. 太阳能不能利用,需蓄热器供暖,需打开或关闭相应风闸,来自室内的气流经冷气回流器→蓄热器→鼓风机→炉子→热风调节器→室内。

d. 太阳能完全不能利用,只能全部利用辅助能源时,需要点燃炉子,来自室内的气流→冷气回流器→蓄热器→鼓风机→炉子→热风调节器→室内。

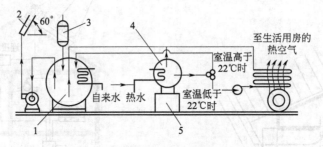

图 2-18  热水器供暖式太阳房的系统示意图
1—太阳蓄热水箱(59.4m³);2—太阳集热器;3—膨胀水箱;4—辅助水箱;5—烧油的热水加热器

丹佛太阳房可采用现成的常规控制设备,但它需要较大容量的蓄热器,鼓风费用高。低能耗式太阳房也可以采用热水供暖系统供暖。

图2-18是热水器供暖式太阳房采暖系统。热水器供暖系统包括热水箱、集热器、膨胀水箱和热水加热器。集热器面积为59.5m²,倾角60°,吸热面用涂黑的铝板,蓄热器水箱的容积为5670kg,水温为60℃。

② 热水器供暖式太阳房运行方式  热水供暖系统与空气供暖系统的运行方式不完全相同,与丹佛太阳房的运行方式比较,b种运行方式不能进行。

如果太阳辐射强度足够大,就可以按a方式运行;室内需要热量而蓄热箱可以供热时,按工作方式c和d进行。热水供暖系统可以避免蓄热器在热量进出过程中的损失,蓄热器容积小,耗能少,但水做介质容易造成天冷时集热器结冰。

图2-19为各式太阳房住宅的图片。其中图2-19(c)为能源过剩住宅,命名为Helitrope,原意是"跟着太阳转"。生动地描绘了这幢住宅的最大特点是房子自身可以绕中轴随太阳旋转360°。采用PV系统的住宅就像一部精密的机器:房子能自转,这样冬天可使起居室、卧室等主要用房朝南以获得尽量多的阳光;夏天外界气温高时,则可使主要用房背阳,避免过多的阳光进入室内。在住宅顶部有一块54m²的集热板,亦可同住宅一起跟着太阳转,并且可在上、下、左、右四个方向转动,使之与水平面的夹角可随着太阳高度角的变化而变化,以保证最大的集热面积,获得最多的太阳能。除了顶部的集热板外,在住宅外墙还设有真空管式集热管作为辅助的集热器,增大集热功能。图2-20展示了太阳能房屋内部效果。

图 2-19 各式太阳房

### 2.2.2.3 光伏建筑一体化

统计发现,目前社会总能耗主要包括三大项:建筑能耗、工业能耗和交通能耗。欧美发达国家的建筑能耗约占总能耗的 30% 以上,我国的建筑能耗约占总能耗的 20% 左右。其中在采暖季节,热水和采暖所需能耗占 60%~87%,在非采暖季也占 30%~40%。如果将太阳能利用与建筑相结合,既可满足建筑中多种用能需求,又可有效降低传统能源消耗,这就是光伏建筑一体化。

太阳能光伏建筑一体化(building integrated photovoltaic,BIPV)建筑物与光伏发电的集成化,在建筑物的外围护结构表面上铺设光伏阵列产生电力。

图 2-20 伦斯勒工学院开发的新型太阳能房屋内部效果

BIPV 系统可以划分为两种形式:光伏屋顶结构(PV-ROOF)和光伏墙结构(PV-Wall)。BIPV 系统一般由光伏阵列(电池板)、墙面(屋顶)和冷却空气流道、支架等组成,如图 2-21 所示。

光伏建筑一体化可实现太阳能光伏发电和建筑节能技术的结合,实现了建筑、节能、技术、经济和环保的有效结合,可归纳为六项优势:①可以有效利用围护结构表面(屋顶和墙面),无需额外用地或加建其他设施;②实现原地发电、原地使用并节省电站和电网的投资;③采用大尺度新型彩色光伏模块,既节约外装饰材料又使建筑外观增加魅力;④保证自身建筑内用电外,还可以向电网供电,舒缓高峰电力需求;⑤安装在屋顶和墙面上光伏阵列可直接吸收太阳能,避免墙面温度和屋顶温度过高,可以改善室内环境;⑥墙作为建筑物的幕墙,可减少建筑物的整体造价。

图 2-22 为典型的用于家庭建筑的 BIPV/T 热水系统原理示意图。安装于建筑屋顶的 PV/T 模块同时产生电能和热水，其中电力输出通过逆变控制器与电网和家庭负载相连，热水则用于游泳池、洗浴和地板采暖等需求。

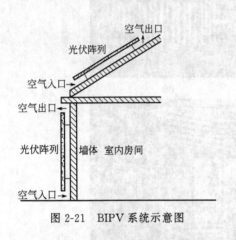

图 2-21　BIPV 系统示意图　　　　图 2-22　BIPV/T 系统应用示意图

（1）国际上 BIPV 系统的应用　1980 年以来，塞浦路斯和以色列开始执行的新建住房强制安装太阳能集热器政策，目前超过 90% 的家庭均安装有太阳能集热系统。

鉴于 BIPV 的诸多优点，国际能源署（IEA）已将 BIPV 作为光伏推广应用的主要目标和任务，许多国家制定了屋顶光伏计划。1997 年 6 月，美国宣布了《克林顿总统百万屋顶光伏计划》，以加速和促进美国光伏产业的快速发展；同年欧洲宣布了百万屋顶计划；日本政府 2010 年安装 5000MW 屋顶光伏发电系统。

（2）我国 BIPV 系统的应用　2011 年 6 月 1 日 GB/T 50604—2010《民用建筑太阳能热水系统评价标准》正式开始实施，这是规范太阳能热水系统在建筑中的应用的重要参考。目前，我国有 21 个省、市和自治区强制推行光热建筑一体化。

### 2.2.3　太阳能制冷技术

太阳能制冷技术与常规能源驱动的制冷装置原则上相似，但太阳能属于低品位和低密度能源，要求太阳能制冷系统有独特的性能。

太阳能制冷系统从原理上看有两类：①直接以太阳辐射热能为驱动能源，主要有吸收式制冷、吸附式制冷和喷射式制冷等；②以太阳能产生的机械能为驱动能源，主要有压缩式制冷、光电式制冷和热电制冷等。图 2-23 为太阳能制冷循环系统的示意图，图中虚线表示标准制冷循环。

目前常用的太阳能制冷系统包括太阳能吸收式制冷系统、太阳能喷射式制冷系统、太阳能吸附式制冷和太阳能驱动压缩式制冷系统等。

#### 2.2.3.1　太阳能吸收式制冷系统

（1）太阳能 $H_2O$-LiBr 吸收式制冷系统　太阳能 $H_2O$-LiBr 吸收式制冷系统的研究较全面。太阳能制冷系统的性能参数与太阳能集热器的效率直接相关。在设计太阳能制冷系统时，必须考虑太阳能集热器的选择和匹配。图 2-24 是太阳能 $H_2O$-LiBr 吸收式制冷系统的示意图。

$H_2O$-LiBr 吸收式制冷机可以利用气泡溶液的作用，再将溶液从再生器送入吸收器。这里依靠气泡泵循环吸收溶液，而靠重力循环冷工质。因此冷工质和溶液的循环不是用机械泵，而使用冷水泵和冷却水泵，这适合于利用太阳能。

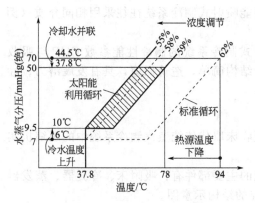

图 2-23 太阳能制冷循环系统的示意图

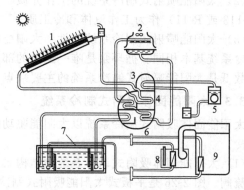

图 2-24 太阳能 $H_2O$-LiBr 吸收式制冷系统示意图
1—集热器；2—冷却塔；3—高压发生器；4—低压发生器；
5—辅助锅炉；6—吸收式制冷机；7—热槽；8—空调机；9—房间

目前太阳能 $H_2O$-LiBr 吸收式制冷机应用在大型空调系统，制冷效率达到 100kW，冷媒水温度 6~9℃，热源水温在 60~75℃，COP 预算大于 0.4，可以满足 600$m^2$ 面积的房间的空调覆盖。

(2) 太阳能 $NH_3$-$H_2O$ 吸收式制冷系统　$NH_3$-$H_2O$ 吸收式制冷是一种老式的系统，它用氨作为冷工质，系统为正压，设备和工艺比较简单，容易实现风冷，溶液不结晶。缺点是系统复杂，需要分馏，性能系数低，热源温度要求高。

① 工作过程　图 2-25 为间歇式太阳能 $NH_3$-$H_2O$ 吸收式制冷装置示意图。工作过程为：打开闸门 A，关闭 B 和 C，集热器接收太阳能后其中的氨水受热蒸发→氨蒸气经上升管到空气冷凝器→冷凝成氨液→储存在水冷凝器和蒸发器中。如果没有太阳能辐射，可以关闭 A，将集热器全部暴露于大气中充分散热；打开 B 门，溶液温度下降，整个系统的压力逐渐下降，蒸发器内的氨液吸收水箱热量形成气态，实现了系统冷却。

太阳能 $NH_3$-$H_2O$ 吸收式制冷系统的制冷能力与各设备的传热面积、蒸发温度、冷却温度和氨液温度有关。

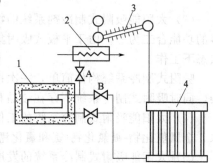

图 2-25 间歇式太阳能 $NH_3$-$H_2O$
吸收式制冷装置示意图
1—平板式集热器；2—空气冷凝器；3—
水冷凝器；4—蒸发器；A、B、C—闸阀

② 太阳能 $NH_3$-$H_2O$ 吸收式制冷系统特性　太阳能 $NH_3$-$H_2O$ 吸收式制冷系统要求热源温度高于 120℃，因此要求采用聚光集热器时（集热区的工作温区分为：平板集热器 80℃左右；真空管集热器 80~120℃；聚光集热器在 120℃以上），则需要增加设备投资。

#### 2.2.3.2　太阳能喷射式制冷系统

太阳能喷射式制冷系统是利用太阳能集热器将工作流体加热后实现制冷的系统。

(1) 太阳能喷射式制冷系统的工作过程　太阳能集热器加热工作流体→转变为高压蒸汽→经喷射器转变为高速蒸汽射流→造成低压并将蒸发器中的冷工质蒸汽吸入→冷工质与工作流体在喷射器的混合管中混合→混合物在增压器中增压→冷工质进入冷凝器凝结→经膨胀阀膨胀降压成液体→进入蒸发器重新蒸发、吸热、冷却→经循环泵送入到太阳能集热器回路中的蓄热式热交换器中加热，完成了一个制冷循环过程。

(2) 太阳能喷射式制冷系统的工作介质　太阳能喷射式制冷系统往往采用相同介质（例如 R-113 或 R-11）作为工作流体和冷工质。

(3) 太阳能喷射式制冷系统特性　太阳能喷射式制冷系统的制冷性能参数 COP 与吸收式制冷系统基本相同。循环泵是唯一运动的部件，结构简单，造价低廉，具有发展潜力。性能参数低是太阳能喷射式制冷系统的主要缺点。

### 2.2.3.3　太阳能固体吸附式制冷系统

太阳能固体吸附式制冷系统以太阳能驱动的吸收床取代传统蒸汽制冷系统中的压缩机实现制冷。

(1) 太阳能固体吸附式制冷系统的结构　系统的主要部件有：吸附床、冷凝器、蒸发器和节流阀。图 2-26 是平板式太阳能吸附式制冷系统的结构示意图。

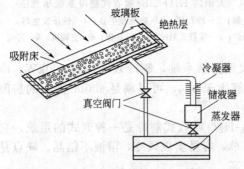

图 2-26　平板式太阳能吸附式制冷系统示意图

(2) 太阳能吸附式制冷系统的工作过程　在吸附床中吸附剂与吸附质形成的混合物在太阳能的作用下解吸，释放出高温高压的制冷剂气体进入冷凝器，制冷剂由节流阀进入蒸发器；制冷剂蒸发吸收热量产生制冷效果；蒸发出来的制冷剂气体进入吸附床，重新形成混合气体，完成一个循环过程。这是一个间歇式过程，循环周期长，COP 较低。采用切换吸附床的工作方式及相应的外部加热和冷却装置可以实现循环连续工作。

(3) 太阳能吸附式制冷剂系统的特点　吸附床为平板式吸附集热器结构，吸附器与集热器的功能合二为一。由于平板式吸附集热器耐压能力差，太阳能吸附制冷系统多适用于真空状态下工作。

吸附式制冷系统构件简单，一次投资少。运行费用低，使用寿命长，无噪声，无环境污染，同时吸附式制冷系统不存在结晶和分馏问题，并可用于振动、倾斜或旋转的场所。

(4) 太阳能吸附式制冷系统的工作物质　常用吸附剂为：活性炭-甲醇、沸石-水、硅胶-水、金属氢化物-氟氯化钙-氨和氯化锶-氨等。

(5) 太阳能吸附式制冷系统的发展前景　国内外对太阳能吸附式制冷系统开展了大量的研究工作，其中主要有吸附工质的性能、吸附床的传热、传质、系统循环和结构等，取得了重要进展。但是还有许多问题正在探索之中，包括固体吸附剂的导热性能、制冷功率和制冷性能参数 COP 等。

### 2.2.3.4　太阳能驱动压缩式制冷系统

太阳能驱动压缩式制冷系统实质上是用太阳能热机去驱动普通制冷系统的压缩机和膨胀机进行制冷，与传统的制冷系统没有原则的区别。就太阳能利用来讲，可以分为单工质双回路和双工质双回路两种类型。

单工质双回路系统在循环时采用同一种工质，可以兼用冷凝器，同时简化了轴封结构。缺点是单一工质对于动力循环和制冷循环的参数难以匹配。

双工质双回路循环系统可以根据动力循环和制冷循环各自需要来选择合适的工质，使整个系统运行合理。缺点是需要分开冷、热循环回路，各自专设冷凝器，造成回路复杂。

作为驱动压缩机系统的太阳能热机，需要采用高温旋转抛物面聚光镜，技术要求较高，许多工作处于开发之中。

## 2.2.4 太阳能热水系统

太阳能热水系统主要讨论太阳能热水器（见图 2-27）。太阳能热水器是目前太阳能热利用技术领域商业化程度最高、推广应用最普遍的技术。

图 2-27 太阳能热水器

太阳能热水器是利用太阳的能量将水从低温度加热到高温度的装置。太阳能热水器是由集热器、储水箱、支架及相关附件组成，其中集热器是将太阳能转换成热能的装置，目前主要采用玻璃真空集热管。集热管受阳光照射面温度高，集热管背阳面温度低，而管内水便产生温差反应，利用热水上浮冷水下沉的原理，使水产生微循环而达到所需热水。

太阳能热水系统主要元件有三部分：集热器、蓄热器（储能装置）和循环管路及控制系统。按流体的流动方式可分为循环式、直流式和闷晒式系统；按照形成水循环的动力，循环式又分为自然循环式和强制循环式。

### 2.2.4.1 集热器

系统中的集热元件，其功能相当于电热水器中的电热管。太阳能集热器利用的是太阳的辐射热量，故而加热时间只能在有太阳照射的白昼。

（1）集热元件　真空管技术参数规格：1200mm×47mm、1500mm×47mm，目前集热效果最好的是 Al-N/Al，真空溅射选择性镀膜，涂层玻璃真空管的吸收率≥0.93，红外发射率 $\varepsilon \leqslant 0.6$，平均热损 $U_{ct} 0.9 \mathrm{W/(m^2 \cdot ℃)}$，真空度 $p \leqslant 5 \times 10^{-3} \mathrm{Pa}$。

（2）保温水箱　保温水箱是储存热水的容器。通常太阳能热水器只能白天工作，必须通过保温水箱把集热器在白天产出的热水储存起来。一般使用寿命可长达 20 年以上。

（3）连接管道　将热水从集热器输送到保温水箱、将冷水从保温水箱输送到集热器的通道，使整套系统形成一个闭合的环路。设计合理、连接正确的循环管道对太阳能系统是否能达到最佳工作状态至关重要。热水管道必须做保温处理。管道必须有很高的质量，保证有 20 年以上的使用寿命。

### 2.2.4.2 太阳能热水器循环系统

（1）普通太阳能热水器循环系统　普通太阳能热水器的循环方式分为自然循环式和强制循环式两种。

① 自然循环式太阳能热水系统　图 2-28 是自然循环式太阳能循环系统示意图，这是普通太阳能热水器的循环体系。

普通太阳能热水器的基本构件是平板型集热器和蓄水箱，将二者连接出来可供应负荷，附件包括控制装置和辅助电源。由图 2-28 可见，水箱位于集热器上部，当集热器内的水吸收了太阳能并形成密度差时,水通过自然对流进行循环。

② 强制循环式太阳能热水系统　图2-29是强制循环系统,系统中水箱不必置于集热器上方,可以采用泵实现循环。当上联箱中的水温高于水箱底的水温时,差动控制器就启动泵工作。为了防止集热器在夜间损失热量,通常设置止回阀。

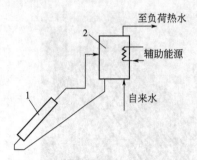 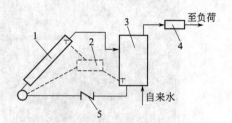

图2-28　自然循环式太阳能热水系统
1—集热器;2—水箱

图2-29　强制循环式太阳能热水系统
1—集热器;2—控制器;3—水箱;
4—辅助加热器;5—止回阀

(2) 高效新型太阳能热水器循环系统　太阳能热水器的发展经由低效到高效的过程,它由热效率和保温性能较差、受环境温度影响较大的闷晒式、平板式到集热效率较高的全玻璃真空管式、金属玻璃真空管式和热管真空管式热水器循环系统。现在各国已经研制出一系列高效新型太阳能热水器。

① 真空管式太阳能热水器循环系统　真空管式太阳能热水器由圆筒形玻璃管吸收太阳热,可进行360°集热。用带压水管连接方式供水,其原理与保温瓶相同,所以冬天保温性能也很好。

a. 真空热管式太阳能热水器的结构　集热元件为真空热管,它包括热管、玻璃管、金属盖和消气剂等。热管是高效传热元件,通常采用铜-水重力热管;吸热板表层是高温选择性吸收涂层,采用磁控溅射技术制备;玻璃管采用硼硅玻璃,具有高透过率和高强度的特点;金属盖与玻璃管的连接采用热压工艺封接。真空管内抽成真空,用消气剂长期保持真空度。

b. 真空热管式太阳能热水器工作过程　当太阳光穿过玻璃管投射到吸热板上时,吸热板吸收太阳辐射能并转换为热能;通过热管中的工质的蒸发与凝结,热能被传送到热管的冷凝端;冷凝端插入储热水箱,水被加热。

c. 真空热管式太阳能热水器的性能　真空热管式太阳能热水器热损失系数很低[只有$1.7 \sim 2.2 W/(m^2 \cdot ℃)$]、集热效率高(工作温度高达70~120℃,最高温度可达250℃);实现了把低密度散射光转换为热能;热管热容量小,受热后立即启动,提高了集热器的输出能量;阴天可供热水和耐冻。

真空热管式太阳能热水器是一种全年可运行的高性能全天候太阳能热水器,它是继闷晒式、平板式太阳能热水器之后的新一代产品。它不但供给洗澡用热水外,还可用于开水器和工业加热。

② 全塑式-水管直连式太阳能热水器循环系统　全塑式-水管直连式太阳能热水器循环系统由太阳集热器和一个用中密度抗紫外光的聚乙烯储热水箱组成,结构相当简单。水管直连式是自然循环方式。储热水箱是独立双层结构(在高密度聚乙烯罐内装入可与水管直接连接的不锈钢水箱,外侧聚乙烯罐内是被集热的水,是间接升温结构),储热水箱可与所有形式的供热水器连接。双层不锈钢罐的水采用间接加热方式,不会产生水垢等污染物,可确保卫生。由于采用不散失热量的保温设计和防冻结构,全塑式-水管直连式太阳能热水器循环系统是一种高效和全年运行的全天候太阳热水器。

## 2.2.5 太阳能集热器

### 2.2.5.1 太阳能集热器分类

太阳能集热器按照是否聚光,可分为聚光太阳能集热器和非聚光太阳能集热器。聚光太阳能集热器将阳光汇聚在较小的吸热面上,可获得较高的温度,但只能利用直射辐射,而且需要跟踪太阳轨迹。非聚光太阳能集热器又分为平板型太阳能集热器、全玻璃真空管太阳能集热器以及热管真空管太阳能集热器。下面将对平板型太阳能集热器与全玻璃真空管太阳能集热器进行特点分析。

平板型太阳能集热器的特点是:金属管板式结构,产水量大,可承压、耐空晒,质量稳定可靠,而且价格较便宜。按所使用的材料又可分为全铜、全铝、铜铝复合、不锈钢等。全玻璃真空管太阳能集热器的特点是:集热效率高,不能缺水空晒,可产出高温水。作为热泵源端负荷,对太阳能集热器出口水温的要求不是很高。

### 2.2.5.2 太阳能集热器传热分析

无论对于平板型太阳能集热器,还是真空玻璃管式的太阳能集热器,它们的效率方程都可以用式(2-3)来表示:

$$q_j = A_c H_T \left( A - B \frac{t_{fi} - t_a}{H_T} \right) \tag{2-3}$$

式中 $A_c$——太阳能集热器的面积,$m^2$;

$A$,$B$——与太阳能集热器类型和型号有关的常数;

$t_{fi}$——太阳能集热器入口流体温度,℃;

$t_a$——周围环境温度,℃;

$q_j$——热量;

$H_T$——热焓。

从式(2-3)可以看出,太阳能集热器的集热量一方面来自太阳辐射,另一方面来自与周围环境交换的热量,而且与太阳辐射强度成正比,与外界空气温度成反比。因此,如果想提高太阳能集热器的集热效率,可以通过将太阳能集热器放在较强的太阳辐射光下以及对太阳能集热器采取一定的保温措施来实现。图2-30是安装在建筑物上的集热器图片。

图 2-30 安装在建筑物上的集热器图片

(1) 平板型集热器 平板型集热器吸收太阳辐射能的面积与其采光窗口的面积基本相等,外形像一个平板。平板型集热器结构简单,固定安装,不需要跟踪太阳,可采集太阳的直接辐射和漫射辐射,成本低。平板型集热器是目前世界应用广泛的集热器。

平板型集热器主要由透明盖板、吸热体、保温材料和壳体组成。透明盖板安放在吸热板的上方，它的作用是让太阳光辐射透过，减少热损失和减少环境对吸热体的破坏。

吸热体是把太阳的辐射能转换为热能，同时把热能传递给传热工质的器件。吸热体由吸热板和载热流体管路组成。吸热板往往被设计成尽可能多地吸收太阳辐射，同时把吸收到的太阳能尽量传递到传热工质，尽量减少热损失。

(2) 聚焦型集热器　利用光学系统，反射式或折射式增加吸收表面的太阳能辐射的太阳能集热器称为聚焦型集热器。聚焦型集热器相当于在平板型集热器中附加了一个辐射聚焦器，提高了辐射热的吸收，同时也附加了聚焦器的散热损失和光子损失。图 2-31 是抛物柱面式聚焦型集热器示意图。

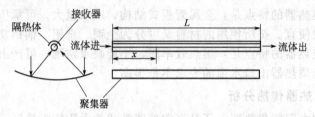

图 2-31　抛物柱面式聚焦型集热器示意图

聚光镜只能聚焦直射光，所以聚光型集热器通常设置跟踪装置，目的是保持聚光镜的采光面与太阳直射相垂直。聚光比和接收角是聚光镜的两个主要参数。聚光比是聚光镜的采光面积与接收器的面积之比，接收角指进入聚光镜开口的太阳辐射经聚光镜反射后都被聚集到接收器上的角度范围。

提高聚焦型集热器的热效率，必须使接收器具有高吸收率和低发射率，解决的办法是在接收器表面制备选择性吸收涂层。目前选择性吸收涂层主要有干涉滤波型涂层、半导体吸收涂层和选择性透射黑体。

① 干涉滤波型涂层是利用干涉效应达到在太阳入射辐射峰值附近产生强烈的吸收，而在红外波段不吸收，与衬底的高红外反射特性配合形成干涉滤波型涂层。

② 半导体吸收型薄膜，它强烈吸收波长小于能隙波长的光子，而很少吸收波长大于能隙波长的光子。半导体薄膜与低发射率的金属衬底构成选择性吸收涂层。

③ 选择性透射黑体是在吸收体上沉积透射薄膜，它对太阳光的透过率很高，但对红外光又反射率很高，从而实现透射薄膜允许大部分太阳光透过并被衬底吸收。

选择性吸收涂层的主要制备方法为喷涂法、金属氧化法、化学转化法、电沉积法和真空沉积法。

(3) 非成像性集热器　从经济角度分析，跟踪式集热器还需要完善。近年来开发了非成像性集热器，它使用复合抛物面聚光器的整体固定式集热器，将集热效率高的功能性水合盐作为蓄热介质置入集热器内，克服了集热效率低的缺点。

#### 2.2.5.3　太阳能空气集热器

太阳能空气集热器是通过空气与吸热体直接换热得到热空气的装置。太阳能空气集热器与太阳能热水器相比，具有结构简单，无泄漏、腐蚀、冻结等问题，适用于建筑采暖、农业干燥以及工业预热等领域。

根据空气换热过程中是否透过集热器吸热体，目前将太阳能空气集热器划分为渗透型集热器和非渗透性集热器两大类。

#### 2.2.5.4　太阳能热水系统的发展

目前，我国太阳能热水器的生产量和使用人数已经跃居世界第一位，但太阳能热水系统与建筑一体化还处于发展阶段。

欧美国家在太阳能热水系统与建筑一体化设计方面进行了有益的探索。将集热装置与屋顶、墙壁等结合，太阳能热水器真正成为了建筑的一个构件，与建筑有机结合，形成各种丰富多变的造型。国外许多建筑师已意识到集热器和建筑结合时，不仅要满足其基本功能，还应具有维护、装饰、遮阳、保温等多重功能。

在建筑设计时就考虑太阳能热水器与建筑的结合，使太阳能设施成为建筑的一个有机组成部分，与建筑融为一体，从而达到太阳能热水器排布科学、有序、安全、规范以及建筑设计经济、实用、美观的要求。图 2-32 是太阳能集热器和平屋顶结合实例。

图 2-32　太阳能集热器和平屋顶结合实例

在一体化设计过程中应综合考虑住宅主要服务对象的经济承受能力、当地资源条件、建筑外观及结构布局、集热器性能、热水用量、运行方式、安装方法、调试维护和经济性分析等因素。同时要符合以下基本原则：节能、安全可靠、提供稳定的热水供应、统筹规划太阳能热水系统与建筑一体化设计及维修方便。

## 2.2.6　其他太阳能的热利用技术

太阳能热利用技术处于发展和创新的阶段，新技术、新方法和新产品不断推出。这里主要介绍太阳灶、太阳炉、太阳池、太阳能干燥器和太阳能海水淡化系统等。

### 2.2.6.1　太阳灶

太阳灶用于炊事，它将太阳能以辐射热传递给食物，加热烹调或使食物发生化学反应。太阳灶结构相对简单，制作工艺要求不高，主要有箱式太阳灶、聚光太阳灶和蓄热太阳灶。太阳灶技术属于太阳能中温技术，相比于低温的太阳能热水技术难度要高许多。

（1）箱式太阳灶　箱式太阳灶的原理是黑体吸收，利用温度效应将太阳辐射能积蓄起来，形成一个热箱。最简单的热箱式太阳灶有一个密闭的箱体构成，顶面用透明板，周围用保温材料，整个封装严密。阳光通过顶部透明玻璃盖板进入热箱，温度可达到 150~200℃，可用于蒸、焖式烹调。箱式太阳灶结构简单、价格低廉、使用方便，但功效有限，箱温不高。

（2）聚光太阳灶　聚光太阳灶利用抛物面聚光原理，提高了功率。聚光太阳灶的基本结构包括聚光器、跟踪器和吸收器。聚光器将太阳辐射能反射后聚集到焦平面上，导致一个较小面积具有较高的辐射能流密度；将接收器安置在焦平面上实现将辐射能转变为热能，跟踪调节聚光器对称轴，使其与太阳辐射方向大体上保持平行，保障最佳转换效率。在聚光太阳灶中，吸收器就是锅、壶等炊具。

（3）蓄热太阳灶　蓄热太阳灶利用化学热源储能，实现了环境温度下长期储存太阳热能，热损失很小，热能在需要时可以释放出来。蓄热太阳灶有两个组成部分：一部分是室外中心太阳能加热器，主要由聚焦透镜组成；另一部分是蓄热箱，包括吸收与储存太阳能的化学系统。在化学系统的低温盐床放入 $CaCl_2 \cdot 4NH_3$，在高温盐床放入 $MgCl_2 \cdot 2NH_3$，在太阳能加热器的作用下，会发生如下反应：

$$MgCl_2 \cdot 2NH_3 \longrightarrow MgCl_2 \cdot NH_3 + NH_3 - Q \tag{2-4}$$

高温盐床发生吸热反应，将能量储存起来。反应生成的氨气通过闸门进入低温盐床，发生反应：

$$CaCl_2 \cdot 4NH_3 + 4NH_3 \longrightarrow CaCl_2 \cdot 8NH_3 \tag{2-5}$$

使用蓄热太阳灶时，加热低温盐床，下列反应发生：

$$CaCl_2 \cdot 8NH_3 \longrightarrow CaCl_2 \cdot 4NH_3 + 4NH_3 \tag{2-6}$$

生成的氨，通过阀门又返回高温盐床与 $MgCl_2 \cdot NH_3$ 反应

$$MgCl_2 \cdot NH_3 + NH_3 \longrightarrow MgCl_2 \cdot 2NH_3 + Q \tag{2-7}$$

放出热量，温度可达到 300℃。蓄热式太阳灶结构复杂，但实现了在室内、晚上或阴天均可使用。

太阳灶虽然有低碳、低价、节能、环保、实用等优点，但广泛推广尚需时日，主要原因是模具成本高、操作麻烦、效率低、功能单一和占地空间大等。目前，太阳能烤炉已经有产品上市，但性能仍需完善。

#### 2.2.6.2 太阳炉

图 2-33 为大型太阳炉结构示意图，炉温可达 2500℃，用于生产高纯和超纯钛酸铝、锆酸钙、钇铝石榴石和二氧化锆等。由于热源来自太阳，没有燃料杂质，太阳炉是理想的高纯金属和特殊材料的熔炼装置。

我国利用太阳炉生产太阳能级高纯硅材料已获成功。高纯硅的生产耗电量大，每千克多晶硅耗电达 $250 \sim 450 kW \cdot h$，用电成本占总成本的 $1/2 \sim 3/4$。采用太阳炉可在 $2 \sim 3s$ 内除去工业硅中最难去掉的磷和硼元素，达到太阳能级高纯硅杂质含量小于 $1 \times 10^{-6}$ 的要求。

太阳炉由凹面反光镜、平面反光镜、控制系统和炉体组成。平面反光镜将阳光反射到凹面反射镜上，经聚光后形成光斑，温度达到 3200℃。图 2-34 为太阳能高温炉原理示意图。

图 2-33 高温太阳炉结构示意图

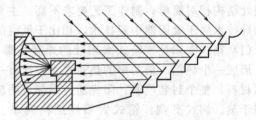

图 2-34 太阳能高温炉原理示意图

高温太阳炉的特点是温度高、升温和降温快，可用来熔炼金属，还可以用于研究高温材料的熔点、比热容、电导率、热离子发射、高温光反应、高温焊接和高温热处理。

#### 2.2.6.3 太阳池

太阳池是一种结构简单和价格低廉的盐水池，它收集并储存太阳能作为热源，可用于供热、发电和其他应用。

太阳池主要包括上部对流层、梯度层和下部对流层。上部对流层的形成是水分蒸发和风雨扰动所致，下部对流层是热的传导与提取形成，二者之间的中间层是非对流区。

利用非对流层盐浓度的稳定状态，抑制对流热损失，将吸收的太阳辐射热隔绝在下部对流层；通过太阳不断辐射——→下部对流层水不断储热——→水温越积越高，到一定程度将太阳池底部的热量取出，用于发电、采暖、空调和工农业生产等方面。太阳池已经得到了实际的应用，且效果较好。

太阳池的历史可以追溯到20世纪初，太阳池是太阳能的储存器，也是太阳能热发电和太阳能干燥器的热源。从海洋和盐湖具有的储能功能，当太阳池中盐浓度呈稳定状态时会吸收太阳的辐射热，同时会阻断热在太阳池底层水中的对流损失。

### 2.2.6.4 太阳能干燥器

太阳能干燥器的原理是利用太阳辐射能加热空气，再用热空气带走物质中的水。太阳能干燥器主要有两种类型：高温聚焦型和低温空气集热器型。

(1) 高温聚焦型太阳能干燥器　高温聚焦型太阳能干燥器多采用抛物柱面聚光器，实现对太阳自动跟踪，设备运行复杂，待干燥物为易流动颗粒，它以动态处于聚焦面上，输送物料采用螺旋输送机或空气传输机。

(2) 低温空气集热器型太阳能干燥器　低温空气集热器型太阳能干燥器的工作温度在40~65℃，适用于干燥水果、药材、烟叶、豆制品和挂面。低温空气集热器型太阳能干燥器根据物料不同设计成不同的结构，目前有箱式、窑式、流动床和固定床等。在酿造业和农村，还有一种廉价和适用的整体温室型太阳能干燥器，具有较好的发展前景。

太阳能干燥器的工作程序是使湿物品吸收太阳能后升高温度，当水蒸气压力超过周围空气的分压后，水分就从湿物体的表面蒸发出来。太阳能干燥器既要满足升温条件，又要考虑排出湿气的排出要求，所以可以尽量降低干燥器中空气的分压。对于不同的待干燥物，干燥器的温度设置不同，避免造成物品的物理化学性质发生变化。

### 2.2.6.5 太阳能海水淡化技术

海水淡化技术可以有效利用地球上丰富的海水资源，是解决淡水资源短缺的有效方法。目前世界上已有150多个国家拥有海水淡化技术，且用于海水淡化工程的投资每年以20%~30%的速度在增长。截至2013年，我国有海水淡化工程103项，日产水900830t。

依据原理将海水淡化分为热分离法、膜分离法和化学分离方法三大类。目前实际应用技术包括：①低温多效蒸馏（MSF）和多级闪蒸（MSF）属于热分离法；②反渗透（RO）属于膜分离法；③电渗析（ED）属于化学分离技术。其中反渗透技术的应用约占60%。

(1) 多效蒸馏技术　蒸汽通过多次蒸发和冷凝处理，前一级蒸发的二次蒸汽作为下一级的加热蒸汽并冷凝成淡水，操作温度65~70℃。图2-35为太阳能多级闪蒸海水淡化系统示意图。

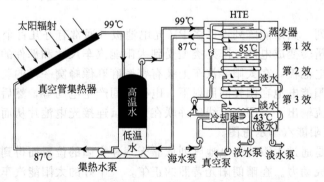

图2-35　太阳能多级闪蒸海水淡化系统示意图

(2) 电渗析技术　电渗析技术是将若干个阴阳离子膜交错式串联在一起，海水在膜之间的空隙流过。通电后的阴阳离子膜间有电压，海水中的阳离子向阴极移动，而阴离子则向阳极移动，中间流出的就是淡水。图 2-36 为电渗析技术原理示意图。

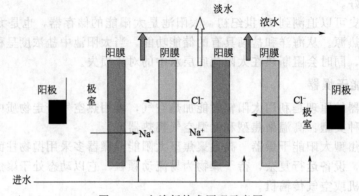

图 2-36　电渗析技术原理示意图

#### 2.2.6.6　太阳能汽车

太阳能汽车不仅节省能源、消除燃料废气的污染，而且行驶时噪声很小。太阳能汽车将在今后得到迅速的发展。太阳能汽车的车身光滑又具有异域风情，它由若干主体部件组成。设计太阳能汽车的主体时要让阻力达到最小值，而使太阳能与阳光的接触比达到最大值，重量要尽量小而安全系数尽量达到最高。

(1) 太阳能汽车的底盘　底盘必须具有严格的强度和安全系数要求，通常有三种类型的底盘。

① 空间框架结构　太阳能汽车的空间框架使用一个焊接或保护管结构用于支撑装载或车体，这种车体重量轻，但不能装载。合成的外壳可以将分离的底盘组装起来。

② 半单体横造或碳纤维　半单体横造或碳纤维横梁使用合成横梁和空间隔开达到支撑装载的能力，而整合就不能支撑装载并承受一个整体的腹部底盘。

③ 单体横造　单体横造的太阳能汽车的底盘使用躯体结构并用来支撑装载。许多太阳能汽车使用三种底盘结构的组合方法。在上面结构中有一个例子就是带有组合空间框架的半单体横造，可以很好地保护驾驶员。

(2) 太阳能汽车的复合材料　太阳能汽车广泛地应用复合材料，合成材料是由像三明治夹层一样结构材料构成，蜂窝状和泡沫塑料常用作合成填充材料。这些材料用环氧基树脂保护起来。组合在具有 KEVLAR 和碳纤维的材料里。需要高强度材料（相当于钢的强度），但是非常轻质。

(3) 太阳能阵列　太阳能阵列由许多 PV 光电池板（通常有好几百个）组成。这些光电池板是将太阳能能量转变成电能。阵列类型受到太阳能汽车尺寸和部件的费用制约。

(4) 太阳能光电池板　在太阳能汽车上装有密密麻麻像蜂窝一样的装置，它就是太阳能光电池板。这些太阳能电池在阳光的照射下，电极之间产生电动势，然后通过连接两个电极的导线，就会有电流输出。若干个电线串并联在一起，连接光电池片从而达到蓄电池规定的电压。图 2-37 为太阳能汽车示意图。

在白天，电力是通过太阳能光电池阵列依靠天气和太阳的位置而得到能量，通过太阳能阵列自己的转换变成动力。在晴朗阳光普照的正午，一个好的太阳能汽车太阳能阵列能产生超过 1000W（1.3HP）的能量。这些能量经过太阳能阵列通过发电机被使用或者被蓄电池储存以备后用。

图 2-37 太阳能汽车

## 2.3 太阳能-光电转换技术

太阳能-光电转换技术简称太阳能电池。太阳能电池与传统的电池概念完全不同，它只是一个装置，本身不提供能量储备，它是利用某些材料受到太阳光照时而产生的光伏效应，将太阳辐射能转换成电能的器件。

太阳能电池最初是人造卫星、宇宙飞船以及军事通信等装置的电源。随着太阳能电池成本逐渐降低，应用范围日益扩大，目前已试用于电视机、冰箱、电动汽车、通信和计算机等方面。太阳能电池种类包括应用广泛的半导体太阳能电池和目前正在研究之中的光化学电池。

（1）太阳能电池的种类　根据材料划分，太阳能电池大致可分为以下几类：晶体硅电池、硅基薄膜电池、多元化合物电池、染料敏化太阳电池（DSSC）、有机太阳电池（OPV）以及近年来出现的量子点电池与钙钛矿电池（Perovskite Cells）等。据美国国家可再生能源实验室（NREL）统计，截至 2014 年年底，各类型太阳能电池经认证的最高转化效率如表 2-4 所示。

表 2-4　太阳能电池经认证的最高转化效率（截至 2014 年年底）

| 太阳能电池类型 | 最高转化效率/% | 研究制造机构 |
| --- | --- | --- |
| 单晶硅 | 25.0 | 美国 SunPower |
| 多晶硅 | 20.8 | 中国天合光能 Trina Solar |
| 非晶硅/晶体硅异质结 | 25.6 | 日本 Panasonic |
| 非晶硅 | 10.2 | 日本产业技术综合研究所 AIST |
| GaInP/GaAs//GaInAsP/GaInAs | 44.7 | 德国 FhG-ISE，法国 Soitec |
| 单结 GaAs | 28.8 | 美国 Alra Devices |
| CIGS | 21.7 | 德国 ZSW |
| CdTe(on glass) | 21.0 | 美国 First Solar |
| 染料敏化（DSSC） | 11.9 | 日本 SHARP |
| 钙钛矿 | 20.1 | 韩国 KRICT |
| 量子点（QDs） | 9.2 | 加拿大 U. Toronto |
| 有机单层器件 | 10.8 | 中国香港 HKUST |
| 有机叠层结构 | 12 | 德国 Heliatct |

(2) 太阳能电池的性能

① 太阳能电池的优点　太阳能取之不尽，用之不竭；太阳能避免长距离输送，可就近供电；太阳能发电系统采用模块化安装，方便灵活，建设周期短；太阳能发电安全，不受能源危机的影响；太阳能发电没有运动部件，不易损坏，维护简单；太阳能发电不用燃料，不产生废弃物，成本低，无公害，是理想的清洁能源。统计发现，如果安装1kW光伏发电系统，每年可少排放$CO_2$大约2000kg、$NO_x$大约16kg、$SO_x$大约9kg，其他颗粒物大约0.6kg。

② 太阳能电池的缺点　太阳能发电受气候条件限制，发电量负荷用量不相等，存在间歇性，需要配备储能装置；能量密度较低，大规模使用需要占有较大面积；发电成本相对高，初始投资大。

(3) 太阳能电池的能量转换　太阳能电池的材料主要为半导体材料。半导体的电导率在$10^{-10}$~$10^4$ S/cm之间，半导体对光的吸收取决于它的禁带宽度和能带结构。图2-38为半导体的能带模型。

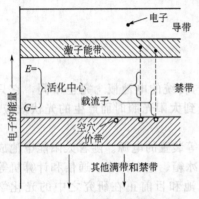

图2-38　半导体的能带模型

当外部不向半导体提供能量时，半导体中电子充满价带，而导带中不存在电子，此时半导体不具有导电性，是绝缘体。当半导体接受太阳光的能量时，价带的电子接受能量激发至导带，价带本身成为带正电荷的空穴，传导电子，总称为光载流子。当将所产生的电子-空穴对靠半导体内形成的势垒分开到两极时，两极间就产生电流，即光伏达效应，简称光伏效应，这是太阳能电池又被称为光伏器件的原因。

在半导体中可以利用各种势垒形成光伏效应，如p-n结、肖特基势垒和异质结势垒等，p-n结势垒是常用的一种。n型和p型半导体属于掺杂半导体，n型半导体是施主，向半导体输送电子，形成多电子结构；p型半导体是受主，接受半导体价带电子，形成多空穴结构。光伏效应原理示意图见图2-39。

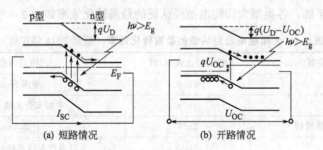

图2-39　光伏效应原理示意图

$I_{SC}$—短路电流；$U_{OC}$—开路电压；$U_D$—内建电势；$E_F$—费米能级；$E_g$—禁带宽度

太阳能电池可处于四种状态：a.无光照；b.有光照但短路；c.有光照，开路；d.有光照有负载。

太阳能电池作为电源处于d的状态，负载的选择要考虑短路电池和开路电压相匹配。

① 短路电流　将太阳电池短路，所得的电流成为短路电流，这是太阳电池的重要参数之一。如果辐射到太阳电池的能量大于$E_g$的光子全都形成电子-空穴对，且可被全部收集，最大电流密度应为

$$J_{L(max)} = qFE_g \tag{2-8}$$

式中　$F$——光量子的数量；

$q$——电子电荷。

在实际中要考虑到光的反射、电池的厚度等，因此实际收集的电流为：

$$J_L = \int_0^\infty \left\{ \int_0^H qF(\lambda)[1-R(\lambda)]\alpha(\lambda)e^{-\alpha(\lambda)x} dx \right\} d\lambda \tag{2-9}$$

式中 $R$——与波长有关的反射系数；
$\alpha$——与波长有关的吸收系数；
$H$——电池的厚度；
$x$——离电池表面距离。

由此可见，$J_L$ 与禁带宽度有关，$F$ 与光强度有关。如果电池的少数载流子寿命足够长，使载流子到 p-n 结前未被复合，短路电流则为光生电流，即：

$$J_{SC} = J_L \tag{2-10}$$

而短路电流是由光在 n 型区、结区、p 型区产生电流的总和，即：

$$J_{SC} = J_n + J_p + J_{dr} \tag{2-11}$$

实验与计算都表明，这 3 个区位对载流子的贡献首先取决于电池的结构。以 $n^+/p$ 电池为例，顶区对光谱中紫外光敏感，产生的光生载流子为 5%～12%；耗尽区对可见光敏感产生的光生载流子占 2%～5%；基于对红外波长敏感，产生的光生载流子约占 90%。

② 开路电压 当电池处于光照下，通过二极管的电流为短路电流同与之相反的二极管的正向电流之和：

$$I(U) = I_{SC} - I_0(e^{\frac{qU}{AkT}} - 1) \tag{2-12}$$

式中 $U$——二极管的电压；
$A$——二极管的曲线因子；
$T$——温度；
$k$——玻尔兹曼常数；
$I_0$——二极管的反向电流。

开路电压为：

$$U_{OC} = \frac{AkT}{q} \ln\left(\frac{I_{SC}}{I_0} + 1\right) \tag{2-13}$$

由于开路时 $I(U)=0$，此时的电压为开路电压，即 $U=U_{OC}$。

③ 填充因子 当太阳能电池接上负载 $R$ 时，$R$ 可以从零到无穷大。当 $R_m$ 为最大功率点时，它对应的最大功率为：

$$P_m = I_m U_m \tag{2-14}$$

式中 $I_m$、$U_m$——最佳工作电流和最佳工作电压。

将 $U_{OC}$ 与 $I_{SC}$ 的乘积与最大功率 $P_m$ 之比定义为填充因子 $FF$，则

$$FF = \frac{P_m}{U_{OC}I_{SC}} = \frac{U_m I_m}{U_{OC}I_{SC}} \tag{2-15}$$

$FF$ 为太阳电池的重要表征参数，$FF$ 越大则输出的功率越高。$FF$ 取决于入射光强、材料的禁带宽度、A 因子、串联电阻和并联电阻等。

太阳能的转换效率决定电池的成本、质量、材料消耗和辅助设施等因素。根据式（2-13），太阳能电池的转换效率可写作：

$$\eta = \frac{P_m}{P_{in}} = \frac{U_{OC}I_{SC}FF}{A_t P_{in}} \tag{2-16}$$

式中 $P_m$——最大输出功率；
$P_{in}$——单位面积的太阳能强度；

$A_t$——电池面积。

太阳能电池的效率主要取决于电池的材料与结构。

### 2.3.1 晶体硅太阳能电池

晶体硅太阳能电池包括单晶硅太阳能电池和多晶硅太阳能电池。太阳能电池发电的原理主要是半导体的光电效应，一般的半导体主要结构如图 2-40 所示。

图 2-40 的正电荷表示硅原子，负电荷表示围绕在硅原子旁边的四个电子。当硅晶体中掺入如硼、磷等其他的杂质时，结构会有变化。图 2-41 和图 2-42 为掺入硼和磷的硅晶体。在图 2-41，正电荷表示硅原子，负电荷表示围绕在硅原子旁边的四个电子，浅灰色的表示掺入的硼原子。因为硼原子周围只有 3 个电子，所以就会产生如图所示的深灰色的空穴，这个空穴因为没有电子而变得很不稳定，容易吸收电子而中和，形成 p（positive）型半导体。

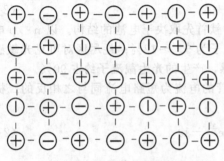

图 2-40 半导体主要结构

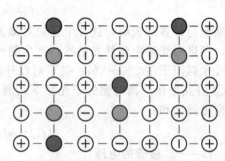

图 2-41 掺入硼的硅晶体

图 2-42 为掺入磷的硅晶体。磷原子有五个电子，所以就会有一个电子变得非常活跃，形成 n（negative）型半导体。⊕为磷原子核，⊖为多余的电子。

n 型半导体中含有较多的空穴，而 p 型半导体中含有较多的电子，这样，当 p 型和 n 型半导体结合在一起时，就会在接触面形成电势差，这就是 pn 结。当晶片受光后，pn 结中 n 型半导体的空穴往 p 型区移动，而 p 型区中的电子往 n 型区移动，从而形成从 n 型区到 p 型区的电流。然后在 pn 结中形成电势差，这就形成了电源（如图 2-43 所示）。

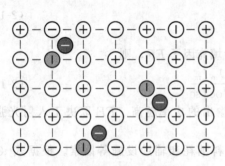

图 2-42 掺入磷的硅晶体

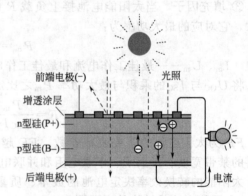

图 2-43 硅太阳能电池工作示意图

由于半导体不是电的良导体，电子在通过 p-n 结后如果在半导体中流动，电阻非常大，损耗也就非常大。但如果在上层全部涂上金属，阳光就不能通过，电流就不能产生，因此一般用金属网格覆盖 p-n 结（如图 2-44 所示的梳状电极），以增加入射光的面积。

硅表面非常光亮，会反射掉大量的太阳光，不能被电池利用。为此需要给它涂上一层反射系数非常小的保护膜，将反射损失减小到5%甚至更小。一个电池所能提供的电流和电压毕竟有限，于是人们又将很多电池并联或串联起来使用，形成太阳能光电板（见图2-45）。

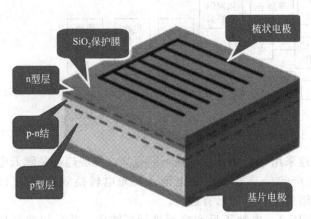
图 2-44　梳状电极示意图

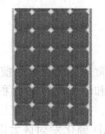
图 2-45　太阳能光电板

### 2.3.1.1　单晶硅太阳能电池

单晶硅太阳能电池是开发最早、发展最快的一类太阳能电池，目前单晶硅太阳能电池的光电转换效率为15%左右，最大已接近20%。单晶硅太阳能电池的生产过程大致可分为五个步骤：①提纯过程；②拉棒过程；③切片过程；④制电池过程；⑤封装过程，如图2-46所示。

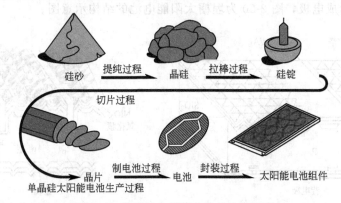
图 2-46　单晶硅太阳能电池的生产过程

（1）单晶硅电池的结构　单晶硅电池以硅半导体材料制成大面积p-n结进行工作，其结构见图2-47。

单晶硅电池一般采用$n^+/p$同质结的结构，即在面积约$10cm^2$的p型硅片上用扩散法作出一层很薄的经过重掺杂的n型层，n型层上面制作金属栅线，形成正面接触电极；在整个背面制作金属膜，作为欧姆接触电极。为减少光的反射损失，在整个表面覆盖一层膜。

当阳光从电池表面入射到内部时，入射光分别被各区的价带电子吸收并激发到导带，产生了电子-空穴对。势垒的作用将电子扫入n

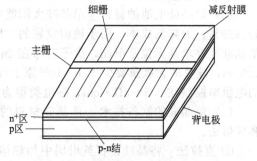
图 2-47　单晶硅太阳能电池的结构示意图

区，而将空穴扫入 p 区。各区产生的光载流子在内建电场的作用下，反方向越过势垒，形成光生电流，实现了光-电转换过程。

(2) 单晶硅太阳能电池的制备工艺　单晶体硅太阳能电池常规工艺流程见图 2-48。

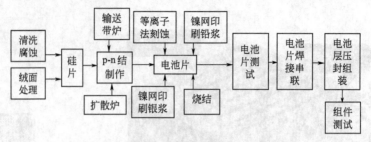

图 2-48　单晶硅太阳能电池制备工艺流程

常规工艺流程目前在工业界普遍采用，自动化程度在不断提高，发展趋势是降低电池片厚度和增加电池的面积。已批量生产的单晶硅太阳能电池，其光电转换效率达到 14%～15%。通过改进制备工艺以提高电池效率，目前已有进展。

① 钝化发射区太阳能电池（PERL）　电池正反面全部进行氧钝化，并采用光刻技术将电池表面的氧化硅层制成倒金字塔式（见图 2-49）。两面的金属接触面积缩小，其接触点进行 B 与 P 的重掺杂。PERL 电池的光电转换效率达到 24%。PERL 电池主要探求提高太阳能电池效率的方式，PESC、PERC 属于此类，背面点触 PCC 太阳能电池也是属于此种类型。

② 埋栅太阳能电池（BCSC）　采用激光或机械法在硅表面刻出宽度为 20μm 的槽，然后进行化学镀铜形成电极，图 2-50 为埋栅太阳能电池的结构示意图。

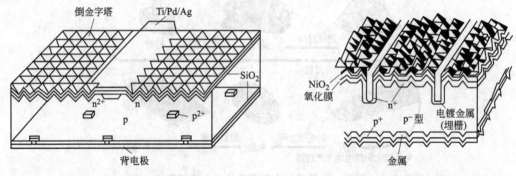

图 2-49　PERL 太阳能电池　　　　图 2-50　BCSC 太阳能电池结构示意图

BCSC 电池的制备工艺是结合实用化来提高效率，具有工业化生产前景。

(3) 单晶硅电池的材料　单晶硅太阳能电池的材料为高纯度的单晶硅棒，纯度要求达到 99.999%。为降低成本，用于地面设施的太阳能电池的单晶硅材料指标有所放宽。高质量的单晶硅片要求是无位错单晶，少子寿命在 2ns 以上，少子扩散长度至少为 100μm，厚度达到 200μm；硅片的含氧量要少于 $1\times10^{18}$ 原子/$cm^3$，碳含量少于 $1\times10^{17}$ 原子/$cm^3$。单晶硅片的电阻率控制在 0.5～3Ω·cm，导电类型为 p 型，用 B 作掺杂剂。

(4) 单晶硅的制备技术　单晶硅材料的制备方法主要有直拉法（也称 Czochvalski 法）和区熔法。

① 直拉法　将晶硅在石英坩埚中加热熔化，用籽晶与硅液面进行接触，然后向上提升生长出柱状晶棒。晶棒直径目前达到 100～150mm。硅片采用〈100〉晶面，便于表面的绒

面处理。直拉法的发展方向是增大硅棒直径,已制备出直径为 300mm 的单晶硅棒;质量控制是减少氧、碳和杂质的含量,减少晶体中的缺陷;提高生长速度和降低成本。

② 区熔法　区熔法生长的单晶硅质量佳,用于制备高效太阳能电池和聚光太阳能电池,区熔法生产成本高。

单晶硅太阳能电池转换效率在所有太阳能电池中是最高的,在大规模应用和工业生产中仍占据主导地位,但由于受单晶硅材料价格及相应的繁琐的电池工艺影响,致使单晶硅成本价格居高不下。

#### 2.3.1.2　多晶硅太阳能电池

多晶硅太阳能电池的主要优势是降低成本。相比单晶硅太阳能电池,多晶硅电池材料制备方法简单、耗能少且可连续化生产。但多晶硅太阳能电池的光电转化效率较低,目前仅为 18% 左右。

(1) 多晶硅太阳能电池制备过程　多晶硅太阳能电池与单晶硅太阳能电池的不同之处在于电池的表面存在多种界面,与单晶硅的〈100〉晶面相比,得到理想的绒面结构比较困难,因此要有多种形式的减反射处理。多晶硅太阳能电池板由厚度 350~450μm 的高质量硅片组成,图 2-51 展示了这一过程。

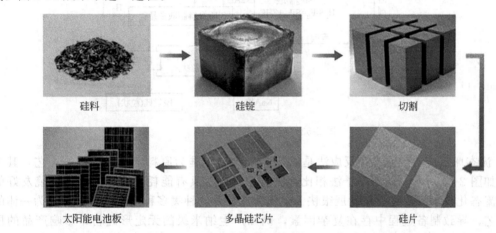

图 2-51　多晶硅太阳能电池板制备过程

(2) 太阳能级多晶硅的制备技术　多晶硅按纯度可分为电子级多晶硅(EG)和太阳能级多晶硅(SOG),电子级多晶硅的纯度是 99.9999%,太阳能级多晶硅的纯度达到 99.999999%~99.99999999999%。

很长时间长期以来,太阳能级多晶硅都是采用电子级硅单晶制备的头尾料、增埚底料来制备。多晶硅材料的传统制备方法是以工业硅为原料,经一系列物理化学反应提纯后达到一定纯度的半导体材料。

目前,世界先进的电子级多晶硅生产技术由美国、日本及德国三国的七家公司所垄断,其生产技术主要有以下三种。

① 改良西门子法　西门子法是以 HCl(或 $Cl_2$)和冶金级工业硅为原料,在高温下合成为 $SiHCl_3$,然后对 $SiHCl_3$ 进行化学精制提纯,接着对 $SiHCl_3$ 进行多级精馏,使其纯度达标,最后在还原炉中 1050℃ 的芯硅上用超高纯的氢气对 $SiHCl_3$ 进行还原而生长成高纯多晶硅棒。主要工艺流程如图 2-52 所示。

② 硅烷法　硅烷法是以氟硅酸、钠、铝和氢气为主要原料制取高纯硅烷,然后硅烷热分解生产多晶硅的工艺。主要工艺流程如图 2-53 所示。

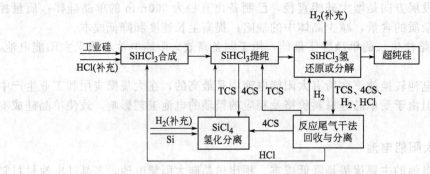

图 2-52 改良西门子法的工艺流程

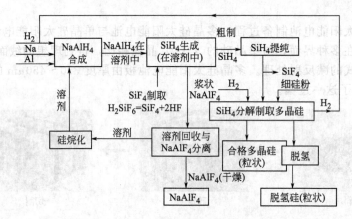

图 2-53 硅烷法的工艺流程

③ 流态床反应法 流态床反应法是以 $SiC_4$ 和冶金级硅为原料生产多晶硅的工艺，其工艺流程如图 2-54 所示。同西门子法相比，流态床反应法具有能耗低、产能大和环境友好的特点，流态化技术方法在近年发展很快。但流化床法是一种集多种技术和学科知识为一体的制备工艺，导致制备过程中存在复杂因素，例如产生纳米级的无定形硅粉，影响产品的质量。流态化技术需要改善。

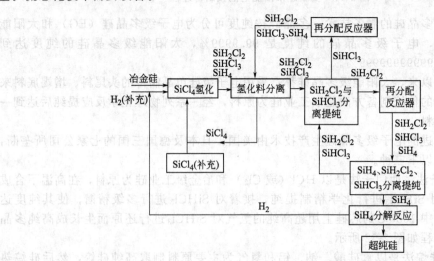

图 2-54 流态床反应法生产多晶硅的工艺流程

目前改良西门子法生产多晶硅是主流厂商应用的工艺，技术相对成熟，但是在生产效率和能耗方面存在显著的缺点。硅烷流化床法是未来代替改良西门子法多晶硅的全新技术，它具有工艺流程短、副产物少和能耗物耗低的优点。同时，硅烷流化床法可连续化生产，可以提高批次产量。

(3) 太阳能级多晶硅制备新工艺　西门子法是电子多晶硅生产的成熟技术，但是也存在缺陷，例如，设备复杂、耗能高、污染重且成本高。世界各国都在研究廉价生产太阳能级多晶硅的新工艺。

① 化学法制备太阳能级多晶硅的方法

a. 还原＋热分解　以 $SiHCl_3$ 和 $SiH_4$ 为原料，采用改进的沸腾床法进行还原和热分解工艺。

b. 熔融析出法　使用 $SiHCl_3$ 为原料，在桶状反应炉内进行气相反应，直接析出液体状硅，该法的析出速率比西门子法快 10 倍，同时降低成本。

c. 沉积法　利用 Si 气体在特殊加热的硅管中沉积多晶硅，既利用了硅管面积较大的优点，又把硅管作为晶种材料。

② 冶金法制备太阳能级多晶硅　冶金法制备多晶硅的方法可直接由工业硅制得太阳电池用高纯多晶硅锭，具有环境污染小、不需要重熔设备且生产成本相对较低。

a. 电子束真空熔炼　硅在 1700K 时的蒸气压为 0.0689Pa，在此温度下，蒸气压高于此值的杂质（如磷和铝等）能挥发出去。

b. 区域悬浮熔炼　利用感应圈（电子束或离子束）使硅棒加热熔化一段并从下端逐步向上端移动，凝固过程也随之顺序进行，当熔化区走完一遍之后，对于 $k^0<1$ 的杂质将富集到上端。

c. 等离子弧精炼　研究发现，利用等离子弧氧化精炼可以很好地除去硅中的硼和碳，如果发展大功率等离子弧装置，可以实现大容量生产，具有很好的工业应用前景。但离子弧精炼会带来硅自身的损失。

d. 熔盐电解法　以工业硅为阳极，以惰性电极为阴极可制备出太阳能级多晶硅。目前还没有实现大规模生产。

③ 多晶硅薄膜制备　多晶硅薄膜太阳能电池可以在廉价衬底上制备，耗料少、无效率衰减且用料少。目前，制备多晶硅薄膜电池主要包括化学气相沉积法，包括低压化学气相沉积 (LPCVD) 和等离子增强化学气相沉积 (PECVD) 工艺，还有液相外延法 (LPPE) 和溅射沉积法等。

化学气相沉积主要是以 $SiH_2Cl_2$、$SiHCl_3$、$SiCl_4$ 或 $SiH_4$ 为反应气体，在一定的保护气氛下反应生成硅原子并沉积在加热的衬底上。衬底材料一般选用 Si、$SiO_2$ 和 $Si_3N_4$ 等。但研究发现，在非硅衬底上很难形成较大的晶粒，并且容易在晶粒间形成空隙。解决这一问题的办法是先用 LPCVD 在衬底上沉积一层较薄的非晶硅层，再将这层非晶硅层退火，得到较大的晶粒，然后再在这层籽晶上沉积厚的多晶硅薄膜。再结晶技术是很重要的一个环节，目前采用的技术主要有固相结晶法和中区熔再结晶法。

## 2.3.2　非晶硅太阳能电池

非晶硅太阳能电池的优势是硅资源消耗少、生产成本低，近年来发展迅速。非晶硅对太阳光的吸收系数大，因此非晶硅太阳能电池可以做得很薄，膜厚度通常为 $1\sim2\mu m$，仅为单晶硅和多晶硅电池厚度的 1/500。

非晶硅中原子排列缺少结晶硅中的规则性，往往在单纯的非晶硅 p-n 结构中存在缺陷，隧道电流占主导地位，无法制备太阳能电池。因此要在 p 层和 n 层中间加入本征层 i，形成

pin 结，改善了稳定性和提高了效率，同时遏制了隧道电流。如果制成 pin/pin/pin 的多层结构便形成叠层结构，在提高非晶硅太阳能电池的转换效率和可靠性方面，叠层太阳能电池是一个重要的发展方向。

非晶硅太阳能电池的研究集中在：①提高转换效率；②提高可靠性；③开发批量生产技术。

#### 2.3.2.1 非晶硅太阳能电池的工作原理

非晶硅太阳能电池的工作原理与单晶硅太阳能电池类似，都是利用半导体的光伏效应，与单晶硅太阳能电池不同的是，在非晶硅太阳能电池中光生载流子只有漂移运动而无扩散运动。由于非晶硅材料结构上的长程无序性，无规网络引起的极强散射作用使载流子的扩散长度很短。如果在光生载流子的产生处或附近没有电场存在，则光生载流子由于扩散长度的限制，将会很快复合而不能被收集。为了使光生载流子能有效地收集，就要求在非晶硅太阳能电池中光注入所涉及的整个范围内尽量布满电场。因此，电池设计成 pin 型（p 层为入射光面），i 层为本征吸收层，处在 p 和 n 产生的内建电场中。

当入射光通过 $p^+$ 层后进入 i 层，产生 e-h 对时，光生载流子一旦产生便被 p-n 结内建电场分开，空穴漂移到 p 边，电子漂移到 n 边，形成光生电流 $I_L$ 和光生电动势 $U_L$。$U_L$ 与内建电势 $U_b$ 反向。当 $|U_L|=|U_b|$ 达到平衡时，$I_L=0$，$U_L$ 达到最大值，称之为开路电压 $U_{OC}$。当外电路接通时，则形成最大光电流，称之为短路电流 $I_{sc}$，此时 $U_L=0$。当外电路中加入负载时，则维持某一光电压 $U_L$ 和光电流 $I_L$。非晶硅太阳能电池的转换效率表示为：

$$\eta = \frac{J_m U_m}{P_i} = \frac{FF J_{SC} U_{OC}}{P_i} \tag{2-17}$$

式中　$J_m$，$U_m$——电池在最大输出功率下工作的电流密度和电压；

　　　　$P_i$——光入射到电池上的总功率密度；

　　　　$J_{SC}$——短路电流密度；

　　　　$FF$——电池的填充因子。

由上式可见，$FF=J_m U_m/(J_{SC}U_{OC})$。电池效率的高低由 $FF$、$U_{OC}$ 和 $J_{SC}$ 决定。

非晶硅太阳电池为 nip 型时，n 层为入射光面。实验表明，pin 型电池的特性好于 nip 型，实际的电池都做成 pin 型。

#### 2.3.2.2 非晶硅太阳能电池的结构

非晶硅太阳能电池是以玻璃、不锈钢及特种塑料为衬底的薄膜太阳能电池，结构如图 2-55 所示。

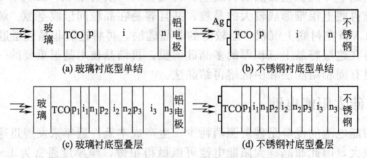

图 2-55　非晶硅太阳能电池的结构

玻璃衬底的非晶硅太阳能电池，光从玻璃面入射，电池电流从透明导电膜（TCO）和电极铝引出。不锈钢衬底的太阳能电池的电极与 C-Si 电池类似，在透明导电膜上制备梳状银（Ag）电极，电池电流从不锈钢和梳状电极引出。根据太阳能电池的工作原理，光要通过 p 层进入 i 层才能对光生电流有贡献。因此，p 层应尽量少吸收光，称其为窗口层。

电池各层厚度的设计要求是：保证入射光尽量多地进入 i 层，最大限度地被吸收，并最有效地转换成电能。以玻璃衬底 pin 型电池为例，入射光要通过玻璃、TCO 膜、p 层后才到达 i 吸收层，因此对 TCO 膜和 p 层厚度的要求是：在保证电特性的条件下要尽量薄，以减少光损失。一般 TCO 膜厚约 80nm，p 层厚约 10nm，要求 i 层厚度既要保证最大限度地吸收入射光，又要保证光生载流子最大限度地输运到外电路。计算机模拟结果显示，非晶硅太阳能电池中收集光生载流子所需的最小电场强度应大于 $10^5$ V/m。综合以上两方面考虑，i 层厚度约 500nm，n 层约 30nm。

为使在第 i 个异结构的半导体结中有能量增益，叠层电池的各子电池 i 层光伏材料的选择应保证以下条件：

① 相邻子电池 i 层光伏材料的光吸收系数满足：

$$\alpha_{i-1}(\lambda) < \alpha_i(\lambda) < \alpha_{i+1}(\lambda) \tag{2-18}$$

② 光学带隙应满足：

$$E_{\text{opt},i-1}(\lambda) > E_{\text{opt},i}(\lambda) > E_{\text{opt},i+1}(\lambda) \tag{2-19}$$

（1）集成型非晶硅太阳能电池的结构　为减小串联电阻，集成型电池通常用激光器将 TCO 膜、α-Si 膜和 Al 电极膜分别切割成条状，如图 2-56 所示。国际上采用的标准条宽约 1cm，称为一个子电池。用内部连接的方法将各子电池连接起来，因此集成型电池的输出电流为每个子电池的电流，总输出电压等于各子电池的串联电压。在实际应用中，可根据电流、电压的需要选择电池结构和面积，并可制成输出任意电流电压的非晶硅太阳能电池。

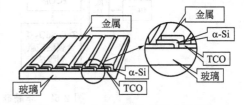

图 2-56　α-Si 非晶硅太阳能电池结构

（2）叠层型非晶硅太阳能电池的结构　叠层型太阳能电池模块的器件结构是：玻璃/TCO/pin-pin/ZnO/Al/EVA/玻璃，其中前 pin 结采用了能隙宽度约 1.78eV 的本征 α-Si：H 吸收层，后 pin 结使用能隙宽度 1.45～1.55eV 的本征 α-Si/Ge：H 层。前接触电极是用常压 CVD 法沉积的绒面氧化锡透明导电膜，非晶硅膜则采用等离子增强化学气相沉积（PECVD）法制备，其中约 10nm 厚的 p 型 α-SiC：H 合金膜层直接沉积在镀有 TCO 膜的玻璃上。

前 pin 结的本征 α-Si：H 膜层利用硅烷和氢气混合气体进行沉积之后再沉积约 10nm 的掺磷微晶硅膜层。接下来的第二个 p 型 α-SiC：H 膜层形成了隧道结并作为第二个结的组成部分，然后是用硅烷、锗烷和氢气沉积的能隙宽度小的 α-Si/Ge：H 合金膜层。背接触电极由利用低压 CVD 法沉积的 100nm ZnO 和利用磁控溅射沉积的约 300nm Al 层组成。

太阳光光谱可以被分成连续的若干部分，用能带宽度与这些部分有最好匹配的材料做成电池，并按能隙从大到小的顺序从外向里叠合起来，让波长最短的光被最外边的宽隙材料电池利用，波长较长的光能够透射进去让较窄能隙材料电池利用，这就有可能最大限度地将光能变成电能，见图 2-57。

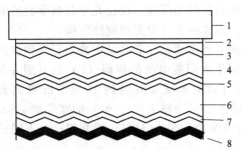

图 2-57　叠层非晶硅太阳能电池的结构
1—玻璃；2—SiC；3—SnO；4—非晶硅 pin；
5—通道；6—α-SiGe-Pin；7—ZnO；8—Al

由于太阳光谱中的能量分布较宽,现有的任何一种半导体材料都只能吸收其中能量比其能隙值高的光子。太阳光中能量较小的光子将透过电池,被背电极金属吸收,转变成热能;而高能光子超出能隙宽度的多余能量,则通过光生载流子的能量热释作用传给电池材料本身的点阵原子,使材料本身发热。这些能量都不能通过光生载流子传给负载变成有效的电能。因此对于单结太阳能电池,即使是晶体材料制成的,其转换效率的理论极限一般也只有25%左右。

#### 2.3.2.3 非晶硅太阳能电池的制备工艺

根据离解和沉积的方法不同,气相沉积法分为辉光放电分解法(GD)、溅射法(SP)、真空蒸发法、光化学气相沉积法(Photo-CVD)和热丝法(HW)等。气体的辉光放电分解技术在非晶硅基半导体材料和器件制备中占有重要地位。

(1) pin 集成型非晶硅太阳能电池的制备工艺　制备 pin 集成型非晶硅太阳能电池工艺流程见图 2-58。

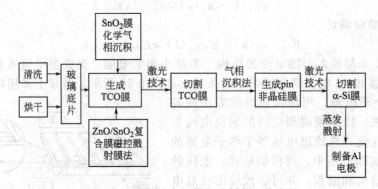

图 2-58　非晶硅太阳能电池制备工艺流程

(2) 叠层型非晶硅太阳能电池制备工艺　目前常规的叠层电池结构为 α-Si/α-SiGe、α-Si/α-Si/α-SiGe、α-Si/α-SiGe/α-SiGe、α-SiC/α-Si/α-SiGe 等。制备叠层电池,在生长本征 α-Si:H 材料时,在 $SiH_4$ 中分别混入甲烷($CH_4$)或锗烷($GeH_4$),就可制备出宽带隙的本征 α-SiC:H 和窄带隙的本征 α-SiGe:H。调节 $CH_4$ 和 $GeH_4$ 对 $SiH_4$ 的流量比可连续改变 $E_g$。

α-Si:H 膜的质量与沉积条件(如衬底温度、反应气体压力、辉光功率等)有关。一般在衬底温度约 200℃、反应气体压力 60~90Pa、辉光功率密度约 200~500W/m² 时,可制备出性能优良的非晶硅基材料。

#### 2.3.2.4 非晶硅太阳能电池的材料

同晶体材料相比,非晶硅的基本特征是组成原子的长程无序性,仅在几个晶格常数范围内具有短程有序。原子之间的键合十分类似晶体硅,形成一种共价无规网络结构。

在非晶硅半导体中可以实现连续的物性控制,例如当连续改变非晶硅中掺杂元素和掺杂量时,可连续改变电导率、禁带宽度等。目前已应用于太阳能电池的掺硼(B)的 p 型 α-Si 材料和掺磷(P)的 n 型 α-Si 材料,它们的电导率可以由本征 α-Si 的约 $10^{-9}$S/m 提高到 $10^{-2}$S/m。本征 α-Si 材料的带隙 $E_g$ 约 1.7eV,通过掺 C 可获得 $E_g>2.0$eV 的宽带隙 α-SiC 材料,通过掺入不同量的 Ge 可获得 1.4~1.7eV 的窄带隙 α-SiGe 材料。通常把这些不同带隙的掺杂非晶硅材料称为非晶硅基合金。

非晶硅基合金半导体材料的电学、光学性质及其他参数依赖于制备条件,因此性能重复性较差,结构也十分复杂。大量的实验证实,实际的非晶硅基半导体材料结构既不像理想的无规网络模型,也不像理想的微晶模型,而是含有一定量的结构缺陷,如悬挂键、断键、空洞等。这些缺陷有很强的补偿作用，使 α-Si 材料没有杂质敏感效应，因此尽管对 α-Si 的研究早在 20 世纪 60 年代即已开始，但很长时间未付诸应用。α-Si：H 材料用 H 补偿了悬挂键等缺陷态，实现了对非晶硅基材料的掺杂，非晶硅材料应用开始了新时代。

### 2.3.3 新型硅太阳能电池

（1）纳米技术增效晶硅太阳能电池　晶体硅光伏能够将光能转化为电能，这种转化效率目前的平均水平已经能达到 18% 左右，将晶体硅太阳能电池效率提高面临着挑战，主要包括：光学损失，少数载流子复合，串联电阻和量子损失，其中光学损失占较大比例。

采用纳米阵列/c-Si 结构太阳能电池具有从可见到近红外的宽带光捕获性能。纳米阵列/c-Si 异质结构能够抑制光生载流子的复合，提高晶体硅太阳能电池的开路电压，同时，复合结构能够极大提高短路电流密度，从而极大提高了光电转化效率。

目前半导体纳米阵列结构材料主要包括氧化铜、硅纳米杆、氧化锌、碲化镉、硒化镉、氧化钛、氮化镓、砷化镓和砷化铟等。

（2）石墨烯-硅太阳能电池　石墨烯具有极高的电子迁移率和良好的透光性，是公认的一种性能优异的二维纳米碳材料，石墨烯适合用于太阳能电池的透明导电材料。石墨烯的功能函数大约是 4.5eV，而硅的功函数是 4.31eV，考虑将二者直接进行接触形成异质结，石墨烯-硅太阳能电池结构模型见图 2-59。当太阳光照射到石墨烯-硅材料表面时，硅中的价电子吸收入射光中的光子能量发生跃迁，形成电子-空穴对。在内建电场的作用下，电子-空穴对被分离，并经由石墨烯-硅传输到外电路中，实现太阳能到电能的转换。

目前，石墨烯-硅太阳能电池的研究发展迅速，其光电转换效率已经由 2010 年的 1.5% 发展到 2015 年的 15.6%。石墨烯-硅太阳能电池具有结构简单、原料来源丰富和清洁环保的优势，符合可持续发展的要求。

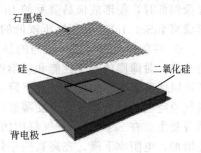

图 2-59　石墨烯-硅太阳能电池结构模型

### 2.3.4 化合物半导体太阳能电池

多元化合物薄膜太阳能电池主要包括 $CuInSe_2$ 系列太阳能电池、GaAs 系列太阳能电池、CdTe 系列太阳能电池和 InP 系列太阳能电池。

#### 2.3.4.1　$CuInSe_2$（铜铟镓硒）薄膜太阳能电池

$CuInSe_2$（简称 CIS）是三元 I-IV-VI 族化合物半导体材料，是重要的多元化合物半导体光伏材料。CIS 薄膜太阳能电池具有生产成本低、污染小、不衰退、弱光性能好等显著特点，光电转换效率居各种薄膜太阳能电池之首，接近于晶体硅太阳能电池，而成本只是它的三分之一，被称为下一代非常有前途的新型薄膜太阳能电池，是近几年国内外研究开发的热点。同时，CIS 薄膜太阳能电池具有柔和、均匀的黑色外观，是对于外观有较高要求场所的理想选择。

CIS 为直接带隙半导体材料，带隙结合能 77K 时为 1.04eV，300K 时为 1.02eV，其带隙对温度的变化不敏感，吸收系数高达 $10^5 cm^{-1}$。CIS 的电子亲和势为 4.58eV，与 CdS 的电子亲和势（4.50eV）相差很小（0.08eV），这使得它们形成的异质结没有导带尖峰，降低了光生载流子的势垒。

CIS 太阳能电池是在玻璃或其他廉价衬底上分别沉积多层薄膜构成的光伏器件，其结构为：光/金属栅状电极/减反射膜/窗口层（ZnO）/过渡层（CdS）/光吸收层（CIS）/金属背电极（Mo）/衬底。改变窗口材料，CIS 太阳能电池有不同结构。在 300～350℃ 之间，将 In 扩散入 CdS 中，把本征 CdS 变成 n-CdS，用于做 CIS 太阳能电池的窗口层，近年来窗口层改用 ZnO，其带宽可达到 3.3eV。为了增加光的入射率，在电池表面做一层减反膜 $MgF_2$，有益于电池效率的提高。

为了进一步提高电池的性能参数，以 $Zn_xCd_{1-x}$ 代替 Cd 制成了 $Zn_xCd_{1-x}S/CuInSe_2$ 太阳能电池（$x=0.1\sim0.3$）。ZnS 的掺入可减少电子亲和势差，从而提高开路电压，并提高了窗口材料的带隙结合能。这样就改善了晶格匹配，从而提高了短路电流。

(1) $CuInSe_2$ 太阳能电池的制备工艺

① 控制衬底温度  在合适的衬底温度下，可以获得接近化学计量比的具有单一黄铜矿结构、结晶度好、光学性质和电学性质好的薄膜。研究发现，衬底温度太低时，薄膜的结晶程度变差，晶粒变小，且不易生长单一黄铜矿结构的薄膜，其光学性能和电学性能也相应变差，但是在较低的衬底温度下比较容易获得接近化学计量比的薄膜；衬底温度太高时，由于 Se 及 $In_2Se$、$In_2Se_3$ 等具有较高蒸气压成分的反蒸发，使薄膜中 Se 含量不足，Cu/In 比增高，薄膜的组分大大偏离化学计量比，有 $Cu_2Se$ 和 $Cu_{2-x}Se$ 相出现。

薄膜中 Se 含量的变化总是和薄膜中 Cu/In 比相联系，薄膜中 Cu 的含量与 Se 含量无关，但是 In 在膜中的结合性却受到 Se 浓度的影响。在薄膜生长过程中，当薄膜表面 Se 的含量偏低时，便形成极易蒸发的 $In_2Se$ 而被反蒸发掉；当薄膜表面 Se 的浓度偏高时，与 In 形成富 $InSe$、$InSe_2$ 等蒸气压较低的物质。

② 控制热处理温度  适当的热处理可以改善薄膜的结晶度和组分的均匀性，减少膜中的缺陷，对薄膜的光学性能和电学性能有很大的影响。在惰性气体（Ar，$N_2$）中，热处理还可以使薄膜的 p 型导电性能下降，电阻率升高，因为总有少量 Se 蒸发而产生 Se 空位。在氧气或空气中热处理还可以使薄膜的 p 型导电性增加，电阻率下降，因为扩散进去的氧原子呈现受主。在 $Se_2$ 和 $H_2Se$ 气氛中的热处理，可以提高薄膜中 Se 的含量，使薄膜的 p 型导电性增加，电阻率下降。在高真空中热处理，会使薄膜的性能衰退，主要由于在真空中薄膜的 Se 极易蒸发，使 Se 的含量严重不足，导致薄膜偏离化学计量比，使光电性能变差。

③ CIS 薄膜生长工艺  CIS 薄膜制备目前采用真空蒸发法、CuIn 合金膜的硒化处理法（包括电沉积法和化学热还原法）、封闭空间的气相输送法、喷涂热解法和射频溅射法等。n-$CuS/p-CuInSe_2$ 太阳能电池一般由低阻的 n 型 CdS 和高阻的 p 型 $CuInSe_2$ 组成，这种结构的电池一般有较高的短路电流、中等的开路电压和较低的填充因子。为了获得性能较好的 CIS 电池，采用低阻 $CuInSe_2$ 材料与 CdS 接触时在界面处会产生大量铜结核，形成 pin 型的 $CdS/CuInSe_2$ 电池，解决了上述问题。

(2) $CuInSe_2$ 太阳能电池的材料  $CuInSe_2$ 具有黄铜矿和闪锌矿两个同素异形的晶体结构。其高温相为闪锌矿结构（相变温度为 980℃），属立方晶系，晶格常数为 $a=0.58nm$，密度为 $5.55g/cm^3$；低温相是黄铜矿结构（相变温度为 810℃），属四方晶系，晶格常数为 $a=0.5782nm$，$c=1.1621nm$，与铅锌矿结构的 CdS（$a=0.46nm$，$c=6.17nm$）的晶格失配率为 1.2%。

$CuInSe_2$ 是直接带隙半导体材料，77K 时的带隙为 1.04eV，300K 时为 1.02eV，带隙对温度的变化不敏感。$CuInSe_2$ 的电子亲和势为 4.58eV，与 CdS（4.50eV）相差很小，这使它们形成的异质结没有导带尖峰，降低了光生载流子的势垒。

$CuInSe_2$ 具有一个 0.95～1.04eV 的允许直接本征吸收限和一个 1.27eV 的禁戒直接吸收限，以及由于 DOW Redfiled 效应而引起的在低吸收区（长波段）的附加吸收。

$CuInSe_2$ 具有高达 $6\times10^5 cm^{-1}$ 的吸收系数，是半导体材料中吸收系数较大的材料，这有利于对太阳能电池基区光子的吸收和对少数载流子的收集。

$CuInSe_2$ 的光学性质主要取决于材料各元素的组分比、各组分的均匀性、结晶程度、晶格结构及晶界的影响。大量实验表明,材料元素的组分与化学计量比偏离越小,结晶程度越好;元素组分均匀性好,温度越低,光学吸收特性越好。具有单一黄铜矿结构的 $CuInSe_2$ 薄膜的吸收特性比含有其他成分和结构的薄膜要好,表现为吸收系数增高,并伴随着带隙变小。

$CuInSe_2$ 材料的电学性质(电阻率、导电类型、载流子浓度、迁移率)主要与材料各组分比、偏离化学计量比而引起的固有缺陷(如空位、填隙原子、替位原子)非本征掺杂和晶界有关。

如果薄膜的组分不具有单一黄铜矿结构,而包含其他相(如 $Cu_2Se$、$In_2Se_3$、$InSe$),则薄膜的导电性主要由 Cu/In 比决定,随着 Cu/In 比的增加,电阻率下降,p 型导电性增强。导电类型与 Se 浓度的关系不大,但是 p 型导电性随 Se 浓度的增加而增加。

$CuInSe_2$ 薄膜的生长方法主要有:真空蒸发法、Cu-In 合金膜的硒化处理法(包括电沉积法和化学热还原法)、封闭空间的气相输运法(CsCVT)、喷涂热解法和射频溅射法等。

(3) $CuInSe_2$ 太阳能电池的发展 以 $Zn_xCd_{1-x}$ 代替 CdS 制成 $Zn_xCd_{1-x}S/CuInSe_2$ 太阳能电池,由于 ZnS 的掺入,可以减少电子亲和势差,提高开路电压,同时提高窗口材料的能隙 $E_g$,从而改善了晶格匹配和提高了短路电流 $I_{sc}$。

① 含镓的硒铟铜薄膜太阳能电池(CIGS) 美国国家可再生能源实验室研究的含镓的硒铟铜薄膜太阳能电池(CIGS),其转换效率达到 18.8%。我国通过控制 Se、In、Cu 三元素配比和蒸发速率,获得重复性好、化学计量比符合要求和具有黄铜矿结构的 $CuInSe_2$ 薄膜,光伏转换效率能达到 10% 左右,为 21 世纪大规模发展 $CuInSe_2$ 薄膜太阳能电池奠定基础。

② 铜锌锡硫薄膜太阳能电池(CZTS) CZTS 是在铜铟镓硒(CIGS)薄膜太阳能电池的基础上发展来的。CZTS 具有无毒、环境友好和原材料丰富的优势。CZTS 薄膜太阳能电池属Ⅰ-Ⅱ-Ⅲ-Ⅳ族四元化合物薄膜电池,化合物 $Cu_2ZnSnSe_4$ 与 $CuInSe_2$ 有相似的晶体结构,属于直接带隙材料。CZTS 的光吸收系数超 $10^4 cm^{-1}$,其禁带宽度为 1.4~1.5eV,这与太阳光谱相近。铜锌锡硫是地壳含量丰富和无毒的元素取代了稀有元素,可以降低生产成本和有利于环境保护。

### 2.3.4.2 GaAs 太阳能电池

GaAs 太阳能电池出现于 1956 年,初期研究的 GaAs 太阳能电池为同质结,其效率和成本均无法与硅太阳能电池竞争,直到 1970 年异质结 GaAs 太阳能电池研制成功,GaAs 太阳能电池才受到重视。目前,GaAs 太阳能电池的实验室最高效率已达到 24% 以上,用于航天的 GaAs 太阳能电池的效率在 18%~19.5% 之间。实验室已制出了面积为 $4m^2$、转换效率达到 30.28% 的 $In_{0.5}Ga_{0.5}P/GaAs$ 叠层电池和转换效率达 21.9% 的 p-$Al_xGa_{1-x}As$/p-GaAs/GaAs 三层结构异质结太阳能电池。

GaAs 太阳能电池在效率方面超过了同质结的硅太阳能电池,但其材料成本比硅昂贵。GaAs 是一种理想的太阳能电池材料,它与太阳光谱的匹配较适合,禁带宽度适中,耐辐射且高温性能比硅强。在 250℃ 的条件下,GaAs 太阳能电池仍保持很好的光电转换性能,最高光电转换效率约 30%,因而特别适合于做高温聚光太阳能电池。

GaAs 太阳能电池的制备有晶体生长法、直接拉制法、气相生长法和液相外延法等。目前 GaAs 太阳能电池在降低成本和提高生产效率方面成为研究重点。GaAs 太阳能电池目前主要用在航天器上。

(1) GaAs 太阳能电池工作原理 p-n 结的 GaAs 太阳能电池工作原理是:能量($h\nu$)

大于 GaAs 禁带宽（$E_g$）的太阳入射光子进入 p-n 结，GaAs 将在其体内把价带的电子激发到导带而产生光生电子-空穴对。当这些光生载流子扩散到 p-n 结时，将被 p-n 结的内建电场分开而产生光生电动势。若在 p-n 结的两个端面上分别制作电极，便构成了一个半导体太阳能电池，并将对其负载提供输出功率。

(2) GaAs 太阳能电池的结构与性能　GaAs 太阳能电池的效率随温度升高而下降。主要原因是电池的开路电压随温度升高而下降，电池的短路电流则对温度不敏感，随温度升高还略有上升。在较宽的温度范围内，电池效率随温度的变化近似于线性关系。

GaAs 电池效率的温度系数约为 $-0.23\%℃^{-1}$，Si 电池的温度系数约为 $-0.48\%℃^{-1}$。GaAs 电池效率随温度升高有比较缓慢的下降，可以工作在比较宽的温度范围使用。GaAs 太阳能电池的结构如图 2-60 所示。

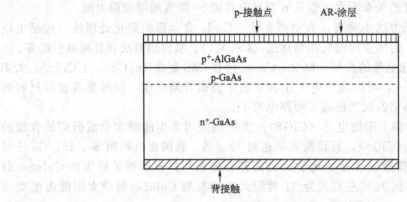

图 2-60　GaAs 太阳能电池的结构示意图

GaAs 太阳能电池具有较好的抗辐照性能，经过 1MeV 高能电子辐照，GaAs 系电池的能量转换效率仍保持原值的 75% 以上；而同样的辐照条件下，硅电池的转换效率只能保持其原值的 66%。当被高能质子辐照时，两者同样有差异。以商业发射为例，对于 BOL（太阳能电池使用的初期）效率分别为 18% 和 13.8% 的 GaAs 电池和 Si 电池，经低地球轨道运行的质子辐照后，EOL（太阳能电池使用终期）效率分别为 14.9% 和 10.0%，即 GaAs 电池的 EOL 效率为 Si 电池的 1.5 倍。

(3) GaAs 太阳能电池的制备工艺　以 $p^+$-$Al_xGa_{1-x}As$ 层为例，将抛光和清洗好的 $n^+$-GaAs 基片竖插于水平推挤式三室分离多片外延生长石墨舟的中间生长室中，生长室的前室内有按设计要求配制好的溶液。石墨舟置于石英管内，待外延炉温升到设定值后恒温，将外延溶液推挤至生长室内与 n-GaAs 基片全接触。降温至预定温度后，将生长溶液放入后室，即可生长出合乎要求的 p-$Al_xGa_{1-x}As$ 层。同时进行 Zn 向 $n^+$-GaAs 基片的扩散试验，形成反型的 p-GaAs 层。外延芯片在一次 LPE（液相外延）生长中同时形成，整个外延过程在 $H_2$ 气氛保护下进行。预期的 p-$Al_xGa_{1-x}As$/n-GaAs 层中的 $x$ 值、厚度、掺杂浓度要分别达到 $FF=0.84$，$U_{OC}=1020mV$。

光电子技术的进步促进了 GaAs 太阳能电池制备工艺迅速发展。液相外延（LPE）技术、金属有机气相外延（MOVPE）技术及分子束外延（MBE）技术等电池工艺的应用，加快了 GaAs 太阳能电池的开发。但 GaAs 太阳能电池是大面积器件，必须发展独特的工艺技术。目前 MOPE 设备的规模已扩大到每炉生长 $0.25m^2$ 的均匀外延层材料，制备的 GaAs 层和 AlGaAs 层的厚度和组成均满足要求。

(4) GaAs 太阳能电池的材料　GaAs 是一种典型的Ⅲ-Ⅴ族化合物半导体材料，它与 Si 都是闪锌矿晶体结构，不同之处是 Ga 和 As 原子交替占位。GaAs 具有直接能带隙，带隙宽度 1.42eV (300K)。GaAs 具有很高的光发射效率和光吸收系数，在光子能量超过其带隙宽度后，GaAs 的光吸收系数剧升到 $10^4 cm^{-1}$ 以上。也就是说，GaAs 材料的厚度只需 $3\mu m$ 左右，就可以吸收 95% 以上阳光。通常 GaAs 太阳能电池的有源区厚度选取 $3\mu m$ 左右。与硅相比较，硅的光吸收系数在光子能量大于其带隙（300K 时 1.12eV）后是缓慢上升的。在太阳光谱很强的大部分区域，硅的吸收系数都比 GaAs 小一个数量级以上。因此，硅太阳能电池的材料需要厚达数十微米才能充分吸收阳光。

GaAs 的带隙宽度正好位于最佳太阳能电池材料所需的能隙范围，所以 GaAs 比 Si 具有更高的理论转换效率。

GaAs 材料另一个显著特点是易于获得晶格匹配或光谱匹配的异质衬底电池和叠层电池材料，例如 GaAs/Ge 异质衬底电池、$Ga_{0.52}In_{0.48}P/GaAs$ 和 $Al_{0.37}Ga_{0.63}As/GaAs$ 叠层电池。这使电池的设计更为灵活，得以扬长避短，从而大幅度提高 GaAs 基系电池的转换效率并降低成本。

(5) GaAs 太阳能电池的种类

① 超薄 GaAs 太阳能电池　超薄 GaAs 太阳能电池只有 $5\mu m$ 左右的有源层，但具有很高的单位质量比功率输出。例如，超薄（UT）GaAs 电池的单位质量比功率达到 670W/kg。相比之下，$100\mu m$ 的 Si 太阳能电池的单位质量比功率为 330W/kg。

② 多结叠层 GaAs 基系太阳能电池　材料组分单一构成的太阳能电池，只能吸收和转换特定光谱范围的阳光，能量转换效率不高。如果用不同带隙宽度 $E_g$ 的材料做成太阳能电池，按 $E_g$ 大小从上而下叠合起来，选择性地吸收和转换太阳光谱的不同子域，就有可能大幅度提高电池的转换效率，这样的电池结构就是多结叠层电池。理论计算表明，如按 AM1.5 光谱和 1000 倍太阳光强计算，两结叠层电池的极限效率为 50%，最佳匹配带隙 $E_{g1}=1.56eV$，$E_{g2}=0.94eV$；三结叠层电池的极限效率为 56%，最佳匹配带隙 $E_{g1}=1.75eV$，$E_{g2}=1.18eV$，$E_{g3}=0.75eV$；超过三结以后，叠层电池效率的提高随子结数目的增加而变缓，如 36 结叠层电池的理论效率为 72%。

叠层电池一般分为两类：一类是单片多结叠层电池，只有两个输出端，各子电池在光学上和电学上都串联。另一类叠层电池有两个以上的输出端，各子电池在光学上是串联的，在电学上是各自独立的，只是在计算电池效率时把各子电池的效率相加。GaAs/GaSb 叠层电池属于此类。

③ $Al_{0.37}Ga_{0.63}As/GaAs$ 双结叠层电池　由于对 AlGaAs 合金材料及 AlGaAs/GaAs 异质结构的深入研究和在光伏电池领域里 $Al_{0.8}Ga_{0.2}As$ 层作为 GaAs 电池的窗口层普遍被采用，人们成功开发了 $Al_{0.37}Ga_{0.63}As/GaAs$ 双叠层电池，两者的带宽 $E_{g1}=1.93eV$，$E_{g2}=1.42eV$，正好处在叠层电池所需的最佳匹配范围。$Al_{0.37}Ga_{0.63}As/GaAs$ 双结叠层电池可以实现晶格匹配和光谱匹配。

④ 多结叠层 GaAs 太阳能电池　GaInP/GaAs/Ge 为三结叠层电池，图 2-61 为三结叠层电池的示意图。

多结叠层 GaAs 太阳能电池的原理是将不同禁带宽度的半导体材料叠起来，相当于多个子电池叠起来，这些子电池吸收不同波段范围的太阳辐射。当三结太阳能电池工作时，波长最短的光子被顶电池吸收，波长较长的光子被中电池吸收，波长最长的光谱则被底电池吸收。可见多结 GaAs 电池具有很好的光谱响应度，光电转换效率比单结或者双结的效率要高。

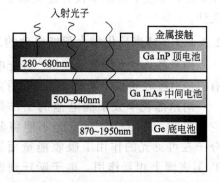

图 2-61　三结叠层太阳能电池结构示意图

#### 2.3.4.3 CdTe 系薄膜太阳能电池

CdTe 系薄膜太阳能电池曾是发展较快的一种化合物半导体薄膜太阳能电池。CdTe 太阳能电池转换效率在 7.7%～16.0%之间，CdS 与 CdTe 薄膜电池的光谱响应与太阳光谱十分吻合。CdTe 系薄膜具有性能稳定、光吸收系数大、效率较高（理论效率可达 30%）及适合大规模生产等优势，但 Cd 的剧毒性会对环境造成严重的污染，导致 CdTe 系薄膜的应用受到限制，它不是晶体硅太阳能电池最理想的替代产品。

#### 2.3.4.4 InP 系列太阳能电池

InP 也是直接带隙半导体材料，对太阳光谱最强的可见光和近红外光波段也有很大的光吸收系数，所以 InP 电池的有源层厚度也只需 $3\mu m$ 左右。InP 的带隙宽度为 1.35eV（300K），也处在匹配于太阳光谱的最佳能隙范围。电池的理论能量转换效率和温度系数介于 GaAs 电池与 Si 电池之间。InP 的室温电子迁移率高达 $4600cm^2/(V \cdot s)$，也介于 GaAs 与 Si 之间。所以 InP 电池有潜力达到较高的能量转换效率。

InP 太阳能电池更引人注目的特点是它的抗辐照能力强，它远优于硅电池和 GaAs 电池。在一些高辐照剂量的空间发射中，例如需穿越 Van Allen 强辐射带时，Si 和 GaAs 电池的 EOL 效率都很低，只有 InP 电池能胜任这样环境下的空间能源任务。

### 2.3.5 染料敏化纳米晶太阳能电池

人类一直梦想仿照植物叶绿素，通过光合作用原理制备太阳能电池，染料敏化纳米晶太阳能电池（简称 DSSCS 电池）就是基于这一原理研制的太阳能电池。

染料敏化纳米晶太阳能电池与植物的叶绿素结构具有相似的结构（见图 2-62），它的纳米晶半导体网络结构相当于叶绿素中的类囊体，起着支撑敏化剂染料分子、增加吸收太阳光的面积和传递电子的作用。染料分子相当于叶绿素体中的叶绿素，起着吸收太阳光光子的作用。

受到绿色植物光合作用的启发，纳米晶材料太阳能电池于 20 世纪 90 年代诞生。有人称这种纳米晶太阳能电池为"人造树叶"，也有人称其为分子电子器件。目前纳米晶太阳能电池的光电转换效率为 7%～8%，使用寿命可达 15 年以上，加上它的成本仅为硅太阳能电池10%～20%，纳米晶太阳能电池引起了全世界的关注。

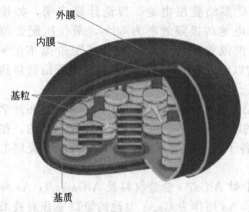

图 2-62 叶绿素结构

#### 2.3.5.1 纳米晶化学太阳能电池的工作原理

纳米晶化学太阳能电池是一种光电化学电池，它与自然界的光合作用有两点相似：利用有机染料吸收光和传递太阳能；利用多层结构来吸收和提高收集效率。

纳米晶化学太阳能电池的工作原理不同于硅系列太阳能电池。以纳米 $TiO_2$ 为例，它的带隙为 3.2eV，可见光不能将其激发；在它表面涂上染料或光能催化剂后，染料分子在可见光的作用下吸收能量而被激发。处于激发态的电子不稳定，在染料分子与 $TiO_2$ 表面上相互作用，电子跃迁到低能级的 $TiO_2$ 导带，通过外电路产生光电流，失去电子的染料在阳极被电解质中的碘离子还原，又回到基态。理论上，DSSCS 电池的电

动势为 $TiO_2$ 的准费米能级与电解质中氧化还原对的能斯特电位的差值。纳米晶化学太阳能电池的工作原理见图 2-63。

图 2-63 为纳米晶化学太阳能电池的光电流产生机理，在光电池中，电子主要经历以下几个历程：

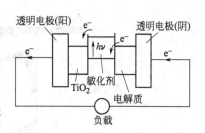

图 2-63　纳米晶化学太阳能电池的工作原理

① 染料在太阳光（$h\nu$）的激发下由基态（$D_0$）跃迁到激发态（$D^*$）。

$$D_0 + h\nu \longrightarrow D^*$$

② 激发态染料分子（$D^*$）将电子注入半导体的导带中（电子注入速率常数为 $K_{inj}$）：

$$D^* \xrightarrow{K_{inj}} D^+ + e^-$$

③ $TiO_2$ 导带中传输的电子与电解质中的离子复合（复合速率常数为 $K_{cr_2}$）：

$$I_3^- + 2e^- \xrightarrow{K_{cr_2}} 3I^-$$

④ $TiO_2$ 导带中传输的电子与氧化态染料（$D^+$）复合（复合速率常数为 $K_{cr_1}$）：

$$e^- + D^+ \xrightarrow{K_{cr_1}} D_0$$

⑤ $I^-$ 扩散到对电极（Pt 片），并得到电子氧化：

$$I_3^- + 2e^-(Pt) \xrightarrow{K_{cr_2}} 3I^-$$

⑥ $I^-$ 还原氧化态染料使染料恢复到基态，并进行下一次循环。

$$3I^- + 2D^+ \xrightarrow{K_{rr}} I_3^- + D_0$$

#### 2.3.5.2　纳米晶化学太阳能电池的结构

图 2-64 为纳米晶 $TiO_2$ 太阳能电池示意图。阳极为染料敏化半导体薄膜（$TiO_2$ 膜），阴极采用镀铂的导电玻璃，电解质为 $I_3^-/I^-$。图中白色小球表示 $TiO_2$，灰色小球表示染料分子。

染料分子吸收太阳光能跃迁到激发态，激发态不稳定，电子快速注入到紧邻的 $TiO_2$ 导带，染料中失去的电子则很快从电解质中得到补偿，进入 $TiO_2$ 导带中的电子最终进入导电膜，然后通过外回路产生光电流。

纳米晶 $TiO_2$ 太阳能电池的优点在于它廉价的成本和简单的工艺及稳定的性能。其光电效率稳定在 10% 以上，制作成本仅为硅太阳能电池的 1/10～1/5。寿命能达到 20 年以上。但由于此类电池的研究和开发刚刚起步，估计不久的将来会逐步走上市场。

#### 2.3.5.3　染料敏化纳米晶太阳能电池的组成

染料敏化纳米晶太阳能电池的基本组成如图 2-65 所示，它主要由透明导电基片、多孔纳米晶

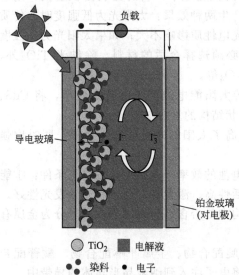

图 2-64　纳米晶 $TiO_2$ 太阳能电池示意图

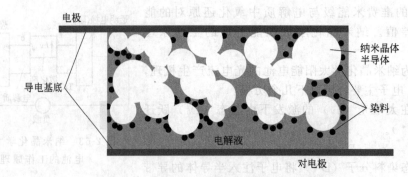

图 2-65 染料敏化纳米晶太阳能电池的组成

薄膜（例如 $TiO_2$）、染料敏化剂、电解质溶液（含超敏化剂）和对电极组成。

(1) 透明导电基片　它的作用是透过太阳光和收集染料激发产生的电子，然后传导到外电路。在染料敏化纳米晶太阳能电池中，透明导电基片还可以作为多孔纳米薄膜的载体，让纳米颗粒附着在其表面。

(2) 多孔纳米晶薄膜　它的作用是收集染料激发出的电子，并将电子传输到导电基底。以纳米 $TiO_2$ 膜为例。纳米 $TiO_2$ 是半导体材料，它的表面吸附了单分子层的光敏染料，用来吸收太阳光。

(3) 染料敏化剂　染料的作用是吸收太阳光能量放出电子，其性能的优劣将直接影响染料敏化纳米晶太阳能电池的光电转换效率。

(4) 电解质　电解质的作用是利用氧化还原反应来传递电子。目前用于染料敏化纳米晶太阳能电池的有液态电解质、准固态电解质和固态电解质。

(5) 对电极　复合电极为附着一层催化剂的透明导电玻璃，其作用是收集从光阳极传输过来的电子和催化电解质中氧化还原电对的还原反应。根据催化剂的不同材料可分为铂对电极和碳对电极。

### 2.3.5.4 纳米晶化学太阳能电池材料

(1) 多孔纳米晶薄膜材料　以纳米 $TiO_2$ 膜为例。纳米 $TiO_2$ 是半导体材料，它的表面吸附了单分子层的光敏染料，用来吸收太阳光。$TiO_2$ 的粒度越小，它的比表面积越大，则吸附的染料分子也稳定。但电极的孔径随之变小，这产生两种效果：太阳光为低强度时，传质动力学速度能够满足染料的再生，此时孔径大小对光电性质影响不大；如果太阳光为高强度时，孔径小影响了电极光电性质，电流效率下降。必须选择合适的材料，除纳米 $TiO_2$ 外，其他半导体材料的应用也在研究，例如 $Nb_2O_5$、$In_2O_3$ 等。

对 $TiO_2$ 电极进行表面掺杂和修饰同样可以改善太阳能电池的光电转换效率，将 CdS、CdSe、PbS 和 $FeS_2$ 等沉积于纳米晶电极上，形成层状结构的复合电极。

$CdS-TiO_2$ 复合纳米晶电极可以吸收可见光，提高了太阳能光谱的利用效率，同时增强了光电流响应。

(2) 染料敏化剂　用作敏化剂的染料直接影响电池的效率，它必须具备以下条件：①能吸收很宽的可见光谱；②稳定性好；③激发态反应活性高、激发态寿命长和光致发光性好。

用于染料敏化纳米晶太阳能电池的染料按照结构中是否含有金属原子或离子分为金属有机敏化剂和非金属有机敏化剂两大类。

金属有机敏化剂主要集中在钌、锇类的金属吡啶配合物、金属卟啉配合物、酞菁配合物。它吸收可见光后产生金属到配体的电子转移，将电子注入到纳米晶半导体的导带中。

非金属有机敏化剂包括合成染料和天然染料。它通过分子内 $\pi-\pi^*$ 的电子跃迁将电子注入到纳米晶半导体导带中。近年来，基于非金属有机染料的染料敏化纳米晶太阳能电池研究进展很快，其光电转换效率已经和基于多吡啶钌类染料的相当。

(3) 电解质材料　目前用于染料敏化纳米晶太阳能电池的有液态电解质、准固态电解质和固态电解质。

① 液态电解质　按照选用溶剂的不同分为有机溶剂电解质和离子液体电解质，目前染料敏化纳米晶太阳能电池的电解质多为液态物质，它是一种空穴传输材料。液体电解质选材范围广，电极电势易于调节。它的缺点是导致敏化染料从 $TiO_2$ 电池上脱落，还可以导致染料降解，密封工艺要求高。常见的有机溶剂有乙腈、戊腈、甲氧基丙腈、碳酸乙烯酯、碳酸丙烯酯和 $\gamma$-丁内酯等。

② 准固态电解质　准固态电解质是在有机溶剂电解质和离子液体电解质中加入凝胶剂形成凝胶体系，从而增加体系的稳定性。

③ 固态电解质　固态电解质中研究得比较多的是有机空穴传输材料和无机 p 型半导体材料，例如 CuI、腙类化合物、氮硅烷类化合物、聚吡咯等系列聚合物。

(4) 纳米晶化学太阳能电池材料的制备

① 透明导电基片的制备　在导电玻璃表面镀一层氧化铟锡膜（TTO），在玻璃与膜之间制备一层 $SiO_2$，在阴极上还镀上一层 Pt。$SiO_2$ 的厚度大约 $0.1\mu m$，它的作用是防止普通玻璃中的 $Na^+$、$K^+$ 等离子在高温烧结时扩散到 TTO 膜中，Pt 的作用是催化剂和作为阳极材料。

② 多孔纳米晶薄膜的制备　多孔纳米晶薄膜的制备方法包括粉末涂覆法、旋涂法和丝网印刷法等。以 $TiO_2$ 为例介绍多孔纳米晶薄膜的制备步骤：沉淀（用稀 $HNO_3$ 水解烷基氧钛）→成胶（80℃，加热 8h）→水解生长/热压处理（12h，200~250℃）→超声波处理→浓缩（40℃，旋转蒸发）→加入黏结剂。

将胶体制好后，再采用粉末涂覆法、旋涂法或丝网印刷法等将纳米颗粒沉积在导电玻璃衬底上，然后在 450℃ 的条件下烧结 30min，除去黏结剂。再经过表面处理技术，完成多孔纳米晶薄膜的制备。

目前使用的表面处理技术有：

① 电极的表面化学改性，用无机酸处理电极以提高光电转化率；

② 核壳/混合半导体电极对光生电荷复合的抑制，$Al_2O_3$ 包覆 $TiO_2$ 电极形成一种核壳结构，能改善电池的转换效率；

③ 对 $TiO_2$ 进行离子掺杂，掺杂离子在一定程度上影响 $TiO_2$ 电极材料的能带结构，使其朝有利于电荷分离和转移、提高光电转换效率的方向移动；

④ 导电玻璃的表面修饰。

### 2.3.5.5　钙钛矿太阳能电池

钙钛矿太阳能电池本质上是一种固态染料敏化太阳能电池，它具有类似于非晶硅薄膜太阳能电池的 pin 结构。钙钛矿太阳能电池采用钙钛矿材料作为光吸收层（i 本征层）夹在电子传输层 $TiO_2$（n 型）和 HTM（p 型）之间（见图 2-66）。

钙钛矿太阳能电池中 A 为甲基胺，B 为铅，O 为碘或氯（或者两者混合）。例如选择 PbS 作为超薄半导体吸收层（ETM），选择钙钛矿材料为 $CH_3NH_3PbI_3$（其禁带宽为 1.5eV）；采用能量大于 1.5eV 的入射光照射 $CH_3NH_3PbI_3$ 时，激发出电子-空穴对；电子-空穴对在钙钛矿中传输，到达 $TiO_2/CH_3NH_3PbI_3$ 和 $CH_3NH_3PbI_3/HTM$ 之间的界面时，发生电子-空穴分离：电子进入 $TiO_2$，空穴进入 HTM，最后到达各自的电极，电子到达阳极（FTO），空穴到达阴极（银电极）。电子-空穴对在钙钛矿中传输过程见图 2-67。

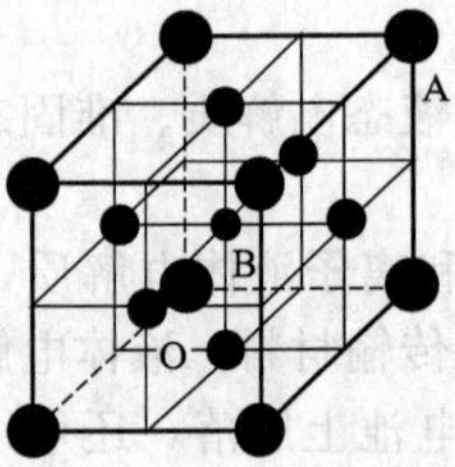

图 2-66　钙钛矿结构示意图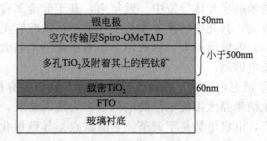

图 2-67　钙钛矿太阳能电池结构示意图

研究发现，钙钛矿太阳能电池的光伏性能优于非晶硅薄膜太阳能电池。表 2-5 比较了二者在能量转换效率、短路电流密度、填充因子和开路电压等指标。同时，钙钛矿太阳能电池光伏性能的稳定性高。

表 2-5　钙钛矿太阳能电池与非晶硅薄膜太阳能电池的光伏性能比较

| 电池类型 | 短路电流/(mA/cm$^2$) | 开路电压/V | 填充因子 | 能量转换/% |
| --- | --- | --- | --- | --- |
| 钙钛矿型 | 21.5 | 1.07 | 0.67 | 15.4 |
| 非晶硅薄膜 | 19.4 | 0.887 | 0.74 | 12.7 |

钙钛矿太阳能电池目前面临的课题是寻找新的材料替代铅材料，同时研究元件寿命的改善。

## 2.3.6　太阳能电池（光伏发电）的发展

（1）世界光伏发电的发展　世界光伏组件在过去 15 年平均年增长率约 15%，20 世纪 90 年代后期，发展更加迅速，最近 3 年平均年增长率超过 30%。进入 21 世纪，世界光伏发电的发展继续以高增长速率发展，世界上已经建成了 10 多座兆瓦级光伏发电系统，6 个兆瓦级的联网光伏电站。

光伏发电的未来前景已被愈来愈多的国家政府和金融界（如世界银行）所认识。美国是最早制定光伏发电的发展规划的国家，1997 年提出"百万屋顶"计划；日本于 1992 年启动了新阳光计划，2003 年日本光伏组件生产占世界的 50%，世界前十大厂商有 4 家在日本；德国新可再生能源法规定了光伏发电上网电价，大大推动了光伏市场和产业发展，使德国成为继日本之后世界光伏发电发展最快的国家；法国、意大利、西班牙、瑞士和芬兰等国，也纷纷制定光伏发展计划，并投巨资进行技术开发和加速工业化进程。

太阳能光伏发电在不远的将来会占据世界能源消费的重要席位，不但要替代部分常规能源，而且将成为世界能源供应的主体。预计到 2030 年，可再生能源在总能源结构中将占到 30% 以上，而太阳能光伏发电在世界总电力供应中的占比也将达到 10% 以上；到 2040 年，可再生能源将占总能耗的 50% 以上，太阳能光伏发电将占总电力的 20% 以上；到 21 世纪末，可再生能源在能源结构中将占到 80% 以上，太阳能发电将占到 60% 以上。这些数字足以显示出太阳能光伏产业的发展前景及其在能源领域重要的战略地位。

2014 年度，美国分布式光伏新增计划目标是 8GW，其中与建筑结合是分布式光伏的主要形式；英国能源和气候变化部发布了英国太阳能光伏发展蓝图和太阳能光伏发展战略报告，重申到 2020 年，光伏累积容量将达 20GW；截至 2013 年年底，我国太阳能光电建筑应用装机容量 1.875GW，占分布式光伏 3.1GW 的 60%，到 2020 年预计会达到 75% 左右。

（2）我国光伏发电的发展　我国太阳能资源非常丰富，理论储量达每年 17000 亿吨标准煤。由于我国地处北半球，南北距离和东西距离都在 5000km 以上，大多数地区年平均日辐

图 2-68　安装在屋顶上的太阳能电池

射量在每平方米 4kW·h 以上（西藏日辐射量最高达每平方米 7kW·h，年日照时数大于 2000h）。与同纬度的其他国家相比，优越于美国、欧洲和日本，具有巨大的开发潜能。

我国光伏发电产业于 20 世纪 70 年代起步，经过 30 多年的努力已进入快速发展的新阶段。在"光明工程"先导项目和"送电到乡"工程等国家项目及世界光伏市场的有力拉动下，我国光伏发电产业迅猛发展（图 2-68）。

根据《可再生能源中长期发展规划》，到 2020 年，我国力争使太阳能发电装机容量达到 1.8GW（百万千瓦），到 2050 年将达到 600GW（百万千瓦）。预计，到 2050 年，中国可再生能源的电力装机将占全国电力装机的 25%，其中光伏发电装机将占到 5%。未来十几年，我国太阳能装机容量的复合增长率将高达 25% 以上。

2009 年 3 月 1 日，由合肥阳光电源有限公司自主建设的一座太阳能光伏电站在安徽合肥成功并网发电（见图 2-69）。该电站总装机容量 500kW，每年可发电 60 多万千瓦时。

图 2-69　合肥太阳能光伏电站成功并网发电

2014 年 11 月国务院印发了《能源发展战略行动计划（2014—2020 年）》，强调"着力优化能源结构，把发展清洁低碳能源作为调整能源结构的主攻方向"。2014 年我国光伏发电累计并网装机容量达到 28.1GW，其中 2014 年新增装机容量增长 60% 达到 10.6GW，约占全球新增装机容量的五分之一。

## 2.3.7 太阳能光伏并网系统

随着太阳能光伏系统逐渐成熟,其运用方式也越来越丰富,采用光伏并网技术的太阳能发电已成为目前发展最快、应用面最广的光伏新能源应用技术。太阳能光伏系统包括:独立系统、并网系统和混合系统。根据光伏系统的应用形式、应用规模和负载的类型,往往将其分为6种类型:小型太阳能供电系统、简单直流系统、交直流供电系统、并网系统、混合供电系统和并网混合系统。

### 2.3.7.1 太阳能光伏并网系统的特点

太阳能电池组件产生的直流电经并网逆变器转换成符合电网要求的交流电,直接进入公共电网,系统具有如下优势:①太阳能发电直接供入电网,可以免除配置蓄电池,同时节省蓄电池储能和释放的过程,减少了能量的损耗和降低系统的成本。②并网光伏系统并行使用公用电网和太阳能电池组件阵列作为本地交流负载的电源,减低了系统的负载缺电率。③并网光伏系统可对公用电网起到调峰作用。

太阳能并网光伏系统同时存在如下问题:①太阳能发电直接供入电系统需要专用的并网逆变器,以保证输出的电力满足电网对电压和频率等指标的要求,由于逆变器存在效率问题,会有部分能量损失;②并网光伏供电系统作为一种分散式发电系统,会对电网产生一些影响,需予以考虑和重视;③在阴雨天或夜晚,太阳能电池组件没有产生电能或者电能不能满足负载需求时,需要由电网供电。

### 2.3.7.2 太阳能光伏并网系统的组成

并网光伏逆变系统一般由光伏阵列、变换器和控制器组成,如图2-70所示。变换器可将光伏电池发出的电能逆变成正弦电流并入电网,控制器主要控制光伏电池最大功率点的跟踪以及逆变器并网电流的波形和功率,以便向电网转送的功率与光伏阵列所发的最大功率电能相匹配。

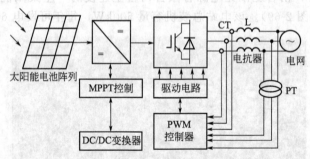

图2-70 并网型光伏发电系统组成

通常,采用控制器和逆变器集成一体化,使用电脑芯片全面控制整个系统的运行,综合利用各种能源,以达到最佳的工作状态,同时也可以配备使用蓄电池。

在并网混合系统中,当本地负载功耗小于某个范围,系统将太阳能电池多余的发电量或利用电网对蓄电池进行充电,保证蓄电池的浮充和备用供电之需。如果电网发生故障(例如停电或者供电品质不合格),系统就会自动断开电网,形成独立工作模式。待电网恢复正常,系统则再切入并网模式,由电网进行供电。

太阳能光伏发电系统的每个子系统相对独立,分别由光伏组件子系统、直流监测配电系统和并网逆变器系统等组成。各子系统整合以后,以380V三相交流电接至升压变,升压后上网。

#### 2.3.7.3 太阳能光伏并网逆变器的工作原理

以单级式光伏并网为例，逆变器的电路原理如图 2-71 所示。桥式逆变电路的驱动信号采用单极性脉宽调制方式，可以获得低失真、低谐波和高品质的正弦输出电流波形。

单级式单相光伏并网逆变电路中使用的功率器件共有四种开关模式，以图 2-71 中并网电流 $I$ 的方向为正方向，那么，在并网电流的正半周，其不同的开关模式下，各功率器件具有不同的工作状态：

① 当功率器件 T1、T4 导通时，光伏电池阵列直流侧能量反馈入电网，并网电流增大，电感储能增加；

② 当功率器件 T1、T3 导通时，光伏电池阵列能量对直流侧电容进行充电，交流侧电感储存能量通过 T1 及 D3 组成的回路反馈入电网，并网电流减小，电感储能减小；

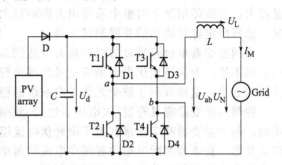

图 2-71　单级式光伏并网逆变器电路原理
T1~T4 是功率器件，用于组成逆变桥；D1~D4 是对应的反并联二极管；D 是防反二极管；$U_d$ 为太阳能电池的输出电压；$U_{ab}$、$U_L$ 和 $U_N$ 分别为逆变器输出电压、电感 $L$ 端电压和电网电压的有效值；$L$ 为电感，除用于滤除高频谐波外，还兼有平衡逆变器和电网之间电压差的作用

③ 当功率器件 T2、T3 导通时，电感的储能除了通过反并联二极管 D2 和 D3 组成的回路反馈入电网外，还通过 D2、D3 与光伏电池阵列一起对直流侧电容进行充电，此时并网电流减小，电感储能减小；

④ 当功率器件 T2、T4 导通时，光伏电池阵列对直流侧电容进行充电，电感储能通过 DZ 及 T4 组成回路反馈入电网，并网电流减小，同时电感储能亦减小。对于并网电流的负半周，也可以进行相同的分析。

这四种开关状态经过 SPWM（sinusoidal pulse width modulation）调制，并通过交流滤波器滤除载波高频分量后，即可使送入电网的电流波形为正弦波。

#### 2.3.7.4 太阳能光伏并网系统的效率

并网光伏系统的效率是系统实际输送上网的交流发电量与组件标称容量在没有任何能量损失情况下理论上的发电量比。并网光伏发电系统的总效率由光伏阵列的效率、逆变器的转换效率、交流并网效率三部分组成。

(1) 光伏阵列效率　在 1kW/m² 太阳辐射强度下，光伏阵列=实际的直流输出功率/标称功率。光伏阵列在能量转换与传输过程中的损失主要有六点：①组件匹配损失；②表面尘埃遮挡损失；③不可利用的太阳辐射损失；④温度的影响；⑤最大功率点跟踪（MPPT）精度；⑥直流线路损失。

(2) 逆变器的转换效率　逆变器的转换效率=逆变器输出的交流电功率/直流输入功率。大型并网逆变器平均效率可取 90%。

(3) 交流并网效率　逆变器的转换效率即从逆变器输出至高压电网的传输效率，其中最主要的是升压变压器的效率。在不考虑玻璃反射的条件下，太阳电池方阵串并联的损耗约为 5%，逆变器转换效率约为 90%，电缆线连接的线路损失约为 2%，太阳电池所受到的太阳光有部分反射，损耗约为 5%。

并网光伏发电系统的发电量与太阳能电池安装朝向、太阳能电池的温升和通风、当地太阳辐射能量、太阳能电池组件总功率和系统总效率等因素有关。

#### 2.3.7.5　太阳能光伏并网系统的操作

（1）主设备选型　通常单台逆变器容量越大，单位造价相对越低。但如果单台逆变器容量过大，在故障情况下对整个系统出力影响较大，所以需要结合光伏组件安装场地的实际情况，选择额定容量适当的并网型逆变器。

并网逆变器单台容量目前国产最大可达到 $500kV \cdot A$，但是 $100kV \cdot A$ 以上产品目前运行业绩不足。为保证光伏发电场安全且经济运行，并网型逆变器可以考虑分散成组相对独立并网的方式，这样有利于整个光伏发电系统的稳定运行。

并网型逆变器应具有过/欠电压、过/欠频率、短路保护、防孤岛效应和逆向功率保护等功能。每个逆变器都应连接有若干串光伏电池组件，这些光电组件通过直流监测配电箱连接到逆变器。直流监测配电箱内置组串电流监测单元，具有监测各组串电流的功能，并以数据格式将电流监测信息传输至逆变器控制器。

按发电量设计考虑升压变压器额定容量、电压比、低压进线回数和电容器等。电器综合室要求采用分层布置，底层为配电装置室和电容器室，上层为逆变室。同时设置监控屏和逆变器屏。

升压变压器选用箱型干式变压器，容量按设计考虑。低压进线柜选用低压抽出式开关柜，高压出线柜选用中置式空气绝缘开关柜。升压变电站设置计算机监控系统一套，全面监控升压站运行情况。

（2）控制系统　监控系统采集如下信息：高压侧的三相电流、电压、功率、开关状态、升压变压器的铁心温度和线圈温度等，同时控制升压变压器高压开关、电容器开关、10kV 出线并网开关的投入和采集各支路的发电量。监控系统通过群控器实现多路逆变器的并列运行，群控器控制多台逆变器的投入与退出，具备同步并网能力，具有均分逆变器负载功能，可降低逆变器低负载时的损耗，并延长逆变器的使用寿命。监控系统通过群控器采集各台逆变器的运行情况，并将所有重要信息远传至相关部门。

（3）保护系统　并网光伏系统的保护系统包括：

① 干式升压变压器设置高温报警和超温跳闸保护，动作后跳高低压侧开关。

② 升压变压器高压开关柜上装设测控保护装置，包括过电流保护、零序过电流保护和方向保护。

③ 出线并网开关柜上装设测控保护装置，包括过电压保护、低电压保护、过频率保护和欠频率保护。

④ 电容器开关柜上装设测控保护装置，包括电流保护、零序过电流保护、过电压保护、低电压保护和差压保护。

⑤ 升压变压器低压开关柜上装设测控保护装置，包括过电流保护、零序过电流保护和方向保护。

⑥ 低压进线开关具备过流脱扣功能，逆变器具备极性反接保护、短路保护、孤岛效应保护、过热保护、过载保护和接地保护等。

⑦ 装置异常时自动脱离系统。

（4）防雷接地装置　升压变电站一般采用全户内型，为使光伏电池组件和升压变电站建筑在受到直击雷和感应雷时能有可靠的保护，需要在光伏电池组件支架和升压变电站的非导电体的屋顶上装设环形避雷带作为防雷保护，并且避雷带设有数个独立引下线。为保证人身安全，所有电气设备都装设接地装置，并将电气设备外壳接地。

#### 2.3.7.6　太阳能光伏并网系统的注意事项

（1）系统电压波动　太阳能光伏发电装置的实际输出功率随光照强度的变化而变化。白天光照强度最强时，发电装置输出功率最大，夜晚几乎无光照，输出功率基本为零。因此，要考虑设备故障因素以外的发电装置输出功率随日照、天气、季节和温度等自然因素而变化，输出功率极不稳定。根据《电网若干技术原则的规定》，中压 10kV 电压允许偏差值的范围和低压 380V 电压允许偏差值的范围均是 +7%～-7%。

按照规定，需要做好电网发电波动记录和电网发电下降的补偿，但在实际运行时光照的变化一般为渐变过程，电压的波动应小于上述值。

（2）谐波　太阳能光伏发电系统在将直流电能经逆变转换为交流电能的过程中，会产生大量谐波。参照国家标准（GB/T 14549—93）《电能质量公用电网谐波》中关于公用电网谐波电压限值的规定，需要校核太阳能光伏发电系统产生的谐波对系统的影响。

光伏并网发电系统往往采用并网型逆变器将直流逆变为 380V 交流后再升压至 10kV 并网。上述标准中标称电压 10kV 的电压总谐波畸变率限值为 4.0%，根据目前并网型逆变器样本资料，逆变后总电压波形畸变率在 3.0%～4.0%，基本上能满足国家标准规定。但是，由于其逆变后总电压波形畸变率本身已接近限值 4.0%，并网时与系统接入点的背景谐波叠加后，有可能超过其限值，因此并网时还需进行实际检测。

对于注入公共连接点的谐波电流允许值的规定，由于太阳能光伏发电系统的输出功率比较不稳定，实际注入公共连接点的谐波电流需在发电装置并网时按规定测量方法进行测量。太阳能光伏发电系统实际并网时需检测其谐波电压和电流是否满足国家标准，如不满足，需采取加装滤波装置等相应措施（滤波装置可与无功补偿装置配合安装）。

（3）无功平衡　太阳能光伏发电系统所发电力功率因数较高，约在 0.98 以上，基本上为纯有功输出。根据《电网若干技术原则的规定》，为满足无功补偿按分层分区和就地平衡的原则，太阳能光伏发电系统应配置适当的无功补偿装置，以满足电网对无功的要求，同时可以提高电压质量和降低线损。

如果光伏发电系统以 10kV 电压等级接入系统，系统 10kV 侧功率因数在 0.85～0.98，为满足无功就地平衡的原则，建议太阳能光伏发电系统按装机容量的 60% 配置无功补偿装置。在实际工程中，应对电网供电情况和本地区的总用电负载平衡详细分析，以确定无功平衡的设计。

（4）太阳电池安装的朝向　不同朝向的太阳电池发电量存在差异，不能按照常规方法进行发电量计算。可按以下原则对不同朝向太阳电池的发电量进行估计，假定向南倾斜纬度角安装的太阳能电池发电量为 100%，其他朝向全年发电量均有不同程度减少。

随着太阳能光伏产业的发展，在并网综合系统中出现了太阳光伏阵列、电网和备用油机的并网混合供电系统。这种系统可以作为一个在线不间断电源（UPS）进一步提高系统的负载供电保障率。并网混合供电的技术比较复杂，光伏并网发电是太阳能利用的一种形式，它可将光伏电池组件转换的直流电经逆变器逆变后向电网输送能量，可在一定程度上能缓解能源紧张的问题。目前，我国的光伏产业还处于起步阶段，还有很多问题需要解决。我国政府也高度重视光伏并网发电，并逐步推广"屋顶计划"。太阳能光伏并网发电正在由补充能源向替代能源方向迈进。

## 2.4　太阳能-化学能转化技术

太阳能转化成化学能的过程包括光化学作用、光合作用和光电转换，其中光分解制氢、绿色植物的光合作用、热化学反应合成燃料等正是太阳能-化学能的应用实例。

### 2.4.1　光合作用

人类生存所依赖的能源和材料都是光合作用的结果，例如粮食、煤炭和石油等。化学燃料、绿色植物和藻类植物通过光合作用，将 $CO_2$ 和 $H_2O$ 转化为碳水化合物和 $O_2$，这是生命活动的基础。

$$nCO_2 + mH_2O \longrightarrow C_n(H_2O)_m + nO_2 \tag{2-20}$$

光合作用包括两个步骤：光反应和暗反应。光反应即在叶绿体的囊状结构上进行太阳光参与反应；暗反应即在有关酶催化下叶绿体基体内反应，不需阳光参与。

表 2-6 给出了光合作用的光反应和暗反应步骤。在光合作用中，暗反应是将活跃的化学能转变为稳定的化学能，形成了葡萄糖将能量储存；而光反应则是先将光能转变为电能；再将电能转化为活跃的化学能。暗反应是按续光反应进行的，如果利用光合作用发电，关键步骤是光反应中的第一步：在光能转化为电能时设法将电能输出。

光合作用高效吸能、传能和转能的机理和调控原理是光合作用的理论核心。人类关于光合作用的研究至今没有重大突破，但是在基因工程、蛋白质工程、生物电子器件、生物发电等领域取得了重要进展。

表 2-6 光合作用的光反应和暗反应

| 反应 | 光反应 | | 暗反应 |
| --- | --- | --- | --- |
| | 原初反应 | 电子传递和光合磷酸化 | |
| 能量转化 | 光能→电能 | 电能→活跃的化学能 | 活跃的化学能→稳定的化学能 |
| 储存能量 | 量子、电子→ATP and NADPH | | 糖 |
| 能量转化过程 | 光能的吸收、传递和转换 | 电子传递、光合磷酸化 | 磷同化 |
| 能量转换的位置 | 类囊体片层 | 类囊体片层 | 叶绿体基质 |

光合作用利用生化反应进行能量转化将是未来新能源开发的重要的组成部分，甲醇、乙醇燃料应是重要的开端。

### 2.4.2 光化学作用——光催化水解制氢

氢是一种理想的高能物质和清洁能源，水是地球上丰富的资源，如果用太阳能通过分解水来制取氢，是一种理想的开辟新能源的途径。但研究发现，水不吸收可见光，不可能直接将水分解，必须借助于光催化。目前光催化制氢的研究主要包括：①半导体催化光解水制氢；②配合物模拟光合作用光解水制氢。光催化水解制氢详见第 3 章。

### 2.4.3 光电转化——电解水制氢

利用太阳能转化成电能用于制氢目前主要有两种方式：①太阳能电池转换的电能电解水制氢；②将来导体电极直接注入水中电解制氢。

### 2.4.4 太阳能-高温热化学反应

通过太阳能-高温热化学反应可用于贮存太阳能，实现燃料可在常温下储存或输送，避免了热损失，同时可避免太阳辐射的周期性和随机性。

太阳能-高温热化学反应核心部件是太阳能接收器-反应器。经收集的高强度的太阳能辐射入接收器，接收器使反应器内化学反应在高温下得以实现。

① 太阳能驱动的钠热管反应器内，$CH_4$ 和 $CO_2$ 的重整反应在 800℃生成 $CO$ 和 $H_2$，产率分别为 41% 和 36%，得到了水煤气燃料。

② 太阳能-高温反应使 $CaCO_3$、$MgCO_3$、$Mg(OH)_2$ 和 $Ca(OH)_2$ 等碳酸盐和氢氧化物反应生成 $CaO$ 和 $MgO$。

③ 太阳能-高温反应将 $CaCO_3$ 分解成 $CaO$ 和 $CO_2$。

实现太阳能-高温热化学反应的反应器不仅能获得高温，而且要有助于热化学反应，必须考虑到太阳辐射和长波热辐射的辐射换热过程，同时包括对流换热、反应器材料的导热和化学反应的传质传热过程等。对于实际工程，还要分析太阳能辐射的强度，参与反应的气相流率和催化剂的质量等。

大量燃烧矿物能源，造成了全球性的环境污染和生态破坏，对人类的生存和发展构成威胁。在这样背景下，1992年联合国在巴西召开"世界环境与发展大会"，会议通过了《里约热内卢环境与发展宣言》、《21世纪议程》和《联合国气候变化框架公约》等一系列重要文件，把环境与发展纳入统一的框架，确立了可持续发展的模式。这次会议之后，世界各国加强了清洁能源技术的开发，将利用太阳能与环境保护结合在一起，使太阳能利用工作走出低谷，逐渐得到加强。

## 思 考 题

1. 叙述太阳的结构。
2. 太阳的能源主要来自哪些反应？
3. 太阳能光热利用主要包括哪些方面？
4. 简述太阳能的四种热发电系统的原理、设备和目前状况。
5. 设计一种太阳房，阐述其供暖原理并与目前的太阳房做比较。
6. 设计一种太阳能冰箱，阐述其制冷原理。
7. 你认为太阳能热利用技术还会出现在哪些领域？举例说明。
8. 阐述单晶硅、多晶硅和非晶硅的制备技术，为什么多晶硅近年来会迅速发展？
9. 阐述晶体硅太阳能电池的光电转化原理。
10. 你认为非晶硅太阳能电池比多晶硅太阳能电池会更有优势么？
11. 化合物半导体太阳能电池主要有哪几种类型？各自有何特点？
12. 比较化合物半导体太阳能电池与硅系列太阳能电池各自的优势和特点。
13. 阐述染料敏化纳米晶太阳能电池的发电原理，并预测它的发展趋势。
14. 目前纳米晶化学太阳能电池所用的材料成为热点，举出几种新材料。
15. 关于钙钛矿太阳能电池还有哪些需要完善？
16. 石墨烯用于太阳能电池，谈谈发展前景。
17. 阐述你对光伏产业的认识和预测。
18. 太阳能-化学能转化的关键技术是什么？
19. 介绍三种你了解的太阳能光伏并网技术工程的实例。
20. 预测太阳能利用的阻力、动力和发展前景。
21. 我国政府对太阳能利用有哪些政策？
22. 太阳能发电系统的设计需要考虑哪些因素？

## 参考文献

[1] 葛永乐主编. 实用节能技术[M]. 上海：上海科学技术出版社，1993.
[2] 胡成春编著. 新能源[M]. 上海：上海科学技术出版社，1994.
[3] 蔡兆麟主编，刘华堂，何国庆副主编. 能源与动力装置基础[M]. 北京：中国电力出版社，2004.
[4] 梁彤祥等编著. 清洁能源材料导论[M]. 哈尔滨：哈尔滨工业大学出版社，2003.
[5] 雷永泉主编，万群，石永康副主编. 新能源材料[M]. 天津：天津大学出版社，2002.
[6] 沈建国译著. 可再生能源与环境[M]. 北京：中国环境科学出版社，1985.
[7] 崔金泰编著. 各显神通的新能源[M]. 北京：北京工业大学出版社，1993.
[8] Faggi Oli E, Rena P, Danel V, et al. Supercapacitors for the energy management if electric vehicles [J]. Power Source, 1999, 84: 261-269.

[9] Sunz W, Dengcx Tsai L C. Performance of mixed rulbemum and tantalum oxide packaged ultra-capacitors/1995. Electrochemical Capacitor II [J]. Proceedings of the symposium on Electrochemical Capacitor. 1997, 43-52.

[10] Niucm, Sichel E D, Hoch R, et al. High power electrochemical capacitors based on carbon nanotube electrodes [J]. Appl Phys Cell. 1997, 70 (11): 1480-1482.

[11] Hashimoto N. Global SOFC activities and evaluation programs. Power Source. 1994, 49: 103-114.

[12] Epstein K, Tran N Jeffery F, et al. Surface Photovoltage Measurement of Lighter Instability of Amorphous Silicon Films [J]. ApplPhys Lett. 1986, 49: 173-175.

[13] Moore A. Diffusion Length in Undoped Amorphous Silicon [J]. J Appl Phys. 1987, 61: 4816-4819.

[14] Hegedus S, Lin Hongsheng, Moore A. Light-Introduced degradation of Lifetime Versus Space-Charge Effcts [J]. J Appl Phys. 1988, 64: 1215-1219.

[15] Undp, Undesa, Wec. World Energy Assessment FR [M]. 1999. 1.

[16] 王炳忠. 太阳能辐射资源太阳能应用 [M]. 北京: 人民教育出版社, 1995.

[17] Paul Maycock. The world PV market-production increases 36% [J]. Renewable Energy World, 2002, 147-161.

[18] Wolfgang Palz. PV for the new century-status and prospects for PV in Europe [J]. Rene wable Energy World, 2000, 3 (2): 24-37.

[19] The National Renewable Energy Lab. Photovoltaic energy for the new millennium: The US National Photovoltaics Program Plan [J]. Sun World, 2000, 24 (1): 4-10.

[20] Bruton T M, Luthardt G, Dorrity I A, et al. A study of the manufacture at 6500 MWp p. a of Crystalline silicon photovoltaic Modules. Barcelona: 14th European PV Solar Energy Confence. 1997. 11-16.

[21] 丁生平. 碟式太阳能热发电系统性能研究 [D]. 济南: 山东大学, 2015.

[22] 郭超. 多功能太阳能光伏光热集热器的理论和实验研究 [D]. 合肥: 中国科学技术大学, 2015.

[23] 刘大鹏. 光伏并网发电与电能质量调节统一控制研究 [D]. 秦皇岛: 燕山大学, 2015.

[24] Castilla M, Miret J, Sosa J, et al. Grid fault control scheme for three-phase photovoltaic inverters with adjustable power quality characteristics [J]. IEEE Transactions on Power Electronics, 2010, 25 (12): 2930-2940.

[25] 陈林, 张鹏. 太阳能光伏与光热发电对比简析 [J]. 黑龙江科学, 2015, 6 (1): 32-35.

[26] Soteris A, Kalogirou. Design and construction of a one axissun tracking system [J]. Solar Energy, 1996, 57 (6): 465-469.

[27] 钱银, 沈孝龙, 任涛. 基于太阳能发电的小用户智能调配系统的方案设计 [J]. 科技和产业, 2014 (4): 19-22.

[28] 赵广斌. 太阳能海水淡化系统经济性对比研究 [D]. 大连: 大连理工大学, 2013. 5.

[29] J E Braun, J C Mitchell. Solar geometry for fixed and tracking surface [J]. Solar Energy, 1993, 31 (5): 439-444.

[30] Ara moto T, Kumazawa S, Higuchi H, et al. 16.0% efficient thin film CdS/CdTe solar cells [J]. J. Appl. Phys. 1997, 36 (10): 6304-6305.

[31] Tyan Y S, Perez-Albuerne E. A. Efficient thin-film CdS/Cd Te solar cells [J]. Conf. Rec. 16th IEEE PVSC, San Diago. CA: New York, USA, IEEE, 1982, 794-800.

[32] Pallares J, Schropp R E I. Role of the buffer layer in the active junction in amorphous-crystalline silicon heterojunction solar cells [J]. J. Appl. Phys. 2000, 88 (1): 293-299.

[33] 林鸿生. PIN型非晶硅太阳能电池中的空间电荷效应-太阳能电池光致性能衰退的计算机模拟 [J]. 太阳能学报, 1994, 15 (2): 167-175.

[34] Wang F, Duarte J, Hendrix M. Pliant active and reactive power control for grid interactive. converters under unbalanced voltage dips [J]. IEEE Transactions on Power Electronics, 2011, 26 (5): 1511-1521.

[35] Moore A, Lin Hongsheng. Improvement in the surface photovoltage method of determining diffusion length in thin films of hydrogenated amorphous silicon [J]. J. Appl. Phys., 1987, 61 (10):

[36] 赵挺洁，赵巍岩，白耀东．太阳能干燥器的性能测试与研究 [J]．环境与发展，2015，27（1）：82-85．

[37] 耿新华，孙云，王宗畔等．薄膜电池的研究进展 [J]．物理，1999，28（2）：96-102．

[38] 李秉厚，王万录．多晶薄膜与薄膜太阳电池 [J]．太阳能学报，1999，（特刊）：102-114．

[39] 刘长志．沿海地区太阳池热泵技术的应用研究 [D]．大连：大连理工大学，2008．

[40] 梁春华．太阳能热水系统与建筑屋顶一体化结构的设计 [C]．广州：广东工业大学，2015．

[41] McElheny P J, Arch J K, Lin Hongsheng, et al. Range of validity of surface-photovoltage diffusion length measurement：A computer simulation [J]. J. Appl. Phys., 1988, 64: 1254.

[42] 苑金生．国外节能建筑对太阳能的利用 [J]．节能，1996（5）：26-32．

[43] 黄飞，陶进庆．太阳能利用大有可为 [J]．太阳能利用，2001（4）：35-36．

[44] 赵亚文．21世纪我国太阳能利用发展趋势 [J]．中国电力，2000，3（9）：74-77．

[45] 张涛，唐宇，魏静等．从专利看我国真空管太阳能热水器的技术创新能力 [J]．企业技术开发，2015，34（1）：4-7．

[46] 张升黎，旷立辉，于立强，太阳能利用中的蓄热技术 [J]．青岛建筑工程学院学报，2000，21（4）：93-97．

[47] 旷立辉，王如竹，于立强．太阳能热泵供热系统的实验研究 [J]．太阳能学报，2002，23（4）：409-413．

[48] Inalli M, Unsal M, Tanyildziv. A computational model of a domestic solar heating system with undcrground splurical thermal storage [J]. Energy, 1997, 22 (12): 1163-1172.

[49] Kaygusua K, Aghan T, Experimental and theoretical investigation of combined solar heat pump system for residential heating [J]. Energy Conversion and Management, 1999, 40 (13): 1377-1396.

[50] Esen, MeHmell. Thermal performance of a solar-aided latent heat store used for space heating by heat pump [J]. Solar energy, 2000, 69 (1): 15-25.

[51] 杨世杰，陈瑜．建筑的节能改造和太阳能利用 [J]．建筑科学．2000，16（4）：10-11．

[52] 剑乔力，葛新民．太阳能热发电技术 [J]．自然杂志，2003，18（6）：346-349．

[53] 葛新民．太阳能工程——原理和应用 [M]．北京：学术期刊出版社，1988．

[54] 张建峰，杨永亮，肖波等．太阳能盐卤发电技术现状及展望 [J]．可再生能源，2003，107（1）：5-7．

[55] 于志．多种太阳能新技术在示范建筑中的应用研究 [D]．合肥：中国科学技术大学，2014．

[56] Krisst RJK. Energy Transter system [J]. Alternative Sources of Energy, 1983, 63 (8): 8-10.

[57] 曹丰．太阳和太阳能的利用 [J]．武汉教育学院学报，1996，15（6）：56-59．

[58] 杨维菊．美国太阳能热利用考察及思考 [J]．世界建筑，2003（8）：83-85．

[59] 李梦柏，古国，谷云骊等．太阳能催化反应动力学研究 [J]．环境科学学报，2000，20（3）：304-307．

[60] Hoffman M R. Environmental applications of semiconductor photocatalysis [J]. Chemical Reviews, 1995, 95 (1): 69-96.

[61] Rodriguez S M, Richter C, Galvez J B, et al. Photocatalytic degradation of industrial residual waters [J]. Solar Energy, 1996, 78: 401-410.

[62] 王怡中，符雁．多相催化反应中太阳能导电效率的研究 [J]．太阳能学报，1998，19（1）：36-40．

[63] Yin Zhang, Crittenden J. C, Hud D W, et al. Fixed-bed photocatalysis for solar decontamination of water [J]. Environ scitechnol, 1994, 28: 535-442.

[64] Hsu M., Jih R, Lin P, et al. Oxygen doping in closed spaced sublimed CdTe thin films for photovoltaic cells [J]. J. Appl. Phys., 1986, 59 (7): 3607-3609.

[65] P Kesselring, C S Selvage. The IEA/SSPS solar thermal power plants：vol 2：distributed collector system (DCS) [M]. Berlin: Springer-Verlag, 1986.

[66] Chu T L, Chu S S, Firszi F, et al. Deposition and characterization of p-type cadmium telluride films [J]. J. Appl. Phys., 1985, 58 (3): 1349-1355.

[67] Mc Elheny P. J. Arch J. K, Lin Hongsheng, et al. Range of validity of the surface-photovoltage diffusion length measurement: A computer simulation [J]. J. Appl. Phys, 1988, 64 (3): 1254-1265.

[68] Hsu M., Jih R, Lin P, et al. Oxygen doping in closed spaced sublimed CdTe thin films for photovoltaic cells [J]. J. Appl. Phys., 1986, 59 (7): 3607-3609.

[69] Rose D H, Levi D H, Matson R J, et al. The role of oxygen in CdS/CdTe solar cells deposited by closed-spaced sublimation. Conf Rec. 25th IEEE PVSC, Washington, DC, New York, USA, IEEE, 1996, 777-780.

[70] Chu T L, Chu S S, Firszi F, et al. Deposition and characterization of p-type cadmium telluride films [J]. J. Appl. Phys., 1985, 58 (3): 1349-1355.

[71] Mc Elheny P. J. Arch J. K, Lin Hongsheng, et al. Range of validity of the surface-photovoltage diffusion length measurement: A computer simulation [J]. J. Appl. Phys, 1988, 64 (3): 1254-1265.

[72] Kaygusua K, Aghau T. Experimental and theoretical investigation of combined solar heat pump system for residential heating [J]. Energy conversion and Management, 1999, 40 (13): 1377-1396.

[73] Hawlader M N A, Chou S K, Ullah M Z. The performance of a solar assisted heat pump water heating system [J]. Applied Thermal Engineering, 2000, 24 (10): 1049-1065.

[74] Yumrutas R, Unsal M. Analysis of solar aided heat pump systems with seasonal thermal energy storage in surface tanks [J]. Energy, 2000, 25 (12): 1324-1243.

[75] Esen, Me Hmet. Thermal performance of a solar-aided latent heat store used for space heating by heat pump [J]. Solar energy, 2000, 69 (1): 15-25.

[76] Gundula Helsch. Adherent anti-reflection coatings on borosilicate glass for solar collectors [J]. European Journal of GlassScience and Technology, 2006, 47 (10): 153-156.

[77] 陶靓. 半导体纳米结构太阳电池的研究 [D]. 上海: 上海交通大学, 2014.

[78] 赵雨, 李惠, 关雷雷. 钙钛矿太阳能电池技术发展历史与现状 [J]. 材料导报, 2015, 29 (6): 18-22.

[79] Goetzberger A, HeblingC. Photovoltaiematerials, past, present, future. SolarEnerge. Materials and SolarCells, 2000, 62: 1-19.

[80] Goetzberger A, HeblingC, SehoekH-W. Photovoltaieoaterials, history, statusand. outlook. Materials Seienee and Engineering R, 2003, 40: 1-46.

[81] 蒋荣华, 肖顺珍. 国内外多晶硅发展现状. 半导体技术, 2001, 26 (11): 7-10.

[82] 杨玉安. 多晶硅产业化技术研究发展建议 [C]. 多晶硅材料"十一五"科技发展战略研讨会论文集, 2005: 4-55.

[83] 张超, 陈学康, 郭磊等. 石墨烯太阳能电池透明电极的可行性分析 [J]. 真空与低温, 2012, 18 (3): 160-166.

[84] 李德元, 赵文珍, 董晓强. 等离子技术在材料加工中的应用 [M]. 北京: 机械工业出版社, 2005.

[85] Delannoy Y, Alemany C, LiKl, et al. Plasma-refining proeess to providesolar-grade51lieon, 2002, 72: 69-75.

[86] Alemany C, Trassy C, Pateyron B, et al. Refining of metallurgiea-gradesilieon by Induetive Plasma. 2002, 72: 41-48.

[87] 张锐. 薄膜太阳能电池的研究现状与应用介绍 [J]. 广州建筑, 2007 (2): 7-10.

[88] 刘玉萍, 陈枫, 郭爱波. 薄膜太阳能电池的发展动态 [J]. 节能环保, 2006, (11): 21-23.

[89] 郭丰. 化合物半导体光伏产品发展趋势探讨 [J]. 电子与封装, 2008, 6 (11): 36-39.

[90] Dunsky C. Lasers in the Solar Energy Revolution [J]. Industrial Laser Solutions, 2007, 22 (8): 24-28.

[91] Resch R. No Question of Solar Momentum in U S [J]. Semiconductor International, 2008, (7): 116-125.

[92] Jie W J, Zheng F G, Hao J H. Graphene/gallium arsenide-based Schottky junction solar cell [J]. Appl Phys Lett, 2013, 103 (23).

[93] Dunsky C, Colville F. Solid State Laser Applications in Photovoltaic Manufacturing [J]. Proc. SPIE, 2008, 68 (7): 1-5.

[94]　刘宏芳，郑碧娟．微生物燃料电池 [J]．化学进展，2009，21（6）：1349-1355．
[95]　高峰，成晓玲，胡社军等．染料敏化纳米晶 $TiO_2$ 太阳能电池研究进展 [J]．广州化工，2006，34（1）：8-11．
[96]　田研．染料敏化纳米晶太阳能电池电极制备与优化 [D]．武汉：华中科技大学，2007．
[97]　郑冰，牛海军，白续铎．有机染料敏化纳米晶太阳能电池 [J]．化学进展，2008，20（6）：828-840．
[98]　韩新建．光伏并网发电系统的研究与设计 [D]．无锡：江南大学，2008．
[99]　陈洪，邹朴，杨贤铺．叶绿素敏化纳米晶太阳能电池性能的研究 [J]．湖北工业大学学报，2008，23（1）：65-68．
[100]　王长贵，郑瑞澄．新能源在建筑中的应用 [M]．北京，中国电力出版社，2003．
[101]　闫士职，尹梅，李庆等．太阳能光伏发电并网系统相关技术研究 [J]．技术前沿，2009，11（1）：73-76．
[102]　杨玲．太阳能在建筑中应用浅析 [J]．甘肃冶金，2009，31（1）：103-106．
[103]　马胜红，陆虎俞．独立光伏系统与并网光伏系统 [J]．大众用电，2006（11）42-43．
[104]　易桦．新型 PV-Trombe 墙系统的理论与实验研究 [D]．合肥：中国科学技术大学，2007．
[105]　周楷，余志勇，李心．槽式太阳能热发电技术发展现状与趋势 [J]．能源研究与管理，2014（4）：17-22．
[106]　蒋金．碟式光热发电装置反射盘加工设备的设计 [D]．北京：华北电力大学，2014．
[107]　张文妍．两段式塔式太阳能电站系统及腔式吸热器设计 [D]．北京：华北电力大学，2014．
[108]　唐海涛，周兵，向树民．中国太阳能热发电产业的发展现状及前景 [J]．能源与节能，2014，111（12）：84-86．
[109]　潘甲龙，吕丹，于腾．浅谈太阳能热发电的集热形式 [J]．能源与节能，2015，119（8）：66-68．
[110]　段洋，廖文俊，张艳梅等．太阳能集热技术及其在海水淡化中的应用 [J]．装备机械，2015，(1)：21-25．
[111]　邢晓阳．太阳能膜蒸馏海水淡化过程的研究 [D]．上海：华东理工大学，2015．
[112]　汪建文．可再生能源 [M]．北京：机械工业出版社，2011．
[113]　杨天鑫，李强．世界上利用太阳灶烹饪最具潜力的 25 个国家 [J]．太阳能，2015（2）：74-75．
[114]　Martin L, Zarzalejo J F, Polo J, et al. Prediction of globalsolar irradiance based on time series analysis: Application to solarhermal power plants energy production planning [J]. Solar Energy, 2010, 84 (10): 1772-1781.
[115]　张宁．太阳能光伏发电项目风险管理研究 [D]．北京：华北电力大学，2014．
[116]　孙庆．分布式光伏并网发电系统的协同控制 [D]．上海：华东理工大学，2015．
[117]　赵争鸣，刘建政，孙晓瑛等．太阳能光伏发电及其应用 [M]．北京：科学出版社，2005．
[118]　程炜东．建筑光伏发电并网技术的研究 [D]．北京：华北电力大学，2014．
[119]　刘春娜．太阳电池近期研究进展 [J]．电源技术，2015，139（6）：1141-1142．
[120]　童君．铜铟镓硒薄膜太阳能电池的研究 [D]．杭州：浙江大学，2014．
[121]　贾树明，魏大鹏，焦天鹏等．石墨烯/CdTe 肖特基结柔性薄膜太阳能电池研究 [J]．电子元件与材料，2015，34（6）：19-23．

# 第 3 章

# 氢能

氢能是以氢气为能量载体的绿色二次能源,被视为"后石油时代"的能源解决方案之一。氢来源广泛,既可通过化石能源制备,又可由风能、太阳能、生物能、潮汐能及核能转化而来。

本章主要讨论氢气制备、氢气的安全储存、运输及氢能的应用,将氢气的制取、运输、储存和应用各方面有机结合,才能使氢能技术走向实用化。

(1) 氢能利用的发展　氢能是清洁能源,具有利用率高、来源广泛和制取途径多的特点,其应用涉及多个领域,如图 3-1 所示。

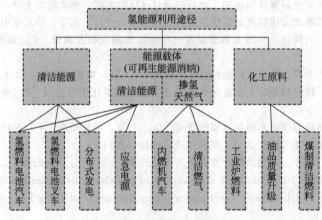

图 3-1　氢能的利用途径

氢能的利用开始于 20 世纪上半叶,用于充气飞艇。20 世纪 70 年代爆发的石油危机,引起了人们对可持续能源的重视。1996 年,美国国会通过了"未来氢法案",开展了氢能制备、储存、运输和应用示范研究。2003 年,由美国、澳大利亚、巴西、加拿大、中国、意大利、英国、冰岛、挪威、德国、法国、俄罗斯、日本、韩国和印度等国参加的"氢能经济国际合作伙伴计划"(International Partnership for Hydrogen Economy, IPHE)在华盛顿成立。

美国能源部已经启动了国家氢能发展前景和指南项目,计划到 2040 年,美国将走进"氢能经济"时代。美国能源部已开展世界上最大规模的燃料电池车示范,其中包括 183 辆燃料电池车和 25 座加氢站,共行驶 360 万英里。美国能源部在纽约长岛启动了基于风电制氢的氢能应用示范项目,计划利用风力发电机为长岛的水电解制氢提供电能,制得的氢供长岛上的燃料电池汽车使用。

德国高度重视可再生能源发电(风能和太阳能等)制氢技术,研究利用风能制氢以满足本国燃料电池汽车供氢需求。目前,德国已建立了 50 余座加氢站,在 2015 年为 5000 辆氢燃料电池汽车提供加氢服务。德国计划到 2020 年具有 1000 座加氢站和 50 万辆燃料电池汽车,进一步完善和扩展加氢站网络化分布。

英国 ITM 能源公司在英国罗瑟勒姆地区实施氢能示范项目,为附近建筑提供部分电力支持和氢能燃料。该系统包括风力发电机、电解槽、储氢系统和燃料电池动力系统。

2010年年底,我国在江苏沿海建成了首个非并网风电制氢示范工程,利用30kW的风机直接给新型电解水制氢装置供电,日产氢气120m³(标准状况下)。2013年,我国河北建投集团与德国迈克菲能源公司/欧洲安能公司签署了关于共同投建河北省首个风电制氢示范项目的合作意向书,计划建设100MW的风电场、10MW的电解槽和氢能综合利用装置。

目前,美国、日本、加拿大及欧盟等世界各国已建设各类加氢站200多座,所建加氢站中,37%在美国,15%在德国,13%在日本。据统计当前世界氢气年产量近5000万吨,其中中国为最大氢生产国(1000多万吨),主要用于化学工业,尤以合成氨和石油加工工业的用量最大。

(2) 氢能的性质和特点

① 来源广　地球上的水储量为21018万吨,是氢取之不尽、用之不竭的重要源泉。

② 燃烧热值高　表3-1为几种常见燃料的燃烧值,显然,氢的热值高于所有化石燃料和生物质燃料。

表3-1　常见燃料的燃烧值

| 燃料种类 | 氢气 | 甲烷 | 汽油 | 乙醇 | 甲醇 |
| --- | --- | --- | --- | --- | --- |
| 燃烧值/(kJ/kg) | 121061 | 50054 | 44467 | 27006 | 20254 |

③ 清洁　氢本身无色无味无毒,若在空气中燃烧,只有火焰温度高时才会生成部分氮氧化物($NO_x$),燃烧效率高。

④ 存在形式多　氢可以气态、液态或固态金属氢化物存在,适应贮运及各种应用环境的不同要求。

目前,世界上90%的氢气制取原料是石油、天然气和煤。真正的"氢经济"距离人们的日常生活还比较遥远,主要原因是氢能的大规模利用离不开大量廉价氢的获得和安全、高效的氢气储存与输送技术。现阶段的科技水平与这些条件尚存在差距。

## 3.1　氢的制取

氢的制取包括天然气制氢、煤气化制氢和电解等。

### 3.1.1　化石燃料制氢技术

化石燃料制氢技术包括天然气、煤气和其他石化燃料制备氢的工艺、设备及流程。

#### 3.1.1.1　天然气制氢

天然气含有多种组分,主要成分是甲烷,其他成分为水、碳氢化合物、$H_2S$、$N_2$和$CO_x$。在天然气进入管网前,要除去硫化物等杂质,进入管网的天然气一般含75%~85%甲烷、低碳饱和烃和$CO_2$等。

天然气的重整包括几个独立的过程或联合的过程:①甲烷重整(steam methane reforming, SMR);②绝热预重整(adiabatic pre-reforming);③部分氧化(partial oxidation, POX);④自热重整(autothermal reforming, ATR)。

天然气制氢最常用、最经济的是天然气重整技术。天然气重整过程主要涉及以下几个反应:

甲烷蒸汽重整:
$$CH_4 + H_2O \rightleftharpoons CO + 3H_2 \qquad \Delta H = 49 \text{kcal/mol} \qquad (3-1)$$

水-气转化反应：

$$CO + H_2O \rightleftharpoons CO_2 + H_2 \qquad \Delta H = -10 \text{kcal/mol} \qquad (3-2)$$

天然气、液化气（LPG）或液烃中的高级烃的反应途径与甲烷相同：

$$C_nH_m + nH_2O \rightleftharpoons nCO + (n+m/2)H_2 \quad \text{吸热反应} \qquad (3-3)$$

随着反应的进行，蒸汽有可能被 $CO_2$ 取代，因此会发生下面的反应：

$$CH_4 + CO_2 \rightleftharpoons 2CO + 2H_2 \qquad \Delta H = 59 \text{kcal/mol} \qquad (3-4)$$

此反应的发生将为很多合成反应提供更合理的 $H_2/CO$ 比例。

上述四个反应均需催化剂的存在，最常用的催化剂是 Ni。甲烷还可在氧气中部分氧化生成合成气（水煤气），具体反应为：

$$CH_4 + \frac{1}{2}O_2 \rightleftharpoons CO + 2H_2 \qquad \Delta H = -9 \text{kcal/mol} \qquad (3-5)$$

采用自热重整时，发生以下反应：

$$CH_4 + xO_2 + (2-2x)H_2O \rightleftharpoons CO_2 + (4-2x)H_2 \qquad (3-6)$$

式中，$x$ 为 $O_2$ 与 $CH_4$ 的摩尔比值。

在重整温度下，甲烷重整反应式（3-1）与水气转化反应式（3-2）为可逆反应；而反应式（3-3）不可逆，直至高级烃转化完全。反应式（3-4）与反应式（3-1）、反应式（3-2）不同，根据 Le Chtelier 理论，反应温度更高时，平衡状态下甲烷含量下降，CO 含量增多，且甲烷含量随压力增大而增大，随 $H_2O/C$ 比值增大而下降，见图 3-2。

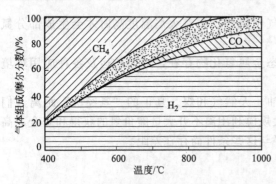

图 3-2 甲烷蒸汽重整中的平衡气（干气体）组成
压力－3MPa，$H_2O/C=4.0$

重整气的产物组成可通过热力学计算加以估计。$H_2O/C$ 比值较小及催化反应温度较低时，若原料气中高级烃含量较高，则整个反应仅吸收极少的热量甚至放热，原因是发生了反应的逆反应，即生成的 CO 重新甲烷化。在这种情况下，不需任何外加热量即可维持反应的进行，这就是所谓的"绝热预重整"。然而，若想降低产物气中甲烷的含量，则出口温度必须很高，且整个反应强烈吸热。此时常选择管式重整炉提供热量。

使用氧气进行重整时即可采取催化自热或二次重整过程，也可采用部分氧化过程。蒸汽重整、部分氧化和自热重整是目前烃类重整生产氢气的主要技术。由于无需间接加热，且设备所需启动时间短、瞬时响应好，故部分氧化和自热重整技术受到了广泛关注，但产品的质量差（氢含量 40%～50%）。与部分氧化和自热重整相比，催化蒸汽重整得到的原始重整气（即未分离的气体）中氢含量更高，可达 70%～80%。此外，还可直接加入液态水与烃类进行加压操作。

反应式（3-1）和反应式（3-3）进行时常伴随下列副反应的发生（产物为炭）：

$$2CO \rightleftharpoons C + CO_2 \qquad \Delta H = -41 \text{kcal/mol} \qquad (3-7)$$

$$CH_4 \rightleftharpoons C + 2H_2 \qquad \Delta H = 18 \text{kcal/mol} \qquad (3-8)$$

$$C_nH_m \longrightarrow nC + m/2H_2 \qquad (3-9)$$

反应式（3-7）常被称为"布达（Boudouard）反应"。高温（>650℃）时，在进行反应式（3-3）的同时，高级烃还热裂解生成烯烃并最终形成焦炭，见反应式（3-10）：

$$C_nH_m \longrightarrow \text{烯烃} \longrightarrow \text{聚合物} \longrightarrow \text{焦炭} \qquad (3-10)$$

反应式（3-7）、反应式（3-8）可逆，反应式（3-9）、反应式（3-10）不可逆。

(1) 甲烷蒸汽重整

① 甲烷蒸汽重整装置　图 3-3 所示为 Topsøe 重整炉。填充催化剂的圆管排列成一行，在炉墙上安装 4～6 个烧嘴，便于控制输入圆管的热量，在各种操作条件下均可保持最佳的温度分布。热气体经过耐火通道离开辐射室，气体余热可加以利用。原料气通过丝状进口（又称"猪尾管"）由分布头进入管道，猪尾管连接在重整炉管壁上，允许使用较高的预热温度。

重整炉出口有两种设计（见图 3-4），图 3-4（a）是产物气通过炉外的接口进入耐火材料制成的集气管中；图 3-4（b）是出口采用猪尾管设计，同时使用集热器。

② 热平衡及管道设计　重整炉所需热量（即重整炉负载）为出口处与进口处气体热焓值的差，可以从热焓表中很容易地计算出来。重整炉负载包括反应所需热量和提高出口处温度所需热量。对于常见的管式重整炉，燃烧产生的热量中约 50% 通过管壁被反应气吸收。其余热量主要含于烟气中并在重整炉的废热区加以回收，用于预热气体和制取蒸汽，总体热效率可达 95%。

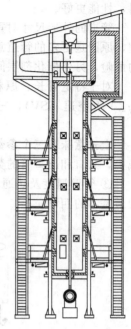

图 3-3　Topsøe 重整炉结构示意图

重整炉管壁传入热量与重整反应消耗热量之间的平衡是蒸汽重整的核心所在。管道所承受的应力与管壁的最高温度和最大热通量密切相关。即使操作温度稍微超过管壁允许的最高温度，也会严重影响其使用寿命。随着冶金（合金钢）技术的发展，目前设计中出口气的温度可超过 950℃，管壁温度可达到 1050℃。

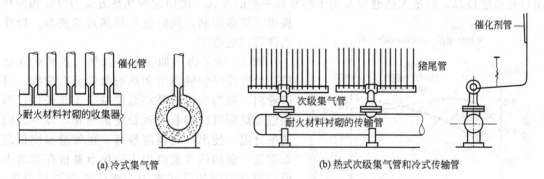

图 3-4　重整炉出口系统设计

早期的炉管采用热轧 18Cr-8Ni、16Cr-36Ni 和 20Cr-25Ni 无缝钢管，由于含碳量低，高温强度差，耐压强度低，寿命也短。20 世纪 60 年代后普遍使用成分为 Cr25Ni20 的 HK-40 离心铸造管。HK-40 管在高温下有较高的耐久强度及蠕变强度，抗氧化性及抗渗碳性良好，制造方便，价格较低。但缺点是韧性较差。

在欧洲已有不少工厂使用 IN519。该种材料中添加了 Nb，并且 Ni 含量较高，大大提高了炉管的延展性。还有一种 Manaurite 36x 的材料，其价格较高，但其优良性能足以弥补。如某厂的重整炉用 HK-40 时壁厚为 17.3mm，而用 36x 时只需 11.5mm，因此在外径相同时管截面增加 22.5%，可多装催化剂。由于炉管壁减薄，重量减轻，其总费用仍相等。现在国外逐渐用 HT、HU 铸钢等代替 HK 钢，特别是在这些钢中加入 W 或 W、Co 高合金材料，性能更好。

管道的外形尺寸对重整炉设计有复杂的影响。提高管道长度比增加数量在经济上更合理，原因是更多的管道意味着更复杂的进、出口系统设计。但管长是有限的，过长则有弯曲的危险，另外催化剂层间的压力降也是制约因素。

对于特定管长、原料气流量和重整炉载荷，管的数量决定于管径（$d_1$）、平均热通量（$q_{av}$）和空速（$SV$），三者之间的关系式为：

$$q_{av} \approx d_1 SV \tag{3-11}$$

上式意味着三个参数中仅有两个可自由选择，若$q_{av}$恒定，则随着$d_1$的增大，管的数量减少，入口和出口管的数量同样减少。

③ 管壁温度及热通量分布　管式重整炉有多种管道和燃烧器的配置方式，图 3-5 所示为最基本的四种。

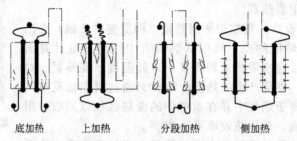

底加热　　上加热　　分段加热　　侧加热

图 3-5　管式重整炉的典型设计

底部加热型沿管长方向的热通量几乎恒定，炉子设计采用对流方式，可以使出口处达到很高的温度。分段式加热是底部加热式的改进，可降低管壁温度。上加热式的特点是在重整炉上部管壁温度有一个峰值，且其热通量最大。侧壁加热式可实现对管壁温度的控制，管道出口处温度最高，但最大热通量却位于相对低一些的温区。因而此种加热方式为设计和操作提供了更多便利，同时使平均热通量更高，操作条件可以更苛刻。

图 3-6 所示为顶加热和侧加热式重整炉在运行初始阶段时管壁温度和热通量的分布曲线。可以看出，顶部加热时最高温度位于 1/3 长处；而侧壁加热则可以随着管道长度的变化，以一定的速率升温，使出口处温度最高。在管壁温度最高处附近，顶加热式重整炉中的热通量也存在最大值；而对于侧加热式来说，该曲线却平坦得多，且最大热通量远低于顶加热式，尽管其平均热通量更大。

侧加热式在最大热通量处的管壁温度远低于顶加热式，这意味着允许在设计中采用更大的平均热通量，也就是说，若采用同样的最大热通量，侧加热式的管壁承受的应力更小（温度低），可设计得更薄（相同直径）或更粗（相同壁厚）。

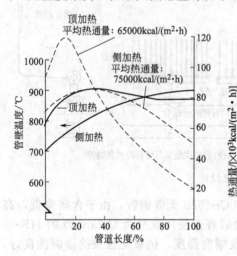

图 3-6　顶加热和侧加热式重整炉的
管壁温度和管道中热通量分布曲线
（1kcal=4.18kJ）

④ 气体组成　由于产物气的组成强烈依赖于反应条件，因此蒸汽重整炉不仅是加热炉，还是化学反应器。最重要的变量包括：a. 原料的物性；b. 入口处 $H_2O/C$ 比值；c. 出口处温度；d. 出口处压力。

原料气可为任何烃类物质,从富氢废气或天然气直至重石脑油均可。某些情况下可通入 $CO_2$ 以节省原料气并降低产物中 $H_2/CO$ 比值。传统上为避免生成 C 而使用较高的 $H_2O/C$ 比值。对于天然气重整来说,通常 $H_2O/C=2.5\sim 3$。所以进行天然气重整需大量水蒸气,二者比值约为 $10\sim 12t\ H_2O/t\ H_2$。

前些年出现了一些新的蒸汽重整催化技术,如使用贵金属基催化剂、S 钝化重整和安装预热重整炉,可使 $H_2O/C<1.0$。

出口处压力强烈影响反应式 (3-1),但对反应式 (3-2) 无影响。压力升高会导致很高的甲烷含量。为防止出现上行气流,通常会规定最高压力。

⑤ 蒸汽重整流程  图 3-7 所示为 Lurgi 公司制氢厂的蒸汽重整制氢流程。原料(天然气等)首先经过脱硫工序,采用 Co-Mo 或 Ni-Mo 加氢催化剂,在 360℃ 的温度下,使有机硫转化为 $H_2S$,而后以 ZnO 除去;蒸汽重整温度为 800~900℃、催化剂为 Ni;重整气经过转化反应后,合成气中 CO 体积含量不超过 3%;经过变压吸附(PSA)提纯后,氢气纯度高达 99.9999%,CO 含量低于 $1\times 10^{-6}$。

氢气产量(标准状况)为 $1000m^3/h$ 时,相关工艺参数为:原料+燃料 $400m^3/h$、锅炉供水 $1.15t/h$、冷却水 $3.0m^3/h$、电能消耗量 17kW、输出蒸汽 $0.63t/h$。

(2) 绝热预重整 (adiabatic pre-reforming)  绝热预重整主要用于天然气到重石脑油等沸点高于 200℃、芳香烃含量高于 30% 的烃类物质的重整反应。在预重整反应器中,高级烃完全转化为 $CH_4$、$CO_x$、$H_2$ 和蒸汽。对含有高级烃(活性很强)的原料气来说,若不进行预重整,则极易在催化剂表面形成焦炭,严重影响催化剂的使用寿命。

若原料为天然气,则整个过程为吸热反应,导致温度下降;若采用石脑油等高级烃,则整个过程放热或呈热中性。由于预重整催化反应温度较低,故通过 Ni 基催化剂表面的化学吸附过程,可将在脱硫区从原料气中裂解出的硫除去,从而实现原料气的无硫化。

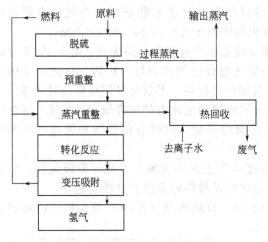
图 3-7  蒸汽重整制氢流程

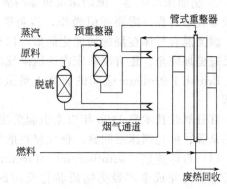
图 3-8  预重整流程示意图

图 3-8 所示为绝热预重整流程示意图。通过将预重整炉中的馏分加热至 650℃,可使管式重整炉的热负荷降低 25%。在蒸汽重整前进行绝热预重整具有以下优点:

① 所有高级烃均完全转化为 $CH_4$、$CO_x$(CO、$CO_2$)、$H_2$ 和蒸汽,用于天然气重整的催化剂仍可在管式重整炉中用于石脑油的重整;

② 可以除去所有产生于脱硫区的硫,提高了管式重整炉中催化剂的寿命和低温转化催化剂的寿命;

③ 由于管式重整炉顶部催化剂不存在硫中毒的可能,故而降低了局部过热的危险;

④ 通过在预热重整炉和管式重整炉之间安装附加的预热线圈或加热器，可降低重整炉负载从而提高产能；

⑤ 可取消管式重整炉中用于测试 $H_2O/C$ 比例及原料气组分的探测器；

⑥ 广泛适用于所有使用管式重整炉的场合，如合成氨、甲醇重整、制氢、含氧气体/CO 和城市气等生产。

(3) 部分氧化（partial oxidation，POX） POX 是一个轻放热反应，并且反应速率比重整反应快 1~2 个数量级，而且生成的 $CO/H_2$ 为 1/2，是费托过程制甲醇和高级醇的理想 $CO/H_2$ 配比；同时 POX 可实现自热反应，无需外界供热而可避免使用耐高温的合金钢管反应器，采用极其廉价的耐火材料堆砌反应器，其装置投资明显降低。图 3-9 所示为 POX 反应器。

① 固定床反应器 目前 POX 的研究主要集中在常压下，利用固定床石英反应管。反应温度为 1070~1270K，1atm，催化剂为 $Ni/Al_2O_3$。这种反应器的结构使得其不仅可以在绝热条件下工作，而且可以周期性地逆流工作，因此可以达到较高温度。甲烷刚与催化剂接触时，一部分 $CH_4$ 充分燃烧，此时温度可达 1220K，再深入催化剂内部，未反应的 $CH_4$ 与 $H_2O$ 和 $CO_2$ 重整，最后生成合成气。甲烷转化率可达 85% 以上，$H_2$ 和 CO 的选择性分别为 75%~85% 和 75%~95%。接触时间为 0.25s。

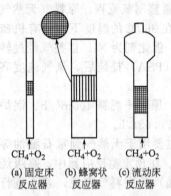

图 3-9 用于 POX 反应的反应器
(a) 固定床反应器 (b) 蜂窝状反应器 (c) 流动床反应器

② 蜂窝状反应器 蜂窝状反应器是指反应器内的催化剂结构为多孔状或蜂窝状。蜂窝状反应器最先被 Korchnak 等用于甲烷氧化。该专利通过加入水来缓和 POX 反应。当 $H_2O/CH_4 \leqslant 0.4$ 时，催化剂出口处的温度为 1143~1313K，空速为 20000~500000$h^{-1}$，反应无积炭。原料气进口的温度要求不能低于混合气体自燃温度（一般 561~866K）93K。蜂窝状催化剂的表面积与体积比大约为 20~40$cm^2/cm^3$。

③ 流动床反应器 流动床反应器与固定床反应器相比有着明显的优点。由于 POX 反应过程是放热过程，需要谨慎操作，避免甲烷与氧气混合比例达到爆炸极限。在流动床内反应，因为混合气体在翻腾的催化剂里可以充分与催化剂接触，不仅可以使热量及时传递，而且反应更加完全。还有流动床内的压降比同尺寸同空速固定床内的压降低。有关流动床的优点，British Petroleum 公司的研究人员进行了全面的研究，包括有催化剂和无催化剂的反应床。

部分氧化技术自 1990 年以来引起关注，但迄今为止尚未实现工业化，原因包括：廉价氧的来源、催化剂床层问题、催化材料的反应稳定性及操作体系的安全性问题等。

(4) 自热重整（autothermal reforming，ATR） 自热重整（ATR）是在氧气内部燃烧的反应器内完成全部烃类物质转化反应的过程。ATR 反应是结合 SMR 和 POX 的一种新方法，最早出现于 20 世纪 70 年代。如上所述，POX 是个放热反应，ATR 法是将 POX 反应放出的热量提供给 SMR，既可限制反应器内的最高温度又可降低能耗。

Cavallaro 等研究了 $H_2O/CH_4$ 的比例、流速、温度对于生成气的影响和结炭条件的限制。研究表明 $H_2O/CH_4$ 的增大有助于生成 $H_2$。当蒸汽重整反应进行时，大量的氧气使甲烷氧化为

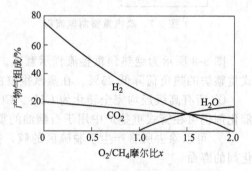

图 3-10 $O_2/CH_4$ 与产物组成的关系

主要反应，产生 $H_2$ 量较少。

$H_2O/CH_4$ 和 $O_2/CH_4$ 的比值是 ATR 反应过程的关键。图 3-10 为 $O_2/CH_4$ 与产物组成的关系。实质上，这些参数对于这些反应的动力学平衡有着重要的影响。因为 ATR 是由 SMR（吸热反应）和 POX（放热反应）组成，结合后存在一个新的热力学平衡，此热力学平衡对反应温度起决定性作用。而这个热力学平衡又是由原料气中 $O_2/CH_4$ 和 $H_2O/CH_4$ 比值所决定，最佳的 $O_2/CH_4$ 和 $H_2O/CH_4$ 比值，可以得到最多的 $H_2$ 量、最少的 CO 和炭沉积量。

图 3-11 所示为自热重整流程图，包括原料预热区、反应器、热回收区及气体分离单元，与传统的蒸汽重整相比，该流程所需设备数量大大减少。

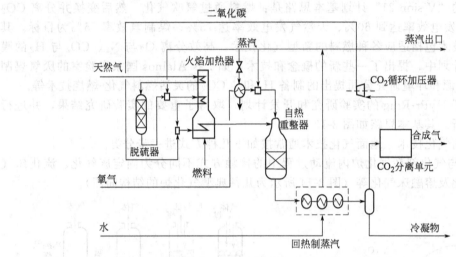

图 3-11　自热重整生产合成气（$H_2/CO=2.0$）流程

若原料为低硫含量的天然气则无需脱硫。该自热重整流程可用于生产 $H_2/CO=2.0$ 的合成气。

目前，世界上主要的天然气制氢公司有 Air Products（美）、Technip（法）、Lurgi、Linde 和 Uhde（德）、Foster Wheeler（英）及 Topsøe（丹麦）。图 3-12 所示为 Air Products 公司所属的位于加州 Carson 市的制氢厂。

图 3-12　Air Products 公司制氢厂

### 3.1.1.2　煤气化制氢

由于煤炭资源相对丰富，煤气化制氢曾经是主要的制氢方法。随着石油工业的兴起，特别是天然气蒸汽重整制氢技术的出现，煤气化制氢技术呈现逐步减缓发展态势。但对中国来说，煤炭资源丰富，价格相对低廉，因此对我国大规模制氢并减排 $CO_2$ 而言，煤气化是一个重要的途径。

煤气化是指煤与气化剂在一定的温度、压力等条件下发生化学反应而转化为煤气的工艺过程。煤气化技术按气化前煤炭是否经过开采而分为地面气化技术（即将煤放在气化炉内气化）和地下气化技术（即让煤直接在地下煤层中气化）。

根据美国国家科学院的报告，当氢气需求增长到足以支撑一套大型分销系统后，煤是建设大规模集中型氢工厂的可选原料之一。美国现有煤储量制造的氢足够使用两百多年。目前，将煤转换成氢能的商业化技术已经开发成功，而且是现有制氢工艺中成本最低的。估计大规模集中型工厂的煤制氢成本为 1.3 美元/kg。但是，煤气化制氢工艺的 $CO_2$ 排放量高于其他制氢工艺。

美国能源部参与了综合碳吸收和氢能的研究计划。该计划由政府和工业界共同投资 10 亿美元，用来设计、建设和运转一套几乎无污染物排放的燃煤电力和氢能工厂。这座 275MW 的示范工厂将采用煤气化技术，而不是传统的煤燃烧技术生产合成气，粗产品为 $H_2+CO_2$，$CO_2$ 可采用膜工艺分离出来，分离出的 $CO_2$ 将被永久封存在地层中。碳吸收和膜分离是煤制氢的两项关键技术。

美国启动的"Vision 21"计划基本思路是：燃料通过氧吹气化，然后变换并分离 $CO_2$ 和 $H_2$，以燃煤发电效率达到 60%、天然气发电效率达 75%、煤制氢效率 75% 为目标。其中的重大关键技术包括适应各种燃料的新型气化技术，高效分离 $O_2$ 与 $N_2$、$CO_2$ 与 $H_2$ 的膜技术等。在此计划中，提出了一些新的概念和技术，如 Las Alalnos 国家实验室的厌氧煤制氢概念、GE 能源和环境研究公司提出的制备 $H_2$ 和纯 $CO_2$ 的灵活燃料气化-燃烧技术等。

日本制定了 HyPr-Ring 的实验研究和开发计划，取得了重要的实验研究结果，并进行了初步系统分析。其基本思路如图 3-13 所示。

(1) 煤地面气化技术　地面气化技术通常按如下几种方式进一步分类。

① 按煤料与气化剂在气化炉内流动过程中的接触方式不同分为固定床气化、流化床气化、气流床气化及熔融床气化等（图 3-14 所示为几种典型气化炉的结构简图）。

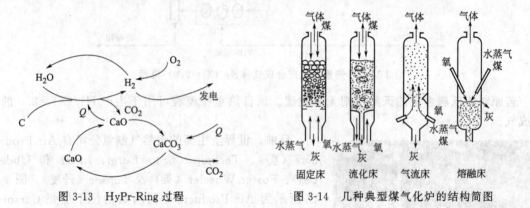

图 3-13　HyPr-Ring 过程　　　　图 3-14　几种典型煤气化炉的结构简图

② 按原料煤进入气化炉时的粒度不同分为块煤（13～100mm）气化、碎煤（0.5～6mm）气化及煤粉（<0.1mm）气化等。

③ 按气化过程所用气化剂的种类不同分为空气气化、空气/蒸汽气化、富氧空气/蒸汽气化及 $O_2$/蒸汽气化等。

④ 按煤气化后产生灰渣排出气化炉时的形态不同分为固态排渣气化、灰团聚气化及液态排渣气化等。图 3-15 所示为煤气化制氢技术工艺流程。

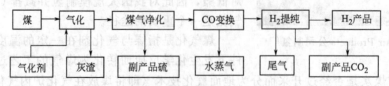

图 3-15　煤气化制氢技术工艺流程

煤气化制氢主要包括三个过程，即造气反应、水煤气转化反应［见反应式（3-2）］、氢的纯化与压缩。造气反应方程式为：

$$C_{(s)} + H_2O_{(g)} \longrightarrow CO_{(g)} + H_{2(g)} \qquad \Delta H = -131.2 \text{ kJ/mol} \qquad (3-12)$$

煤气化反应是一个吸热反应，反应所需热量由碳的氧化反应提供。除上述工艺外，还出现了多种煤气化的新工艺，如利用煤气化的电导膜制氢新工艺、煤的热裂解制氢工艺等。在 Koppers-Totzek 法制氢过程中，煤泥浆在常压下快速地被氧气和蒸汽氧化，所得合成气组分为 39% $H_2$、60% CO、1% $N_2$ + Ar。从气化室出来的高温合成气经过废热回收后，再用水洗除去灰分，同时获得变换反应所需蒸汽。然后经过压缩、变换与气体纯化，得到压力为 2.8MPa、纯度＞97% 的氢气。氢气压缩与合成气压缩一样，都需要消耗能量。而用户需要的 $H_2$ 具有一定压力，因此在一定压力下进行煤气化会更有效。

据报道，日本工业科技厅资源与环境研究所与煤应用中心合作，利用煤炭气化集成反应工艺，建立了从煤中制氢的技术。该技术将煤和水加入密封的高压釜中，经反应、分离，得到纯度 80% 以上的 $H_2$，其余 20% 为 $CH_4$。1g 煤可产生 2～3L 气体，与煤中碳与水的理论反应量几乎相等。该工艺制得 $H_2$ 量可达传统煤分解制氢过程的 10 倍。产生的 $CO_2$ 可完全分离并高浓度回收。

图 3-16 所示为日本"HyPr-Ring"计划中提出的煤制氢系统，该过程由两个循环构成。

第一个循环为（$H_2O$-$H_2$-$H_2O$），水与煤反应产生 $H_2$ 和 $CO_2$，$H_2$ 与 $O_2$ 反应生成 $H_2O$，并发电。第二个循环是钙的循环（CaO-$CaCO_3$-CaO），CaO 吸收 $CO_2$ 形成 $CaCO_3$，提供水与煤

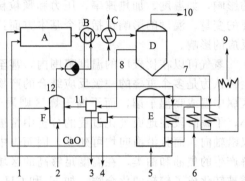

图 3-16　日本 HyPr-Ring 计划中煤制氢系统
A—主反应器；B—热回收换热器；C—后冷器；
D—三相分离器；E—再生反应器；F—制浆
1—煤；2—补给水；3—废水；4—固体废物；
5—石灰石补充；6—空气；7—固体；8—液体；
9—排气；10—燃料气；11—水；12—浆

反应所需热量，然后 $CaCO_3$ 再生，生成 CaO 和 $CO_2$。该循环所涉及的反应为：

$$CO_2 + CaO \Longrightarrow CaCO_3 \qquad \Delta H = 178.8 \text{kJ/mol} \qquad (3-13)$$

$$C + 2H_2O + CaO \Longrightarrow 2H_2 + CaCO_3 \qquad \Delta H = 88.8 \text{kJ/mol} \qquad (3-14)$$

$$CaCO_3 \Longrightarrow CO_2 + CaO \qquad \Delta H = -178.8 \text{kJ/mol} \qquad (3-15)$$

（2）煤地下气化技术　煤的地下气化技术同样被认为是实现大规模制氢的候选技术之一。煤炭地下气化，就是将地下处于自然状态下的煤进行有控制的燃烧，通过对煤的热作用及化学作用产生可燃气体，这一过程在地下气化炉的气化通道中由 3 个反应区域（氧化区、还原区和干馏干燥区）来实现。煤炭地下气化原理如图 3-17 所示。

由进气孔鼓入气化剂，其有效成分是 $O_2$ 和蒸汽。在氧化区，主要是 $O_2$ 与煤层中的碳发生多相化学反应，产生大量的热，使气化炉达到气化反应所必需的温度条件。在还原区，主要反应是 $CO_2$ 和 $H_2O$（气态）与炽热的煤层相遇，在足够高的温度下，$CO_2$ 还原成 CO，$H_2O$（气态）分解成 $H_2$。在干馏干燥区，煤层在高温作用下，挥发组分被热分解，而析出干馏煤气，在出气孔侧，过量的水蒸气和 CO 发生变换反应。经过这 3 个反应区后，就形成了含有 $H_2$、CO 和 $CH_4$ 的煤气。

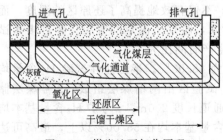

图 3-17　煤炭地下气化原理

① 煤地下气化氢的产生  根据煤炭地下气化产气原理，煤炭地下气化过程中氢气主要来自3个方面，即蒸汽的分解、干馏煤气和CO的变换反应。

a. 蒸汽分解反应  蒸汽分解反应主要是高温碳与蒸汽作用生成CO和$H_2$，其反应方程式和焦炭制氢一样。在地下气化过程中，蒸汽的分解反应在氧化区和还原区均可发生，但在氧化区产生的CO和$H_2$又遇氧燃烧。因此，主要是在还原区产生$H_2$。还原区的温度一般在600～1000℃之间，其长度为氧化区的1.5～2倍，压力在0.01～0.2MPa之间，因此，还原区有利于氢气浓度的提高。

b. 热解作用  根据煤的结构模型可以估计煤的热解包括以下四个步骤：低温脱除羟基、某些氢化芳香结构的脱氢反应、在次甲基桥处分子断裂及脂环断裂。这几步反应受多种因素的影响，如温度、加热速率、压力和颗粒粒度等，其中温度是影响煤的热解产物组成的最重要的变量。温度的影响包括两个基本方面：一是对煤热解的影响；另一个是对挥发组分二次反应的影响。

氢气可以在比较广的温度范围内，甚至在1～2℃/min慢速加热情况下产生，氢气的产生被认为是多个重叠的一级反应结合的产物。干馏煤气主要来自还原区和干馏干燥区，还原区属中温或高温干馏，而干馏干燥区则属于低温干馏。在地面气化中，由于煤料的粒度很小，干燥阶段在地面气化过程的分析中常被忽略。但对于地下气化来说，干燥段和热解段不仅沿轴向，而且沿横向均可建立，因而煤中水分参加化学反应，形成自气化作用，即初次裂解产生的焦油和油类，在温度足够高的区域内将与扩散的蒸汽反应，大部分的初次焦油和油类被转化成了较轻的化合物，如$H_2$和$CH_4$等。

c. CO变换反应  生成的CO再与水蒸气作用，进一步生成$H_2$。反应在400℃以上即可发生，在900℃时与蒸汽分解反应的速率相当，高于1480℃时，其速度很快。在地下气化炉内，可以认为CO变换反应能达到热力学平衡状态，但是实际达到平衡的程度与温度、蒸汽分解率和气化通道的长度有一定的关系，还与气化煤层的反应性、催化活性等有关。

上述反应对于提高产品煤气中$H_2$的含量起很重要的作用：一是因为地下气化通道长度远比地面气化炉高度大得多；二是它可以被煤的表面和地下气化系统中许多无机盐所催化，特别是铁的氧化物。

② 煤炭地下气化的工业试验  煤炭地下气化实现了"$H_2O \longrightarrow H_2$"过程，其生产条件比地面气化更为优越。强化制氢过程的长通道、大断面、两阶段煤炭地下气化新工艺，在进行了实验室模型试验以后，完成了徐州新河二号井半工业性试验和唐山刘庄煤矿工业性试验。

该工艺是一种循环供给空气和蒸汽的地下气化新方法。每个循环由两个阶段组成，第一阶段为鼓空气燃烧蓄热生成空气煤气阶段，第二阶段为鼓蒸汽生产热解煤气和水煤气的阶段。当煤层温度下降到一定程度时，则停止供蒸汽，重新鼓入空气，提高煤层温度。如此循环，可生产两种热值不同的煤气。

地下水煤气的生产时间和产气量完全取决于第一阶段所形成的温度条件。于是，在半工业性和工业性试验中，采用了双火源两阶段气化方法，不仅有效地提高了还原区的温度，而且缩短了两阶段的切换时间，增长了水煤气的生产时间，收到了满意的效果。经过多次试验，结果表明，双火源气化第一阶段和第二阶段连续生产时间比为1/1。

模型试验水煤气中$H_2$含量平均为37.50%，最高为48.00%。半工业性试验$H_2$含量均在45.00%以上，最高为60.40%。在工业性试验中，试验区由两槽煤层组成。9号煤层储量3万吨，通道长度117m；12号煤层储量12万吨，通道长度200m。9号炉$H_2$含量基本均在45.00%以上，最高含量可达71.68%；12号炉$H_2$含量基本均在55.00%以上，最高可达72.36%，而且产气量（标准状况）均大于2500m³/h，最高流量为3919m³/h。

自 1996 年 5 月 18 日一次点火成功以来，通过 9 个多月的运行取得了丰硕的成果，其空气煤气（标准状况）产量为 $12\times10^4\text{m}^3/\text{d}$，热值为 $4.2\sim5.7\text{MJ}/\text{m}^3$；水煤气产量为 $5\times10^4\text{m}^3/\text{d}$，热值为 $12.56\sim15.7\text{MJ}/\text{m}^3$。该煤气在地面进一步进行加工处理，就可以得到较为纯净的 $H_2$。

在衰老矿井报废煤层中建立地下气化炉，可充分利用老矿井原有的巷道、提运系统、水电设施、器材设备，且无须前期勘探调查，因此建炉初期投资少、成本较低；通道加大断面，形成的充填床反应表面积大、煤的燃烧量大、产生的热能多、热惯性大，为稳定产气创造了有利的条件，同时降低了气化炉的流体压力损失，能耗低，使运行费用降低；气化通道长度加大后，单炉服务时间长，产气量大，管理简单。

鉴于上述因素，煤炭地下气化制氢的成本远低于其他制氢方法。煤炭地下气化半工业性试验和工业性试验数据表明，获得含氢量为 55% 左右的煤气，其成本（标准状况）约 0.15 元/$\text{m}^3$。根据 9 个月试验的结果推算，唐山刘庄矿的两槽煤可分别连续产氢 4 年和 10 年，产氢量（标准状况）可达 $(2.5\sim5)\times10^4\text{m}^3/\text{d}$，经 PSA 工序后可得到纯度 99.9% 的 $H_2$，成本仅为 0.50 元/$\text{m}^3$。

地下气化煤气很容易集中净化、加工处理而消除其中的硫、焦油、$CO_2$，而硫、焦油、$CO_2$ 回收后可作为其他用途。

### 3.1.1.3 煤的多联产技术

目前，世界各国都在大力研究煤的多联产技术。美国能源部提出的"Vision 21"能源系统，其基本思想是以煤气化为龙头，利用所得的合成气，一方面用以制氢供燃料电池汽车用，另一方面通过高温固体氧化物燃料电池（SOFC）和燃气轮机组成的联合循环转换成电能。此系统的能源利用效率可达 50%～60%，排放少，经济性比现代煤粉炉高 10%。

由于能源问题面临资源与环境的双重压力，全世界都在寻求解决问题的有效途径。但由于长期以来各工业部门所管辖领域之间的分隔，例如：发电、动力、石化及冶金均在本行业内单独寻求最优解，形成各自为政。多联产系统正是从整体最优角度和跨越行业界限出发提出的一种高度灵活的资源-能源-环境的一体化系统。其基本思路可用图 3-18 表达，其要点包括：

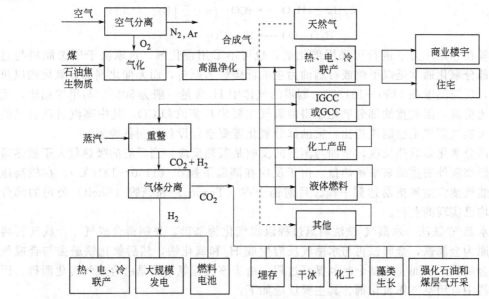

图 3-18 资源/能源/环境一体化系统

① 以煤或石油焦或高硫重渣油为原料（后者可以和石化企业结合），用纯氧或富氧气化后生成的合成气（主要成分为 $CO + H_2$），通过高温净化可得到纯净元素硫。

② 合成气可有多种用途，部分可用作城市煤气，分布式热、电、冷联产；大型发电（燃料电池或燃气轮机/蒸汽轮机联合循环）；一步法生产甲醇；一步法生产液体燃料（F-T 液体燃料，二甲醚）；其他化工产品（合成氨、尿素、烯烃）。

③ 合成气经过水-气转化反应后，还可通过气体分离把 $H_2$ 和 $CO_2$ 分开。$H_2$ 可用于质子交换膜燃料电池（PEMFC），主要用于城市交通的车辆，可以达到零排放，从根本上解决大城市汽车尾气污染问题；长远来看 $H_2$ 作为载能体，可作为分布式热-电-冷联供的燃料，实现当地零排放。

这个系统的核心是所列举的产品（电、热、冷、化工产品），它们的生产过程在多联产系统中不是简单的叠加而是有机的耦合和集成，从而比各自单独生产可以简化工艺流程，减少基本投资和运行费用，降低各个产品的价格，调节多个产品（尤其是发电）之间的"峰-谷"差，使得各流程优化运行，减少污染。

在过去的十年中，CIGCC 技术已获得了实际应用。$H_2$ 产量（标准状况）可达 100000 $m^3/h$，但只能用于大规模制氢，尚无法降低规模。

#### 3.1.1.4 其他化石燃料制氢方法

其他化石燃料制氢方法包括部分氧化、水蒸气-铁法和天然气热解制氢。

（1）部分氧化 油类燃料的部分氧化（POX）是 SMR 之外的另一种重要技术，与 SMR 过程相比，部分氧化过程的总效率较低（50%），而 SMR 过程可达 65%~75%。其优点是所有的烃类化合物均可作为其原料，通常以重油为主。

重油是炼油过程中的残余物，市场价值不高。但用来制氢却一度显示出其成本优势。近年来重油的用途逐步扩宽，加上如果石油价格攀升，重油制氢成本优势逐步消失，甚至在成本上处于劣势。重油部分氧化主要为烃类与氧气、蒸汽反应生成氢气和碳氧化物，典型的部分氧化反应如下：

$$C_n H_m + \frac{n}{2} O_2 \longrightarrow nCO + \frac{m}{2} H_2 \tag{3-16}$$

$$C_n H_m + n H_2 O \longrightarrow nCO + \left(n + \frac{m}{2}\right) H_2$$

$$H_2 O + CO \longrightarrow H_2 + CO_2$$

该过程在一定压力下进行可采用催化剂，也可不采用催化剂，这取决于所选原料与过程，催化部分氧化通常是以甲烷或石脑油为主的低碳烃为原料，而无催化剂部分氧化则以重油为原料，反应温度在 1150~1315℃，制得的气体中 $H_2$ 含量一般为 50%。与甲烷相比，重油的碳氢比更高，因此重油部分氧化制得的氢气主要来自蒸汽和 CO，其中蒸汽贡献氢气的 69%。与天然气蒸汽重整制氢相比，重油部分氧化需要空分设备以制备纯氧。

重油部分氧化是放热反应，重油与蒸汽的反应是吸热反应，当反应的吸热量大于放热量时，可以燃烧额外的重油来平衡热量。由于反应在高温下操作（1150~1315℃），在较高压力下比天然气蒸汽重整更易达到平衡。目前德士古（Texaco）和壳牌（Shell）公司的部分氧化技术均已实现商业化。

（2）水蒸气-铁法 水蒸气-铁法制氢过程以煤气化为基础，先制得合成气。合成气再将氧化铁还原为金属铁，金属铁再与水蒸气反应生成 $H_2$ 和氧化铁，然后氧化铁送去与合成气反应生成金属铁，从而完成整个制氢循环过程。由于该过程氢气不是由合成气纯化而得，因此煤气化器中可用空气作氧化剂。其主要反应如下：

$$Fe_3 O_4 + H_2 \longrightarrow 3FeO + H_2 O \tag{3-17}$$

$$Fe_3O_4 + CO \longrightarrow 3FeO + CO_2 \tag{3-18}$$

$$FeO + H_2 \longrightarrow Fe + H_2O \tag{3-19}$$

$$FeO + CO \longrightarrow Fe + CO_2 \tag{3-20}$$

水蒸气-铁法制氢包括 4 个部分，即煤气化、铁再生、氢生成、氢气纯化。用蒸汽、空气与煤气化反应生成合成气。在铁再生器中，合成气与 FeO 混合发生还原反应。在再生器中，合成气中 CO 和 $H_2$ 未反应完全，从再生器中出来的含 CO 和 $H_2$ 气体的热值（825℃）占进料煤热值的 54%，耗煤热值的 15% 用于产生蒸汽与压缩空气。然后再生铁进入蒸汽-铁反应器，被蒸汽氧化成 $Fe_3O_4$，同时产生富氢气。在 815～870℃时，发生下面的反应：

$$3FeO + H_2O \longrightarrow Fe_3O_4 + H_2 \tag{3-21}$$

从蒸汽-铁反应器产生的气体含 37% $H_2$、61% $H_2O$ (g)、1.5% $CO_x$ 及 2.5% $N_2$。进行甲烷化处理后，可以将 $CO_x$ 含量降至 0.2% 以下，从而免去 CO 变换工序。在蒸汽-铁制氢过程的生产费用构成中，原材料费用占 29.1%，设备投资费用占 50.1%，操作管理费用占 20.8%。此外，由于重油部分氧化后所得合成气中含有一定量的硫化物，需要经过脱硫处理方能进行转化反应，增加了设备投资费用。

(3) 天然气热解制氢　传统的蒸汽重整或部分氧化技术由于使用 $H_2O$ 和 $O_2$ 等作为氧化剂，不可避免地产生 $CO_x$，因此目前有科学家正致力于以天然气等化石燃料为原料，利用一步热催化分解（也称为裂解）技术制备氢气。该技术所涉及的化学反应极为简单：

$$CH_4 \longrightarrow C + 2H_2 \quad \Delta H^\ominus = 75.6 kJ/mol \tag{3-22}$$

在此技术中，除了氢气之外，还得到可供出售的副产品——高纯炭，该技术能够大规模工业化应用的前提是所产生的炭能够具有特定的重要用途和广阔的市场前景，否则必将限制其规模的扩大。

挪威自 1990 年起开发了 CB&H 流程，即热解烃类原料制备炭和氢气。该技术采用等离子火焰获得热解反应所需要的高温。使用该流程，以天然气为原料时，无需外加提纯工序，$H_2$ 纯度可达 98%。等离子发生器的热效率为 97%～98%，电能消耗为标准状况下每立方米氢气 1.1kW·h，原料转化率接近 100%。流程采用模块化设计，设计生产能力 (0.01～3.6)×$10^8 m^3 H_2$（标准状况），并可通过添加模块达到更高的产能。

当产能（标准状况）达到 2.8×$10^5 m^3 H_2$/h 时，制氢（标准状况）成本为 0.0661 美元/$m^3 H_2$，可与目前广泛使用的天然气重整制氢（成本为 0.0851 美元/$m^3 H_2$，包括 $CO_2$ 固定工序）相媲美。

## 3.1.2　电解水制氢

电解水制氢是目前最有应用前景的一种方法，它具有产品纯度高、操作简便、无污染和可循环利用等优点。传统的电解水制氢技术已经商业化 80 余年，但其现状仍很不令人满意。2002 年全球氢气年产量约为 4.1×$10^7$t，而采用电解水方法获得的氢气不超过 5%。

目前，世界主要电解水设备包括 Stuart 公司（加）的 IMET 系列、Teledyne 公司的 HM、HP 和 EC 系列、Pronton 公司（美）的 Hogen 系列、Norsk Hydro（挪威）的 HPE 和 Atmospheric 系列及 Avalence 公司的 Hydrofiller 系列。

水电解制氢目前主要包括三种方法，分别是碱性水溶液电解、固体聚合物电解质水电解和高温水蒸气电解。

### 3.1.2.1　碱性水溶液电解制氢

所有的电化学反应都必须遵循法拉第（Faraday）定律，即电解过程中电极上析出物质的量与通过的电量之间存在一定关系。电解水，必须向电极施加一定的直流电压，这个电压必须大于水的理论分解电压,以克服电流流过电解池时产生的各种电阻电压降和电极极化过电位。

水电解的工作电压用下式表示:

$$E = E_{H_2O} + IR + \eta_{H_2} + \eta_{O_2} \tag{3-23}$$

式中 $E$——水电解池的工作电压;

$E_{H_2O}$——水的理论分解电压,25℃和0.1MPa时为1.23V;

$IR$——电解池中的欧姆降,主要包括电解液欧姆降和隔膜欧姆降;

$\eta_{H_2}$——阴极析氢过电位;

$\eta_{O_2}$——阳极析氧过电位。

理想状态下(水的理论分解电压,1.23V)制氢时的电能消耗为32.9kW·h/kg。但由于极化及电阻电压降的存在,通常电解槽压降需达到1.7~2.0V。对商用电解槽来说,若电解电流密度为1A/cm²,则电解槽实际电压降为1.75V,此时的电能消耗为46.8kW·h/kg,能量效率仅为70%。

(1) 碱性水溶液电解制氢装置——电解槽

① 电解槽分类 水电解制氢装置的形式繁多,但各种装置之间有许多共同点。可根据电解槽结构、电气连接方式加以分类。按电气连接方式来分,可分为单极性和双极性电解槽;按结构特点来分,可分为箱式和压滤式电解槽。单极性电解槽是箱式的;双极性电解槽可以是箱式的,也可以是压滤式。箱式电解槽一般在常压下运行,压滤式电解槽可以在常压,也可在加压下运行。与常压相比,加压水电解的工作温度高,小室电压低,可降低能耗15%~20%;且可省去生产高压氢气的第一个压缩过程。通常选择的压力范围为1~3MPa。

② 电解槽的组成 电解槽是电解水制氢装置的主体设备,由若干电解小室组成,每个小室主要包括电极(含阳极和阴极)、电解质和隔膜。图3-19所示为Norsk HPE 60双极性电解槽。

图3-19 Norsk HPE 60双极性电解槽

a. 电极 水电解槽的阳极和阴极均采用镀镍铁板。阴极采用活化技术,先在铁基体上镀一层厚约20μm的镍,再镀一层Ni-S合金作为活化层,这种活化铁阴极可降低小室电压0.2V,可节省电能约10%。但该合金镀层仍存在着使用寿命不理想的问题。

镍阳极则通过各种方法提高表面积和电化学活性,使铁阳极的稳定性提高,降低电解槽的工作电压。采用的方法包括在铁阳极烧结镍粉或多晶镍须,制备多孔电极和喷涂一层储氢合金薄膜等。

b. 电解质 电解质应具有以下特性:离子导电性强,不应由于施加到电解槽电极的电压大而发生分解；其挥发性不应大到足以被析出的气体带走；由于电极上 $H^+$ 浓度迅速变化，因而它必须具有很强的抗 pH 值变化能力；对电解槽材料的腐蚀性小。

大部分工业电解槽采用 KOH 溶液，原因是在任何工作温度条件下，KOH 可达到的最高电导率比 NaOH 高，而且一般情况下 KOH 的蒸气压比 NaOH 低，可以降低挥发损失。

通常采用化学纯的氢氧化物试剂，氯化物含量不应超过 0.025%，因为在电解过程中，产生的氯气会腐蚀电极，污染气体产物，损害身体健康。其他金属离子会沉积在阴极上，而微量有机物会使电极中毒，失去电化学活性。碳酸盐会降低电解质的电导率，因此在电解质中的碳酸盐应尽可能少。配制电解质溶液的水应是蒸馏水或去离子水。

电解槽运行时间过久或操作不当，往往会积聚相当多的杂质，使工作电压不断升高。此时向电解液中加入少量 $K_2Cr_2O_7$（浓度为 0.0416%）、$V_2O_5$ 等物质，可使电极表面的杂质被强烈氧化，增加电极的表面活性，从而降低极间电压，达到节能的目的。此外，加入 $K_2Cr_2O_7$ 还可减轻对电解槽的腐蚀，改善气体纯度。

过电位随电解液温度的升高而下降，但在通常压力下，温度超过 80℃ 时，水蒸气含量显著增加，气体中水蒸气含量可达 30%。继续提高温度，所消耗的能量迅速增加。因此温度高于 80℃ 时，电压降低是微不足道的；同时，温度升高加速了电解质对电解槽材料的腐蚀作用。实际操作中，常压水电解的工作温度一般是 70~80℃。

c. 隔膜　隔膜的作用是防止电极反应产物混合，同时防止电极相互接触和短路。隔膜既要以抑制传质为主要目的，又要尽可能避免给电流传导造成障碍。隔膜必须用多孔材料或基质制成，对隔膜的要求是：仅允许电解质溶液（离子）通过；隔膜的小孔必须能充满液体，以防止气体分子通过导致气体相互混合；在有 $H_2$ 和 $O_2$ 存在的情况下，隔膜材料不应被电解质腐蚀，且在电解槽的运行过程中，在一定的工作温度和 pH 值等条件下，必须保持结构稳定，使小孔不致皱缩；隔膜应具有一定的机械强度，而且电阻尽可能小；价格相对低廉，原材料来源广，且使用老化后的废隔膜易于处理。

目前，广泛采用的材料是石棉布，通常用长度为 15~20mm 的石棉纤维编织而成，其厚度约为 3.5mm。在碱性溶液和工作温度 80℃ 的条件下，使用期限可达 5~10 年。石棉的缺点是在浓碱液中耐蚀性较差，且有一定的毒性。

科学一直在开发新的隔膜材料，表 3-2 介绍了几种有可能取代石棉的隔膜材料，包括聚亚苯基硫（PPS）、聚四氟乙烯（PTFE）、聚砜（PSF）、聚砜涂层覆盖的石棉及杜邦（DuPont）公司生产的 Nafion® 离子交换膜。

表 3-2　几种隔膜材料的失重率及溶液电阻

| 隔膜材料 | 失重率/% | 电阻/Ω | 隔膜材料 | 失重率/% | 电阻/Ω |
| --- | --- | --- | --- | --- | --- |
| 石棉 | -3.6 | 1.556 | PTFE(毡状) | +0.2 | 314.05 |
| 石棉+PSF | -2.6 | 1.614 | PTFE(网状) | +0.2 | 1.603 |
| PSF | -1.5 | 107.15 | Nafion® | -2.8 | 7.194 |
| PPS | -0.4 | 1.524 | 无隔膜 | — | 1.510 |

③ 水电解制氢的现状　对水电解制氢技术来说，电价对氢气的价格起主要作用。以美国标准电价 0.049 美元/(kW·h) 计算，氢气价格的 80% 来源于电价。若采用太阳能发电，则氢气售价的 85% 源自每年的系统维护费用。

为获得廉价电力，许多水电解制氢装置，尤其是大型装置，都建在水电站附近。例如，埃及阿斯旺的 Demay、印度的 De Nora 和挪威的 Norsk Hydro 水电解装置都建在大型水电站附近。埃及阿斯旺的水电解制氢装置在 1980 年完成第三期计划后，产能（以标准状况 $H_2$ 计）达 $3.3×10^4 m^3/h$，电解电力为 180MW。

由于成本不具有竞争性（与 SMR 技术相比），近二十年来，水电解制氢装置的发展趋向小型化，Stuart Energy Systems & Vandenborre Technologies、Norsk Hydro 等公司均致力于生产分散式小型电解槽（30~60m³/h、功率 130~270kW），主要用于未来加氢站就地产氢。

(2) 太阳能电池-水电解槽系统　图 3-20 是家用太阳能制氢系统试验的结构示意图。此制氢系统使用 Carrizo Solar "mud" 光伏电池系统，共二组，每组含 16 块电池板，开路电压为 25V。电解系统由 12 个额定功率为 1kW 的电解槽（额定电流为 40A）组成。

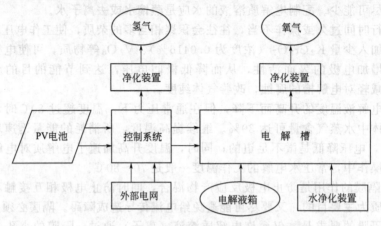

图 3-20　家用太阳能制氢系统结构示意图

运行时光伏电池首先向家用蓄电池系统供电，最高充电电流曾达到 75A（工作电压为 14V）。充电结束后电路开始向电解槽供电。由于光伏电池加上外部电网所提供的全部电流只有 25A，因此该电解体系并不能实现满负荷工作。

试验结果显示，此系统制氢（标准状况）的单位能耗为 5.9kW·h/m³，20℃时的能量效率为 51%（能耗为 3kW·h/m³ 时效率为 100%），低于工业生产，后者可达到 67%（4.5kW·h/m³），原因是工作电流密度较低。

西班牙空间技术国家研究所（Instituto Nacional de Técnica Aeroespacial；Huelva，Spain）于 1990 年将光伏电池与水电解制氢技术联合制备氢气，并建立了生产太阳氢的示范厂。该示范厂主要包括三大部分：第一部分为氢气制备系统，包括光伏电池（8.5kW）及碱液电解槽（5.2kW）；第二部分为氢气储存系统，包括储氢合金和压缩气瓶；第三部分为氢能利用系统，主要包括磷酸盐燃料电池和质子交换膜燃料电池组。其中氢气制备体系结构示意图见图 3-21。

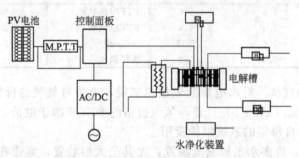

图 3-21　光伏电池与水电解联合制氢系统结构示意图

自 1992 年 11 月至 1993 年 10 月，该制氢系统共进行了 122 次实验，总运行时间 723h，制氢 408m³。得到的年均系统效率为：光伏电池 8.35%；电解槽 69.13%；总效率 5.70%。

### 3.1.2.2 固体聚合物电解质电解制氢

由于水溶液电解制氢效率低、费用高及使用不便，人们将注意力集中于探索研究新型电解质，导致固体聚合物电解质的出现。

(1) 固体聚合物电解质电解制氢的发展　20 世纪 60 年代，美国的 GE 公司和 Proton Energy Systems 公司首先研制成功固体聚合物电解质制氢，开发出系列商用固体聚合物电解槽，该系列包括两种产品，即 Hogen 10 型和 Hogen 300 型，单槽氢气产量分别为 280L/h 和 8500L/h。其中，Hogen 300 型电解槽的氢气纯度可超过 99.9995%。

瑞士的 Stellram SA 公司于 1987 年开发了第一台商用固体聚合物电解槽，长时间测试结果表明，在电流密度为 $1A/cm^2$、80℃条件下，槽电压为 1.75V。

(2) 固体聚合物电解质电解槽的特点　与水溶液电解槽相比，以固体聚合物为电解质的电解槽结构简单、安全可靠、使用方便且有效使用寿命长，具体如下：①相同电压下的电流密度高，是碱液电解槽的 5～10 倍，电解槽能量效率＞90%，能耗低；②电解槽体积小、重量轻，高度仅是碱液电解槽的 1/3；③电极结构简单，易于确定催化活性的最佳条件；④固体聚合物电解质的性质稳定，在电解过程中实际上不发生变化；电解槽中无游离酸或腐蚀性液体，水是唯一需要的液体，它既用于电解，也用作冷却剂，不必配备单独的冷却系统。

(3) 固体聚合物为电解质的电解槽的组成　固体聚合物为电解质的电解槽的组成主要包括电解质、催化电极和集电器。

① 电解质　在固体聚合物电解质中，水合氢离子的迁移使离子具有导电性。这些离子从一个磺酸基团向另一磺酸基团移动，并通过固体聚合物电解质薄膜。由于磺酸基团是固定的，从而保持电解质的浓度恒定。

固体聚合物薄膜的特点：电解质薄膜有效地起到了阻挡层作用，防止气体产物混合，有利于安全，而且确保气体纯度高；电解槽能在高压差（6.89MPa 以上）条件下工作，输出的气体压力高；电解质是固体，不流动，浓度保持恒定；电解质稳定，电解过程中实际上不发生变化；无腐蚀性液体，废气中不含酸性物质。

目前使用的质子导电膜主要来自 Nafion® (Du Pont 公司)、Dow (Dow 公司)、Flemion® (Asahi Glass 公司) 和 Aciplex® (Asahi Chemical 公司) 等，均属含有四氟乙烯和全氟磺酸单体的聚合物。这些热塑膜需在 80℃的饱和 $Na_2CO_3$ 溶液中浸泡加以活化。膜的交换能力取决于共聚化程度和单体中磺酸根的分子重量。全氟磺酸型质子交换膜的化学结构式分别如图 3-22 所示。

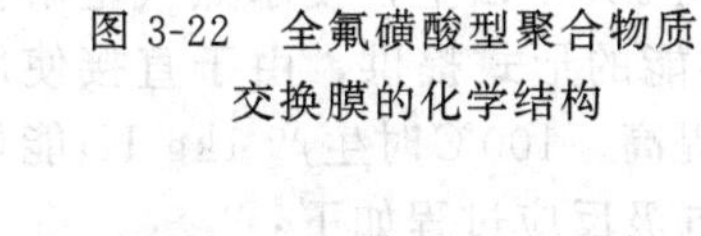

$$-(CF_2-CF_2)_x(CF_2-CF_2)_y-$$
$$(OCF_2CF)_mO-(CF_2)_nSO_3H$$
$$CF_3$$

Nafion 117：$m \geqslant 1$，$n=2$，$x=5 \sim 13.5$，$y=1000$
Dow membrane：$m=0$，$n=2$，$x=3.6 \sim 10$
Flemion：$m=0$ 或 1，$x=1 \sim 5$
Aciplex：$m=0$ 或 3，$n=2 \sim 5$，$x=1.5 \sim 14$

图 3-22　全氟磺酸型聚合物质子交换膜的化学结构

随着离子交换性能的不断提高，美国 Du Pont 公司已先后开发出分子当量（即每摩尔 $H^+$ 所需聚合物的质量，g）分别为 1200 (Nafion® 120)、1100 (Nafion® 117、115) 和 1000 (Nafion® 105) 的固体聚合物薄膜，同时膜的厚度不断降低，如 Nafion® 117 为 7mil❶，而 Nafion® 105 和 115 只有 5mil。

与 Nafion® 膜相比，由于侧链更短，Dow 质子交换膜的分子当量更低（800～850），其厚度为 5mil。此外，质子交换膜燃料电池（PEMFC）的数据表明，在操作温度为 50℃、$H_2/O_2$ 压力为 101325Pa 时，Aciplex-S® 1104 及 Dow 800 质子交换膜的电阻率为 $0.18\Omega/cm^2$，而

---

❶ $1mil = 25.4 \times 10^{-6} m$。

Nafion® 115 的电阻率则达到了 $0.35\Omega/cm^2$（干燥状态下三种膜的厚度均为 $125\mu m$），相当于电导率为 $10^{-1}S/cm$。

这种聚合物薄膜最大的问题在于其生产成本过高（600 美元$/m^2$），所以目前正在研发一些其他种类的薄膜材料，如聚酰胺-酰亚胺（polyamide-imide，PAI）、聚苯并咪唑（polybenzimidazole，PBI）及聚酰亚胺（polyimide，PI）等。

② 催化电极 以固体聚合物作为电解质的电解槽，虽然只有去离子水通过电解槽循环，但由于薄膜表面有磺酸基团，电极处于强酸性环境（酸度相当于质量分数 20% 硫酸溶液），因此必须用耐酸的贵金属或其氧化物作为电催化剂。

固体聚合物电解槽通常采用 EME（electrode-membrane-electrode）复合结构，即电极-膜-电极复合在一起，阳极可用 Pt、Ir 等的合金或氧化物，而阴极可用铂黑。

电化学测试表明，以 $IrO_2$ 为阳极，Pt 为阴极，工作温度 80℃，电流密度为 $1A/cm^2$ 时，槽电压仅为 1.65V，析氢过电位低于 150mV。$IrO_2$ 阳极的稳定性高于 Pt 阳极（Pt 不稳定的原因是对痕量的 $Cu^{2+}$、$Ni^{2+}$ 等敏感）。对常用的 Pt 催化电极来说，必须满足一定的条件才能达到所需性能，即：金属电极不能过于深入膜内部，否则气泡扩散通过薄膜会产生较大的电阻；金属电极必须同时位于膜内（与固体电解质接触起到电催化作用）和膜外（作为集电器）。

③ 集电器 集电器的作用是保证电极作用面积上液体均匀分布，并作为电解槽的主要结构件，提供气（水）门和周围密封，使电流从一个电解槽输送到下一个电解槽。常采用碳氟聚合物胶黏剂，具有模制的石墨结构。图 3-23 为固体聚合物电解质电解槽结构示意图。

目前，固体电解质电解制氢技术所面临的最大问题是膜材料和电极材料的投资成本过高，需要解决以下几方面的问题：

a. 研究化学稳定性和机械性能好、导电性高和价格便宜的固体聚合物电解质，以及不易氢脆、价格低廉的集电器材料和高效、价格便宜的电催化剂；

b. 研究催化活性机理、催化活性与催化剂几何形状的关系，以及催化剂与环境之间的反应；

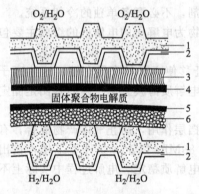

图 3-23 固体聚合物电解质电解槽
1—炭集电器；2—金属薄片；
3—阳极载体；4—阳极催化剂；
5—阴极催化剂；6—阴极载体

c. 降低催化电极上贵金属催化剂的填充量，减少固体聚合物电解质薄膜的厚度，提高电解质工作温度，扩大电极有效作用面积，并在不影响气体产物排出的情况下，尽可能使电极的作用面积暴露在电解质中，最大限度地减小电极之间的间隙等。

### 3.1.2.3 高温水蒸气电解制氢

(1) 高温水蒸气电解制氢原理 高温水蒸气电解制氢由固体氧化物燃料电池（SOFC）派生而来。它把稳定的 $ZrO_2$ 等作为传导 $O^{2-}$ 的电解质，在 900℃ 以上，使水蒸气电解。高温水蒸气电解制氢的优点是将分解水所需的部分电能以热能的形式提供，由于直接使用热能，不经过"热能→电能"转换过程，能量利用效率有所提高。100℃时生产 1kg $H_2$ 能量消耗为 350MJ；若温度升至 850℃，此数值可降至 225MJ。电极反应过程如下：

$$\text{阳极：} \quad O^{2-} \longrightarrow \frac{1}{2}O_2 + 2e^- \tag{3-24}$$

$$\text{阴极：} \quad H_2O + 2e^- \longrightarrow H_2 + O^{2-} \tag{3-25}$$

在 1000℃ 时，理论分解电压为 0.9V，综合效率提高 10%。一般采用 $Y_2O_3$ 稳定的 $ZrO_2$（YSZ）作电解质，温度升高电阻减小。考虑材料的耐热性，将温度上限控制在 1000℃。阴极材料选用镍和陶瓷的混合烧结体，阳极采用具有导电性能的钙钛复合氧化物。

电解时输入气体比例一般为 $H_2O/H_2=50/50$，产物气中 $H_2O/H_2=25/75$，氢气可通过之后的冷凝装置与水蒸气分离。

(2) 高温水蒸气电解制氢的发展

① 高温水蒸气电解装置与核电站联合使用，核反应堆产生的部分热量可用于生产水蒸气，热转化效率可达到 40%~50%，同时可避免使用其他水电解设备带来的化学和腐蚀问题。

② 天然气在蒸汽电解制氢中的应用，将天然气作为去极化剂添加到电解槽的阳极侧，用于降低电解槽的电压降。与传统的蒸汽电解槽相比，槽电压可降低 1V，操作温度可由 1000℃降至 700℃；热效率最高可达 70%，而传统的高温电解槽仅为 32%。图 3-24 (a) 和图 3-24 (b) 分别示出了电解槽内部结构和电解体系的整体结构。

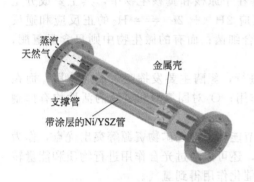
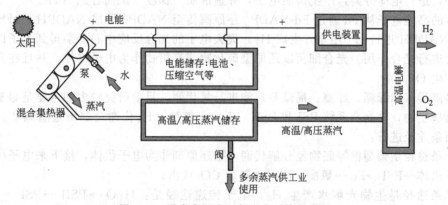

图 3-24　电解槽内部结构示意图和电解体系的整体结构

③ 混合高温"太阳氢"（solar hydrogen）混合系统，在此系统中，电解槽温度如达到 200℃，则效率可提高 27%（与传统模式相比）；电解槽温度如达到 600℃，则效率可提高到 45%；电解槽温度如达到 1000℃时，效率可提高到 63%。

若再加上额外产生的热能，则总效率比传统模式高出 198%。混合高温太阳氢生产系统示意图见图 3-25。

图 3-25　混合高温太阳氢生产系统示意图

### 3.1.3　生物制氢技术

生物制氢是利用微生物的作用酶催化反应制取氢气。生物制氢技术 1966 年被提出，到

20世纪90年代受到重视。一些发达国家都成立专门机构,制定生物制氢计划,开展研究工作。

(1) 生物制氢机理　能够产氢的微生物主要有两个类群:光合生物和发酵细菌。在这些微生物体内存在着特殊的氢代谢系统,其中固氮酶和氢酶发挥了重要作用。

① 固氮酶作用机理　固氮酶是一种多功能的氧化还原酶,主要成分是钼铁蛋白和铁蛋白,存在于能够发生固氮作用的原核生物(如固氮菌、光合细菌和藻类等)中,能够把空气中的 $N_2$ 转化生成 $NH_4^+$ 或氨基酸,反应式为:

$$N_2 + 8e^- + 8H^+ + 16ATP \longrightarrow 2NH_4 + H_2 + 16ADP + 16P_i \quad (3\text{-}26)$$

固氮酶催化的还原反应需要以下条件:钼铁蛋白、铁蛋白、ATP 和 $Mg^{2+}$;电子供体和厌氧条件。固氮反应的电子转移方向是:电子供体→铁蛋白→钼铁蛋白→可还原底物。在可还原底物只有 $H^+$ 时,固氮酶中所有电子都参与还原 $H^+$ 生成 $H_2$。

② 氢酶作用机理　氢酶是一种多酶复合物,存在于原核和真核生物中,其主要成分是铁硫蛋白,分为放氢酶和吸氢酶两种,分别催化反应 $2H^+ + 2e^- \rightleftharpoons H_2$ 的正反应和逆反应。有的微生物中同时含有这两种氢酶,如某些光合细菌;而有的微生物中则只含吸氢酶,如某些好气固氮菌。

在原核生物中,菌体产 $H_2$ 主要由固氮酶催化进行,氢酶主要发挥吸氢酶的作用;而在真核生物(如藻类)中 $H_2$ 代谢主要由氢酶起催化作用;$O_2$ 对固氮酶和氢酶的活性均有抑制作用。

(2) 生物制氢技术　生物制氢技术具有清洁、节能和不消耗矿物资源等突出优点,作为一种可再生资源。生物体又能进行自身复制、繁殖,还可以通过光合作用进行物质和能量转换,这一种转换系统可以在常温、常压下通过酶的催化作用得到氢气。

目前生物制氢有 3 种方法:①光合生物制氢;②发酵细菌制氢;③光合生物与发酵细菌的混合培养制氢。

① 光合生物制氢　能够产氢的光合生物包括光合细菌和藻类。目前研究较多的产氢光合细菌主要有深红红螺菌、红假单胞菌、液胞外硫红螺菌、类球红细菌和夹膜红假单胞菌等。

光合细菌属于原核生物,催化光合细菌产氢的酶主要是固氮酶。光合细菌只含有光合系统 PSI,一般认为光合细菌产氢的机制是光子被捕获到光合作用单位后,其能量被送到光合反应中心,进行电荷分离,产生高能电子,并造成质子梯度,从而合成 ATP。

产生的高能电子从 Fd 通过 Fd-NADP$^+$ 还原酶传至 NADP$^+$ 形成 NADPH,固氮酶利用 ATP 和 NADPH 进行 $H^+$ 还原,生成 $H_2$。失去电子的光合反应中心必须得到电子以回到基态,继续进行光合作用。光合细菌以还原型硫化物或有机物作为电子供体,并且在光合成过程中不产生 $O_2$。

许多藻类(如绿藻、红藻、褐藻等)能进行氢代谢,目前研究较多的主要是绿藻。这些藻类属真核生物,含光合系统 PSI 和 PSII,不含固氮酶,$H_2$ 代谢全部由氢酶调节。放氢反应可由两条途径进行:

第一条途径是葡萄糖等底物经分解代谢产生还原剂作为电子供体,接下来电子传递途径是:电子供体→PSI→Fd→氢酶,同时伴随着 $CO_2$ 放出;

第二条途径是生物光解水产生 $H_2$,电子传递途径是:$H_2O$→PSII→PSI→Fd→氢酶→$H_2$,同时伴随着 $O_2$ 的生成。

生物光水解产氢牵涉到太阳能转化系统的利用,其原料水和太阳能来源十分丰富且价格低廉,是一种理想的制氢方法。但是,水分解产生的 $O_2$ 会抑制氢酶的活性,并促进吸氢反应,这是生物光解水制氢中必须解决的问题。

利用光合细菌和藻类相互协同作用发酵产氢可以简化对生物质的热处理，降低成本，增加氢气产量。例如，光合细菌和乳酸杆菌共同发酵 3 种藻类生物质（分别是 *Chlamydomonas reinhardtii*、*Chlorella pyrenoidosa* 和 *Dunaliella tertiolecta*）。藻类的主要光合储存物是淀粉，经预处理可完全水解为乳酸。乳酸是理想的产氢物质，从而为光合细菌提供原料，实验结果 $H_2$ 的产量可达 5mol $H_2$/葡萄糖。

蓝藻也是能够进行光合产氢的微生物。蓝藻又称蓝细菌，与高等植物一样含有光合系统 PSI 和 PSII，但其细胞特征是原核型，属于原核植物。蓝藻中含有氢酶，能够催化生物光解水产氢。

有些蓝藻能进行由固氮酶催化的放氢，固氮酶主要存在于异形胞中。异形胞是蓝藻丝状体中的一种特化细胞，是在缺氮条件下由普通细胞经过细胞壁加厚而成的没有内含物的细胞，这种加厚的细胞壁能够防止 $O_2$ 的进入，使异形胞中保持近乎无氧状态，从而使固氮酶发挥活性。异形胞的组成中不含 PSII，只含 PSI，因此与光合细菌一样，异形胞不能进行 $CO_2$ 的固定和光合放氧，但仍然能进行光合磷酸化，为固氮酶提供所需的能量。对有固氮作用的念珠藻（*Nostoc flagelliforme*）进行的连续培养（500mL）中，最大产氢率为 35～38mL $H_2$/(g 干重·h)。

对于光合生物产氢技术来说，能够充分利用太阳光是很重要的问题，这需要合理地设计反应器。图 3-26 和图 3-27 是户外生物制氢反应器的设计方案，户外用生物制氢反应器包括管式和方形反应器两种。

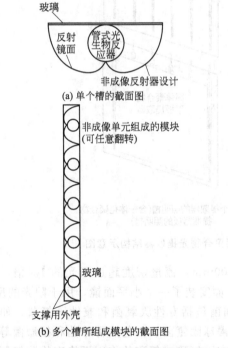

图 3-26　管式反应器的非成像聚光设计

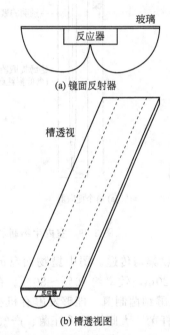

图 3-27　方形反应器的非成像聚光设计

图 3-28 是户内反应器的设计方案（包括聚光系统和光提取器），反应器表面积均与集光孔面积相等，以保证在反应器的各个位置及角度所承受光辐射的均一性。

对管式反应器而言，若反应器直径为 28mm，则集光孔宽度为 88mm；对方形反应器，若其尺寸为 30mm×15mm，则集光孔宽度为 90mm。

图 3-29 所示为室内生物制氢系统中透明聚合物光提取器结构示意图。该系统主要用于

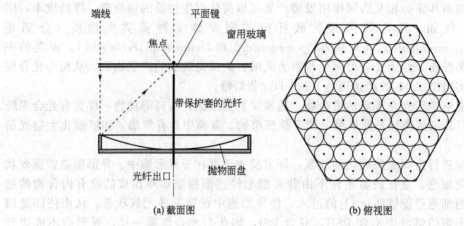

图 3-28 室内生物制氢反应器聚光系统结构示意图

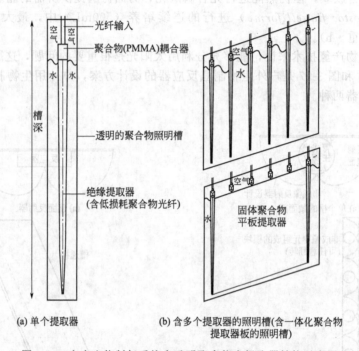

图 3-29 室内生物制氢系统中透明聚合物光提取器结构示意图

太阳光的收集与传递。图中抛物面盘的直径约 200mm,流量密度超过阳光的 $10^4$ 倍,最远距离可达 20m,效率约 70%~80%。在聚焦板下面安装了一个小平面镜,用于阳光的反射。

② 发酵细菌制氢　能够发酵有机物产氢的细菌包括专性厌氧菌和兼性厌氧菌,如丁酸梭状芽孢杆菌、大肠埃希氏杆菌、产气肠杆菌、褐球固氮菌、白色瘤胃球菌和根瘤菌等。与光合细菌一样,发酵型细菌也能够利用多种底物在固氮酶或氢酶的作用下将底物分解制取氢气,这些底物包括:甲酸、乳酸、丙酮酸及各种短链脂肪酸、葡萄糖、淀粉、纤维素二糖及硫化物等。

一般认为发酵细菌的发酵类型是丁酸型和丙酸型,例如葡萄糖经丙酮丁醇梭菌和丁酸梭菌进行的丁酸-丙酮发酵,可伴随生成 $H_2$。厌氧菌连续制氢实验的流程见图 3-30。

固定床采用膨胀黏土(EC)或活性炭(AC)密封并作为微生物载体,蔗糖作为碳源,水压保持时间(HRT)0.5~5h。

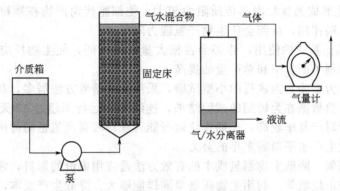

图 3-30　固定床生物反应器制氢流程

研究发现，容积为 300mL、原料中 COD 总量为 20g/L 时，制氢速率分别为 $0.415L_{H_2}/(h·L)$（EC 做载体、HRT=2h）和 $1.32L_{H_2}/(h·L)$（AC 做载体、HRT=1h）。若 AC 反应器容积扩大为 3L，制氢速率为 $0.53\sim0.68L_{H_2}/(h·L)$；若在 75℃ 热处理 1h，则制氢速率可达 $1.21L_{H_2}/(h·L)$（HRT=1h）。产物气中含氢量为 2%～35%，其余主要是 $CO_2$ 及微量 $CH_4$（<0.1%）。

③ 光合生物与发酵细菌的混合制氢　工业有机废水和城市垃圾是光合生物与发酵型细菌可利用的原料，这对于废物利用和环境建设都有促进作用。要实现彻底分解处理废水和垃圾并制取 $H_2$，应考虑不同菌种的培养。

厌氧活性污泥发酵制氢具有产氢量高、持续时间长及反应条件温和等优点，最大产氢能力为 $76.4mL/(g·h)$。将多菌种混合使用，可使生态系统稳定性提高，产氢量大大增加。

在菌体培养方面，目前常用的是固定化细胞技术。微生物细胞经固定化后，其产氢酶系统的稳定性提高，连续产氢能力增加。在对产气肠杆菌 E.82005 菌株进行的连续流非固定化试验（反应器有效容积为 100mL）中，获得了 $120mL_{H_2}/(L·h)$ 的产氢率；当采用多孔玻璃做载体对菌体进行固定化试验时，产氢率提高到 $850mL_{H_2}/(L·h)$（HRT=1h）。

固定化技术也有不足之处，包括制氢成本高、颗粒内部传质阻力大、反馈抑制和阻遏作用强以及占据空间大等。经过改用有机废水制氢，与产氢菌伴生的其他菌种能产生果酱样的糖类物质，可以像糖裹芝麻一样自然实现菌种固定，从而实现了利用流动废水持续产生氢气。

中试实验表明，在一个容积为 $50m^3$ 的容器中，含糖或植物纤维的废水发酵后，每天能产生 $280m^3$ 左右的 $H_2$（标准状况），纯度达 99% 以上，完全具备工业

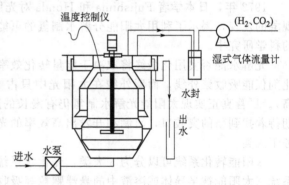

图 3-31　连续流生物制氢反应器

化生产的条件。图 3-31 为连续流生物制氢反应器结构示意图。

分析生物技术研究的各阶段发现，对藻类及光合细菌的研究要远多于对发酵产氢细菌的研究。微生物体内的产氢系统（主要是氢化酶）很不稳定，只有进行细胞固定化，才可能实现持续产氢。迄今为止，生物制氢研究中大多采用纯菌种的固定化技术。但纯菌种固定化技术有如下不足：

a. 细菌的包埋技术是一种很复杂的工艺，且要求有与之相适应的菌种生产及菌体固定化材料的加工工艺，使制氢成本大幅度增加；

b. 细胞固定化形成的颗粒内部传质阻力较大，使细胞代谢产物在颗粒内积累而对生物产生反馈抑制和阻遏作用，从而会使生物产氢能力降低；

c. 包埋剂或其他基质的使用，势必会占据大量有效空间，使生物反应器的生物持有量受到限制，从而限制了产氢率和总产量的提高。

现有试验大多为实验室内进行的小型试验，采用批式培养方法居多，利用连续流培养产氢的报道较少。试验数据亦为短期的试验结果，连续稳定运行期超过40天的研究实例就少见报道。即便是瞬时产氢率较高，长期连续运行能否获得较高产氢量尚待探讨。因此，生物技术欲达到工业化生产水平尚需多年的努力。

(3) 生物质制氢　降低生物制氢成本的有效方法是应用廉价的原料，常用的有富含有机物的有机废水、城市垃圾等，利用生物质制氢同样能够大大降低生产成本，而且能够改善自然界的物质循环，很好地保护生态环境。在生物技术领域，生物质又称生物量，是指所有通过光合作用转化太阳能生长的有机物，包括高等植物、农作物及秸秆、藻类及水生植物等。通过陆地和海洋中的光合作用，每年地球上生产的生物质总量约$(1.4\sim1.8)\times10^{12}$t，含能约$3\times10^{21}$J，是全世界人类每年消耗量的10倍。

生物质由C、H、O、N和S等元素组成，其中H元素的质量占6%，相当于每千克生物质可产生$0.672m^3$ $H_2$，占生物质总能量的40%以上。与矿物燃料相比，生物质挥发分高，炭活性强，硫、氮含量低，灰分小，燃烧时对环境污染小，被喻为绿色煤炭。因此，无论是从能源角度还是从环境角度看，发展生物质制氢技术都具有积极和重要的意义。

生物质制氢包括两种方法：①生物转化制氢法；②生物质热化学转换法。具体内容见第6章（生物质能）。

### 3.1.4　太阳能光解水制氢

利用太阳能光催化分解水制氢被称为"21世纪梦的技术"，得到国内外科学家的高度关注。它具有系统结构简单、投资少和便于规模开发的优点，是解决未来能源危机和环境污染的一条重要途径。

1972年，日本学者Fujishima和Honda对光照$TiO_2$电极导致水分解从而产生氢气这一现象的发现，揭示了利用太阳能分解水制氢的可能性，吸引了很多科学家投入到以此为目标的科学研究中。

光解水能否实用化最终将取决于能量转化效率。迄今为止，大多数能用于光解水的光催化剂仅能吸收紫外线，而紫外线在太阳光中只占3%左右（波长为500nm的太阳光强度最高）。尽管真正实现太阳能光解水制氢仍有漫长的路需要走，科学家们正企图通过不断努力期待着找到新的突破口，研制和开发出高效率的光解水催化剂，使"太阳氢"工程真正能服务于人类。

太阳能转化系统可以分为5大类：光化学系统（太阳能被溶液中的分子吸收）、半导体系统（太阳能被半导体或溶液中的悬浮颗粒等吸收）、光生物系统（见3.1.3节）、混合系统（以上三种系统的复合）和热化学系统（见3.1.5节）。

#### 3.1.4.1　光化学系统

纯水只能吸收太阳能量的辐射中能量很低的红外部分，不可能引起任何光化学反应，因此任何光解水的光化学反应都需要光敏化剂，也就是说，需要某种分子或半导体吸收太阳能以进行光化学反应，生成氢气。

虽然一个光子可以使两个或两个以上的电子发生转移，但在光化学的氧化还原的过程中，敏化剂（在太阳的波长范围内）每吸收一个光子通常只会导致一个电子的转移。现在通常的研究模型是用牺牲剂和捕获剂来代替相应的氧化还原反应。从热力学来看，水的分解反应需要两个电子参与，所以催化剂必须能储存电子。起初的光化学系统是由几种化合物构成的。在这个多分子的系统中，不同的功能是分别由不同类的分子完成的。

① 光敏化剂 PS 吸收可见光产生受激的具有氧化还原特性的产物 PS*。

$$PS \xrightarrow{h\nu} PS^* \qquad (3-27)$$

② 化合物 R 在受激的 PS* 发生电子转移反应形成电荷对 PS$^+$ 和 R$^-$，R 被还原。

$$PS^* + R \longrightarrow PS^+ + R^- \qquad (3-28)$$

③ 第三部分化合物能收集电子，并且促进和水的电子交换。一些特别的氧化还原催化剂可以用来收集和转移电子。

$$2R^- + 2H^+ \xrightarrow{催化剂} 2R + H_2 \qquad (3-29)$$

在这样的系统中，第二部分 R 在光敏化剂和催化剂之间传递电子，协调电子的收集。还原产物 R$^-$ 的氧化还原电位必须小于 $-0.41V$（vs. NHE，pH=7）。在实际过程中，正负电荷对非常容易复合。在这个多分子系统和其他许多光化学系统中，主要的问题就是如何阻止电荷对的复合来延长光生载流子的寿命，即

$$PS^+ + R^- \xrightarrow{催化剂} PS + R \qquad (3-30)$$

在此系统中，可以用牺牲剂 D 来消除 PS$^+$ 的氧化性，从而得到 PS 和牺牲剂的氧化产物 D$^+$。后者产物迅速不可逆地发生分解反应，整个过程中 D 被消耗，其他的部分 PS、R 和催化剂可以循环利用，即

$$PS^+ + D \longrightarrow PS + D^+ \qquad (3-31)$$

$$D^+ \longrightarrow 产物 \qquad (3-32)$$

关于一些含有牺牲剂的光解水制 $H_2$ 的模型陆续被提出，见表 3-3 所示。

表 3-3　微多相制氢系统的构成

| PS | R | D | 催化剂 |
| --- | --- | --- | --- |
| Ru、Cr、Os、Ir、Pt 等金属复合物：[Ru(bpy)$_3$]$^{2+}$ | 双吖啶盐离子：MV$^{2+}$ | EDTA 和甘氨酸衍生物 | Ir、Pt、Ni、Au、Ag |
| Zn、Mg、Ru 等卟啉化合物：ZnTMPyP$^{4+}$ | 邻二氮杂菲离子 | 胺：TEOA、TEA | K$_2$PtCl$_6$、K$_2$PtCl$_4$ |
| 金属 Zn、Co、Mg 等酞菁染料 | 金属离子：Eu$^{3+}$、V$^{3+}$、Cr$^{3+}$ | 硫化物：半胱氨酸、硫醇、H$_2$S | Pt、Ru、Ni |
| 吖啶染料：吖啶黄、普罗黄素 | Rh、Co 等金属络合物：[Ru(bpy)$_3$]$^{3+}$、[Co(sep)]$^{3+}$ | 尿素衍生物 | Pt-TiO$_2$、Rh-SrTiO$_3$、Ni-TiO$_2$ |
| 咕吨染料：荧光素、四溴荧光素 | 朊：细胞色素 | 氨基酸、胺 | RuO$_2$、PtO$_2$、IrO$_2$、PdO$_2$、TiO$_2$、Fe$_2$O$_3$ |
| 花菁染料 | — | 含碳化合物：抗坏血酸、乙醇 | RuO$_2$+IrO$_2$/沸石 |
| 有机物 | — | 辅酶：NADH、NADPH | 酶：氢化酶、固氮酶 |

在研究初期，常利用吖啶染料（吖啶黄）作为 PS。后来，过渡金属络合物尤其是 [Ru(bpy)$_3$]$^{2+}$ 被认为是理想的光敏化剂，它可以吸收可见光，有良好的激发特性，同时具有适合的氧化还原电位和动力学特性。Eu$^{3+}$ 和 V$^{3+}$ 的盐，能转移 2 个电子的过渡金属复合物 [Ru(bpy)$_3$]$^{3+}$ 和 MV$^{2+}$ 作为 R 来传递电子。半胱氨酸，特别是叔胺（EDTA、TEOA 等），在被氧化后特别容易被分解，可以用来作为牺牲剂。Pt 是比较合适的催化材料。

目前所有光化学系统的转化效率均未超过 10%。光解水技术研究进展缓慢的主要原因如下。

① 在实际的应用中，捕获剂必须在经过千百次的使用后还能保持原来的活性。在通常

日光照射的条件下,催化剂的各部分物质组成每年必须接受约 $10^6$ 的光子。这意味着光降解反应(会破坏光敏化剂)的量子产额必须小于 $10^{-6}$,这是难以实现的。

② 由光捕获剂激发的分子必须在溶液中扩散,发生电子转移。扩散是个非常缓慢的过程,受激态分子的寿命必须延长,从而促使光解水反应发生。

③ 即使主要问题的电子转移效率已经很高,还需要通过一些特别的手段和方法来降低能量的损失和电荷的复合。

### 3.1.4.2 半导体光催化

(1) 半导体光解水原理  水是一种非常稳定的化合物,在标准状态下,若要把 1mol 的水分解为氢气和氧气,需吸收 237kJ 的能量。图 3-32 显示了在光和半导体光催化剂(以 $TiO_2$ 为例)的共同作用下上述化学反应的实现过程。$TiO_2$ 为 n 型半导体,其价带和导带之间的禁带宽度为 3.0eV 左右。当它受到其能量相当或高于该禁带宽度的光辐照时,半导体内的电子受激发从价带(VB)跃迁到导带(CB),从而在导带和价带分别产生自由电子和电子空穴。水在这种电子-空穴对的作用下发生电离生成 $H_2$ 和 $O_2$。

为了进行水的光电解反应,必须满足下列条件:

① 禁带宽度应该大于水中氢和氧的化学势之差,即 $E_g > E_{H_2/H_2O}^{\ominus} - E_{H_2O/O_2}^{\ominus}$;

② 光的量子能量应大于禁带宽度,即 $h\nu > E_g$;

③ n 型半导体的平带电势应比析氢电位更负,而 p 型半导体则应比析氧电位正;

④ 电子、空穴的费米能级达到析出氢、氧的电化学势级。此条件一般通过外加电压实现。

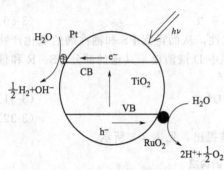

图 3-32  $TiO_2$ 光解水的反应机理

自用 $TiO_2$、CdS、$WO_3$ 及 ZnO 等半导体纳米薄膜在水中进行光解水反应制得氢气成功以来,半导体光催化剂引起人们的极大兴趣。但是在尝试用作光电极的各种半导体材料中,各种单一的半导体材料作电极都难以提高太阳能转换效率。这主要是由于各单一半导体材料不能有效覆盖大部分太阳光谱。如果采用光响应曲线相似且可以互补的多种单一半导体组成复合结构,使其光响应能连续覆盖整个太阳光谱的绝大部分,则太阳能的转化效率将会大幅度提高。

(2) 半导体催化剂的研究现状  半导体催化剂主要包括 $TiO_2$ 多相催化体系、复合半导体、层状金属氧化物和组装的纳米半导体光催化剂。

① $TiO_2$ 是一种较为理想的半导体催化剂,但必须提高光催化效率,关键在于降低光生电子和空穴的复合概率,提高 $TiO_2$ 表面对光的吸收能力和提高表面吸附能力。研究中主要通过半导体表面修饰(贵金属沉积)、表面敏化(化学吸附染料物质)和离子掺杂(通过高温焙烧或辅助沉积等方法使金属离子进入 $TiO_2$ 晶格结构之中)等手段延伸光响应范围和提高光催化活性。

② 复合半导体,即以浸渍法或混合溶胶法等制备 $TiO_2$ 的二元或多元复合半导体,或者其他二元复合半导体。二元复合半导体催化活性的提高可归因于不同能级半导体间光生载流子的输运易于分离。以 $TiO_2$-CdS 复合半导体为例,当用足够能量的光激发时,CdS 与 $TiO_2$ 同时发生电子带间跃迁。由于导带和价带能级的差异,光生电子将聚集在 $TiO_2$ 的导带上,而空穴则聚集在 CdS 的价带上,光生载流子得到分离,从而提高了量子效率;另一方面,当照射光的能量较小时,只有 CdS 发生带间跃迁,CdS 产生的激发电子输运到 $TiO_2$ 导

带而使得光生载流子得到分离，从而使催化活性提高。对 $CdS/TiO_2$、$CdSe/TiO_2$、$SnO_2/TiO_2$、$WO_3/TiO_2$、$In_2O_3/TiO_2$、$Cu_2O/TiO_2$ 等体系的研究均表明，复合半导体比单个半导体具有更高的催化活性。

③ 层状金属氧化物包括层状钛酸盐、层状铌酸盐、钙钛矿型层状氧化物和铜铁矿 $CuFeO_2$ 催化剂。

④ 组装的纳米半导体光催化剂，即在层状化合物的层间（$H_4Nb_6O_{17}$、$H_2Ti_4O_9$、层状双氢氧化物等）中封装纳米半导体簇合物。目前研究的半导体有 CdS、ZnS、PbS、$Fe_2O_3$ 和 $TiO_2$ 等。

#### 3.1.4.3 混合系统

混合系统是将吸收光子的光敏化剂吸附在半导体上，扩展了半导体吸收太阳光波长的范围。同样，也有报道将叶绿素应用于光化学电池的电解质中，或者将它们吸附在电池电极上。但目前还没有能够发现高效率的"光能→氢能"转化系统。

### 3.1.5 热化学分解水制氢

纯水的热分解避开了"热→功"转换过程，将热能直接转换为氢能（化学能），理论转换效率很高。图 3-33 为水的热分解与温度及压力的关系曲线。若压力固定为 0.05bar，则温度为 2000K 时水基本不分解；若提高至 2500K，可以有 25% 的水发生分解；若能升至 2800K，水的分解率可高达 55%。图 3-34 为水分解产物的摩尔分数与温度的关系曲线。可以看出，6000K 以下水的分解主要产生 $H_2O$、H、O、HO、$H_2$ 和 $O_2$。1300K 为水的起始分解温度，3400K 时 $H_2$ 和 $O_2$ 的摩尔分数达到最大，分别为 18% 和 6%。

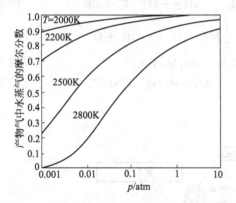
图 3-33　水的热分解与温度及压力的关系曲线

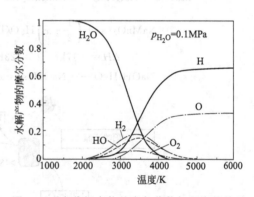
图 3-34　水分解产物的摩尔分数与温度的关系

水的热分解反应需吸收大量热能，提供热能的技术是重要因素。目前热化学分解水制氢采用的加热技术包括太阳能加热、等离子体加热和核能加热。

(1) 太阳能加热　图 3-35 是太阳能加热的反应器结构示意图，反应器结构有两个聚光器组成。图 3-36 是其截面图。只有辐射密度达到 10000 以上时，才能产生 2500K 的高温，而普通的聚光装置的辐射密度只能达到数千，故在该研究中使用了二次聚光系统。

所用一次聚光器的面积为 $56m^2$，焦距为 63m；二次聚光器的直径为 0.63m，焦距为 0.174m；二者间距为 3m，焦平面直径为 0.024m。靶材为 $ZrO_2$（熔点为 2715℃）。反应器材质为 $ZrO_2$ 和 MgO。

测试表明，反应器壁温度达到 1920K 时，开始出现氢气，最大氢气产量 30mL/min。但由于存在 $ZrO_2$ 在操作过程中的烧结问题，故产量会随时间推移而逐渐下降。

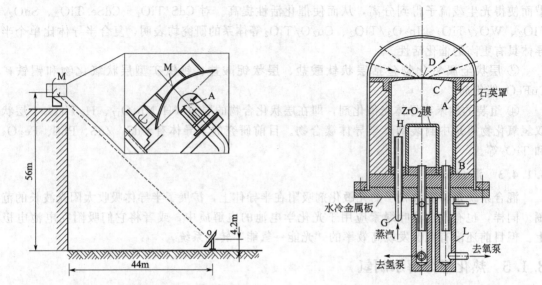

图 3-35 聚光器/二次聚光器-反应器结构示意图　　图 3-36 太阳光反应器截面图

利用太阳能制氢还有多种实验,例如考虑到太阳炉的应用。锰的氧化物循环制氢也是一种途径。锰氧化物循环制氢过程如图 3-37 所示,其化学反应为:

$$\frac{1}{2}Mn_2O_3(s) \longrightarrow MnO(s) + \frac{1}{4}O_2 \quad \Delta H = 94.3 kJ \quad T > 1835K \quad (3-33)$$

$$MnO(s) + NaOH(l) \longrightarrow NaMnO_2(s) + \frac{1}{2}H_2 \quad \Delta H = -3 kJ \quad T > 900K \quad (3-34)$$

$$NaMnO_2(s) + \left(\frac{1}{2} + x\right)H_2O(l) \longrightarrow \frac{1}{2}Mn_2O_3(s) + NaOH \cdot H_2O$$

$$\Delta H = -17 kJ \quad T > 323K(实验值 x = 55.56,下同) \quad (3-35)$$

$$NaOH \cdot H_2O \longrightarrow NaOH(s) + xH_2O \quad \Delta H = 46.5 kJ \quad T > 298K \quad (3-36)$$

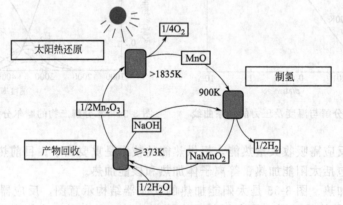

图 3-37 锰的氧化物热循环制氢示意图

(2) 等离子体加热　常压条件下热解水的最佳温度为 3400~3500K,一般的加热方式难以达到这么高的温度,而使用等离子喷枪则很容易做到。等离子技术成为热解水制氢的候选技术之一。图 3-38 是管式等离子反应器的结构示意图。

反应器内壁涂层的催化效果自高至低排列为:Au→Ni→Rh→Pd;产物气中最大氢含量为 14%,但此时效率仅为 0.3% 左右,最高效率低于 3%。

(3) 核能加热　核反应堆技术的发展，许多科学家开始考虑利用反应堆的高温进行水分解，设想是在热分解过程中引入一些热化学循环。

① 核能加热制氢化学原理　核能加热制氢化学原理可以归纳如下：

$$AB + H_2O + 热 \longrightarrow AH_2 + BO \quad (3-37)$$
$$AH_2 + 热 \longrightarrow A + H_2 \quad (3-38)$$
$$2BO + 热 \longrightarrow 2B + O_2 \quad (3-39)$$
$$A + B + 热 \longrightarrow AB \quad (3-40)$$

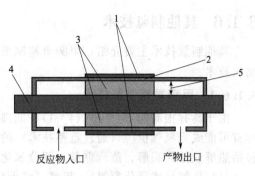

图 3-38　管式等离子反应器的结构图
1—外电极；2—石英管；3—发光放电区；
4—内电极；5—放电沟

式中，AB 称为循环试剂。对这一系列反应的探索就是希望驱动反应的温度能处在工业上常用的温度范围内。这样就可以避免水在耗能极高的条件下热分解，或者说通过采用热化学的方法可在相对温和的条件下将水分解成氢和氧。目前已知的可用于分解水的热化学循环反应已超过 100 种。

② 核能加热-硫/碘热化学循环制氢流程　硫/碘热化学循环是将 $SO_2 + I_2$ 作为循环试剂，化学反应为：

$$SO_2 + I_2 + 2H_2O \Longleftrightarrow H_2SO_4 + 2HI \,(400\,K) \quad (3-41)$$
$$H_2SO_4 \Longleftrightarrow H_2O + SO_2 + 0.5O_2 \,(700\sim1200K) \quad (3-42)$$
$$2HI \Longleftrightarrow I_2 + H_2 \,(500\sim800K) \quad (3-43)$$

根据上述反应开发的 IS 流程，连续 48h 实验结果是氢气的产率为 1L/h，经过液相分离器后 $I_2/HI=1.7$。若要提高热效率，需要简化流程，关键在于 HI 的浓缩过程，即从水中将多余的 $I_2$ 分离。除直接分离外，引入电化学反应实现 $I_2 \rightarrow HI$ 的转化也是解决方法之一。图 3-39 为添加电化学膜反应器后 IS 流程的结构示意图。主要电化学反应为：

$$SO_2 + 2H_2O \Longleftrightarrow H_2SO_4 + 2H^+ + 2e^- \,(阳极侧) \quad (3-44)$$
$$I_2 + 2H^+ + 2e^- \Longleftrightarrow 2HI \,(阴极侧) \quad (3-45)$$

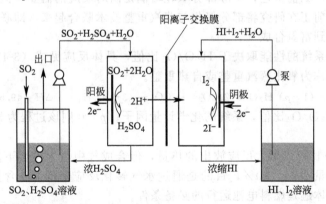

图 3-39　IS 流程的结构示意图（添加了电化学膜反应器）

此反应器使用 Nafion® 117 作为阳离子交换膜，电极为玻璃碳。$H_2SO_4$ 和 HI 溶液浓度分别为 47% 和 56%。测试结果表明，$I_2$ 浓度降低了 93%。因此在 IS 流程中引入电化学反应器实现以 $I_2 \rightarrow HI$ 的转化反应替代二者的分离过程是可行的。

热化学分解水制氢技术目前还处于研发阶段，尚无任何中试规模的分解装置问世。

## 3.1.6 其他制氢技术

其他制氢技术主要介绍：甲醇重整制氢技术、$H_2S$分解制氢技术和Zn-ZnO体系热循环制氢技术。

### 3.1.6.1 甲醇重整制氢技术

由于具有很高的H/C比（4:1）、低沸点及实用性，在未来的燃料电池供电系统中，甲醇有可能成为氢气供应（通过重整技术）的主要中间载体。甲醇重整制氢技术可分为几类，包括热解或催化裂解、蒸汽重整、部分氧化和联合蒸汽重整。

(1) 热解（或催化裂解） 热解（或催化裂解）是最简单的转化方法，具体反应为：

$$CH_3OH \longrightarrow 2H_2 + CO \quad \Delta H = 90.7 \text{kcal/mol} \tag{3-46}$$

产物气体中$H_2$的最高含量为67%，其余为CO。甲醇重整制氢技术的缺点是生成的CO可导致催化剂中毒，因而不适用于燃料电池，还存在耗热量大的缺点。

(2) 甲醇蒸汽重整 甲醇蒸汽重整具有产物气中氢含量高（可达75%）及可避免形成CO的优点，此技术曾受到关注，但存在需外部供热及反应速率慢的缺点。

$$CH_3OH + H_2O \longrightarrow 3H_2 + CO_2 \quad \Delta H = 49.5 \text{kcal/mol} \tag{3-47}$$

部分氧化属快速、放热反应：

$$CH_3OH + \frac{1}{2}O_2 \longrightarrow 2H_2 + CO_2 \quad \Delta H = -192.3 \text{kcal/mol} \tag{3-48}$$

使用纯氧时产物气中氢含量可达67%。但对于车载燃料电池系统来说，最有可能使用的还是空气，产物气中氢含量最高仅为41%，而低氢含量会直接影响燃料电池的性能；此外，部分氧化放出的热量可能在反应器壁上造成某些"热区"，对催化剂来说相当于高温烧结过程，导致催化剂失活。

(3) 联合蒸汽重整 未来的燃料电池将有很大一部分用作汽车动力，这就要求燃料电池不仅要小巧，还需具备很强的瞬时反应能力，以满足汽车启动时短时间加速过程及行驶过程中根据实际情况而不断变化车速等需要。而对于燃料电池来说，原料气中氢含量的高低将直接影响其响应特性。如前所述，甲醇部分氧化可满足瞬时反应的需要，但得到的合成气中氢含量过低，因此目前正在研究将部分氧化与蒸汽重整技术联合起来，即联合蒸汽重整，在较快的反应速率下得到富氢合成气。

联合蒸汽重整系统的性能取决于$H_2O/O_2$比值，具体反应见式（3-49）。在绝热条件下进行反应时，也被称为氧化蒸汽重整或自热重整。

$$CH_3OH + (1-p)H_2O + 2pO_2 \longrightarrow CO_2 + (3-p)H_2 \quad \Delta H = 49.5 - 241.8p \tag{3-49}$$

式中，$p$为$H_2O/O_2$比值，系统的化学计量因子；$p=0$则该过程为蒸汽重整；$p=1$则为部分氧化。

提高$O_2/H_2O$比可以增大反应放出的热量，但合成气中氢含量会下降。目前此系统运行时，水蒸气常过量20%~30%，目的是通过水气转化反应降低CO含量，并可提高含氢量。此外，湿润气体还是燃料电池运行的必备条件。

甲醇重整技术中使用的催化剂主要为铜基合金（CuZn、CuCr、CuZr等）。基体一般采用片状陶瓷材料，表面覆盖$Al_2O_3$以增大比表面积。

### 3.1.6.2 $H_2S$分解制氢技术

$H_2S$存在于油田和天然气井（深层的天然气中$H_2S$含量高达25%）中，同时在化工行业脱硫过程中也产生大量的$H_2S$。常规的处理办法是采用溶剂吸附的办法将其分离出来，而后以Clause工艺分解$H_2S$，实现硫的回收并生成蒸汽，因此，$H_2S$在过去被视为一种价值很低的气体（硫价格高的情况除外）。

近年来，$H_2S$ 逐渐为人们所接受：①通过分解 $H_2S$ 可以生产 $H_2$ 和 $S$，既获得了宝贵的能源，又消除了环境污染；②对于工业气体生产、精炼及冶金等行业来说，$H_2S$ 的形成是不可避免的，必须考虑回收利用；③在地热能源中，地下蒸汽也含有 $H_2S$；④$H_2S$ 的分解过程可作为分解水循环制氢的一部分流程；⑤现有 Clause 流程很难满足更严格的环境标准。

$H_2S$ 的热分解反应需要吸收很大的热量，且转化率很低，图 3-40 所示为纯 $H_2S$ 分解反应与温度的关系曲线。

图 3-41 所示为 $H_2S$ 热解反应器，此反应器还可用于甲烷重整。

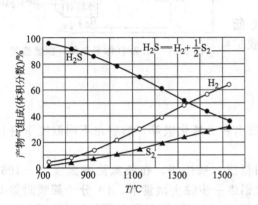 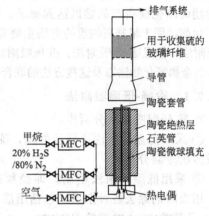

图 3-40　纯 $H_2S$ 气体的分解反应与温度关系曲线　　图 3-41　$H_2S$ 热解反应器

图 3-42 所示为 $H_2S$ 热解制氢流程。此流程的特点在于将传统的 Clause 炉改进为超级绝热分解反应器，可以充分利用部分 $H_2S$ 氧化燃烧所产生的热量，使反应器内温度达到 $H_2S$ 热解所需的温度（反应带的温度最高可达到 1400℃，无需外部供热）。在该流程中，可供选择的气体分离膜包括聚砜膜、陶瓷膜及其他高温氢气分离膜。

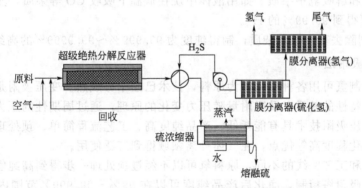

图 3-42　GTI 开发的 $H_2S$ 热解制氢流程图

与 Clause 流程相比，采用 GTI 流程后尾气中 $SO_2$ 的含量可忽略不计，且原料气中 $H_2S$ 含量最低可降至 10%（Clause 流程要求的原料气中 $H_2S$ 含量为 40%～50%）。

### 3.1.6.3　Zn-ZnO 体系热循环制氢技术

采用 Zn-ZnO 体系热循环制氢，并与燃料电池联合使用。Zn-ZnO 体系所涉及的反应为：

$$ZnO \Longleftrightarrow Zn + 1/2O_2 \quad （光照） \tag{3-50}$$

$$Zn + H_2O \Longleftrightarrow ZnO + H_2 \quad （无光照） \tag{3-51}$$

具体流程如图3-43所示。

## 3.1.7 氢气提纯

无论采用何种原料制备的氢气，都只能得到含氢的混合气体，需要进一步提纯和精制，得到的高纯氢才能应用。氢气提纯方法较多，但有些方法不适宜用来制备高纯氢，如膜分离法，所得产品纯度低，无法达到高纯氢要求；一些常用的氢气提纯精制方法，如冷凝法、低温吸收法，单独使用时净化所得产品难以达到要求。

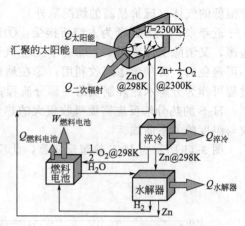

图3-43 Zn-ZnO体系热循环制氢流程

目前，用于精制高纯氢的方法主要有：冷凝-低温吸附法、低温吸收-吸附法、变压吸附法、钯膜扩散法、金属氢化物法以及这些方法的联合使用。

### 3.1.7.1 冷凝-低温吸附法

冷凝-低温吸附法分两步：

① 采用低温冷凝法进行预处理，除去杂质水和二氧化碳等，然后在不同温度下进行二次或多次冷凝分离；

② 采用低温吸附法精制，即经预冷后的氢进入吸附塔，在液氮蒸发温度（-196℃）下，用吸附剂除去各种杂质（包括用活性氧化铝进一步除去微量水，4A分子筛吸附除$O_2$，5A分子筛除$N_2$，硅胶除CO、$N_2$、Ar，活性炭除$CH_4$等）。吸附剂用加热$H_2$再生。工艺多采用两个吸附塔交替操作。净化后$H_2$纯度达99.999%~99.9999%。

### 3.1.7.2 低温吸收-吸附法

低温吸收-吸附法同样分两步：

① 根据原料氢中杂质的种类，选用适宜的吸收剂，如甲烷、丙烷、乙烯和丙烯等，在低温下循环吸收和解吸氢中杂质。如用液体甲烷在低温下吸收CO等杂质，然后用丙烷吸收其中的$CH_4$，可得到99.99%的$H_2$。

② 用吸附剂除去其中微量杂质，制得纯度为99.999%~99.9999%的高纯氢。

### 3.1.7.3 变压吸附法

变压吸附法制氢可用各种原料氢为原料，技术已经十分成熟。变压吸附是利用气体组分在吸附剂上吸附特性的差异以及吸附量随压力变化的原理，通过周期性的压力变化过程实现气体的分离。变压吸附技术具有能耗低、产品纯度高、工艺流程简单、预处理要求低、操作方便可靠和自动化程度高等优点，在气体分离领域得到广泛使用。

根据原料氢和工艺路线的不同，原料氢可以不经过预处理一步得到高纯氢，或者经过简单的预处理再经吸附塔精制，净化后产品纯度可以在99%~99.999%范围内灵活调节。变压吸附技术可以用于各种规模的氢气提纯装置，生产能力（标准状况）可以达到$10^4 m^3 H_2/h$。

目前，变压吸附技术可进行数十种气体的分离或提纯，已推广工业装置数百套，许多技术在国内外处于领先地位。

### 3.1.7.4 钯膜扩散法

利用钯合金膜在一定温度（400~500℃）只能允许$H_2$透过而其他杂质气体不能通过的特性，使$H_2$得到纯化。但钯膜扩散法对原料气中$O_2$和水的含量有很高的要求，原因是$O_2$

在钯合金膜会产生催化反应而造成钯合金局部过热,水又会使钯合金发生氧化中毒,所以原料气需先预纯化除去 $O_2$ 和水。预处理后的原料经过滤器除尘后,送入钯合金扩散室纯化,得到 $H_2$ 的纯度可达 99.9999%。目前钯膜扩散法提纯技术仅适用于小规模生产。

### 3.1.7.5 金属氢化物分离法

金属氢化物精制和贮存氢是一项新技术,正在研究和发展中。利用贮氢合金对氢进行选择性化学吸收,生成金属氢化物,氢中杂质则浓缩于氢化物之外随废氢排出,氢化物再发生分解反应放出氢,使氢得到纯化。氢气进入氢合金纯化器之前通常需先进行预处理,以除去大部分 $O_2$、CO 和 $H_2O$ 等杂质。纯化装置通常由数个纯化器联合操作,连续得到高纯氢,纯度可达 99.9999% 以上。

金属氢化物在反复吸氢、放氢过程中会逐渐粉化,因此还必须在生产装置终端装有高效过滤器以除去粉尘。

### 3.1.7.6 联合工艺

联合工艺是指将数种气体分离技术组合使用。如变压吸附法与低温吸附相结合,膜分离和变压吸附法相结合等。

## 3.2 氢的储存与输运

氢的储存与输运是氢能应用的前提。氢无论以气态还是液态形式存在,密度都非常低,气态氢的密度是 0.08988g/L(约为空气的 7%),液态氢(-253℃)的密度是 70.8g/L(约为水的 7%)。表 3-4 为氢、甲烷和汽油的气态和液态下的密度。

表 3-4 几种常用燃料气态和液态下的密度

| 燃 料 | 气态(20℃,101325Pa) | | 液态(沸点,101325Pa) | |
|---|---|---|---|---|
| | 绝对值/(kg/m³) | 相对于氢 | 绝对值/(kg/m³) | 相对于氢 |
| 氢 | 0.09 | 1.00 | 70.8 | 1.0 |
| 甲烷 | 0.65 | 8.13 | 422.8 | 6.0 |
| 汽油 | 4.4 | 55.0 | 700.0 | 9.9 |

氢在一般条件下以气态形式存在,且易燃(4%~75%)、易爆(15%~59%),这就为储存和运输带来了很大的困难。当氢作为一种燃料时,必然具有分散性和间歇性使用的特点,因此必须解决储存和运输问题。储氢和输氢技术要求能量密度大(包含单位体积和质量储存的氢含量大)、能耗少和安全性高。

当作为车载燃料使用(如燃料电池动力汽车)时,应符合车载状况所需要求。一般来说,汽车行驶 400km 需消耗汽油 24kg,而以氢气为燃料则只需要 8kg(内燃机,效率 25%)或 4kg(燃料电池,效率 50%~60%)。

对于车用氢气储存系统,国际能源机构(IEA)提出的目标是质量储存密度大于 5%,体积储氢密度大于 $50kgH_2/m^3$;而美国能源部(DOE)提出的目标是质量储存密度大于 6.5%,体积储氢密度大于 $62kgH_2/m^3$,车用储氢系统的实际储氢能力大于 3.1kg(相当于小汽车行驶 500km 所需的燃料)。但迄今为止,除液氢储存外,还没有其他技术能满足上述要求。

氢气储存可分为物理法和化学法两大类。物理储存方法主要包括液氢储存、高压氢气储存、活性炭吸附储存、碳纤维和碳纳米管储存、玻璃微球储存和地下岩洞储存等;化学储存方法有金属氢化物储存、有机液态氢化物储存、无机物储存和铁磁性材料储存等。

氢气的输运与氢气储存技术的发展息息相关,目前氢气的运输方式主要包括压缩氢气和液氢两种,随着金属氢化物储氢、配位氢化物储氢等技术的成熟,未来的氢气运输方式必将发生翻天覆地的变化。

### 3.2.1 储氢技术

储氢技术包括液化储氢技术、压缩氢气储存、金属氢化物储氢、有机化合物储氢、配位氢化物储氢、物理吸附储氢和地下储存等技术。

#### 3.2.1.1 液化储氢技术

液化储氢是一种深冷的液氢储存技术。氢气经过压缩后,深冷到21K以下使之变为液氢($LH_2$),然后储存到特制的绝热真空容器中。常温、常压下液氢的密度为气态氢的845倍,液氢的体积能量密度比压缩贮存高好几倍,这样,同一体积的储氢容器,其储氢质量大幅度提高。因此液化储氢适用条件是储存时间长、气体量大和电价低廉。

但是,由于氢具有质轻的特点,所以在作为燃料使用时,相同体积的液氢与汽油相比,含能量少(即体积能量密度低,见表3-5)。这意味着将来若以液氢完全替代汽油,则在行驶相同里程时,液氢储罐的体积要比现有油箱大3倍以上。

表3-5 各种常用燃料的质量能量密度和体积能量密度的比较

| 燃 料 | 氢元素含量 | 质量能量密度/(MJ/kg) | 体积能量密度(液态)/(MJ/L) |
|---|---|---|---|
| 氢气 | 1 | 120 | 8.4~10.4① |
| 甲烷 | 0.25 | 50(43)② | 21(17.8)② |
| 乙烷 | 0.2 | 47.5 | 23.7 |
| 丙烷 | 0.18 | 46.4 | 22.8 |
| 汽油 | 0.16 | 44.4 | 31.1 |
| 乙醇 | 0.13 | 26.8 | 21.2 |
| 甲醇 | 0.12 | 19.9 | 15.8 |

① 高值为三相点处的液氢密度。
② 为天然气的值。

氢气在室温及以上温度由正氢(75%)和仲氢(25%)组成,如图3-44所示。当温度低于氢气的沸点时,正氢会自发地转化为仲氢,含量可降至0.2%。但若没有催化剂存在的话,该过程发生得非常缓慢;该过程进行的速度还与温度密切相关,如在氢的沸点则转化时间超过一年,若温度为923K、压力为0.0067MPa,则转化时间可缩短为10min。

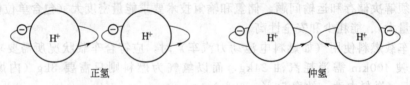

图3-44 正氢和仲氢的分子结构示意图

正氢向仲氢的转化过程属放热过程,该过程放出的热量(527kJ/kg)大于沸点温度下二者的蒸发潜热,在液氢的储存容器中若存在未转化的正氢,就会在缓慢的转化过程中释放热量,造成液氢的蒸发,即挥发损失(10天损失50%)。因此在氢气液化过程中,必须使用催化剂(如活性炭、稀土金属等)加速上述的转化过程。

对于其他气体(如$N_2$)来说,室温下发生Joule-Thompson膨胀过程时会导致气体的变冷;而氢气则恰恰相反,必须将其温度降至80K以下,才能保证在膨胀过程中气体变冷,见图3-45。因此在现代的液氢生产中，通常加入预冷过程，只有压力高达10～15MPa，温度降至50～70K时进行节流，才能以较理想的液化率（24%～25%）获得液氢。

目前在气体液化和分离设备中，带膨胀机的液化循环的应用最为广泛。膨胀机分两种：活塞式膨胀机和涡轮膨胀机。中高压系统采用活塞式膨胀机（可适应不同的气体流量、效率75%～85%），大流量、低压液化系统则采用涡轮膨胀机（氢气最大处理量为103000kg/h，效率为85%）。

理想状态下氢气液化耗能为3.228kW·h/kg，目前的氢气液化技术耗能为15.2kW·h/kg，几乎是氢气燃烧所产生低热值（产物为水蒸气时的燃烧热值）的一半；而生产液氮的耗能仅为0.207kW·h/kg。

图3-46为美国Praxair公司液氢生产的流程图。具体参数为：原料氢气中正氢75%、仲氢25%，液氢中正氢0.2%、仲氢99.8%；耗能12.5～15kW·h/kg。

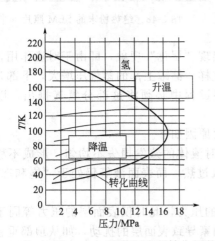

图3-45 Joule-Thompson膨胀过程的转化温度曲线

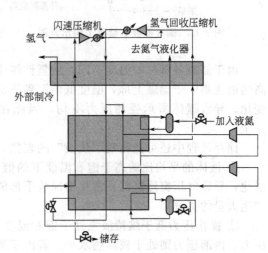

图3-46 液氢生产流程

（1）液氢储罐 液氢气化是液氢储存技术必须解决的问题。若不采取措施，液氢储罐内达到一定压力后，减压阀会自动开启，导致氢气泄漏。

美国航空航天中心使用的液氢储罐容积为3800m³，直径20m，液氢蒸发的损失量为600000L/a（liter per year，LPY）。由于蒸发损失量与容器表面积和容积的比值（$S/V$）成正比，因此最佳的储罐形状为球形，而且球形储罐还有另一个优点，即应力分布均匀，因此可以达到很高的机械强度。唯一的缺点是加工困难，造价昂贵。

目前经常使用的为圆柱形容器（常见结构如图3-47所示）。对于公路运输来说，直径通常不超过2.44m，与球形罐相比，其$S/V$值仅增大10%。

由于蒸发损失量与容器表面积和容积的比值（$S/V$）成正比，因此储罐的容积越大，液氢的蒸发损失就越小。如对于双层绝热真空球形储罐来说，当容积为50m³时，蒸发损失为0.3%～0.5%；容积为$10^3$m³时，蒸发损失为0.2%；若容积达到19000m³，则蒸发损失可降至0.06%。

液氢储罐用绝热材料可分为两类，一类是可承重材料，如Al/聚酯薄膜/泡沫复合层、酚泡沫和玻璃板等，此类材料的热泄漏比多层绝热材料严重，优点是内部容器可"坐"在绝热层上，易于安装；另一类为不可承重、多层（30～100层）绝热材料，如SI-62、Al/聚酯薄膜、Cu/石英和Mo/$ZrO_2$等。常使用薄铝板或在薄塑料板上通过气相沉积覆盖一层金属层（Al、Au等）以实现对热辐射的屏蔽，缺点是储罐中必须安装支撑棒或支撑带。

图 3-48 所示为绝热结构中所用绝热粉末（微球）的 SEM 照片，粉末的平均直径为 $50\mu m$，结构为中空的玻璃球。

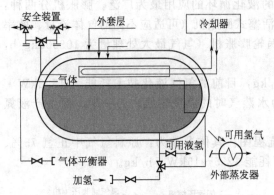

图 3-47　圆柱形液氢储罐结构示意图

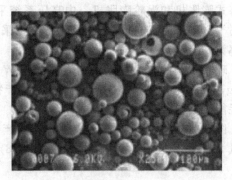

图 3-48　绝热粉末的 SEM 照片

由于储罐各部位的温度不同，液氢储罐中会出现"层化"现象，即由于对流作用，温度高的液氢集中于储罐上部，温度低的沉到下部。这样，储罐上部的蒸气压增大，下部几乎无变化，导致罐体所承受的压力不均，因此在储存过程中必须将这部分氢气排出，以保证安全。

储存过程中还可能出现"热溢"的现象。主要原因如下。

① 液体的平均比焓高于饱和温度下的值，此时液体的蒸发损失不均匀，形成不稳定的层化，导致气压突然降低。常见情况为下部的液氢过热，而表面液氢仍处于"饱和态"，可产生大量的蒸气。

② 操作压力低于维持液氢处于饱和温度所需的压力，此时仅表面层的压力等同于储罐压力，内部压力则处于较高的水平。若由于某些因素导致表面层的扰动，如从顶部重新注入液氢，则会出现"热溢"现象。

解决"层化"和"热溢"问题的办法之一是在储罐内部垂直安装一导热良好的板材，以尽快消除储罐上、下部的温差；另一方案为将热量导出罐体，使液体处于过冷或饱和状态，如磁力冷冻装置。

(2) 固定式储罐　一般液氢生产厂的储罐容积为 11500kg，单罐最大可达 900000kg。德国于 1991 年在纽伦堡建立的液氢储存厂，液氢储存量为 3000L，储存的液氢主要用于向 BMW 汽车提供燃料。图 3-49 所示为该液氢储存厂的结构示意图。

如图 3-49 所示，液氢储箱 (1) 中的蒸气压可通过调压阀 (3)、在接入车用储罐前进行设置。而后打开阀 (2) 和 (4)，使液氢在室温空气蒸发器 (5) 中蒸发，直至达到所需的压力。Linde 公司的液化厂储罐容积为 $270m^3$，可储氢 19000kg。

图 3-50 所示为日本 WE-NET 计划提出的一种 $50000m^3$ 液氢储罐设计图。在该设计中，储罐设计压力为 0.02MPa，设计蒸发损失速度为 0.1%/d。墙体采用真空粉末绝热，底部采用平底设计，以微球实现绝热。

(3) 车用液氢储罐　现代社会所消耗的能源有很大一部分用于交通运输业。在美国，消耗于交通运输业的能源比例为 27%，约占整个油类制品的 2/3。同时，交通工具也是主要的空气污染源，空气中 50% 的 $NO_x$、70% 的 $CO_x$（CO 与 $CO_2$）和 50% 的挥发性有机物 (VOC) 来自汽车尾气。

随着科学技术的不断进步，车用动力正在逐渐由化石燃料（如汽油、煤油）向可再生的二次能源过渡，目前已开发出电动车、燃料电池车 (FCV)、混合动力车等。因此，对车用

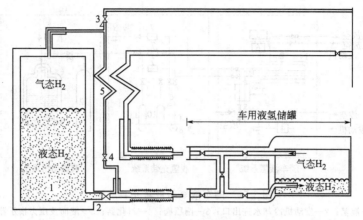

图 3-49 纽伦堡液氢储存厂结构示意图

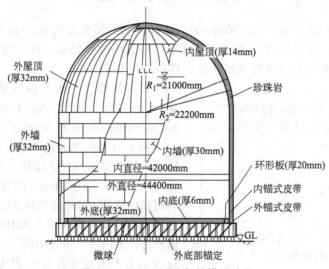

图 3-50 50000m³ 液氢储罐设计图

储氢系统的研究也方兴未艾。

图 3-51 所示为一种车用液氢容器的结构示意图。液氢储罐一般分为内外两层,内胆盛装温度为 20K 液氢,通过支承物置于外层壳体中心。支承物可由长长的玻璃纤维带制成,具有良好的绝热性能。夹层中间填充多层镀铝涤纶薄膜,减少热辐射。各层薄膜间放上填炭绝热纸,增加热阻,吸附低温下的残余气体。用真空泵抽去夹层内的空气,形成高真空便可避免气体对流漏热,液体注入管与气体排放管同轴,均采用热导率很小的材料制成,盘绕在夹层内,因此通过管道的漏热大大减小。储罐内胆一般采用铝合金、不锈钢等材料制成,承压 1~2MPa,外壳一般采用低碳钢、不锈钢等材料,也可采用铝合金材料,减轻容器重量。图 3-52 所示为随车液氢与液氢充装系统图。

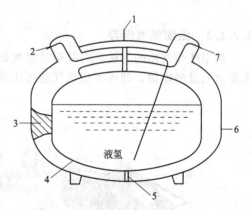

图 3-51 一种车用液氢容器的结构示意图
1—引往发动机的出氢口;2—充装液氢用的插口接管;3—真空多层绝缘;4—铝合金内壳;
5—用强化环氧树脂做成的内壳支撑;
6—铝合金外壳;7—排放氢气用的接管口

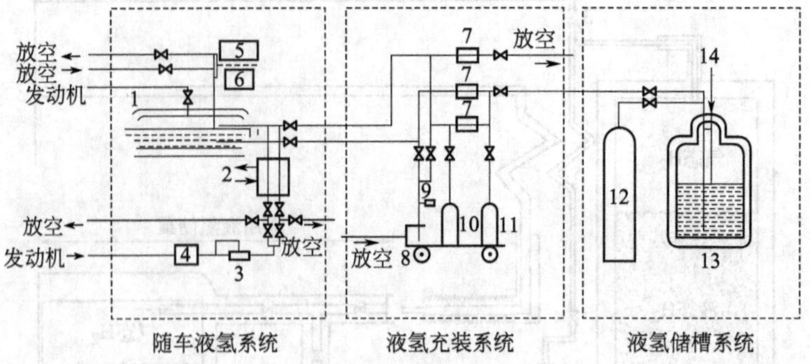

图 3-52 随车液氢与液氢充装系统

1—液氢；2—发动机冷却水进出口；3—调压阀；4—汽化器；5—液面及压力指示器；
6—蓄电池；7—流量计；8—真空泵；9—真空计；10—氮气；11—氢气；
12—氮气；13—液氢贮槽；14—液面探管

LLNL（Lawrence Livermore National Laboratory）实验室的 Aceves 等研究发现，对于车用储氢容器来说，绝热压力容器（24.8MPa）比低压液氢储罐（0.5MPa）更有优势，且液氢的损失量与每天的行驶里程直接相关，具体结果见图 3-53。

目前能够生产车用液氢储罐的主要厂家均集中在欧洲，包括 Air Liquide、Linde AG、Messer-Griesheim 和 Magna Steyr。

图 3-54（a）为采用气冷设计的车用液氢储罐。罐体采用不锈钢设计，罐体自重 90kg，内部最大压力 0.6MPa，可容纳 68L 液氢。其特点主要在于利用罐内蒸发的液氢流经热交换器使空气液化，通过液化空气（−191℃）使罐体较长时间地保持低温状态，罐内液氢蒸发时间为 12 天（即充入液氢 12 天后方产生蒸发损失），损失率为 4% $d^{-1}$。图 3-54（b）为采用水冷设计的车用液氢储罐，罐内液氢蒸发时间同样为 12 天。

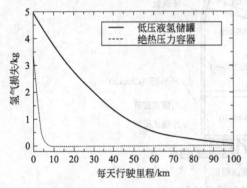

图 3-53 液氢损失量与每天行驶里程的关系曲线

### 3.2.1.2 压缩氢气储存

采用压缩气体的方法是最简单的氢气储存办法，由于现在大量使用加压电解槽，因此，无需消耗过多能量，即可实现氢气的加压储存。随着压力的升高，氢气的储存密度增大。

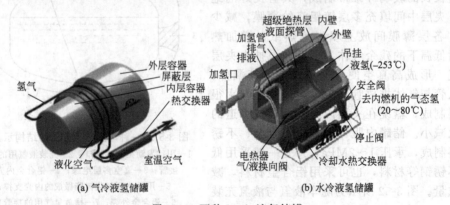

(a) 气冷液氢储罐    (b) 水冷液氢储罐

图 3-54 两种 Linde 液氢储罐

常用压缩机主要有离心式、辐射式和往复活塞式压缩机。往复式压缩机功率可达11200kW，氢气处理量890kg/h，最大压力为25MPa；辐射式压缩机的氢气处理量22000kg/h；离心式压缩机的氢气处理量6400～89000kg/h。对于多数分步压缩机来说，第一阶段仅将气体压缩至0.3～0.4MPa；若使用更高压力（如将气体压缩至25～30MPa），则第一阶段所使用的压力为25～30MPa。压缩气体可分为低压、中压和高压气体三类。

(1) 低压储氢　低压氢气常用于气象气球或袋装储存，如公共汽车顶部的储存袋，中国和印度广泛使用此类储箱储存生物气燃料。

(2) 中压储氢　中压容器开始主要用于空气和丙烷的储存，常用压力为1.7MPa，用于氢气储存的压力仅为0.41～0.86MPa。中压气体容器材质多为低碳钢或其他对氢脆不敏感的合金（高碳钢不适合用于压力储存容器）。与低压容器相比，中压容器尺寸小且重量大。

(3) 高压储氢　高压储氢的压力范围为14～40MPa，多数用于焊接或其他工业。钢筒储氢容量为5.7～8.5m³，高约1.4m，直径0.2m。高压储氢容器可分为四类，即：①全金属容器；②可承重的金属材料作衬里，外部包裹饱和树脂纤维的容器；③不可承重的金属材料作衬里，外部包裹饱和树脂纤维的容器；④不可承重的非金属材料作衬里，外部包裹饱和树脂纤维的容器。

固定储罐常用材料为奥氏体不锈钢（如AISI316、304），以降低成本。小型储罐（50L、圆柱形）常采用20MPa的压力；大一些的储罐（直径2.8m、长7.3～19m、容积1300～4500m³、圆柱形）压力为5MPa；球形储罐（如2000cm³的储罐）可采用的压力为18.5MPa。

考虑到成本问题，压缩氢气储存容器的最大储氢量一般不超过1300kg（若超出此范围，则可考虑以液氢储存或地下储氢），欧洲通常在较低压力（5MPa）条件下进行较大规模的储氢（115～400kg、100～350m³）。压缩氢气储存的适用条件是气体量小、短期储存。

目前对车用高压储罐的研究主要集中于衬里材料-金属（第3类容器）或热塑料（第4类容器）。对于金属衬里来说，主要采用无缝设计以避免氢脆可能造成的损伤；对第4类储氢容器而言，主要考察指标为氢的渗透速率。

图3-55所示为典型的第4类高压储氢容器结构示意图。对圆顶的要求是：质轻、能吸收能量、成本合理；对聚合物衬里要求质轻、耐蚀（耐氢脆）、可防止氢渗透、成本合理、韧性好；对碳纤维增强壳要求耐酸蚀、抗疲劳/蠕化/松弛、质轻；对增强型外部保护壳要求耐枪击、耐碰撞、耐磨损。

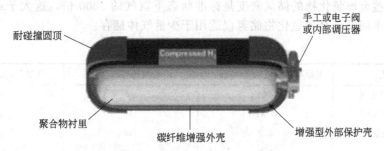

图3-55　典型的高压储氢容器结构示意图

第4类高压储氢容器的代表是美国QUANTUM公司与通用汽车（General Motor，GM）联合开发的储存压力为70MPa（10000psi）的车用压力储氢装置，具体如图3-56所示。该装置采用无缝的聚合物衬里，外面包裹着多层碳纤维/环氧树脂叠片，最外面为保护壳。该装置一次可储氢3.1kg，装配于GM的HydroGen3汽车上，行驶里程为274km（170mile）。

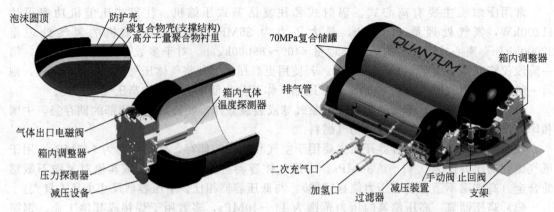

图 3-56 美国 QUANTUM 公司开发的第 4 类车用压力储氢装置

表 3-6 所示为 QUANTUM 储氢容器各项参数与 DOE 预期目标的比较。可以看出，除成本一项外，其他性能指标均已达到或超过标准，成本高主要由使用碳纤维和不锈钢所导致（占总成本的 90% 以上）。

表 3-6 QUANTUM 储氢容器各项参数与 DOE 预期目标的比较

| 参数 | 2005 年 | 2010 年 | QUANTUM |
|---|---|---|---|
| 可用能量密度/(kW·h/L) | 1.2 | 1.5 | 1.3 |
| 成本/[美元/(kW·h)] | 6 | 4 | 114 |
| 循环寿命(1/4 全循环)/次 | 500 | 1000 | 15000~45000 |
| 加氢速度/(kg $H_2$/min) | 0.5 | 1.5 | 1 |
| 可用氢损失/g | 1 | 0.1 | 0.0005 |

### 3.2.1.3 金属氢化物储氢

把氢以金属氢化物的形式储存在合金中，是近 30 年来新发展的技术。这类合金大部分属于金属间化合物，制备方法一直沿用制造普通合金的技术。这类合金处于一定温度和压力下的氢气氛中时，就可以吸收大量的氢气，生成金属氢化物；生成的金属氢化物在加热后又释放出氢气。利用这一特性储氢称为金属氢化物储氢。

金属氢化物储氢安全性好，且储存容量高。表 3-7 列出了一些金属氢化物的储氢能力。由表可见，有些金属氢化物的储氢密度是标准状态下氢气的 1000 倍，这大于或等于液氢储存。但由于成本问题，金属氢化物储氢仅适用于少量气体存储。

表 3-7 某些金属氢化物的储氢能力

| 储氢介质 | 氢原子密度/($10^{22}$个/$cm^3$) | 储氢相对密度 | 含氢量(质量分数)/% |
|---|---|---|---|
| 标准状态下的氢气 | 0.0054 | — | 100 |
| 氢气钢瓶(15MPa) | 0.81 | 150 | 100 |
| −253℃液氢 | 4.2 | 778 | 100 |
| $LaNi_5H_6$ | 6.2 | 1148 | 1.37 |
| $FeTiH_{1.95}$ | 5.7 | 1056 | 1.85 |
| $MgNiH_4$ | 5.6 | 1037 | 3.6 |
| $MgH_2$ | 6.6 | 1222 | 7.65 |

目前世界上已成功研制出多种储氢合金，它们大致可分为 4 类：稀土镧镍系、钛铁系、镁系及钛/锆系。

(1) 稀土镧镍系储氢合金　稀土镧镍系储氢合金的典型代表是 $LaNi_5$，可用通式 $AB_5$ 表示，为 $CaCu_5$ 型六方结构。此类合金活化容易，平台压力适中且平坦，吸氢/放氢平衡压差小，动力学性能优良以及抗杂质气体中毒性能较好。利用稀土镧镍系合金可以制备超纯氢。但 $LaNi_5$ 合金的抗粉化、抗氧化性能较差。经过采用部分元素取代后，可明显改善。

(2) 钛铁系储氢合金　钛铁系储氢合金的典型代表是 TiFe。TiFe 价格低廉，在室温下能可逆地吸收和释放氢，最大吸氢量可达质量分数 1.8%。TiFe 合金的缺点是容易被氧化、活化困难，易中毒且成分不均匀或偏离化学计量时储氢容量将明显降低。通过采用稀土金属部分替代 Fe 或 Ti，改变传统的冶炼方法和进行表面改性，可改善 TiFe 的储氢性能。

(3) 镁系储氢合金　镁是地壳中含量为第 6 位的金属元素，资源丰富，价格低廉，密度低（$1.74g/cm^3$），储氢容量大（$MgH_2$ 含氢量高达质量分数 7.6%）。镁基储氢合金的代表是 $Mg_2Ni$，储氢量为 3.6%。镁基储氢合金的缺点是放氢需要在相对高的温度下进行，一般为 250～300℃，且放氢动力学性能较差，因此难以在储氢领域得到应用。如何改善镁基储氢合金的性能是研究热点。

(4) 钛/锆系储氢合金　钛/锆系储氢合金是 $ZrMn_2$ 为代表的 $AB_2$ 型 Laves 相储氢合金，它具有储氢容量高（理论容量为 482mA·h/g）、循环寿命长等优点，是目前新型高容量储氢电极合金的研发热点。

$AB_2$ 型 Laves 相储氢合金有锆基和钛基两大类。锆基合金主要有锆-钒系、锆-铬系和锆-锰系，其中 $ZrMn_2$ 是一种吸氢量较大的合金；钛基合金主要有 TiMn 基储氢合金和 TiCr 基储氢合金，通过其他元素替代开发出了一系列多元合金。

目前，$AB_2$ 型合金还存在初期活化困难、高倍率放电性能较差以及合金的原材料价格相对偏高等问题。但由于 $AB_2$ 型合金具有储氢量高和循环寿命长等优势，目前被看做是 Ni/MH 电池的下一代高容量负极材料。

### 3.2.1.4　配位氢化物储氢

碱金属及碱土金属同ⅢA 族元素可与氢形成配位氢化物。如表 3-8 所示，碱金属或碱土金属配位氢化物含有丰富的轻金属元素和极高的储氢容量，因而可作为优良的储氢介质。

表 3-8　碱金属与碱土金属配位氢化物及其储氢容量

| 配位氢化物 | 储氢容量(质量分数，理论值)/% | 配位氢化物 | 储氢容量(质量分数，理论值)/% |
| --- | --- | --- | --- |
| LiH | 13 | $Mg(BH_4)_2$ | 14.9 |
| $KAlH_4$ | 5.8 | $Ca(AlH_4)_2$ | 7.9 |
| $LiAlH_4$ | 10.6 | $NaAlH_4$ | 7.5 |
| $LiBH_4$ | 18.5 | $NaBH_4$ | 10.6 |
| $Al(BH_4)_3$ | 16.9 | $Ti(BH_4)_3$ | 13.1 |
| $LiAlH_2(BH_4)_2$ | 15.3 | $Zr(BH_4)_3$ | 8.9 |
| $Mg(AlH_4)_2$ | 9.3 | | |

碱金属/碱土金属配位化合物的通式为 $A(MH_4)_n$，其中 A 为碱金属（Li、Na、K 等）或碱土金属（Mg、Ca 等），M 为ⅢA 族的 B 或 Al，n 为金属 A 的化合价（1 或 2）。

配位氢化物储氢的机理可分为四类，分别是热解、水解、金属-氢化物电池和硼氢化物纳米管。

配位氢化物吸放氢反应与储氢合金相比，主要差别是配位氢化物在普通条件下没有可逆的氢化反应，因而在"可逆"储氢方面的应用受到限制。配位氢化物应用的未来发展方向为开发相关的催化剂、降低成本和实现过程的可逆循环。

### 3.2.1.5　物理吸附储氢

活性炭和碳纳米材料的吸附储氢已经开展研究。活性炭只是在低温下才有好的吸附特性,碳纳米材料储氢的研究较为广泛。

碳纳米材料,如碳纳米管、纳米碳纤维等是有希望的储氢材料。碳纳米管是一种具有很大表面积的碳材料,其上含有许多尺寸均一的微孔。当氢到达到材料表面时,一方面被吸附在材料表面上;另一方面在微孔毛细管力的作用下,氢被压缩到微孔中,因此能储存相当多的氢。碳纳米管由于其管道结构及多壁碳管之间的类石墨层空隙,使其成为最有潜力的储氢材料,成为当前研究的热点。表 3-9 中列出了一些实验结果。

表 3-9　碳纳米材料吸附储氢实验结果

| 吸附剂 | 吸附量(质量分数)/% | 温度/K | 压力/MPa | 参考文献 |
| --- | --- | --- | --- | --- |
| 单壁纳米管 SWNT | 11 | 80 | 10 | [117] |
| 单壁纳米管 SWNT | 5~10 | 300 | 0.04 | [118] |
| 单壁纳米管 SWNT | 8 | 80 | 8 | [119] |
| 多壁纳米管 SWNT | 5 | 300 | 10 | [120] |
| 多壁纳米管 SWNT | 0.25 | 300 | 0.1 | [121] |
| Li 掺杂多壁纳米管 | 20 | 200~400 | 0.1 | [122] |
| K 掺杂多壁纳米管 | 1.8 | 300 | 0.1 | [122] |
| 石墨纳米纤维 | 65 | 300 | 12 | [123] |
| 石墨纳米纤维 | 6.5 | 300 | 12 | [124] |
| 石墨纳米纤维 | 1.5 | 300 | 12 | [125] |

这些实验结果看起来相当不一致,其中存在选用材料、实验过程引起的误差。可以看出,在纳米结构炭材料的储氢研究领域存在着许多争议和很大的分歧。这些争议和分歧的产生,主要是由于测试方法的准确性、各种纳米结构炭材料的纯度和结构差异以及在储氢测试前对样品进行不同预处理等原因造成的。纳米结构炭材料的储氢研究尚处于初级阶段。

#### 3.2.1.6　有机物储氢

有机液体氢化物储氢是借助不饱和液体有机物与氢的一对可逆反应(即加氢反应和脱氢反应)实现的,加氢反应实现氢的储存(化学键合),脱氢反应实现氢的释放;不饱和有机液体化合物做储氢剂可循环使用。图 3-57 是有机物储氢技术的示意图。

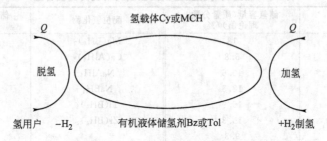

图 3-57　有机液体氢化物储氢示意图
Cy 为环己烷;MCH 为甲基环己烷;Bz 为苯;Tol 为甲苯

利用可循环液体化学氢载体储氢与传统的储氢技术(如深冷液化、金属氢化物、高压压缩)相比,具有以下优点:①储氢量大,苯和甲苯的理论储氢量分别为 7.19% 和 6.18%,而传统的金属氢化物储氢量是 1.5%~3.0%、高压压缩(普通钢瓶在 20MPa 下仅能储氢 1.6% 左右)的储氢量大得多;②储氢剂和氢载体的性质与汽油相似,储存、运输、维护保养安全方便,特别是储存设施比传统储氢技术简便;③可多次循环使用,寿命长达 20 年;④加氢反应放出大量的热,可供利用。

烯烃、炔烃、芳烃等不饱和有机液体均可做储氢材料,但从储氢过程的能耗、储氢量、储氢剂、物性等方面考虑,以芳烃特别是单环芳烃做储氢剂为佳。表 3-10 列出了几种可能的有机储氢体系。可见萘的理论储氢量和储氢密度均稍高于甲苯和苯,但在常温下呈固态,并且反应的可逆性较差;乙苯、辛烯的储氢量不及苯和甲苯,反应也并非完全可逆;只有苯和甲苯是比较理想的储氢材料。

表 3-10 几种有机储氢体系

| 可逆反应 | 储氢密度/(g/L) | 理论储氢量(质量分数)/% | 反应热/(kJ/mol) |
| --- | --- | --- | --- |
| $C_6H_6 + 3H_2 \rightleftharpoons C_6H_{12}$ | 56 | 7.19 | 206 |
| $C_7H_8 + 3H_2 \rightleftharpoons C_7H_{14}$ | 47.4 | 6.18 | 204.8 |
| $C_8H_{10} + 3H_2 \rightleftharpoons C_8H_{16}$ | 46.4 | 5.35 | 201.5 |
| $C_8H_{16} + H_2 \rightleftharpoons C_8H_{18}$ | 12.4 | 1.76 | 125.5 |
| $C_{10}H_8 + 5H_2 \rightleftharpoons C_{10}H_{18}$ | 65.3 | 7.29 | 319.9 |

有机物可逆储放氢技术适用于大规模、季节性氢能储存或作汽车燃料,目前存在的主要问题是有机物氢载体的脱氢温度偏高,实际释氢效率偏低。开发低温高效的有机物氢载体脱氢催化剂、采用膜催化脱氢技术对提高过程效能有重要意义。

### 3.2.1.7 地下储存

地下储氢(以压缩氢气的形式)被认为是一种长期大量储氢($10^6 \text{m}^3$ 以上)的主要方法。德国 Kiel 市于 1971 年开始使用地下岩洞储存城市气(氢含量 60%~65%);法国国家气体公司在法国 Beynes 附近地区采用含水层的地下结构储存富氢精炼产物气;Imperial Chemical Industries 公司在英国 Teeside 地区使用盐矿洞储存氢气;甚至连扩散能力更强的氦在美国也实现了地下储存。

多孔、水饱和的岩石是理想的防止氢气扩散的介质。地下储氢最大的问题是所储存的氢气不能完全释放出来,会有很大一部分(最高可达 50%)滞留在岩洞内而造成损失。

从经济方面考虑,地下储氢是实现大规模、长时间氢气储存最有效的方法,成本主要取决于是否存在天然洞穴及洞穴的岩石结构是否合理。此外还可利用废弃的天然气井、盐矿井和岩石开采后留下的矿洞。

### 3.2.1.8 各种储氢技术的比较

将上述 7 种储氢技术中的压力容器储存、液氢储罐、金属氢化物储氢和碳材料储氢做优缺点的比较,列于表 3-11 中。

表 3-11 几种储氢技术的比较

| 储氢技术 | 优点 | 不足 |
| --- | --- | --- |
| 压力容器储存 | 200atm 以下技术完全成熟;使用广泛;成本低 | 200atm 时储氢量少;高压(700atm)下能量密度可与液氢媲美,但低于汽油和煤油;高压储存技术仍在发展中 |
| 液氢储罐 | 技术完全成熟;储氢密度大 | 需要极好的绝热容器以维持低温;成本高;有蒸发损失;生产过程耗能较高;能量密度低于液体化石燃料 |
| 金属氢化物储氢 | 某些技术已得到应用;固态储存;无外形限制;热效应可加以利用;安全性高 | 重量大;性能随时间退化;目前阶段价格昂贵;加氢时需冷却循环过程 |
| 碳材料储氢 | 可以有很高的储存密度;质轻;价廉 | 处于研发阶段;未充分证明其可行性 |

## 3.2.2 氢的输运

氢的输运包括压缩氢气的输运和液态氢气的输运。

#### 3.2.2.1 压缩氢气的输运

压缩氢气可采用高压气瓶、拖车或管道输送,气瓶和管道的材质可直接使用钢材。气瓶的最大压力可达 40MPa、容量 1.8kg,但不便于运输。

采用拖车运输压缩氢气的最大运输量(标准状况)为 6000m$^3$,并且较低的能量效率限制了运输距离(不超过 200km)。

全球用于输送氢气(工业用)的管道总长度已超过 1000km,主要位于北美和欧洲(法国、德国、比利时)。操作压力一般为 1~3MPa,输氢量 310~8900kg/h。德国拥有 210km 输氢管道,直径 0.25m,操作压力 2MPa,输氢量 8900kg/h;Air Liquide 公司拥有世界上最长的(400km)、从法国北部延伸到比利时的输氢管道;美国的输氢管道总长度达到了 720km。现有天然气管道可以被改装成输氢管道,但需要采取措施预防氢脆所带来的腐蚀问题。

与天然气管道输送相比,氢气的管道输送成本要高出 50%,主要原因是压缩含能量相同的氢气所需要的能量是天然气的 3.5 倍。经过压力电解槽或天然气重整中的 PSA 工序,可获得压力为 2~3MPa 的氢气,最多可使压缩过程的成本降低 5 倍。

#### 3.2.2.2 液态氢气的输运

运输液态氢气最大的优点是能量密度高(1 辆拖车运载的液氢相当于 20 辆拖车运输的压缩氢气),适合于远距离运输(在不适合铺设管道的情况下)。若氢气产量达到 450kg/h、储存时间为 1 天、运输距离超过 160km,则采用液氢的方式运输成本最低,金属氢化物运输方式也很有竞争力。但运输距离若达到 1600km,液氢运输的成本可比金属氢化物低 4 倍,比压缩氢气低 7 倍。

液氢可使用拖车(360~4300kg)或火车运输(2300~9100kg),蒸发速度为(0.3%~0.6%)/d。目前欧洲使用低温容器或拖车运输的液氢(标准状况)体积为 41m$^3$ 或 53m$^3$,温度 20K(−253℃)。更大体积的容器(标准状况 300~600m$^3$)仅用于太空计划。欧洲(EQHHPP 计划)和日本(WE-NET 计划)正在设计容积(标准状况)为 3600m$^3$、24000m$^3$、50000m$^3$ 和 100000m$^3$ 的大型液氢海洋运输容器,液氢蒸发时间设计值需达到 30~60 天(即充入液氢 30~60 天后方产生蒸发损失)。

未来的液氢输送方式还可能包括管道运输,尽管这需要管道具有良好的绝热性能。此外,未来的液氢输送管道还可以包含超导电线,液氢(20K)可以起到冷冻剂的作用,这样在输送液氢的同时,还可以无损耗地传输电力。

## 3.3 氢的应用

目前氢气的主要用途是在石化、冶金等工业中作为重要原料和物料,此外 Ni-MH 电池在手机、笔记本电脑、电动车方面也获得了广泛的应用,详细内容见第 5 章。本节主要介绍与未来"氢经济"密切相关的几项技术。

对于未来的"氢经济"而言,氢的应用技术主要包括:燃料电池、燃气轮机(蒸汽轮机)发电、内燃机和火箭发动机。普遍认为,燃料电池是未来人类社会最主要的发电及动力设备,本书将在第 5 章加以讨论。本节主要介绍其他几种应用技术。

### 3.3.1 氢在燃气轮机发电系统中的应用

#### 3.3.1.1 燃气轮机的技术现状

燃气轮机是一种外燃机。图 3-58 就是最简单的燃气轮机装置的示意图。它包括三个主要部件：压气机、燃烧室和燃气轮机。根据 Brayton 循环原理，空气进入压气机，被压缩升压后进入燃烧室，喷入燃料即进行恒压燃烧，燃烧所形成的高温燃气与燃烧室中的剩余空气混合后进入燃气轮机的喷管，膨胀加速而冲击叶轮对外做功。做功后的废气排入大气。燃气轮机所做的功一部分用于带动压气机，其余部分（称为净功）对外输出，用于带动发电机或其他负载。目前常用的燃气轮机功率为 50kW～240MW，常用燃料为天然气。

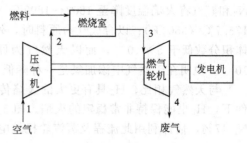

图 3-58 燃气轮机装置示意图

与内燃机和汽轮机相比，燃气轮机具有以下优点：

① 重量轻、体积小、投资省。燃气轮机的重量及所占的容积一般只有汽轮机装置或内燃机的几分之一或几十分之一，因此它消耗材料少，投资费用低，建设周期短。

② 起动快、操作方便。从冷态启动到满载只需几十秒或几十分钟，而汽轮机装置或大功率内燃机则需几分钟到几小时；同时由于燃气轮机结构简单、辅助设备少，运行时操作方便，能够实现遥控，自动化程度可以超过汽轮机或内燃机。

③ 水、电、润滑油消耗少，只需少量的冷却水或不用水，因此可以在缺水地区运行；辅助设备用电少，润滑油消耗少，通常只占燃料费的 1% 左右，而汽轮机或内燃机要占 6% 左右。

燃气轮机由于具有上述优点，因此应用范围越来越广，目前在以下几个领域已大量采用燃气轮机。

① 航空领域  由于燃气轮机小而轻，启动快，功率大，因此在航空领域中已占绝对优势，涡轮喷气发动机、涡轮螺旋桨发动机、涡轮风扇发动机都是以燃气轮机作主机或启动辅机。

② 舰船领域  目前燃气轮机已在高速水面舰艇、水翼艇、气垫船等中占压倒优势，在巡航机、特种舰船中得到了批量采用，海上钻采石油平台也广泛采用燃气轮机。

③ 陆上领域  在发电方面，燃气轮机主要用于尖峰负荷应急发电站和移动式电站，在机车、油田动力和坦克等方面也得到广泛应用。

为了进一步提高燃气轮机的热效率，必须寻求耐高温的材料，改进冷却技术，以提高燃气的初温；同时提高压比，充分地利用燃气轮机的余热，如研制新型的回热器，采用燃气-蒸汽联合循环，使燃气轮机既供电又供热等。目前陆用燃气轮机的初温已超过 1400℃，单机功率已达 250MW，循环效率达 37%～42%。现在蒸汽-燃气联合循环的效率已达 55%。如果能采用廉价的燃料，燃气轮机将成为将热能转换成机械能的主角。

随着燃气轮机的广泛应用，关于燃气轮机排放气体的污染问题引发注意。对燃气轮机的 $NO_x$、CO 的排放量做出规定，同时改进操作条件，目前，绝大多数以天然气为原料的燃气轮机外排气体中 $NO_x$ 体积分数均超过 $25\times10^{-6}$。

### 3.3.1.2 氢在燃气轮机发电系统中的应用

出于降低 $NO_x$ 排放量的目的，目前氢主要是以富氢燃气（富氢天然气或合成气）的形式应用于燃气轮机发电系统，关于纯氢作为燃料气的报道很少。很多机构研究了富氢天然气用作燃气轮机燃料气的可行性，认为富氢天然气可以很好地保证火焰稳定性，氢含量（体积含量）为 10%～20% 时，可改善排放性能。

实验使用 Siemens V94.2 燃气轮机，燃料气中 $H_2$ 含量 30%、CO 含量 60%；通过充入

$N_2$ 和蒸汽将火焰温度降至 1802～1899℃（3275～3450 ℉），比天然气最低稳定火焰温度低 176.7℃（350 ℉）；以合成气为原料时，外排气体中 $NO_x$ 体积分数为 $(6～30)×10^{-6}$，CO 体积分数低于 $5×10^{-6}$，而以天然气为原料时，外排气体中 $NO_x$ 体积分数最低为 $150×10^{-6}$。说明在天然气中添加氢是一种降低 CO 排放量的好办法。

与天然气相比，$H_2$ 具有更大的火焰传播速度和更宽的燃烧范围，即使在非常稀薄的条件下，$H_2$ 也能保持非常稳定的火焰。图 3-59 中所示富氢燃气成分（体积分数）为 $H_2$ 53%、$N_2$ 47%，估计利用此流程及蒸汽轮机发电的效率可达 40%～50%。

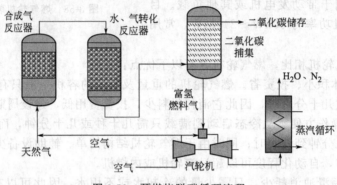

图 3-59　预燃烧脱碳循环流程

## 3.3.2　氢在内燃机中的应用

### 3.3.2.1　内燃机存在的问题

内燃机包括汽油机和柴油机，是应用最广泛的热机。大多数内燃机是往复式，有汽缸和活塞。内燃机只能将燃料热能中的 25%～45%转换成机械能，其余部分大多被排气或冷却介质带走。因此如何利用内燃机排气中的能量就成了提高内燃机动力性和经济性中的主要问题。现在，国外 60%以上车用柴油机都采用涡轮增压技术，车用汽油机采用增压技术也日益增多。由于废气涡轮增压能回收 25%～40%的排气能量，所以采用增压技术不但能提高发动机的功率，而且还能降低油耗和改善内燃机的排放性能。

目前，汽车的能源消费占世界能源总消费的 1/4，我国每年 1/3 的石油用于汽车能源总消费。以石油为原料的燃料汽油及柴油，在燃烧时带来 CO、$NO_x$ 等有害废气及 $CO_2$ 温室效应，会严重地危害人类生存环境。

世界上各大汽车公司都在不断进行针对性研究，主要集中于两大类：一类是从结构上改进发动机，提高发动机效率。目前发动机效率仅为 38%左右，应用电喷、三元催化等技术可提高其效率、节省燃料、改善废气排放。另一类研究是改变发动机所用燃料，如使用液化石油气（LPG）、天然气（CNG）、二甲醚（DME）以及氢燃料等。其中使用氢（或氢与其他燃料混合）作为发动机燃料的技术近期发展很快，受到专业人员的普遍重视。这是因为氢在地球上取之不尽，能从多种植物、矿物、有机液体及水中提取氢，氢的热值比较高，可以再生，而且氢燃烧后的大部分生成物是水蒸气，产生的有害废气很少，属于"绿色"燃料。

### 3.3.2.2　氢作为汽车燃料的优势

氢与汽油、柴油等燃料相比，具有以下特点：

① 密度小，扩散系数大（氢为 $6100m^2/s$、汽油为 $500m^2/s$），混合气易均匀一致，燃烧速度快（氢最大可达 $3.1m/s$、汽油仅为 $1.2m/s$），这有利于氢和空气的快速混合和燃烧。

氢燃料发动机应比汽油机的热效率高。若预混式氢发动机的理论压缩比为 14 时,氢发动机的热效率可比汽油机提高 13.5%。但是,如果氢和空气按化学当量比混合时,由于燃烧温度高,发动机热负荷高,而且排气中 $NO_x$ 排量将迅速增加。

② 与汽油机（$A/F=14.7/1$,质量比）相比,氢内燃机的空燃比大（$A/F=34/1$）。

③ 气态条件下,氢气作为燃料时需要的空间更大,在理论混合比下进入汽缸时,氢气约占汽缸体积的 30%（汽油仅占 1%~2%）,而且所含的能量也少,故而会导致效率下降（与汽油机相比降低 15%）。

④ 最大火焰速度下的最高火焰温度高达 2110℃,也比一般烃类物质的相应值高。质量低热值为 120.17MJ/kg,是一般烃类物质的 3 倍左右,是汽油的 2.73 倍,柴油的 2.81 倍。

⑤ 释放单位热量所需的燃料体积极大,如 0.1MPa、20℃的氢气需 3130L,20MPa、20℃的氢气需 15.6L,即使是液态氢也需 3.6L,而汽油只需 1L。

⑥ 氢燃烧后分子变更系数不是增大,而是缩小,即燃烧后混合气的分子数减少。这是汽油机改烧氢气后功率下降的原因之一。

⑦ 氢与空气燃烧的范围最宽,为 4.2%~74.2%,故氢在汽缸内的燃烧浓限和稀限两侧都较汽油的相应值宽,它可以在过量空气系数 0.15~9.6 范围内正常燃烧。

⑧ 氢的着火温度为 585℃,在常用燃料中仅次于甲烷（632℃）,比优质汽油高 35℃。不能采用压燃点燃,只能采用外点火,相对汽油-空气混合气而言,氢-空气混合气更适合采用火花点火方式。但由于氢的着火温度高,蒸发潜热大,当发动机采用液氢直接喷射时启动性很差。

⑨ 最小点火能量低,仅为 15.1J,比一般烃类小一个数量级以上。这种性质,一方面有利于发动机在部分负荷下工作,但另一方面热气体或汽缸壁上的"热点"（hot spot）却容易引起早燃、回火或敲缸。

⑩ 氢空气混合气燃烧产物中唯一的有害成分是氮氧化物 $NO_x$,无其他有害排放物。

⑪ 在内燃机的燃烧中,氢的滞燃期最短（点火时）,其点火提前角可用到最小。如果浓度合适,甚至可以在上止点点火。由于其燃烧速度快。其放热速度、压力升高速度和压力升高加速度都是常用燃料中最快的,因而其燃烧等容度最好,过后燃烧量最少,排气温度较低。

⑫ 氢气火焰的熄灭距离与汽油相比更短,故氢气火焰熄灭前距离缸壁更近,因而与汽油相比,氢气火焰更难于熄灭。此外,更短的熄灭距离也使得回火的趋势增强。

⑬ 氢气的自燃温度高（自燃温度是压缩比大小的决定因素）,因此氢气发动机可使用更大的压缩比。

图 3-60 所示为早期的 DFVLR-BMW 745i 液氢汽车结构示意图,采用液氢为燃料的 BMW 750hL 汽车在加氢 140L 后,可行驶 400km。该车动力系统采用 12 缸、5.4L 氢气内

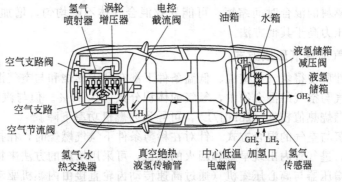

图 3-60　DFVLR-BMW 745i 液氢汽车

燃机作为发动机,与燃料电池动力车相比,该系统具有更强的加速和推进性能。

#### 3.3.2.3 供氢系统

车用氢燃料供给系统可分为三类:汽化喷射、进气管喷射和直接喷射。汽化喷射及进气管喷射在进气冲程形成燃料-空气的混合物。

(1) 汽化喷射 这是最简单的燃料供给方法,通过化油器经空气进气管喷入燃料。它的优点是:①不需要高压条件;②目前汽油机上很常用,便于改装。缺点是易发生非常规燃烧,如早燃和回火。

(2) 进气管喷射 进气管喷射是通过进气孔将燃料喷入进气歧管内,通常在进气冲程开始阶段将氢气喷入进气歧管中。在进气管喷射时,空气在进气冲程开始阶段单独喷入,可以稀释热残余气体并冷却"热点",故可防止早燃。进气管喷射需要一定的压力,但低于直接喷射系统。该技术已在早期的 DFVLR-BMW 745i 液氢汽车上得到了应用。

定容喷射 (constant volume injection, CVI) 系统和电子燃料喷射 (electronic fuel injection, EFI) 系统是典型的进气管喷射供氢系统。CVI 系统使用一偏心轮装置实现对每个汽缸喷射氢气过程的精确控时;EFI 系统使用电磁阀实现对每个汽缸充气过程的控制,如图 3-61 和图 3-62 所示。二者的不同在于前者采用恒定的喷射时间和变化的燃料杆压力,后者则采用变化的喷射时间和恒定的燃料杆压力。

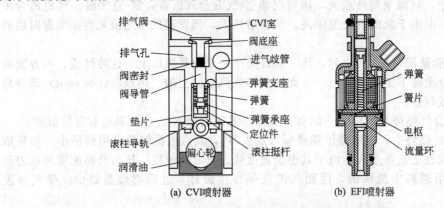

图 3-61 定容喷射器和电子燃料喷射器结构简图

(3) 直接喷射 直接喷射在技术上更为复杂,在压缩冲程中直接将氢气喷入汽缸,在进气阀关闭后燃烧室内形成燃料-空气混合物。应用此技术,在进气冲程可完全防止早燃,进而可防止进气歧管内发生回火。使用直接喷入技术可使氢内燃机输出功率较汽油机高 20%,较使用化油器的氢内燃机高 42%。

尽管直接喷射技术解决了进气管内的早燃问题,但还不能防止燃烧室内的早燃发生。此外,由于空气与燃料的混合时间缩短,可能导致混合气体不够均匀,增加 $NO_x$ 排放量。直接喷射系统所需压力高于其他方法。

#### 3.3.2.4 氢-空气混合气形成方式

特殊的物理性质使得氢气在室温、低温条件下都有利于燃烧和与空气混合。与传统燃料不同,室温下氢气与空气的混合物中,氢气的体积分数可达 30%。但与汽油 (3900J/L) 相比,氢气的体积燃烧热值较低 (2890J/L),可导致内燃机功率下降。

(1) 室温下氢与空气的混合方式 针对在稀薄条件下氢气燃烧时,在排气管内不加安装催化剂的情况下,进气管内出现早燃和回火的现象,可采用增压的方法来提高发动机的输出功率。采用涡轮增压器与离心压缩机(通过高速传动齿轮直接由内燃机驱动)桥接,可以通

图 3-62　CVI 和 EFI 孔喷射系统

过缩小涡轮箱体排气口的办法消除涡轮增压器的缺点。但要注意，这会导致排气不畅，热的残余气体可引起早燃，并且减慢换气速度。具体处理方式如下。

① 外部混合　针对混合气体发生早燃的现象（例如，混合气体直接与热残余气体接触、燃烧室内的"热点"区域，氢气-空气混合物在平衡浓度达到 0.7 以上），采取合适的冷却措施，包括将汽缸冷却水循环管延伸到燃烧室的排气侧，采用填充 K 或 Li 的排气阀或直接将水随空气喷入燃烧室。这样在匀速状态下，氢燃料发动机可达到汽油机功率的 70%。还可利用废气的再循环来抑制早燃的发生。要注意温度上升和氧分压下降会造成额外的功率和扭矩损失的风险。

② 集中混合　集中混合可达到很高的均匀度，但要注意出现回火现象。

③ 非集中混合　在预充燃料的情况下，进气管中很难提供足够的空间用于充气，此时可采用调谐进气管或冲压管增压，如图 3-63 所示。图中每个汽缸都有独立的、联接于中央气体分布器的短进气管。使用氢气作为燃料时，进气管的设计更为严格，好处是提高低速（2000r/min）下扭矩更为容易。

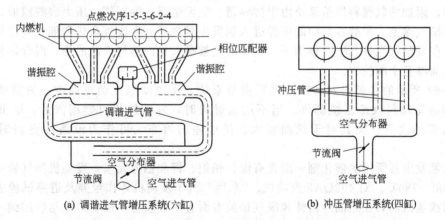

图 3-63　调谐进气管和冲压管增压系统结构示意图

④ 顺序单缸喷射　对于外部混合方式，顺序单缸充气是保证功率与扭矩连续性的最好方法。仅打开一个进气阀进行顺序单缸喷射时，氢气在气缸入口处与空气直接混合，可最大限度地防止进气管内发生气体混合；保持充气过程中空气的质量流速与氢气的质量流速一致，保障混合物成分的稳定。

⑤ 室温下内部混合注意事项　内部混合可有足够的时间用于喷射和混合，无需提高喷射压力（1.0～1.5MPa），但可能引起早燃；不发生早燃的条件是延迟喷射开始时间（上死点前5°）；对于高速旋转（5000r/min）的发动机来说，在最佳功率点处进行喷射、混合、点燃和燃烧的整个过程仅有5ms；若使用体积更大的气体燃料（相对于液体燃料），则喷射过程须在2～3ms内完成，这需要15～20MPa的喷射压力，此时需要使用供应液氢的高压泵才能达到。

(2) 低温下氢与空气的混合方式　同样有外部混合和内部混合。

① 外部混合　由于低温氢气的冷却作用，氢内燃机的功率输出可与汽油机相媲美。低温外部混合方式、单路或双路喷射技术的应用还需改进机械增压设备，如调谐进气管增压或冲压管增压等。

② 内部混合　低温下内部混合与室温情况类似，应延迟喷射开始时间（上死点前5°）。在压缩冲程开始阶段不适合进行低温气体的内部混合，原因是易出现早燃及部分负载时扭矩下降的问题。

#### 3.3.2.5　氢气作为添加燃料的应用

(1) 汽/柴油掺氢　目前，氢燃料发动机应用较多的是将氢与汽化的汽油或柴油混合后再燃用，氢在混合燃料中占30%～85%。图3-64是一种氢燃料发动机的燃料供给系统简图。

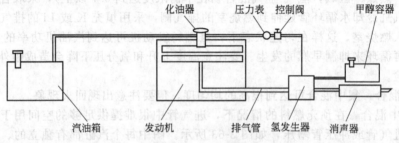

图 3-64　一种氢燃料发动机的燃料供给系统

图3-64中，汽油箱中的汽油通过化油器向发动机提供，在不使用氢燃料时与传统燃料系统相同。附加的氢燃料供给系统由甲醇容器、氢发生器、控制阀、压力表等组成，氢发生器串接在排气管上。甲醇容器中的甲醇进入氢发生器之后，在废气余热和催化剂作用下裂解生成氢。在发动机汽缸真空度作用下，生成的氢被吸入化油器与汽油混合，混合燃料的浓度可通过化油器各个阀控制。

图3-64所示的氢燃料发动机的燃料供给系统，不改动原发动机构造，只需要作很少调整和加装氢燃料供给系统部件。当不用氢燃料时，发动机仍可燃用汽油，因此适合于对在用汽车的改造，尤其对于耗油量大、排放差的汽车，可作为没条件更新时的过渡措施。

国内氢发生器所用的催化剂一般含有镍、铂钯、钾和铝等元素，发动机排气管中的废气余热为300～780℃。对492QA2汽油机、"东风"汽车发动机等作台架及道路试验表明，发动机使用掺氢汽油后在燃油经济性和废气排放方面有明显改善，而动力性与燃用纯汽油时基本相同。表3-12是部分汽油发动机使用不同燃料时的怠速排放对比。

表 3-12　部分汽油发动机用不同燃料时的怠速排放

| 排放成分 | 发动机燃料 | | | | GB 14761.5—93 规定值 |
| --- | --- | --- | --- | --- | --- |
| | 天然气 | 汽油添加氢 | 石油液化气 | 汽油 | |
| CH | $5.00\times10^{-4}$ | $2.09\times10^{-4}$ | $3.35\times10^{-4}$ | $4.95\times10^{-4}$ | $\leqslant 9.00\times10^{-4}$ |
| CO/% | 0.5 | 0.03 | 0.675 | 3 | $\leqslant 4.5$ |
| $NO_x$ | — | $2.80\times10^{-5}$ | — | $6.60\times10^{-5}$ | |

(2) 天然气掺氢　天然气的主要成分是甲烷,其含量为 85%~99%。天然气汽车的非甲烷碳氢排放物比汽油车低 90%;CO 的排放水平约为汽油车的 20%~80%;$NO_x$ 则视不同类型有不同,最低时天然气汽车的仅为汽油车的 40%,但大多数情况下二者相同;甲烷排放物则高出 9 倍。天然气作为发动机燃料,具有低排放、低价格、储量丰富和无需加工等优点,应用时分为液化天然气(LNG)和压缩天然气(CNG)。我国一些地区已有改装的 CNG 汽车在运行,许多城市的公交汽车逐步地改为天然气汽车。

① 污染物减少　采用富氢天然气作为内燃机燃料可以大大降低 CH、CO 及 $NO_x$ 等的排放量,如表 3-13 所示。

表 3-13　掺氢、不掺氢天然气燃烧后的排放量

| 排放标准/现有排量 | CH | CO | $NO_x$ |
| --- | --- | --- | --- |
| 目前美国轻卡 | 0.5 | 6.0 | 0.7 |
| 美国加州标准 | 0.07 | 2.0 | 0.2 |
| 掺氢天然气卡车 | 0.005 | 0.4 | 0.1 |

② 增强内燃机的燃烧性能　天然气掺入氢气后,其燃烧稀限有所降低(掺氢量 20%时由 0.61 降到 0.54),同时氢气具有很高的火焰传播速度,可延迟点火时间从而降低火焰温度;富氢天然气还可以增强内燃机的燃烧性能,氢的加入可以降低天然气的平衡比[掺氢量 60%(体积分数)时由 0.58 降到 0.34]。

③ 天然气掺氢的条件　氢气加入量(体积分数)一般为 20%~30%,高于此体积比时易发生"敲缸",降低输出功率并提高成本;低于此比例则不能充分发挥掺入氢气的作用。目前已有注册商标为 Hythane(Hydrogen Consultants 公司)的富氢天然气燃料,气体组成为:15%~20%氢气+80%~85%天然气,价格与纯天然气相比约增加 15%。

## 3.3.3　氢在发动机上的应用

早在第二次世界大战期间,氢已用作 A-2 火箭发动机的液体推进剂。1960 年液氢首次用作航天动力燃料,1970 年美国发射的"阿波罗"登月飞船使用的起飞火箭也是用液氢作燃料。对现代航天飞机而言,减轻燃料自重,增加有效载荷变得更为重要。氢的能量密度很高,是普通汽油的 3 倍,这意味着燃料的自重可减轻 2/3,这对航天飞机是极为有利的。

今天的航天飞机以氢作为发动机的推进剂,以纯氧作为氧化剂,液氢就装在外部推进剂桶内,每次发射需用 1450 $m^3$,重约 100t。与煤油相比,用液氢作航空燃料,能较大地改善飞机的全部性能参数。以液氢为燃料的超音速飞机,起飞重量只有煤油的一半,而每千克液氢的有效载荷能量消耗率只有煤油的 70%。

美国洛克希德公司对航空煤油和液氢作了亚音和超音运输机的燃烧对比试验,证明液氢具有许多优越性。多家航空公司对民航喷气发动机设计方案进行了研究,得出结论:在相同的有效载荷和航程下,液氢燃料要轻得多。飞机总重量的减轻,跑道就可以缩短,从而节省了总的燃油消耗量。

在同样的动力条件下,液氢飞机的燃料箱体积比煤油大三倍。正因如此,为克服这一不利

因素,液氢飞机必须向高超音速(>6M)、远航程(10000 km 以上)、超高空(30000km)发展,才能更好地发挥液氢的优越性,以替代现在航速较低、飞行时间长、煤油消耗量多的大型客机。

美国已用液氢燃料在 B-57 轰炸机成功地进行飞行试验。利用三星巨型运输机作液氢储箱的试验。认为采用火箭中的氢氧发动机作为超音速液氢燃料飞机的主发动机是可行的。

以时速为 6400km/h(6.03M)的高超音速飞机为例,从美国纽约到日本东京只需 2h,而以前的客机需 12h 以上,液氢飞机缩短了 10h,这不仅是时间上的节约,更重要的是节省了十多个小时的煤油消耗量。

液氢燃料在航天领域也是一种难得的高能推进剂燃料。氢氧发动机的推进比冲是 391s,除有毒的液氟外,液氢比冲是最高的。目前世界上性能最先进的发动机仍是氢氧发动机。

空天飞机采用组合循环发动机,它由涡轮喷气、亚燃冲压、超燃冲压和吸气火箭四种发动机组合而成。液氢是首选燃料,在大气中吸入空气中的氧作为氧化剂,在真空中才使用机载液氧。实现单级入轨、可重复使用的空天运输系统(液氢飞机见图 3-65)。

美国航空航天局试飞的 X-43A 高超音速飞机,10s 可加速至 7M,它是使用氢燃料的超音速冲压发动机。

氢气作为航空燃料大量使用所面临的最大问题是若在高空(高度>11km)排放会产生冰云,使上层大气更冷、更多云。一方面,尽管水分一般在平流层(云层的最高层)停留时间为 6~12 个月(远低于 $CO_2$),平流层以下高度仅为 3~4 天,但仍有可能产生温室效应;另一方面,在冰

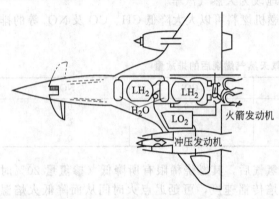

图 3-65 一种 6M 的液氢飞机布局

晶上可以发生很多化学反应,有可能导致上层大气臭氧层的破坏,这些问题仍处于研究中。

## 3.4 氢的安全性

一种新的能源系统如果推广和应用,其安全性是首先需要关心的问题。氢的各种内在特性决定了氢能系统有不同于常规能源系统的危险特征,例如易燃、易泄漏和氢脆等。为了氢能系统的发展和进步,需要制定氢能安全标准。

氢的不利于安全的属性有:宽泛的着火范围、更低的着火能、易泄漏、更高的火焰传播速度和更容易爆炸。氢的有利于安全的属性有:更大的扩散系数和浮力、单位体积或单位能量的爆炸能更低。

本节以燃料电池汽车(FCV)为例,就人们普遍关心的几个方面的氢能安全性问题,结合氢的相关特性进行介绍。

### 3.4.1 泄漏性

氢是最轻的元素,所以比液体燃料和其他气体燃料更容易泄漏。表 3-14 列出了氢气和丙烷相对于天然气的泄漏特性,由表可见,在层流情况下,氢气的泄漏率是天然气的 1.26 倍,丙烷的泄漏率是天然气的 1.38 倍;在湍流的情况下,氢气的泄漏率是天然气的 2.83 倍。

表 3-14　氢气和丙烷相对于天然气的泄漏率和流动参数

| | 参　　数 | CH₄ | H₂ | C₃H₈ |
|---|---|---|---|---|
| 流动参数 | 在空气中的扩散系数/(cm²/s) | 0.16 | 0.61 | 0.10 |
| | 0℃的黏度/×10⁻⁷Pa·s | 110 | 87.5 | 79.5 |
| | 21℃、101325Pa 下的密度/(kg/m³) | 0.666 | 0.08342 | 1.858 |
| 相对泄漏率 | 扩散 | 1.0 | 3.8 | 0.63 |
| | 层流 | 1.0 | 1.26 | 1.38 |
| | 湍流 | 1.0 | 2.83 | 0.6 |

从高压储气罐中大量泄漏，氢气和天然气均达到声速。但是氢气的声速（1308m/s）几乎是天然气声速（449m/s）的 3 倍，所以氢气的泄漏要比天然气快。由于天然气的容积能量密度是氢气的 3 倍多，所以泄漏的天然气包含的总能量要多。天然气汽车（NGV）的储气罐和 FCV 的储氢罐的大小是不一样的。气罐的大小和压力要根据每种车的性能要求来确定。

据估计，燃料电池汽车的能源效率（低位发热量）是汽油内燃机汽车的 2.68 倍。假设天然气汽车和汽油内燃机具有相同的能源效率，那么天然气汽车所携带的能量将是燃料电池汽车的 2.68 倍。

天然气汽车存储天然气的压力通常为 20.7~24.8MPa，而燃料电池汽车储氢的压力为 34.5MPa。图 3-66 表示的是氢气和天然气泄漏的体积和能量，其中天然气罐的压

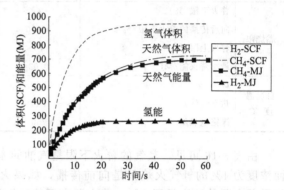

图 3-66　氢气和天然气泄漏的体积和能量

力是 24.8MPa，氢罐的压力是 34.5MPa，天然气罐的能量是氢的 2.68 倍。该图表明氢的体积泄漏率总是大于天然气，但泄漏的天然气的能量将大于氢的能量。

### 3.4.2　氢脆

锰钢、镍钢及其他高强度钢容易发生氢脆。氢脆会导致氢的泄漏和燃料管道的失效。氢脆产生的条件是在纯度极高氢气中，纯度极高且表面洁净的金属。预防氢脆有两种途径：

① 氢气中含有的极性杂质，如水蒸气、$H_2S$、$CO_2$、醇、酮及其他类似化合物，会强烈地阻止生成金属氢化物。

② 通过选择合适的材料，如铝和一些合成材料，就可以避免因氢脆产生的安全风险。

现有的输送天然气的管道网具备上述条件，可以安全可靠地用于输送氢气，而不必考虑"氢脆"的问题。

### 3.4.3　氢的扩散

如果发生泄漏，氢气就会迅速扩散。与汽油、丙烷和天然气相比，氢气具有更大的浮力（快速上升）和更大的扩散性（横向移动）。由表 3-15 可以看出，氢的密度仅为空气的 7%，天然气的密度是空气的 55%。即使在不通风的情况下，它们也会向上升，而且氢气会上升得更快一些。氢的扩散系数是天然气的 3.8 倍，丙烷的 6.1 倍，汽油气的 12 倍。这么高的扩散系数表明，在发生泄漏的情况下，氢在空气中可以向各个方向快速扩散，迅速降低浓度。

表 3-15  气体的浮力和扩散

| 参数 | $H_2$ | 天然气 | $C_3H_8$ | 汽油气 |
|---|---|---|---|---|
| 浮力（与空气的密度比） | 0.07 | 0.55 | 1.52 | 3.4～4.0 |
| 扩散系数/(cm²/s) | 0.61 | 0.16 | 0.10 | 0.05 |

## 3.4.4 氢的可燃性

氢/空气混合物燃烧的范围是 4%～75%（体积比），释放能量仅为 0.02MJ。表 3-16 列出几种燃料的燃烧范围和能量。

表 3-16  几种燃料的燃烧特性

| 参　　数 | | $H_2$ | $CH_4$ | $C_3H_8$ | 汽　油 |
|---|---|---|---|---|---|
| 燃烧限 | 着火下限/% | 4 | 5.3/3.8 | 2.1 | 1 |
| | 向后传播的着火下限/% | 9～10 | 5.6 | — | — |
| | 着火上限/% | 75 | 15 | 10 | 7.8 |
| | 最小着火能/MJ | 0.02 | 0.29 | 0.3 | 0.24 |
| 自燃温度/℃ | 最小 | 520 | 630 | 450 | 228～470 |
| | 热空气注入 | 640 | 1040 | 885 | |
| | 镍铬电热丝 | 750 | 1220 | 1050 | |

由表 3-16 可见，氢气的着火下限是汽油的 4 倍，是丙烷的 1.9 倍，只是略低于天然气。而浓度为 4% 的氢气火焰只是向前传播，如果火焰向后传播，氢气浓度至少为 9%。所以，如果着火源的浓度低于 9%，着火源之下的氢气就不会被点燃。而对于天然气，火焰向后传播的着火下限仅为 5.6%。氢气的最小着火能是在浓度为 25%～30% 的情况下得到的，在较高或较低的燃料/空气比的情况下，点燃氢气所需的着火能会迅速增加，如图 3-67 所示。事实上，在着火下限附近，燃料浓度为 4%～5%，点燃氢气/空气混合物所需要的能量与点燃天然气/空气混合物所需的能量基本相同。

氢气的着火上限很高，危险性很大。如果在车库中发生氢气泄漏，超过了着火下限但没有点燃，这时落在着火范围之内的空气的体积就很大，因此接触到车库中任何地方的着火源的可能性就要大得多。图 3-68 列出了 $H_2$、$CH_4$、$C_3H_8$ 和汽油气在少量泄漏情况下的可燃性（扩散、浮力和着火下限）。

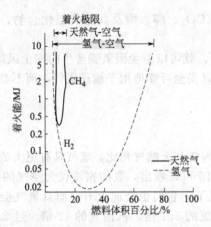

图 3-67  氢气和甲烷的着火能和燃料空气比的关系

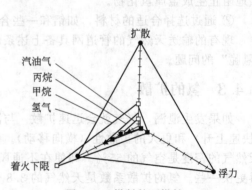

图 3-68  燃料的可燃性

图 3-68 说明，相比于 $CH_4$、$C_3H_8$ 和汽油气的浮力、扩散性和着火下限，氢是安全的燃料。

### 3.4.5 氢的爆炸性

表 3-17 给出了 $CH_4$、$C_3H_8$、汽油和氢气爆炸性，氢气的燃烧速度是天然气和汽油的 7 倍。在其他条件相同的情况下，氢气比其他燃料更容易发生爆燃甚至爆炸。但是，爆炸受很多因素的影响，比如精确的燃料/空气比、温度、密闭空间的几何形状等，并且影响的方式很复杂。

表 3-17 几种燃料的爆炸特性

| | 参数 | $H_2$ | 天然气 | $C_3H_8$ | 汽油 |
|---|---|---|---|---|---|
| 爆炸限 | 下限(空气中的体积分数)/% | 13～18.3 | 6.3 | 3.1 | 1.1 |
| | 上限/% | 59 | 13.5 | 7 | 3.3 |
| | 燃烧速度/(cm/s) | 270 | 37 | 47 | 30 |
| 爆炸能 | 单位能量/(g TNT/kJ) | 0.17 | 0.19 | | 0.21 |
| | 单位体积/(g TNT/m³) | 2.02 | 7.03 | | 44.22 |
| | 最大的实验安全间隙/cm | 0.008 | 0.12 | | 0.074 |

氢气的燃料空气比的爆炸下限是天然气的 2 倍，是汽油的 12 倍。如果氢气泄漏到一个距离火源很近的空间内，氢气发生爆炸的可能性很小；如果要氢气发生爆炸，氢气必须在没有点火的情况下累积到至少 13% 的浓度，然后再触发着火源发生爆炸，而出现这种情况的概率是很小的。如果发生爆炸，氢的单位能量的最低爆炸能是最低的。而就单位体积而言，氢气的爆炸能仅为汽油气的 1/22。

图 3-69 是氢气的爆炸性和其他燃料的对比。四个坐标分别是扩散、浮力、爆炸下限和燃烧速度的倒数，越靠近坐标原点越危险。从图中可以看出，就扩散、浮力和爆炸下限而言，氢气都远比其他燃料安全，但氢气的燃烧速度指标是最危险的。因此氢气的爆炸特性可以描述为：氢气是最不容易形成可爆炸的气雾的燃料，但一旦达到了爆炸下限，氢气是最容易发生爆燃和爆炸的燃料。

氢气火焰几乎是看不到的，因为在可见光范围内，燃烧的氢放出的能量很少。因此接近氢火焰的人可能会不知道火焰的存在，因此增加了危险。但这也有有利的一面。由于氢火焰的辐射能力较低，所以附近的物体（包括人）不容易通

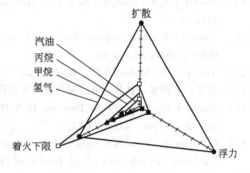

图 3-69 燃料气的爆炸性

过辐射热传递而被点燃。相反，汽油火焰的蔓延一方面通过液体汽油的流动，一方面通过汽油火焰的辐射。因此，汽油比氢气更容易发生二次着火。另外，汽油燃烧产生的烟和灰会增加对人的伤害，而氢燃烧只产生水蒸气。

### 思 考 题

1. 在未来的人类社会能源体系中，氢能为何具有举足轻重的地位？
2. 天然气重整制氢过程中包含哪些化学反应？
3. 何谓 CIGCC 技术？试论其主要优缺点。
4. 电解水制氢分为几种？简述每种方法的优缺点。

5. 与生物制氢有关的酶有几种？介绍每种酶的作用机理。
6. 半导体光解水的原理是什么？
7. 简述精制高纯氢的各种方法。
8. 简述液氢生产工艺流程。
9. 储氢合金分为几种？试论其主要优缺点。
10. 内燃机燃料由汽油、柴油等改为氢气后有何优点？
11. 未来使用氢能的安全性如何？
12. 试结合文中提到的知识和现实中能源的利用情况，从生态、成本、社会价值等方面，论述未来氢能作为可再生能源大规模应用的可行性。

## 参考文献

[1] Key World Energy Statistics from the IEA. 2000 Edition [M]. International Energy Agency, Paris, France, 2000.
[2] 陆军，袁华堂. 新能源材料 [M]. 北京：化学工业出版社，2002.
[3] L. Barreto, A. Makihira, K. Riahi. Int. [J]. J. Hydrogen Energy, 2003, 28: 267-273.
[4] 陈长聘. 氢能未来与储氢金属材料技术 [J]. 氯碱工业, 2003 (5): 1-3.
[5] 陈进富. 制氢技术 [J]. 新能源, 1999, 21 (4): 10-14.
[6] Rosa V M, Santos M B F, Da Silva E P. New materials for water electrolysis diaphragms. Int. [J]. J. Hydrogen Energy, 1995, 20: 697-700.
[7] Molter T M, Shiepe J K. Electrolysis of water using a PTFE-supported membrane. US Patent WO. 02127070, 2002.
[8] Ib Dybkjair. Tubular reforming and autothermal reforming of natural gas-anoverview of available processes [J]. Fuel Processing Technology, 1995, 42: 85-107.
[9] Mitsugi C, Harumi A, Kenzo F. WE-NET: Japanese hydrogen program [J]. International Journal of Hydrogen Energy, 1998, 23: 159.
[10] Nielsen J R R, Hansen J H B. $CO_2$-reforming of methane over transition metals [J]. J. Catal., 1993, 144: 38-49.
[11] Nielsen J R R. Sulfur-passivated nickel catalysts for carbon-free steam reforming of methane [J]. J. Catal., 1984, 85: 31-43.
[12] Vannyby R, Madsen S E L W. Adiabatic pre-reforming [J]. Ammonia Plant Saf., 1992, 32: 22-128.
[13] 许珊，王晓来，赵睿. 甲烷催化制氢气的研究进展 [J]. 化学进展, 2003, 15 (2): 141-150.
[14] Blanks R E, Witrig T S, Peterson D A. Bidirectional adiabatic synthesis gas generator [J]. Chem. Eng. Sci., 1990, 45: 2407-2413.
[15] Cavallaro S, Freni S. Syngas and electricity production by an integrated autothermal reforming/molten carbonate fuel cell system [J]. Journal of Power Sources, 1998, 76: 190-196.
[16] 肖云汉. 煤制氢零排放系统 [J]. 工程热物理学报, 2001, 22 (1): 13-15.
[17] Steinberg M, Cheng H. Modern and prospective technologies for hydrogen production from fossil fuels. Int [J]. J. Hydrogen Energy, 1989, 14: 797-820.
[18] 倪维斗，郑洪弢，李政等. 多联产能源系统 [J]. 中国能源, 2003 (2): 7-10.
[19] 杨兰和，梁杰，尹雪峰. 煤炭地下气化制氢技术理论与实践 [J]. 煤炭科学技术, 2000, 28 (6): 37-40.
[20] 杨兰和，梁杰，余力. 煤炭地下气化工业性试验 [J]. 中国矿业大学学报, 1998 (3): 254-256.
[21] Steinberg M, Cheng H. Modern and prospective technologies for hydrogen production from fossil fuels. Int [J]. J. Hydrogen Energy, 1989, 14: 797-820.
[22] 池凤东. 实用氢化学 [M]. 北京：国防工业出版社，1996.
[23] 王鹏，姚立广，王明贤等. 碱性水电解阳极材料研究进展 [J]. 化学进展, 1999, 11 (3): 254-264.
[24] 王迪. 水电解过程中的节能与降耗 [J]. 中国钼业, 1998, 22 (3): 46-48.

[25] Vermeiren P, Adriansens W, Leysen R. Zirfon®: A new separator for Ni-H₂ batteries and alkaline fuel cells. Int [J]. J. Hydrogen Energy, 1996, 21: 679-684.

[26] 周玉明. 内燃机代用燃料（1）[J]. 内燃机, 2002（6）: 40-41.

[27] Yusuf M J. Lean Burn natural gas fueled engines: engine modi1cation versus hydrogen blending. PhD thesis [D]. University of Miami, 1993, 63.

[28] Bauer C G, Forest T W. Effect of hydrogen addition on performance of methane-fueled vehicles. Part I: effect on S. I. engine performance. Int. [J]. Hydrogen Energy, 2001, 26: 55-70.

[29] 黄亚继, 张旭. 氢能开发和利用的研究 [J]. 能源与环境, 2003（2）: 33-36.

[30] 陈正举, 王德平. 氢燃料的特性与应用前景 [J]. 沈阳航空工业学院学报, 1994, 27（1）: 88-94.

[31] Momirlan M, Veziroglu T N. Current status of hydrogen energy [J]. Renewable and Sustainable Energy Reviews, 2002（6）: 141-179.

[32] 冯文, 王淑娟, 倪维斗. 氢能的安全性和燃料电池汽车的氢安全问题 [J]. 太阳能学报, 2003, 24（5）: 677-682.

[33] Ford motor company. Direct hydrogen fueled proton exchange membrane fuel cell system for transportation applications: hydrogen vehicle safety report (DE AC 02 94 CE 50389). U. S. Department of Energy. 1997.

[34] 申泮文. 21 世纪的动力-氢与氢能 [M]. 天津: 南开大学出版社, 2000.

[35] 李径定, 郭林松, 楚书华等. 氢能作为内燃机燃料的研究 [J]. 农业工程学报, 1996, 12（2）: 86-91.

[36] W. Peschka. Hydrogen: The future cryofuel in internal combustion engines.. Int. [J]. J Hydrogen Energy, 1998, 23（1）: 27-43.

[37] Drolet B, Gretz J, Kluyskens D, et al. The Euro-Quebec Hydro-Hydrogen Pilot Project (EQHHPP): Demonstration phase. Int. [J]. J. Hydrogen Energy, 1996, 21（4）: 305-316.

[38] Lenz H P. Mixture formation in spark-ignition engines. New York: Springer Wien, 1992.

[39] Peschka W. Liquid hydrogen pumps for automotive application. Int. [J]. J. Hydrogen Energy, 1990, 15: 817-827.

[40] Peschka W. Liquid hydrogen, fuel of the future. New York: Springer-Wien, 1992.

[41] Peschka W. Cryogenic fuel technology and elements of automotive propulsion systems. In Advances in Cryogenic Engineering, Vol. 37. New York: Plenum Press, 1992.

[42] Kondoh M, Yokoyama N, Inazumi C. Journal of New Materials Electrochemistry System, 2000（3）: 61-71.

[43] Stucki S, Scherer G G, Schlagowski S. PEM water electrolysers: evidence for membrane failure in 100 kW demonstration plants [J]. Journalof Applied Electrchemistry, 1998, 28: 1041-1049.

[44] Mitlitsky F, Myers B, Weisberg A H. Reversible (unitised) PEM fuel cell devices [J]. Fuel Cells Bulletin, 1999（11）: 6-11.

[45] 尹燕. 关于高分子电解质型燃料电池用新型侧链型磺化聚酰亚胺的合成及性能的研究 [D]. 天津: 天津工业大学, 2003.

[46] Inzelt G, Pineri M, Schultze J W, Vorotyntsev M A. Electron and proton conducting polymers: recent developments and prospects [J]. Electrochimi Acta, 2000, 45: 2403-2421.

[47] Rasten E, Hagen G, Tunold R. Electrolysis in water electrolysis with solid polymer electrolyte [J]. Electrochimi Acta, 2003, 48: 3945-3952.

[48] Millet P, Andolfatto F, Durand R. Design and performance of a solid polymer electrolyte water electrolyzer. Int [J]. J. Hydrogen Energy, 1996, 21: 87-93.

[49] Hijikata T. Research and development of international clean energy network using hydrogen energy (WE-NET). Int. [J]. J. Hydrogen Energy, 2002, 27: 115-129.

[50] Iwasaki W A consideration of power density and hydrogen production and utilization technologies. Int [J]. J. Hydrogen Energy, 2003, 28: 1325-1332.

[51] Kato M, Maezawa S, Sato K, et al. Polymer-electrolyte water electrolysis [J]. Applied Energy, 1998,

[52] Kobayashi T, Abe K, Ukyo Y, et al. Study on current efficiency of steam electrolysis using a partial protonic conductor SrZr$_{0.9}$Yb$_{0.1}$O$_3$ [J]. Solid State Ionics, 2001, 138: 243-251.

[53] Frias J M, Pham A Q, Aceves S M. A natural gas-assisted steam electrolyzer for high-efficiency production of hydrogen [J]. International Journal of hydrogen Energy, 2003, 28: 483-490.

[54] Padin J, Veziroglu T N, A. Shahin. Hybrid solar high-temperature hydrogen production system [J]. International Journal of hydrogen Energy, 2000, 25: 295-317.

[55] 朱核光, 赵琦琳, 史家梁. 光合细菌 Rhodopseudomonas 产氢的影响因子实验研究 [J]. 应用生态学报, 1997, 8 (2): 194-198.

[56] 尤崇杓, 姜涌明, 宋鸿遇. 生物固氮 [M]. 北京: 科学出版社, 1987.

[57] 李建政, 任南琪. 生物制氢技术的研究与发展 [J]. 新能源及工艺, 2001 (2): 18-20.

[58] Gordon J M. Tailoring optical systems to optimized photobioreactors [J]. International Journal of Hydrogen Energy, 2002, 27: 1175-1184.

[59] Ries H, Segal A, Karni J. Extracting concentrated guided light [J]. Applied Optics, 1997, 36 (13): 2869-2877.

[60] 徐浩. 工业微生物学基础及其应用 [M]. 北京: 科学出版社, 1991.

[61] 任南琪, 王宝贞. 有机废水处理生物制氢技术 [J]. 中国环境科学, 1994, 14 (6): 411-415.

[62] Chang J Sh, Leeb K Sh, Linb P J. Biohydrogen production with fixed-bed bioreactors. Int. [J]. J. Hydrogen Energy, 2002, 27: 1167-1174.

[63] 李白昆, 吕炳南, 任南琪. 厌氧活性污泥与几株产氢细菌的产氢能力及协同作用研究 [J]. 环境科学学报, 1997, 17 (4): 459-462.

[64] Fujishima A, Honda K. Electrochemical photocatalysis of water at a semiconductor electrode. [J] Nature, 1972, 328 (7): 37-38.

[65] Bolton R J. Solar photoproduction of hydrogen: A review [J]. Solar Energy, 1996, 157 (1): 37-50.

[66] Amouyal E. Photochemical production of hydrogen and oxygen from water: A review and state of the art [J]. Solar Energy Materials and Solar Cells, 1995, 28: 249-276.

[67] 上官文峰. 太阳能光解水制氢的研究进展 [J]. 无机化学学报, 2001, 17 (5): 1-5.

[68] 水森, 岳林侮, 徐铸德. 稀土镧掺杂二氧化钛的光催化特性 [J]. 物理化学学报, 2000, 16 (5): 459-463.

[69] Kakuta N, Park K H, Jinlayson M F. Photoassisted hydrogen production using visible light and copper cipitated ZnS-CdS without noble metal [J]. Journal of Physal Chemistry. 1985, 89 (5): 732-734.

[70] 孙晓君, 蔡伟民, 井立强. 二氧化钛半导体光催化技术研究进展 [J]. 哈尔滨工业大学学报, 2001, 33 (4): 534-541.

[71] 张彭义, 余刚, 蒋展鹏. 半导体光催化剂及其改性技术进展 [J]. 环境科学进展, 1997, 5 (3): 1-10.

[72] Kogan A. Direct solar thermal splitting of water and on-site seperation of the products-II. experimental feasibility study [J]. International Journal of Hydrogen Energy, 1998, 23 (2): 89-98.

[73] Naito H, Arashi H. Hydrogen production from direct water splitting at high temperature using a ZrO$_2$-TiO$_2$-Y$_2$O$_3$ membrane [J]. Solid State Ionics, 1995, 79: 366-370.

[74] Chen X, Suib S L, Hayashi Y, et al. H$_2$O splitting in tubular PACT (plasma and catalyst integrated technologies) reactors [J]. Journal of Catalysis, 2001, 201: 198-205.

[75] Nakajima H, Sakurai M, Ikenoya K, et al. A study on a closed-cycle hydrogen production by thermochemical water-splitting IS process. Proceedings of the 7th International Conference Nuclear Engineering (ICONE-7), Tokyo, Japan, ICONE-7104, 1999, 45-49.

[76] Nomura M, Fujiwara S, Ikenoya K, et al. Application of an electrochemical membrane reactor to the thermochemical water splitting IS process for hydrogen production [J]. Journal of Membrane Science, 2004, 240: 221-226.

[77] Sturzenegger M, Nuesch P. Efficiency analysis for a manganese-oxide-based thermochemical cycle [J].

Energy, 1999, 24: 959-970.

[78] Steinfelda A. Solar hydrogen production via a two-step water-splitting thermochemical cycle based on Zn-ZnO redox reactions. Int [J]. J. Hydrogen Energy, 2002, 27: 611-619.

[79] Lindström B, Agrell J, Pettersson L J. Combined methanol reforming for hydrogen generation over monolithic catalysts [J]. Chemical Engineering Journal, 2003, 93: 91-101.

[80] Slimane R B, Lau F S, Dihu R J, Khinkis M. Production of hydrogen by superadiabatic decomposition of Hydrogen sulfide. Proceedings of the 2002 U. S. DOE Hydrogen Program Review. NREL/CP-610-32405, 167-173.

[81] 古共伟, 陈健, 郜豫川等. 高纯氢制备工艺 [J]. 低温与特气, 1998 (4): 25-30.

[82] 李义良. 超高纯氢的制备 [J]. 低温与特气, 1996, (3): 38-40.

[83] 陈健, 古共伟, 郜豫川. 我国变压吸附技术的工业应用现状及展望 [J]. 化工进展, 1998 (1): 14-17.

[84] 赖新途, 陈长聘, 叶舟. 连续自动提供超纯氢的金属氢化物纯化装置 [J]. 低温与特气, 1993 (2): 24-26.

[85] 陈军, 陶战良. 能源化学 [M]. 北京: 化学工业出版社, 2004.

[86] Sherif S A, Zeytinoglu N, Veziroglu T N. Liquid hydrogen: potential, problems, and a proposed research program. Int [J]. J. Hydrogen Energy, 1997, 22: 683-688.

[87] Flynn T M. Liquification of Gases. McGraw-Hill Encyclopedia of Science & Technology, New York: McGraw-Hill (7th edition), 1992.

[88] Zemansky M, Dittman R. Heat and Thermodynamics (7th Edition). The McGraw Hill Companies, Inc., NY, USA, 1997.

[89] Sherif S A, Zeytinoglu N, Veziroglu T N. Liquid hydrogen: potential, problems, and a proposed research program. Int [J]. J. Hydrogen Energy, 1997, 22: 683-688.

[90] Ewe H H, Selbach H J. The storage of hydrogen. In A Solar Hydrogen Energy System, ed. W. E. Justi. Plenum Press, London, 1987.

[91] Iwasaki W. Magnetic refrigeration technology for an international clean energy network using hydrogen energy (WE-NET). Int [J]. J. Hydrogen Energy, 2003, 28: 559-567.

[92] W. A. Amos. Costs of storing and transporting hydrogen. November 1998, NREL/TP-570-25106, National Renewable Energy Laboratory, Golden, USA, 1998.

[93] International Clean Energy Network Using Hydrogen Conversion (WE-NET), 1997 Annual Summary Report on Results, New Energy and Industrial Technology Development Organization (NEDO), March 1998.

[94] Gross R. Liquid hydrogen for Europe-the Linde plant at Ingolstadt. Reports on Science and technology, 54/1994, Linde AG, Wiesbaden, Germany.

[95] Wetzel F-J. Improved handling of liquid hydrogen at filling stations: Review of six years' experience. Int [J]. J. Hydrogen Energy, 1998, 23 (5): 339-348.

[96] Kamiya S, Onishi K, Kawagoe E, Nishigaki K. A large experimental apparatus for measuring thermal conductance of LH2 storage tank insulations [J]. Cryogenics, 2000, 40: 35-44.

[97] 梁焱, 王焱, 郭有仪. 氢动力车用液氢贮罐的发展现状及展望 [J]. 低温工程, 2001 (5): 31-36.

[98] Aceves S M, Berry G D. Thermodynamics of Insulated Pressure Vessels for Vehicular Hydrogen Storage [J]. ASME Journal of Energy Resources Technology, 1998, 120 (6): 137-142.

[99] 徐正好, 杨宗栋, 郑康元. 氢燃料发动机的应用 [J]. 能源研究与信息, 2002, 18 (4): 200-204.

[100] Thomas C E, James B D, Lomax Jr F D, Kuhn Jr I F. Fuel options for the fuel cell vehicle: hydrogen, methanol or gasoline In [J]. J. Hydrogen Energy, 2000, 25: 551-567.

[101] Timmerhaus C, Flynn T M. Cryogenic Engineering. New York: Plenum Press, 1989.

[102] Chin G. Guidance for Power Plant Siting and Best Available Control Technology. California Air Resources Board, Sept. 1999.

[103] Maughan J R, Bowen J H, Cooke D H. Reducing Gas Turbine Emissions through Hydrogen-En-

[104] Woodfin W T. Recent advances in syngas production from natural gas [J]. Hydrocarbon Engineering, 1997, 11: 76-80.

[105] Ertesvåg I S, Kvamsdal H M. Exergy analysis of gas-turbine combined cycle with $CO_2$ capture using pre-combustion decarbonization of natural gas. Proceedings of ASME Turbo Expo 2002: Land, Sea, and Air, June 3-6, 2002, Amsterdam, The Netherlands, 487-491.

[106] Jin H G, Ishida M. A novel gas turbine cycle with hydrogen-fueled chemical-looping combustion. Int [J] J. Hydrogen Energy, 2000, 25: 1209-1215.

[107] 陈东，陈廉. 21世纪先进氢能载体材料产业化前景-质子交换膜燃料电池（PEMFC）最佳氢燃料源[J]. 新材料产业, 2002, 10: 31-34.

[108] 陈军，陶占良. 能源化学. 北京：化学工业出版社，2004.

[109] Burger J M, Lewis P A, Isler R J, et al. Porc. 9th Intersociety Energy conversion Engineering Conf. ASME, New York, 1974: 428-434.

[110] Taylor J B, Alderson J E A, Kalyanam K M, et al. A technical and economic assessment of methods for the storage of large quantities of hydrogen. Int [J]. J. Hydrogen Energy, 1986, 11 (1): 5-22.

[111] Sandrock G, Bowman Jr R C. Gas-based hydride applications: recent progress and future needs [J]. Journal of Alloys and Compounds, 2003, 356-357: 794-799.

[112] 鲍德佑. 氢能的最新发展 [J]. 新能源, 1994, 16 (3): 1-3.

[113] Zaluski L, Zaluska A, Strom-Olsen J O. Hydrogenation properties of complex alkali metal hydrides fabricated by mechano-chemical synthesis [J]. J Alloys Compounds, 1999, 290: 71-78.

[114] Meisner G P, Tibbetts G G, Pinkerton F E, Olk C H, Balogh M P. Enhancing low pressure hydrogen storage in sodium alanates [J]. J Alloys Compounds, 2002, 337: 254-263.

[115] Kojima Y, Haga T. Recycling process of sodium metaborate to sodium borohydride [J]. Int J Hydrogen Energy, 2003, 28: 989-993.

[116] Fakioglu E, Yurum Y, Veziroglu T N. A review of hydrogen storage systems based on boron and its compounds. Int [J]. J. Hydrogen Energy, 2004, 29: 1371-1376.

[117] Darkrim F L, Malbrunot P, Tartaglia G P. Review of hydrogen storage by adsorption in carbon nanotubes. Int [J]. J. Hydrogen Energy, 2002, 27: 193-202.

[118] Dillon A C, Heben M J. Hydrogen strorage using carbon adsorbents: past, present and future [J]. Applied Physics A, 2001, 72: 133-142.

[119] Ye Y, Ahn C C, Witham C. Hydrogen adsorption and cohesive energy of single walled carbonnanotubes [J]. Applied Physics Letters, 1999, 74 (16): 2307-2309.

[120] Zhu H W, Ci L J, Chen A. Hydrogen uptake in multi walled carbon nanotubes at room temperature. Proceedings of the 13th World Hydrogen Conference. Beijing: International Hydrogen Association, 2000: 339-342.

[121] Wu X B, Chen P, Lin J. Hydrogen uptake by carbon nanotubes. Int [J]. J. Hydrogen Energy, 2000, 25: 261-265.

[122] Chen P, Wu X, Lin J. High $H_2$ uptake by alkali doped carbon nanotubes under ambient pressure and moderate temperatures. Science, 1999, 285 (5424): 91-93.

[123] Chambers A, Park C, Baker R T K. Hydrogen storage in graphite nanofibers [J]. Journal of Phisycal Chemistry B, 1998, 102 (22): 4253-4256.

[124] Browning D J, Gerrard M L, Laakeman J B. Investigation of the hydrogen storage capacities of carbon nanofibers prepared from an Ethylene precursor. Proceedings of the 13th World Hydrogen Energy Conference, Beijing: Published by International Hydrogen Association, 2000, 467-472.

[125] Strobel R, Jorissen L, Schilierman T. Hydrogen adsorption on carbon materials [J]. Journal of Power Sources, 1999, 84: 221-224.

[126] Cacciola G, Aristov Yu I, Restuccia G, et al. Influence of hydrogen-permeable membranes upon the efficiency of the high-temperature chemical heat pumps based on cyclohexane dehydrogenation-benzene

[127] hydrogenation reactions. Int [J]. J. Hydrogen Energy, 1993, 18 (8): 673-680.
[127] Itoh N. Limiting conversations of dehydrogenation in palladium membrane reactors [J]. Catalysi Today, 1995, 25: 351-357.
[128] Jadsen. Current opinion in solid state [J]. Material Science, 1996, 1 (65A): 67-73.
[129] Scherer G W H. Analysis of the seasonal energy storage of hydrogen in liquid organic hydrides. Int [J]. J. Hydrogen Energy, 1998, 23 (1): 19-28.
[130] Itoh N. Electrochemical coupling of benzene hydrogenation and water electrolysis [J]. Catalysis Today, 2000, 56: 307-314.
[131] Newson. Seasonal storage of hydrogen in stationary systems with liquid organic hydrides [J]. Internationl Journal of Hydrogen Energy, 1998, 239 (10): 905-909.
[132] 夏丰杰, 周琰. 德国氢能及燃料电池技术发展现状及趋势 [J]. 船电技术, 2015, 35 (2): 49-52.
[133] Alexandra Huss. Wind power and hydrogen: Complementary energy sources for sustainable energy supply [J]. Fuel Cells Bulletin, 2013 (1): 12-17.
[134] 周鹏, 刘启斌, 隋军等. 化学储氢研究进展 [J]. 化工进展, 2014, 33 (8): 2004-2011.
[135] hydrolysis of ammonia borane using cobalt and ruthenium based catalysts [J]. International Journal of Hydrogen Energy, 2012, 37: 2950-2959.
[136] 梁雪莲, 刘志铭, 谢建榕等. 甲醇或乙醇水蒸气重整制氢高效新型催化剂的研发 [J]. 厦门大学学报自然科学版, 2015, 54 (5): 693-704.
[137] 赵永志, 蒙波, 陈霖新等. 氢能源的利用现状分析 [J]. 化工进展, 2015, 34 (9): 3248-3255.
[138] 孙洋, 谢佳琦, 刘美佳等. 燃料电池氢源技术铝水解制氢研究 [J]. 可再生能源, 2014, 32 (7): 1038-1042.
[139] 谢倍珍, 米静, 杜新品等. 微生物电解池效能及其与微生物燃料电池的联合运行探索 [J]. 环境科学与技术, 2014, 37 (9): 57-64.
[140] 马楠. 新型阳极析氧催化剂耦合半导体 Si 的光解水性能研究 [M]. 太原: 太原理工大学, 2015.
[141] 张聪. 世界氢能技术研究和应用新进展 [J]. 新能源, 2014 (8): 56-59.
[142] 夏丰杰, 周琰. 德国氢能及燃料电池技术发展现状及趋势 [J]. 船电技术. 2015, 35 (2): 49-52.

# 第4章 核能

## 4.1 概述

自1954年人类开始利用核能发电以来，经过60多年的发展，核能已经成为世界能源三大支柱之一，在保障能源安全、改善环境质量等方面发挥了重要作用。

随着世界能源需求、环境保护压力的不断增大，越来越多的国家表示了对于发展核能的兴趣和热情。美国发布了能源战略《作为经济可持续增长路径的全面能源战略》，核能作为低碳能源的重要作用仍然得到了重视；受到北海油气资源接近枯竭的影响，英国开始积极推动低碳能源的发展，核电受到更多重视，在英法两国的推动下，英国的能源项目Hinkley-PointC（HPC）得到欧盟批准；欧盟、东欧各国、韩国等核电新项目建设意向逐步明确；在今后较长一段时间内，中国核电仍将保持在建和投运的高峰，整体发展为世人瞩目。

### 4.1.1 人类认识和利用核能的历史

核能（又称原子能）是原子核结构发生变化时放出的能量。核能释放通常有两种方法：一是重原子（如铀、钚）分裂成两个或多个较轻原子核，产生链式反应，释放巨大能量，称为核裂变能（如原子弹爆炸）；另一种方式是两个较轻原子核（如氢的同位素氘、氚）聚合成一个较重的原子核，并释放出巨大的能量，称为核聚变能（如氢弹爆炸）。

众所周知，原子是由原子核和电子组成，而原子核又由质子和中子组成。19世纪末，英国物理学家汤姆逊首先发现了电子；英国物理学家卢瑟福（于1914年）和查德威克（于1932年）分别发现了质子、中子；法国物理学家贝克勒尔、居里夫妇分别发现铀和镭的放射性。

爱因斯坦是核能理论的奠基者，依据爱因斯坦1905年提出的相对论，人类认识到放射性元素在释放肉眼看不见的射线后，变成其他元素的同时，原子的质量会减轻并将质量转变成巨大的能量，这就是核能的本质。

1938年，德国奥托·哈恩等人用中子轰击铀原子核，首次发现重原子核裂变现象。1919年，卢瑟福用α粒子轰击氮原子核，得到氧原子核和氢原子核，首次实现了人工核反应。

原子核蕴藏着巨大的能量。人类要想和平利用核能，必须建造核反应堆，并使核反应能持续可控。1942年，意大利的费米、匈牙利的西拉德等在芝加哥帮助美国建成世界上第一座核反应堆，首次实现自持链式反应。1954年，苏联建成了世界上第一个核裂变能发电站，开创了人类大规模利用核能发电的先河。

### 4.1.2 人类利用核能的现状

据国际原子能机构（IAEA）的统计，截至2014年12月31日，全球共有437座运行中核动力堆（含实验堆），具体动力堆数量分布情况如图4-1所示。

图4-2介绍了2013年全球核电国家的核电份额占比情况，其中法国的核电份额占比最

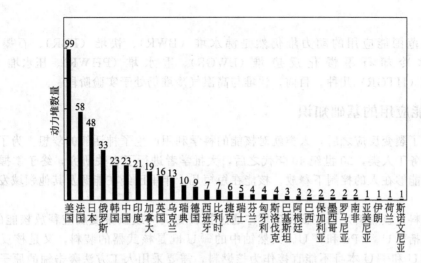

图 4-1　全球各国动力堆分布情况
（来自 IAEA PRIS 截至 2014 年 12 月 31 日的数据）

高，为 73.3%。随着中国核电机组陆续并网发电，核电份额占比有所提高，截至 2014 年 12 月 31 日核电份额为 2.39%。

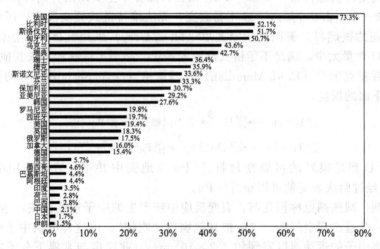

图 4-2　2013 年全球核电份额概况（来自 IAEA PRIS 的数据）

截至 2014 年年底，全球共有 71 座核动力堆正在建设中，总装机容量为 68136MW，堆型类别中以轻水堆为主，作为新技术的快堆和高温气冷堆占比较小，其具体堆型分布情况如表 4-1 所示。

表 4-1　全球在建核电反应堆数目

| 国家 | 数量 | 总装机容量/MW | 国家 | 数量 | 总装机容量/MW |
| --- | --- | --- | --- | --- | --- |
| 中国 | 23 | 25163 | 白俄罗斯 | 2 | 2400 |
| 俄罗斯 | 9 | 7968 | 斯洛伐克 | 2 | 942 |
| 印度 | 6 | 4300 | 巴基斯坦 | 2 | 680 |
| 美国 | 5 | 6018 | 法国 | 1 | 1720 |
| 韩国 | 4 | 5600 | 芬兰 | 1 | 1700 |
| 阿联酋 | 3 | 4200 | 巴西 | 1 | 1405 |
| 日本 | 3 | 3036 | 阿根廷 | 1 | 27 |

注：数据截至 2015 年 4 月 1 日，数据来源：世界核能协会网站。

目前世界范围能应用的动力堆仍然是沸水堆（BWR）、快堆（FBR）、石墨气冷堆（GCR）、轻水冷却石墨慢化反应堆（LWGR）、重水堆（PHWR）、压水堆（PWR）和高温气冷堆（HTGR）几种。目前，快堆与高温气冷堆仍处于实验阶段。

### 4.1.3 核能应用的基础知识

自从认识了裂变反应之后，人类就对核能的科学利用产生了神话般的梦想。为了能使核能技术早日服务于人类，20世纪40年代之后，大批学者进行了有关研究，终于掌握了核能技术，使核能能够在人的控制下释放。核能在短短几十年里已经在能源及其他领域发挥了巨大作用。

(1) 核燃料  核燃料是可在核反应堆中通过核裂变反应或核聚变反应释放核能的材料。裂变核燃料包括 $^{235}U$、$^{239}Pu$ 和 $^{233}U$。天然铀中的 $^{235}U$ 既是核武器的装料，又是核反应堆中的燃料。但 $^{238}U$ 和 $^{232}U$ 本身不能直接作为核燃料，需要采用人工方法轰击铀的原子核使之裂变生成新的核燃料。$^{239}Pu$ 和 $^{233}U$，这二者是人工合成核燃料。

聚变核燃料是氢的同位素氘和氚，在天然水中氘含量为 0.02%～0.03%，海水是氘取之不尽的源泉。但氚自然中含量甚微，氚通常是在核反应堆内用中子轰击 $^6Li$ 获得。

目前，核裂变的核燃料为 $^{235}U$ 和 $^{239}Pu$。铀在自然界中主要以两种同位素形式存在：$^{238}U$（占99.3%）和 $^{235}U$（占0.7%），$^{238}U$ 不易裂变，无法维持链式裂变反应，所以天然铀中只有 $^{235}U$ 才是真正的核燃料。美国化学家尤里（H. C. Urey）采用气体扩散法使 $^{235}U$ 得到浓缩，但天然 $^{235}U$ 含量太少，满足不了链式反应的需求，必须另辟蹊径寻求其他的核燃料。

在美国学者麦克米兰（E. M. Mcmillan）及西博格（G. T. Seaborg）等的努力下，1943年3月实现了下面的反应：

$$^{238}_{92}U + ^1_0n \longrightarrow ^{239}_{92}U \xrightarrow{\beta} ^{239}_{93}Np(镎) \xrightarrow{\beta} ^{239}_{94}Pu(钚)$$

$$^{232}_{90}Th + ^1_0n \longrightarrow ^{233}_{90}Th(钍) \xrightarrow{\beta} ^{233}_{91}Pa(镤) \xrightarrow{\beta} ^{233}_{92}U$$

$^{239}Pu$ 及 $^{233}U$ 都是很好的可裂变材料。$^{239}Pu$ 在地壳中并不存在，采用中子照射 $^{238}U$ 或 $^{232}Th$，然后经过两次衰变就可以获得 $^{239}Pu$。

(2) 减速剂  减速剂也称慢化剂。裂变反应中新产生的中子速度甚快，达 $2×10^7$ m/s。新产生的中子一是逃逸到空气中，二是被其他物质"吃掉"，由这样的快中子引起裂变的概率很少。必须将中子的运动速度降到约 $2.2×10^3$ m/s（此速度与常温下分子的运动速度接近）时，它在铀核附近停留的时间加长，才会容易击中铀核使铀发生裂变，这时的中子被称为热中子。

使快中子减速成为热中子需要减速剂。选择减速剂是根据弹性碰撞理论，减速剂的质量与中子的质量越接近，对中子的减速效果就越好，因此一般选用轻核物质，例如水、重水和纯石墨等作为减速剂。

(3) 增殖系数  为了维持链式反应自持地进行，使裂变能源不断地释放出来，必须严格控制中子的增殖速度，使中子增殖系数 $K$ 等于1。如果 $K$ 小于1，核裂变只能是昙花一现，链式反应根本无法进行，此时的反应可称为次临界状态。当 $K$ 等于1时，产生的中子与损失的中子（外逸及被吸收的中子）相互抵消，使发生核裂变的原子数目既不增加也不减少，保持不变，链式反应自持地进行着，此状态称为临界状态，而此时核燃料铀块的质量称作临界质量，它与铀的浓度有关。$K$ 大于1的状态为超临界状态，此时参与核裂变的原子数目急剧增加，反应激烈进行，大量的能量瞬间释放，于是核爆炸发生。

(4) 控制棒  控制核能的释放必须首先控制中子的增殖速度，保证堆芯中子增殖系数恒等于1，所以需要控制棒。费米等人以金属镉（Cd）为材料制成控制棒控制中子增殖速度，称为"镉棒"。利用镉对中子有较大的俘获截面，能吸收大量中子的特殊性质。把镉棒插在反应堆堆芯中上下移动，通过改变镉棒插在堆芯中的深浅度，就可以人为地控制中子的增殖速度。

### 4.1.4 核能的优势及用途

#### 4.1.4.1 核能的优越性

核裂变能是一种经济、清洁和安全的能源，目前的民用领域主要用于核能发电。同火力发电相比，核裂变能发电有如下优点。

（1）核电比火电安全　随着核能技术的不断进步，从原始的石墨水冷反应堆，发展到以普通水、重水、沸水为慢化剂的轻水堆、重水堆、沸水堆等，其安全性大大提高。核电能的事故率远远低于火电。自核电投入使用以来，仅有两次较严重的事故。1986年苏联切尔诺贝利核电站事故，造成人员伤亡和放射性污染，主要由于该电站是早期建造的石墨堆，没有保护装置，技术也不够成熟，且操作人员违规操作造成的。1979年的美国三里岛核电站事故，仅仅导致电站停止运行，没有人员伤亡和放射性泄漏，原因是该电站是压水堆，技术成熟。近来，核电国家采取了一系列安全措施，签署了《国际核安全公约》，使核安全达到很高的水平。

（2）核电比火电经济　$^{235}U$分裂时产生的热量是同等质量煤的260万倍，是石油的160万倍。一座100万千瓦的核电站，每年补充30t核材料，但同功率的火电站，每年需消耗300万吨煤或200万吨石油。煤炭、石油是不可再生的一次能源。核电虽然一次性投资大，建设周期长，但从长远看经济上还是合算的。美国十几年中100多座核电站使其减少原油进口30亿桶。仅此一项减少开支1000多亿美元，核电的经济效益明显。

（3）核电比火电清洁，对环境的污染小　气象学家的计算表明，全球以煤为主要能源释放出大量的二氧化碳，是产生温室效应引起全球气候变暖的主要原因，温室效应给全球生态环境带来一系列灾难性后果。核电污染环境远比煤电小。据测算，全世界的核电站同燃煤电厂相比，每年可为地球大气层减少1.5亿吨$CO_2$、190万吨$NO_x$和300万吨$SO_x$。

核电站不排放任何有害气体和其他金属废料，放射性物质对周围居民的影响也比煤电少（煤电尘烟中含有钍、镭等放射性物质）。事实上只要核电站建设布局，采取多层有效的防护措施，可以减轻污染。例如，核发电最发达的法国，1980年核电比是20%，1986年上升到70%，目前，法国的核电比是75%以上。在此期间发电总量增加了40%，而排放的二氧化硫减少了56%，氮氧化物减少了9%，尘埃减少了36%。可见核能源是目前条件下的理想能源。

目前正处于研究阶段的核聚变更具优势，核聚变原料所释放出的能量比同重量的核裂变原料所释放的能量要大得多，如1kg氘和氚混合进行核聚变反应可释放相当于9000t汽油燃烧时的能量，是同重量铀裂变反应时释放能量的5倍。可以预料，一旦核聚变能得到广泛的工业应用，将会从根本上解决能源紧张的问题。

#### 4.1.4.2 核能的用途

核能对军事、经济、社会、政治等都有广泛而重大的影响。在军事上，核能可作为核武器，可用于航空母舰、核潜艇、原子发动机等的动力源；在经济领域，核能最重要和广泛的用途就是替代化石燃料用于发电；同时作为放射源用于工业、农业、科研及医疗等领域。

（1）核能在军事上的应用　在哈恩的核裂变消息公布于世后，科学家们害怕核爆炸会像诺贝尔发明的炸药那样，用于军事给人类带来更为惨重的灾难。第二次世界大战后期，为了抢在德国之前制造出原子弹，美国总统罗斯福批准了研制原子弹的计划——"曼哈顿计划"。

经过一大批现代核物理学家的研究设计，1945年7月6日，在美国新墨西哥州阿拉默多尔军事基地，第一颗原子弹的试验取得成功。这颗原子弹具有两万吨TNT炸药的爆炸力。1945年8月6日和8月9日，美国把一颗铀弹和一颗钚弹分别投掷在日本的广岛和长崎，使两个城市49万人丧生（见图4-3、图4-4）。但这两颗原子弹加速了日本军国主义的灭亡，在1945年8月9日苏联宣布对日作战后，日本宣布无条件投降。

1949年9月22日，苏联成功地引爆了原子弹；接下来英国、法国也相继有了自己的核武器；1964年10月16日，我国第一颗原子弹成功试爆。以后美国、苏联和中国又分别爆炸了氢弹。目前宣布拥有或实际拥有核武器的国家有美国、俄罗斯、中国、英国、法国以及印度、巴基斯坦和以色列等国。

图4-3 美国投掷在广岛的原子弹"小男孩"　　图4-4 人类第一次真正认识了原子弹的威力

为防止核武器扩散造成的潜在危险性，联合国做出了许多积极的努力，从1969年的《不扩散条约》，到《全面禁止核武器条约》，但核威胁依然存在。

(2) 核能的民用　目前，人类利用核能的方式主要有两种：重元素的原子核发生分裂反应（核裂变）和轻元素的原子核发生聚合反应（核聚变）时放出的能量，它们分别称为核裂变能和核聚变能。发展核电是和平利用核能的一种主要途径。

核能发电是民用的大户。核电站通常由一回路系统和二回路系统两大部分组成，核电站的核心是反应堆，反应堆工作时放出核能主要是以热能的形式由一回路系统的冷却剂带出，用以产生蒸气，所以一回路系统又被称核供汽系统；由蒸汽驱动汽轮发电机组进行发电的二回路系统，与一般火电厂的汽轮发电机系统基本相同。

核电站分为轻水堆（包括压水堆和沸水堆）核电站、石墨气冷堆核电站、重水堆核电站、增殖堆核电站几种。工业核电站一般分为轻水堆核电站、重水堆核电站和石墨气冷堆核电站三种，其功率达几十万千瓦、上百万千瓦。

目前，由欧洲14国联合出资进行研制开发的新型核聚变装置已进入实验阶段。核聚变比核裂变产生的能量可高600倍。科学家们预计氘-氚的受控核聚变试验成功，将对人类社会产生深远影响。

(3) 核能技术的其他应用　核能还可用于核能供热、制冷、核动力、农业和医疗等领域。

① 核能供热　核能供热是20世纪80年代发展起来的一项新技术，这是一种经济、安全、清洁的热源，因而在世界上受到广泛重视。在能源结构上，用于低温（如供暖等）的热源，占总热耗量的一半左右，这部分热多由直接燃煤取得，因而给环境造成严重污染。所以发展核反应堆低温供热，对缓解供应和运输紧张、净化环境、减少污染等方面都有十分重要

的意义。

核供热是一种前途远大的核能利用方式。核供热不仅可用于居民冬季采暖，也可用于工业供热。特别是高温气冷堆可以提供高温热源，能用于煤的气化、炼铁等耗热巨大的行业。

② 核能制冷  核能还可以用来制冷。清华大学在 5 MW 的低温供热堆上已经进行过成功的试验。核供热的另一个潜在的大用途是海水淡化。在各种海水淡化方案中，采用核供热是经济性最好的一种。在中东、北非地区，由于缺乏淡水，海水淡化的需求是很大的。

③ 核动力  核能又是一种具有独特优越性的动力。核动力不需要空气助燃，可作为地下、水中和太空缺乏空气环境下的特殊动力；核动力少耗料、高能量，是一种一次装料后可以长时间供能的特殊动力，例如，作为火箭、宇宙飞船、人造卫星、潜艇、航空母舰等的特殊动力。

核动力推进，目前主要用于核潜艇、核航空母舰和核破冰船。由于核能的能量密度大、只需要少量核燃料就能运行很长时间，在军事上有很大优越性。尤其是核裂变能的产生不需要氧气，故核潜艇可在水下长时间航行。正因为核动力推进有如此大的优越性，故几十年来全世界已制造的用于舰船推进的核反应堆数目已达数百座，超过了核电站中的反应堆数目（当然其功率远小于核电站反应堆）。现在核航空母舰、核驱逐舰、核巡洋舰与核潜艇一起，已形成了一支强大的海上核力量。

现在人类进行的太空探索，还局限于太阳系，故飞行器所需能量不大，用太阳能电池就可以了。将来核动力可能会用于星际航行，如要到太阳系外其他星系探索，核动力恐怕是唯一的选择。1997 年 10 月 15 日美国宇航局发射的"卡西尼"号核动力空间探测飞船，它要飞往土星，历时 7 年，行程长达 35 亿公里漫长的旅途。

④ 核能技术在农业上的应用  核能技术在农业上的应用形成了一门边缘学科，即核农学。常用的技术有核辐射育种，即采用核辐射诱发植物突变以改变植物的遗传特性，从而产生出优劣兼有的新品种，从中选择，可以获得粮、棉、油的优良品种。

⑤ 核医学  在医学研究、临床诊断和治疗上，放射性核元素及射线的应用已十分广泛，形成了现代医学的一个分支——核医学。常见的核医学诊断方法有体外脏器显像，以适当的同位素标记某些试剂，给病人口服或注射后，这些试剂就有选择性地聚集到人体的某组织或器官，用适当的探测仪器就可从体外了解组织器官的形态和功能。这些仪器有 XCT、γ 照相机等。还有脏器功能测定，如甲状腺功能测定、骨密度测定等，以及体外放射分析，精确度可达 $10^{-9} \sim 10^{-15}$ g。

核技术在治疗方面主要是用于治疗肿瘤，特别是恶性肿瘤，例如利用放射性钴发出的 γ 射线杀死癌细胞，设备就是钴治疗机（俗称钴炮）。据统计，世界上 70% 的肿瘤患者接受放射性治疗。另外在放射性治疗中，快中子治癌也取得了较好的疗效。

### 4.1.4.3 核能资源

核能资源包括两部分，即核能裂变资源和核能聚变资源。

目前核裂变能的主要原料是铀和钍。铀在地壳中的储量总计达几十亿吨，在每升海水中大约含有 33μg 的铀，总储量约有 45 亿吨。铀的储量虽然很大，但分布却很分散，要找到比较集中的矿点比较困难。钍的来源比铀要广泛，价格较便宜。

作为核聚变能原料的氢及其同位素氘和氚，核聚变能原料在地球上的储量十分丰富。经测定，每升海水中含氘 0.034g，海洋中含有氘约 23.4 万亿吨，足够人类使用几十亿年。对于人类来说，核聚变能将是一种取之不尽，用之不竭的"长寿能源"。核聚变反应也是太阳和宇宙能量（光和热）的主要来源。科学家证实，太阳里边的氢及其同位素足以使太阳燃烧几十亿年。

## 4.2 核电技术

### 4.2.1 核裂变反应堆

核裂变反应是当 $^{235}U$ 的原子核受到外来中子轰击时,原子核会吸收一个中子分裂成两个质量较小的原子核,同时放出 2~3 个中子;裂变产生的中子又去轰击另外的 $^{235}U$ 原子核,引起新的裂变。如此持续进行就是裂变的链式反应。

链式反应产生大量的热需要用循环水(或其他物质)带走热量,导出的热量可以使水变成水蒸气,推动汽轮机发电,同时可以避免反应堆因过热烧毁。由此可知,核反应堆最基本的组成是裂变原子核+热载体。但是只有这两项还不够,因为高速中子会大量飞散,需要使中子减速以增加与原子核碰撞的机会,使核反应堆依人的意愿决定工作状态,这就要有控制设施;铀及裂变产物都有强放射性,会对人造成伤害,必须有可靠的防护措施。综上所述,核反应堆的合理结构应该是:核燃料+慢化剂+热载体+控制设施+防护装置。

核燃料、慢化剂和冷却剂是核反应堆的主要材料,这三种材料不同的组合,产生出各种堆型,包括轻水堆、压水堆、沸水堆、重水堆、石墨堆、气冷堆及快中子堆等,其中,以水($H_2O$)作为慢化剂和载热剂的轻水反应堆(包括压水堆和沸水堆)应用最多,共占 80% 以上,技术也相对完善。

重水堆只有加拿大发展的坎杜型压力管式重水堆核电站实现了工业规模推广(我国秦山三期即引进加拿大技术)。

快堆与高温气冷堆仍处于实验阶段,2014 年新增并网投入运行的动力堆共有四座,其中 3 座来自中国,1 座来自阿根廷。

#### 4.2.1.1 轻水堆核电站

在核电站的发展过程中,轻水堆是较早开发的堆型。1956 年,美国建造了第一座压水堆核电站,1960 年,美国的第一座示范型沸水堆核电站也投入运行。随后的 30 年里,这两种类型的核电站发展很快,单机最大功率均达到 1300 MW,在设计、建造和运行方面取得丰富经验。

轻水反应堆(light water reactor,LWR)是以水和汽水混合物作为冷却剂和慢化剂的反应堆,轻水堆载出核裂变热能的方式可分为压水堆和沸水堆两种。

压水堆用高压抑制沸腾(压力在 10~16MPa),热交换器将一次冷却系(堆芯产生的热,称为核蒸汽供应系统)和二次冷却系(送往涡轮机的蒸汽,称为汽轮发电机系统)完全隔离开来;沸水堆是将水蒸气不经过热交换器直接送到汽轮机,提高热效率。压水堆与沸水堆技术参数见表 4-2。

表 4-2 压水堆主要技术参数

| 项 目 | 压水堆 | 沸水堆 | 项 目 | 压水堆 | 沸水堆 |
| --- | --- | --- | --- | --- | --- |
| 电功率/MW | 900 | 1000 | 冷却剂出口温度/℃ | 328 | 294 |
| 热功率/MW | 2905 | 2964 | 冷却剂压力/($kgf/cm^2$)① | 158 | 72 |
| 热效率/% | 32 | 33 | 冷却剂流量/($m^3/h$) | 68230 | |
| 冷却剂进口温度/℃ | 293 | | | | |

① $1kgf/cm^2=98kPa$。

(1)压水堆工作原理 压水堆核电站由核蒸汽供应系统和汽轮发电机系统组成,其中汽轮机系统部分称为"常规岛",它与火电站相似;核蒸汽供应系统也称为"核岛",与火电站不同,主要由压水反应堆、蒸汽发生器、主泵、稳压器和冷却剂管道组成,见图 4-5,压水堆本体图见图 4-6。

压水堆由压力壳、堆芯、堆芯支撑构件及控制棒驱动机构组成。在 900 MW 功率的压水堆中,压力壳高 12 m,直径 3.9 m,壁厚 200 mm。壳中的堆芯由 157 个燃料组件构成,约 80tUO$_2$。燃料组件不仅装有核燃料芯块,而且在不同位置装有一些控制棒,它由反应堆顶部的控制棒驱动机构驱动,用于控制核裂变链式反应的进行。

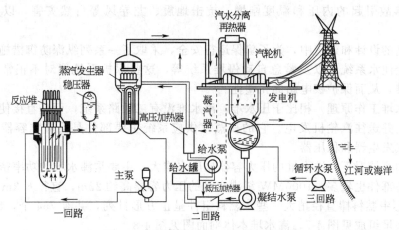

图 4-5　压水堆核电站工艺流程示意图

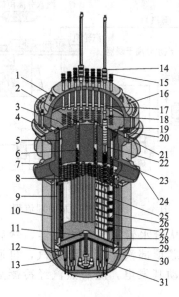

图 4-6　压水堆本体图

1—吊耳;2—厚梁;3—上部支撑板;4—内部构件支撑凸缘;5—堆心吊篮;6—支撑柱;7—进口接管;8—堆芯上栅格板;9—热屏蔽;10—反应堆压力容器;11—检修孔;12—径向支撑;13—下部支撑锻件;14—控制棒驱动机构;15—热电偶测量口;16—封头组件;17—热套;18—控制棒套管;19—压紧簧板;20—对中销;21—控制棒导管;22—控制棒驱动杆;23—控制棒组件(提起状态);24—出口接管;25—围板;26—幅板;27—燃料组件;28—堆芯下栅格板;29—流动混合板;30—堆芯支撑柱;31—仪表导向套管及中子探测器

反应堆运行时,主泵将高压冷却剂(普通水)由压力容器顶部附近送入反应堆,冷却剂从外壳与堆芯围板之间自上而下流到堆底部,然后由下而上流过堆芯,带走核裂变反应放出的热量。冷却剂流出反应堆，进入蒸汽发生器，通过其内 3000 多根传热管，把热量传给管外的二回路水，使之沸腾产生蒸汽，推动汽轮机发电。经过热交换后一回路的冷却剂再由主泵送回反应堆，如此反复循环，不断地将反应堆中的热量转换产生蒸汽，用于发电。

一般 900MW 压水堆有 3 个环路，每个环路都有一台蒸发器，一台主泵，三个环路共用一个稳压器，它们都装在安全壳内。安全壳是一个圆筒形的大型预应力钢筋混凝土建筑物，内径约 37m，高 60m，壁厚 0.9m，内衬一层 6mm 厚钢板，有良好的密封性能，能承受极限事故引起的内压和温度剧增，抗击地震、龙卷风等自然灾害，以及外来飞行物的冲击。

在核电站的设计和建造中，为了确保运行安全，采取了一系列纵深防御措施，如安全喷淋系统，安全注水系统，以及紧急自动停堆系统等，这些保护系统能对不正常运行进行控制，直至停堆，从而保护核电站的完整性。

（2）沸水堆工作原理　相比于压水堆，沸水堆没有二回路系统，而是直接使反应堆堆芯内的水沸腾，并送往汽轮机发电。它的核蒸汽供应系统主要部件是反应堆容器及主泵管道等，没有蒸汽发生器和稳压器。

在同等功率情况下，沸水堆的压力容器比压水堆大，主要是沸水堆的功率密度较低，压力容器中设备部件也较多。1000MW 级沸水堆的压力容器高约 22m，直径 6.3m 左右，壁厚 170mm。堆芯中燃料棒直径稍大一些，燃料组件呈正方形排列，共有 764 个，约装 200t 二氧化铀。沸水堆组成见图 4-7，沸水堆本体剖面图见图 4-8。

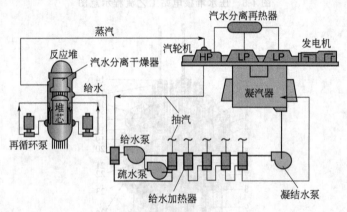

图 4-7　沸水堆核电站原理流程

沸水堆在运行时，冷却剂从给水管进入压力容器，然后顺壁而下，由底部进入堆芯中央，加热后穿过堆芯，由堆芯顶部汽水分离除蒸汽，再通过干燥器除去剩余水分后离开反应堆，直接进入汽轮机驱动其发电，随后蒸汽经冷凝后再重新回到反应堆，完成一个循环。

在沸水堆中，控制棒位于反应堆的底部，当它的传动杆往上，可扦入堆芯吸收中子，核反应的速率就降低。为了保护反应堆的安全运行，沸水堆有二层安全壳。反应堆容器及一回路管道装在一个钢制压力容壳内（即"阱"），这是保护反应堆一回路的安全壳。安全壳与一组管子相接，这些管子插在一个很大的环形水池内，其作用是承受事故条件下出现的瞬时压力。另外，干阱外紧包着一层钢筑壳，最外面为第二层安全壳，它可有效防止放射性气体泄漏。

在沸水堆中，还备有两套堆芯应急冷却系统，以及其他一些保护措施。一旦反应堆出现事故，这些系统可以帮助堆内衰变余热的排除，避免堆芯受损。

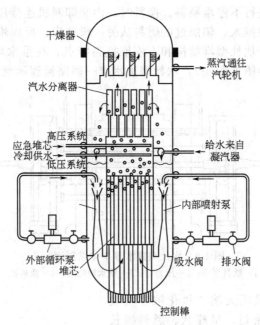

图 4-8 沸水堆本体剖面图

#### 4.2.1.2 重水反应堆

用重水即氧化氘（$D_2O$）作为慢化剂（兼冷却剂）的核反应堆被称为重水反应堆，简称重水堆。重水的中子吸收截面小，慢化系数大，是非常优异的慢化剂，它与石墨并列是最常用的慢化剂。表 4-3 列出了几种慢化剂的中子吸收截面。

表 4-3　几种慢化剂的中子吸收截面

| 项目 | $H_2O$ | $D_2O$ | Be | C |
| --- | --- | --- | --- | --- |
| $\sigma_a$(当 0.025eV)/Pa | 60 000 | 92 | 1 000 | 450 |
| 慢化系数 | 67 | 5 820 | 159 | 170 |

(1) 重水堆核电站的特点

① 重水的慢化性能好，吸收中子少；重水堆转换率比较高（约 0.8%），可采用天然铀作燃料；不需要建立昂贵的铀同位素分离厂或从国外进口浓缩铀。

② 从重水堆中卸出的燃料燃烧充分，核废料中 $^{235}U$ 含量较低，后处理费用大大降低。

③ 在各种热堆中，重水堆所需天然铀量最少，且所需的初装料和年需换料量也最小；重水堆的燃料成本比轻水堆要低约 50%。

④ 重水堆容量因子高，省去了轻水堆每年一次的停堆换料时间（一般约 1.5~2.0 个月）。

⑤ 重水堆的缺点是重水的生产成本昂贵，对重水的同位素纯度要求高，纯度需大于 99.7%，对密封及重水的回收要求高，基建和运行费用较高。

(2) 重水堆的类型　重水堆按其结构可分为 CANDU 型压力管式重水堆、MZFR 型压力容器式重水堆和普贤型重水慢化沸腾轻水冷却的重水堆。

压力管式重水堆是用压力管将重水慢化剂和冷却剂分开，重水冷却剂在高温高压管内流动，重水慢化剂在压力管外的反应堆容器里。

坎杜型重水堆为卧式结构。在反应堆容器的两端都设有密封接头，可以装卸。因此，可以采用遥控的装卸料机进行不停堆换料。换料时，由装卸料机连接压力管两端密封接头，新燃料组件从压力管的一端推入，辐照过的燃料从另一段推出。反应堆仍保持运行状态，称为"双顶式双向换料"。由于坎杜型堆结构和不停堆换料特点，在重水堆核电站中占重要优势。坎杜型重水堆本体纵剖面图见图 4-9，坎杜型重水堆一回路流程示意图如图 4-10。

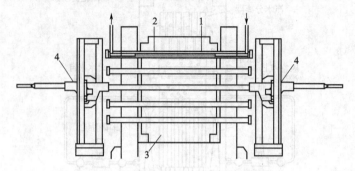

图 4-9　坎杜型重水堆本体纵剖面图
1—燃料束棒；2—压力管；3—重水慢化剂；4—换料机

重水堆的核燃料是采用天然二氧化铀芯块装入锆合金包壳内，两端密封，呈棒状。燃料棒长 500mm。每个燃料组件由 19～37 根燃料棒组成一束，装入锆铌合金压力管内，每根压力管内装 12～13 个燃料组件。为了防止重水过热沸腾，压力管内保持较高压力。堆芯由几百根带燃料组件的压力管排列而成。作为慢化剂的重水装在压力容器中。为防止热量传递给慢化重水，压力管外设置同心套管，两管间充以氮气隔热以保持慢化重水温度低于 60℃。压力管和容器管贯穿在反应器排管容器中，两端法兰固定，与壳体连成一体。

控制棒设置在反应器上部，穿过容器插入压力管间隙的慢化剂中。反应性调节，除采用控制棒外，还可用改变反应堆容器中重水的液位来实现。快速停堆时将控制棒快速插入，同时打开容器底部大口径排水阀，将重水慢化剂急速排入储水箱内，以达到停堆效果。

与压水堆核电站相比，重水堆核电站可以实现不停堆换料，而压水堆每年一次停堆换料，一

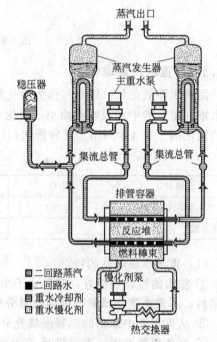

图 4-10　坎杜型重水堆一回路流程示意图

般需要 60 天。重水堆有利于提高电站的利用率，实际发电量一般可以达到设计发电量的 85%。同时，重水反应堆在安全性方面也有很大的提高。重水堆多了两道防止和缓解严重事故的热阱，即重水慢化剂系统和屏蔽冷却水系统；高温高压的冷却剂与低温低压的慢化剂在实体上是相互隔离的，不会发生弹棒事故；重水反应堆还配备有工作原理完全不同的两套独立的停堆系统。此外，天然铀装料的平衡堆芯后备反应性小，缓发中子寿命长，可减轻事故后果的严重性。

目前全世界正在运行的 400 多个核电机组中，绝大多数是压水堆，只有 43 个是重水堆。全世界拥有重水堆核电机组最多的国家是加拿大，韩国、阿根廷、印度、罗马尼亚和中国（包括台湾省）也有少量重水堆核电机组。

### 4.2.1.3 高温气冷堆

高温气冷堆是一种技术先进、安全性好、用途广泛同时具有发展前景的核反应堆。高温气冷堆用氦气作冷却剂，石墨作慢化材料，以堆芯燃料结构形式的不同，主要分为棱柱状燃料元件高温堆和球形燃料元件高温堆。

(1) 高温气冷堆的结构　这两种结构形式的反应堆均采用全陶瓷包覆颗粒燃料元件，全陶瓷堆芯结构设计，能提供700~950℃的高温氦气。反应堆具有自我调节性能。采用优异的包覆颗粒燃料是获得其良好安全性的基础。铀燃料被分成许多小的燃料颗粒，每个颗粒外包覆了一层低密度热介碳，两层高密度热介碳和一层碳化硅。包覆颗粒直径小于1mm，包覆颗粒燃料均匀弥散在石墨慢化材料的基体中，制造成直径为6cm的球形燃料元件。包覆层将包覆颗粒中产生的裂变产物充分地阻留在包覆颗粒内。全陶瓷包覆颗粒燃料元件可在1600℃高温下仍能保持良好的性能，即使丧失任何冷却，堆芯也不会出现超温，燃料也不会烧毁，可以说是一种无堆芯熔化可能性的反应堆，在任何情况下都不会对周围的公众造成危害。

图4-11是清华大学核能技术设计研究院建造的10MW高温气冷实验堆的总体结构。高温气冷堆技术将有希望成为满足今后先进核能系统要求的技术之一。

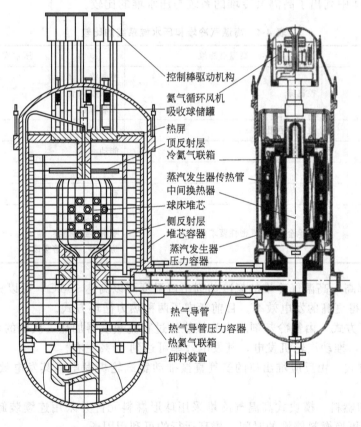

图4-11　清华大学开发的10 MW高温气冷堆

(2) 高温气冷堆的安全特性

① 非能动的安全性　高温气冷堆是国际核能界公认的一种具有良好安全特性的堆型。性能优异的包覆颗粒燃料是获得其良好安全性的基础。模块化高温气冷堆的堆芯剩余发热利用"固有安全"的先进概念，排除事故下堆芯熔化的可能性。

② 系统大为简化

　　a. 反应性控制　由于球床高温气冷堆采用球形燃料，可以采用重力流动和气力输送的方式实现运行状态下的连续装卸料，因此仅留有15%过剩反应性用于功率调节。如此低的过剩反应性控制只需用控制棒即可。

　　b. 压力调节　在运行条件下，氦冷却剂仅以气相存在，不会发生相变。通过压缩机对一回路内氦存量进行吞吐，即可对一回路的压力进行调节。

　　c. 专设安全系统大为简化　高温气冷堆在极端事故即冷却剂完全流失、主传热系统功能丧失的条件下，仍能保证堆芯燃料的最高温度低于1600℃的设计限值，从而基本上排除堆芯熔化的可能性，使专设安全系统大为简化。在高温气冷堆中，没有压水堆核电厂中的应急给水系统和安全注入系统。相应地应急柴油机组的要求也降低了。

　　d. 以包容体代替安全壳　由于在任何工况下不会发生燃料元件温度超过1600℃而使裂变产物大量释放的事故，而且在正常运行工况下一回路冷却剂的放射性水平很低，在发生失压事故时，即使一回路冷却剂全部释放到周围环境中，对环境造成的影响也是很小的。因此，在模块式高温气冷堆的设计中不设置安全壳，而采用"包容体"的设计概念。"包容体"不同于安全壳，无气密性和承全压的要求，无需有喷淋降压、可燃气体控制等功能，系统大为简化。在表4-4中列出了高温气冷堆的系统与压水堆的比较。

表4-4　高温气冷堆和压水堆系统的比较

| 系统 | 高温气冷堆 | 压水堆 |
| --- | --- | --- |
| 反应性控制 | 控制棒 | 控制棒<br>硼浓度调节<br>可燃毒物 |
| 压力调节 | 氦气的吞吐 | 稳压器 |
| 余热排出 | 非能动 | 能动 |
| 应急给水系统 | 无 | 有 |
| 安全注入系统 | 无 | 有 |
| 安全壳 | 不承全压、无气密性要求的包容体 | 气密性、双层壳<br>喷淋、堆熔捕集<br>防氢爆、底板熔穿设防 |

③ 发电效率高　高温气冷堆的氦冷却剂出口温度可以高达950℃，可以充分利用其高温氦气的潜力，获得更高的发电效率。目前考虑了两种热力循环方式。

　　a. 蒸汽循环方式　由氦冷却剂载出的核能经过直流蒸发器加热二次侧的水，产生530℃的高温过热蒸汽，推动汽轮机发电，其发电效率可达到40%左右。

　　b. 氦循环方式　由反应堆出口的氦气直接推动氦汽轮机发电。其发电效率可达到48%左右。

④ 连续装卸燃料　模块式高温气冷堆采用球形燃料元件并采用连续装卸料的方式，这样可以减少定期更换燃料停堆的时间，提高运行的可利用因子。

⑤ 模块化建造　采用模块化建造，建造周期可缩短到2～3年，增强了其对市场变化的灵活反应能力，而且减少了建造期的利息，有利于降低建造成本。

（3）高温气冷堆的发展　高温气冷堆是在低温气冷堆的基础上发展起来的。气冷堆的发展经历四个阶段：早期气冷堆→改进型气冷堆→高温气冷堆→模块式高温气冷堆，表4-5列出了四种堆型的主要特点：

表 4-5  气冷堆的四个发展阶段和技术特点

| 堆型 | 早期气冷堆 Magnox | 改进型气冷堆 AGR | 高温气冷堆 HTGR | 模块式高温气冷堆 MHTGR |
|---|---|---|---|---|
| 燃料元件 | 天然铀燃料与镁合金包壳元件 | 低加浓铀燃料与不锈钢包壳元件 | 陶瓷包覆燃料元件 | 陶瓷包覆燃料元件 |
| 冷却剂 | $CO_2$ 冷却剂 | $CO_2$ 冷却剂 | 氦气冷却剂 | 氦气冷却剂 |
| 出口温度/℃ | 400 | 670 | 700~950 | 700~950 |
| 已有机组(电站) | 36 个机组(英国、法国) | 14 个机组(英国) | 3 个试验堆、2 个原型堆 | 2 个试验堆、2 个示范堆 |
| 热功率/MW | 500 | 600 | 330 | 400 |

模块式高温气冷堆采用耐高温的陶瓷型包覆颗粒燃料元件,以化学惰性和热工性能良好的氦作为冷却剂,慢化剂和堆芯结构材料采用耐高温的石墨燃料。堆芯由球形燃料元件和石墨反射层组成。反应堆设有两套控制和停堆系统,第一套控制棒系统用于功率调节和反应堆热停堆,第二套是小球停堆系统,用于长期冷停堆。

模块式高温气冷堆采用包覆颗粒燃料,因此具有小型化和固有安全性的特点。如果发生冷却剂失流的事故,堆芯余热仍可依靠自然对流、热传导和辐射等方式导出,使得燃料温度低于设计限值,保持燃料和堆芯的完整形态,可以从根本上排除堆芯熔化的可能性。模块式高温气冷堆同时具有模块化组合施工、标准化生产、建造时间短和投资风险小等特点。

高温气冷堆是 20 世纪 70 年代美国发生三里岛核泄漏事故后发展起来的,1981 年德国西门子公司首先提出了模块式高温气冷堆的概念。

我国模块式高温气冷堆的基础研究同样始于 20 世纪 70 年代。10MW 的高温气冷实验堆项目(HTR-10)于 1992 年经国务院批准,1995 年开工建设,2000 年 12 月首次实现临界,在 2003 年 1 月实现满功率运行。2006 年 1 月,国务院正式发布《国家中长期科学和技术发展规划纲要(2006—2020 年)》,将"高温气冷堆核电站"项目列入国家重大专项。2012 年 12 月,高温气冷堆示范工程正式开工建设,计划于 2017 年 11 月实现并网发电。

日本福岛事故后,核电安全性再次成为全世界关注的焦点,高温气冷堆所具有的固有安全性更显示出优越性。模块式高温气冷堆具有发展前景。

### 4.2.1.4 快中子反应堆

快中子反应堆简称快堆,快中子的能量平均在 2MeV 左右。快堆以 $^{239}Pu$ 为堆芯,以 $^{238}U$ 为增殖原料,包围在堆芯周围形成增殖区(又称再生区)。"炉膛"里没有慢化剂,只有冷却剂(钠或氦),直接依靠快中子来轰击 $^{238}U$,发生两次衰变后,变成 $^{239}Pu$ 新核素,新核素继续裂变,并放出比 $^{235}U$ 高出 30~40 倍的能量,故称快中子增殖反应堆。目前的快堆多使用液态钠做冷却剂,所以又称钠快冷堆。

(1) 快堆的结构  快中子堆中无慢化剂,冷却剂和结构材料也很少,堆芯较热中子小得多,因此对传热要求很高。钠冷快堆的燃料用二氧化钚和天然铀氧化物的混合物(钚占 15%~30%)粉末做成烧结陶瓷芯块,装入不锈钢包壳管制成细燃料棒,将 200~300 根燃料棒按三角形排列,制成燃料组件,装入六边形不锈钢外套管。堆芯由 200~300 个燃料组件组成。快中子堆所用的控制棒不多。

钠快冷堆的一回路布置分为池式和回路式两种形式。池式是将一回路设备均匀布置在一个充钠的大池内,包含堆本体,至少 3 台中间热交换器和至少 3 台钠泵。回路式将堆本体、中间热交换器和钠泵各安置在单独的容器和屏蔽充氮气的隔间内,用管道互相连接。其各自结构见图 4-12、图 4-13。

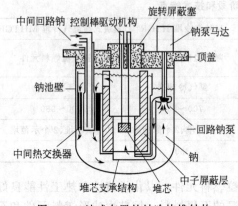

图 4-12　池式布置的钠冷快堆结构

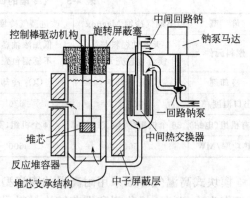

图 4-13　回路式布置的钠冷快堆结构

(2) 快堆的特点

① 快堆的核燃料利用率可高达 60%~70%,可大大提高铀资源的利用率;可以焚烧长寿命锕系核素和长寿命裂变产物,解决高放射性废物最终处置问题。

② 金属钠具有中子吸收截面小和散射慢化能力不强等适用于快堆的性能,同时还有多个固有安全特性,有助于实现非能动事故余热排放,提高快堆安全性。各国钠冷快堆 350 堆年的经验,从未发生过放射性严重污染环境的事故。液态金属钠有较大的热导率,见表 4-6。

表 4-6　冷却剂的物性

| 物性 | Na (450℃) | NaK (450℃) | Hg (450℃) | Pb (450℃) | Pb-Bi (450℃) | He (450℃, 6MPa) | $H_2O$ (280℃, 6.4MPa) | $H_2O$ (342.16℃, 15MPa) |
|---|---|---|---|---|---|---|---|---|
| 熔点/℃ | 98℃ | -12.6 | -38.9 | 327.6 | 208.2 | | | |
| 沸点/℃ | 883 | 784 | 356.7 | 1743 | 1638 | | | |
| 密度/$(kg/m^3)$ | 844 | 759 | 12510 | 10520 | 10150 | 3.955 | 610.7 | 758.0 |
| 比热容/$[kJ/(kg·K)]$ | 4.205 | 0.873 | 0.13 | 0.147 | 0.146 | 5.193 | 8.95 | 5.29 |
| 热导率/$[W/(m·K)]$ | 71.2 | 26 | 13 | 17.1 | 14.2 | 0.2893 | 0.456 | 0.5777 |
| 运动黏度/$(m^2/s)$ | $3×10^{-7}$ | $2.4×10^{-7}$ | $0.60×10^{-7}$ | $1.9×10^{-7}$ | $1.4×10^{-7}$ | $13.53×10^{-6}$ | $1.14×10^{-7}$ | $1.239×10^{-7}$ |
| 热胀系数/$K^{-1}$ | $2.4×10^{-4}$ | $2.77×10^{-4}$ | | | | | $25.79×10^{-4}$ (6MPa) | $72.1×10^{-4}$ |

③ 钠是化学性质极活泼的金属,要注意管道或设备破损导致钠泄漏的危险。同时注意水和钠的空泡效应产生的危害。

(3) 快堆的发展　世界上第一座快中子反应堆是美国 1951 年建成的,20 世纪 70 年代,快中子增殖堆示范电站输出功率已达 3 万千瓦。其后,法国、前苏联、日本、德国及印度又建成了第二代实验快堆,积累了 300 堆年的运行经验。表 4-7 为几座重要的快堆核电厂的主要参数。

为了改善钠冷快堆的安全性,人类寻求具有快堆安全性的液态金属替代物,第四代核能系统国际论坛提出了气冷快堆(GFR)和铅冷快堆(LFR)的概念,其中铅基材料为冷却剂的反应堆受到重视。

铅冷快堆具有良好的中子学、热工水力学和安全特性,已成为第四代先进核能系统、加速器驱动次临界核能系统(ADS)以及聚变堆的主要候选堆型之一。

表 4-7　几座钠快堆核电厂的主要参数

| 堆名 | 前苏联 BN-600 | 法国 Phenix | 法国 Super Phenix | 日本文殊 (Monju) |
|---|---|---|---|---|
| 设计年份 | 1968 | 1966 | 1972 | 1984 |
| 建成年份 | 1980 | 1973 | 1985 | 1994 |
| 堆型 | 池式 | 池式 | 池式 | 回路式 |
| 热功率/MW | 1470 | 563 | 3000 | 714 |
| 电功率/MW | 600 | 250 | 1200 | 280 |
| 堆芯尺寸（高×直径）/m | 0.75×2.05 | 0.85×1.39 | 1.0×3.66 | 0.93×1.8 |
| 平均比功率/[kW/kg(U+Pu)] | 173 | 131 | 88.5 | 121 |
| 平均功率密度/(kW/L) | 550 | 406 | 280 | 307 |
| 最大线功率/(W/cm) | 530 | 450 | 480 | 457 |
| 平均燃耗深度/(MW·d/tHM) | 100000 | 100000 | 50000 | 80000 |
| 燃料 | $UO_2+PuO_2$ | $UO_2+PuO_2$ | $UO_2+PuO_2$ | $UO_2+PuO_2$ |
| 换料钚占份额/% | 33 | 27.1 | 20 | 16(内)/21(外) |
| 初始堆芯钚装载量/kg | 1785 | 830 | 5424 | 1030 |
| 最大包壳温度/℃ | 710 | 700 | 690 | 700 |

铅基反应堆作为未来具有重要发展前景的先进核能方向，它既适用于裂变堆也适用于聚变堆，既能在临界堆中应用也能在次临界堆中应用。通过铅基反应堆可以形成一整套在时间上覆盖近中远期发展需求，在应用领域上覆盖聚变技术和裂变技术；在反应堆功能上包含能量生产、核废料嬗变及核燃料增殖的可持续发展技术路线。

① 各国在快堆领域的进展　较普遍的未来核能系统是基于闭式燃料循环的钠冷快堆，多国计划于 2020 年前后建成示范堆或原型堆，2040～2050 年开始商业化部署。主流战略需要协同发展核燃料循环和快堆技术，建设运行相关设施。

a. 俄罗斯 BN-600 已成功运行 30 多年，经济参数好。目前在建 BN-800，近期可实现运行。俄罗斯计划 2018 年使用 BN-800 来实现闭式燃料循环，2018～2020 年建成大型商业示范钠冷快堆，2030 年开发和建造少数大型商业化钠冷快堆。

b. 法国计划 2020 年投运 600MW 工业化原型堆，研究包括：考虑快中子和钠的特性，嬗变次锕系元素，开发安全的堆芯；如何抵御严重事故和外部危险；探索减少钠泄漏的能量转换系统；重新审视反应堆和部件设计，改进运行状况和经济竞争力。

c. 美国在 20 世纪 50～90 年代成功运行 EBR-Ⅰ、EBR-Ⅱ 和 FFTF 等快堆。美国通过先进核燃料循环动议（AFCI）与其他国家开发和部署先进核燃料循环与反应堆技术，计划建设三个设施，即核燃料回收利用中心、先进循环利用反应堆和先进燃料循环研究设施。

d. 欧洲可持续核工业动议（ESNⅡ），通过可持续核能技术平台支持，平行开发两种快堆技术：一是钠冷快堆为基准解决方案，2020 年左右在法国建造原型堆；二是替代快堆（铅冷或气冷），在愿意提供厂址的欧洲某一国家建造一座实验堆以示范技术。

e. 印度正在建设电功率 500MW、MOX 燃料原型增殖快堆，2020 年后在电功率 1000MW 快堆中使用金属燃料。日本原子能委员会于 2005 年颁布核能政策框架，针对快堆循环技术的开发目标，描述到 2050 年开展全方位部署的计划。

② 我国的快堆技术　我国快堆的发展始于 20 世纪 60 年代，1987 年发展快堆被列入国家 "863" 计划。2011 年 7 月，中国的热功率 65 MW、电功率 20 MW 的钠冷池型快堆

(CEFR) 实现 40%功率并网 24h，达到了国家验收目标。堆本体和主热传输系统见图 4-14 和图 4-15。中国实验快堆的安全性达到了第四代核电系统的安全目标。

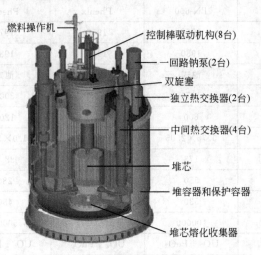

图 4-14　中国实验快堆堆本体

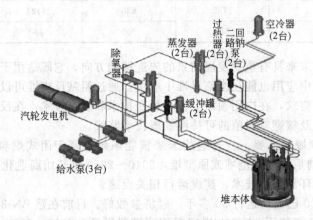

图 4-15　中国实验快堆主热传输系统

我国快堆尚处于实验堆阶段，设备制造经验较少，目前正在与俄罗斯谈判引进 BN-800 堆型的可能性。

在中科院战略科技专项"未来先进核裂变能-未来先进嬗变系统"和国家磁约束核聚变能发展研究等项目的支持下，我国铅基反应堆研究已经形成了裂变、聚变相互支撑、相互促进的优良发展模式，为核能的可持续发展奠定了基础。

#### 4.2.1.5　核裂变技术的发展趋势

发展核能与燃料循环已出现更多方案和途径，人类必须跳出常规核能发展战略思路定式，实现安全、经济、可持续和防核扩散的核能与燃料循环体系。

行波堆技术的出现简化了核燃料循环，实现利用低浓缩铀启动核燃料，发展开路循环启动产业模式，这是符合未来核能系统与燃料循环发展的大趋势。

行波堆不同于热堆和正在开发中的快堆，核燃料可用低浓铀启动源点燃，裂变中子可将周边的 $^{238}$U 转换成 $^{239}$Pu，当增殖元素达到一定浓度时，反应堆开始焚烧原位生成的燃料，形成自持裂变反应的行波。

行波以增殖波前行、焚烧波后续的方式在燃料中缓慢自持传播，一次装料可以连续运行数十年。初始启动源需要用低浓铀，其他所有燃料都可直接来自贫铀、天然铀或轻水堆乏燃料，不需要同位素分离浓缩和处理分离提取钚技术。

行波堆可将铀资源利用率提高十几倍，减少核废料，把一个百年级能源提升为千年级全球清洁能源。

### 4.2.2 核聚变装置

核聚变是利用 2 个或 2 个以上较轻原子核，如氢的同位素氘、氚，在超高温（$10^7 \sim 10^8$ ℃）等特定条件下猛烈碰撞，聚合成一个较重原子核，由于发生质量亏损，而释放出一个中子和巨大的能量。实现聚变反应的条件就是要把等离子体加热到点火温度，并控制反应物的密度和维持此密度的时间。因此，实现核聚变能的应用远比核裂变能的应用要困难得多。太阳是一个巨大而炽热的球体。太阳上的氢及其同位素可以不停顿地进行核聚变反应，并发出光和热。但是，在地球上要实施轻核聚变反应就非常困难，其研发被认为是人类最具挑战性的特大型课题。建造纯聚变堆很困难，应用聚变-裂变混合堆来实现核聚变更容易，且能够充分利用核资源。混合堆是利用聚变反应堆芯部产生的高能聚变中子，在聚变堆包层中使含有可裂变物质吸收中子后转换成易裂变材料，或嬗变处置长寿命放射性核废料并获取核能的装置。

#### 4.2.2.1 核聚变反应基本原理

物质在低温状态下是固态，随着温度的升高会出现液态、气态，气态的物质被继续加热会出现等离子状态，即在几万摄氏度以上时，气体将全部发生电离，变成带正电的离子和带负电的自由电子。这种等离子体被约束在托卡马克装置的环形室腔体内不断与腔壁接触，加热电流继续在这一环形室中流动，与电流方向一致的强大外磁场保证了等离子体的稳定。

当等离子体被加热到 $10^8$ ℃ 以上，满足 $n\tau > 10^{14}$（式中 $n$ 为氘氚等离子体密度，$cm^{-3}$；$\tau$ 为等离子体维持的时间，s）时，就会发生轻原子核转为重原子核的核聚变反应：

$$_1^2H + _1^3H \longrightarrow _2^4He + n$$

1 个氘和 1 个氚聚变为 1 个氦核，放出 1 个中子（能量为 14 MeV），伴随着这一反应放出 17.6 MeV 的巨大能量。现在人类实现可控核聚变所使用的轻核只有氘和氚。在托卡马克装置上，当放出的能量大于输入的能量并足以加热下一次添加的氘氚并继续聚变反应时，这种条件称为可控核聚变的"点火"条件。

实现核聚变的"点火"有三大难题要解决，一是如何把等离子体加热到 $10^8$ ℃ 以上；二是如何使等离子体不与装它的容器相碰，否则等离子体要降温，容器要烧毁；三是防止杂质混入等离子体，因杂质会增加辐射而使等离子体冷却。聚变反应堆主要的部件包括高温聚变等离子体堆芯、包层、屏蔽层、磁体和辅助系统等。

1991 年 11 月在伦敦卡拉姆 JET 实验装置上，人类第一次成功地进行氘氚等离子的聚合反应。虽然只维持了 1.8 s 的时间，但它为人类探索新能源——聚变能迈进了一大步。随后于英国等 14 国联合建造的聚变装置上完成了一次维持时间（约 10 min）更长的可控氘氚聚变实验，等离子体温度达到 $2 \times 10^8$ ℃，聚变产生了 200 kW 的能量。就这样，人类完成了受控热核聚变的理论验证工作，此后从纯物理研究正式进入工程设计和工程技术攻关阶段。

#### 4.2.2.2 核聚变反应方式

核聚变反应方式有多种：一种是由 4 个氢核聚合成一个氦核，因反应太慢，不适合地球上应用。其他方式还有：氘—氘、氘—氚等。氘—氚聚变有可能首先实现。但是，人类实现聚变并进行控制，其难度非常大。这是因为氘、氚原子核又轻又小，核子之间结合非常牢固，必须有极高的温度使粒子获得极快的交叉飞行速度，才能实现核聚变反应。

研究表明，采用等离子体最有希望实现核聚变反应。该方法是用几十万安培的强电流向气体氘放电，形成几百万至千万摄氏度的高温，使氘分离成带正电和带负电的粒子，即通常所说的等离子体。把等离子体加热到点火温度，采用一定的装置和方法来控制反应物的密度和维持此密度的时间。目前，人们使用得最多的是应用磁约束和惯性约束。

#### 4.2.2.3 核聚变主要装置

核聚变反应堆是一种满足核聚变条件从而利用其能量的装置。从目前看实现核聚变有2种方法，一种是使用托卡马克装置实现，托卡马克是一种环形装置，通过约束电磁波驱动，创造氘、氚实现聚变的环境和超高温，实现对聚变反应的控制；另一种方式是通过高能激光的方式实现。第一种方式已于20世纪90年代初实现，目前正在进行工程设计；第二种方式已接近突破的边缘。由于核聚变是在极高的温度下完成的，所以又常称其为热核反应。

（1）磁约束　磁约束就是用一定强度和几何形状磁场将带电粒子约束在一定的空间范围内，并保持一段时间。20世纪60年代苏联科学家发明了著名的磁约束装置——托卡马克装置（Tokamak），使聚变研究进入快速发展期。其原理是沿环形磁场通电流，加以与之垂直的磁场，使高温等离子体在环形磁场约束下，不与器壁接触而做螺旋运动，并被加热、压缩成细柱状，使之按人们的需要进行核聚变反应。

人们在托卡马克装置上取得了令人鼓舞的进展：等离子体温度已达$4.4 \times 10^8 ℃$；脉冲聚变输出功率超过16 MW；$Q$值（表示输出功率与输入功率之比）已超过1.25。表明在这类装置上产生聚变能的可行性已被证实。

从1968年到现在，全世界共建造了几十个大大小小的托卡马克，把核聚变研究推向一个新的高度，主要的成就是：① 基本上没有发现一直困扰磁约束聚变的宏观稳定性问题；② 实验数据与新经典理论预期的结果基本一致。照此发展下去，建堆有望。

20世纪80年代初世界上就建造了4个接近聚变堆的大型托卡马克，每个装置的投资都是数亿美元。这4个装置是美国PPPL的TFTR、欧洲Culham的JET、日本Naka的JT-60和苏联库尔恰托夫原子能所的T-15超导托卡马克。前三个装置达到的"里程碑"是基本上实现了非氘氚燃烧的科学可行性的各项指标，而T-15由于各种原因，一直未能投入正常运行。

1976年在美苏倡议下，在IAEA的框架下，由美国、欧洲、日本及苏联共同建造"国际热核聚变试验堆（ITER）"。"国际热核聚变试验堆（ITER）"计划耗资高达100亿美元以上，投入实施后将是除国际空间站外规模最大的国际科研合作项目，已先后进行了10余年，其中1988～1990年为概念设计阶段，1992～1998年为工程设计阶段。

它的目标是验证稳态的氘氚等离子体自持"燃烧"的科学可行性；聚变反应堆的工程可行性。目前参与这一计划的国家包括欧盟、美国、俄罗斯、日本、韩国和中国。这是继"双星"计划和"伽利略"导航卫星计划之后，中国加入的第三个大型国际科技合作项目。国际热核聚变实验堆结构示意图见图4-16。

ITER计划第一期的主要目标是建设一个能产生$5 \times 10^5$ kW聚变功率、能量增益大于10（在其他参数不变的情况下，若运行电流为17MA，则总聚变功率为700MW）、重复脉冲大于500s氘氚燃烧的托卡马克型实验聚变堆（具体参数见表4-8）。

表4-8　ITER主要典型参数

| | | | |
|---|---|---|---|
| 总聚变功率/MW | 500(70) | 每次燃烧时间/s | >500 |
| $Q$（聚变功率/加热功率） | >10 | 等离子体大半径/m | 6.2 |
| 14MeV中子平均壁负载/(MW/m²) | 0.57(0.8) | 等离子体小半径/m | 2.0 |

续表

| 等离子体电流/MA | 15(17) | 等离子体体积/m³ | 837 |
|---|---|---|---|
| 小截面拉长比 | 1.7 | 等离子体表面积/m² | 678 |
| 等离子体中心磁场强度/T | 5.3 | 加热及驱动电流总功率/MW | 73 |

注：括号中为另一组运行参数。

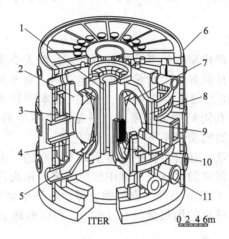

图 4-16　国际热核聚变实验堆结构示意图
1—中心支撑圆筒体；2—屏蔽层，包层；3—等离子环；4—真空室；
5—等离子体室抽气口；6—低温室；7—主动控制线圈；8—环向场线圈；
9—第一壁；10—偏滤器板；11—极向场线圈

但是，托卡马克装置上也还存在着许多问题，这主要表现在以下几个方面。

① 托卡马克装置结构复杂，造价昂贵。由于有复杂的各种磁路系统，以及苛刻的工作条件，托卡马克装置结构庞大，成本极高，例如 ITER 装置，按最初的设计方案造价高达 100 亿美元以上，即使按后来的改进方案，其造价仍然在 50 亿美元以上。

② 由于在强磁场中高温等离子体表现出各种宏观和微观不稳定性，如何实现稳态运行仍然是托卡马克装置面临的最大难题。

③ 由于托卡马克是一个封闭性的装置，如何实现反应堆从加料到加热、反应、传热、除灰的连续运行也是一个极大的困难。

(2) 惯性约束　为了克服托卡马克装置存在的问题，人们又提出了惯性约束概念(ICF)。惯性约束核聚变是利用高功率激光束（或粒子束）均匀辐照氘氚等热核燃料组成的微型靶丸，在极短的时间里靶丸表面在高功率激光的辐照下会发生电离和消融而形成包围靶芯的高温等离子体。等离子体膨胀向外爆炸的反作用力会产生极大的向心聚爆的压力，这个压力大约相当于地球上的大气压力的十亿倍。在这么巨大的压力的作用下，氘氚等离子体被压缩到极高的密度和极高的温度（相当于恒星内部的条件），引起氘氚燃料的核聚变反应。

ICF 的特点是短脉冲（约束时间仅 $10^{-9}$ s）间断运行的，堆芯为高温高密度等离子体（达到点火条件时，温度为 $10^8$ K，等离子体的粒子数密度大于 $10^{32}/m^3$，在这瞬时，等离子体中的压强高达 $10^{12}$ atm❶）。由于驱动源和聚变堆在空间上是相互分离的，因此 ICF 聚变堆将比 MCF 聚变堆简单得多。

---

❶ 1atm=101325Pa。

目前，制约 ICF 实现聚变点火的主要困难一是激光能量转化为等离子体能量的效率太低（低于 5%）。目前驱动器的功率还远远达不到实现聚变点火的条件，以及超热电子对燃料的预热产生辐射不均匀性并引起等离子体的不稳定性扰动等。也曾考虑用高能离子束作 ICF 的驱动源，其优点是离子束在等离子体中具有很好的能量沉积特性，能量的转换效率高。但其缺点不可忽视，需要建造离子加速器作驱动器，使系统很复杂，同时也大大增加了装置的成本。除以上困难外，ICF 也同样需要面对如何传热、排灰和高能中子的处理等难题。

#### 4.2.2.4 聚变燃料

由核聚变原理可知，实现核聚变的条件极其苛刻。目前人类实现的第一代可控核聚变的燃料只限于用氘和氚。氘在自然界中的含量是极其丰富的，海水里的氘占 0.015%，地球上有海水 $1.37 \times 10^9$ km³，氘的总储量为 $2 \times 10^{16}$ t（加工成本 $^{235}_{92}$U 为 $1.2 \times 10^4$ 美元/kg，而氘仅为 300 美元/kg），所以可利用的核聚变原料几乎是取之不尽的。这些氘通过核聚变释放的聚变能，可供人类在很高的消费水平下使用达 50 亿年。

核聚变的另外一种元素氚，在自然界中实际上是不存在的。但它可以在普通反应堆中通过用中子照射锂而得到或在将来的热核反应堆中生产出来。用现代技术在全世界可以提取锂 1000 万吨，我国西藏地区具有世界上最丰富的锂资源。海洋中可以提取 2000 亿吨锂，热功率为 300 万千瓦的机组，每昼夜的用氚量只有 0.5kg，所以地球上的锂储量足以保障人类对聚变能源的应用。

美国威斯康星大学的科学家小组早已提出了热核反应的其他建议。即应用反应式：

$$^{2}_{1}H + ^{3}_{2}He \longrightarrow ^{1}_{1}H(14.7MeV) + ^{4}_{2}He(3.6MeV)$$

它是炭燃烧反应的 $10.8 \times 10^6$ 倍。这一反应的基础是，前苏联和美国对宇宙考查后，发现月球表面的土壤中含有大量的 $^{3}_{2}He$。经核算表明，按现代技术从月球上开采 $^{3}_{2}He$ 所耗费的能量仅占 $^{3}_{2}He$ 在核聚变装置中放出能量的 0.25%，如果以此为原料来保证美国的电力供应，每年只需宇宙飞船往返 1~2 次。月球上的 $^{3}_{2}He$ 储量至少为 $10^6$ t，约相当于 $2 \times 10^{13}$ t 标准煤的能量。因此第一代核聚变燃料是极其丰富的。

#### 4.2.2.5 聚变堆的安全性

与核裂变相比，热核聚变不但资源丰富，其安全性也是核裂变反应堆无法与之相比的。热核反应堆如果在事故状态释能增加时，等离子体与放电室壁的相互作用强度则增大，由此进入等离子体的杂质随之增加。这样就会导致等离子体的温度下降使释能速度放慢以致停止聚变反应。热核反应装置的能量密度低，结构材料活化剩余释热水平不高，这些特点均有助于提高热核反应堆的安全性。

在第一代以氘氚为燃料的热核反应堆中，电功率为 1GW 商用堆，其氚的含量为 10 kg，大部分分散在再生材料、腔体材料和净化系统中，在热核堆最严重的事故状态下，是 10kg 带有放射性的氚全部泄漏在反应堆大厅内的水中。但在通风等各种措施的作用下，几小时就可以恢复到辐射的安全水平（氚的半衰期是 12.5 年，发出能量小于 20MeV 的电子，其穿透能很低，对人类的危害是进入人体器官内部）。通过 100 m 高的烟囱排放氚水汽，对应邻近地区的放射性剂量相当于 $2 \times 10^{-5}$ Sv/a，这一水平远低于天然辐射本地（1mSv/a），与国际放射性防护委员会推荐的最大容许剂量（对工作人员是 50Sv/a，对居民是 5Sv/a）相比是相当安全的。

#### 4.2.2.6 核聚变能的研究现状

全球自 20 世纪 50 年代以来，有 40 多个国家建造了几百个核聚变实验装置。从 1985 年第一代核聚变反应堆实现几万千瓦电力输出以来，至 20 世纪 90 年代核聚变研究取得了很大的进展。其中，英国牛津郡卡勒姆联合欧洲核聚变实验室 1991 年使用氘（84%）、氚（14%）等混合物为原料，采用等离子体方法，第一次进行受控核聚变，产生 1.7 MW 的电力，持续时间为 2 s。

1993 年，美国普林斯顿大学等离子体物理实验室创造 5.6 MW 可控核聚变反应功率输出新的纪录。1997 年，欧洲受控核聚变研究中心的环状受控核聚变实验室——欧洲大环（JET）上做出 16.1 MW 的输出功率，输出功率与输入功率之比达到 65%。

德国格赖夫斯瓦尔德的受控核聚变研究中心将建造和试验代号为"螺旋石-7X"的世界最大、最先进的仿星器受控核聚变装置，2006 年进入模拟核聚变电厂运行的阶段。日本原子能研究所的热核聚变实验室装置 JT60 的真空密封容器中，高温等离子体电流的发生效率新创世界纪录，中性粒子的 1 W 能量在每平方厘米等离子体断面上产生的电流达到 16 kMA，比迄今为止的纪录高 2 倍。

1984 年，中国正式建成受控核聚变装置——中国环流 1 号，使我国成为继美国、前苏联、日本和西欧一些国家之后，研制中型受控核聚变试验装置的唯一发展中国家。1994 年又建成中国环流器新 1 号装置，等离子体电流达 320 kA、纵向磁场 29 T，等离子体放电时间持续 4s。中国科学院等离子体物理研究所的 HT-7 超导托卡马克实验装置在 1999 年底获得稳定可重复的准稳态等离子体，等离子体放电时间长达 10.71s。此外，我国还将建设环流器 HL-2A 和超导磁体托卡马克装置 HT-7U，使中国受控磁约束核聚变研究进程大大加快。

美国、欧洲、俄罗斯和日本等国家或地区对核聚变反应堆做出了各种设计，目前还很难归一，其中有一种聚变裂变两用装置。在上述原理中已知，热核聚变反应与核裂变反应的最大不同是，核聚变不需要中子实现核反应，而核裂变反应则离不开中子。但在核聚变反应堆中，发生反应虽然不需要中子，但其反应却放出中子，按参与反应物的质量计算，其放出的中子数是裂变堆的 25 倍，中子携能量为 14.1MeV。

这种聚变裂变两用装置既生产能量又生产裂变核燃料，在装置中氘氚反应的等离子室被含有 $^{238}$U（或 $^{232}$Tu）转换层所包围。$^{238}$U 在快中子（能量为 14.1 MeV）的作用下易于裂变，这样的铀裂变会产生很大的附加能量，使总功率约增加 6 倍。同时，铀裂变也放出中子，由于这一增殖，使平均每次氘-氚反应积累 1.5 个 $^{239}$Pu（或 $^{233}$Tu），因此混合装置极大地扩大了核燃料的来源，原理见图 4-17。

#### 4.2.2.7 聚变堆发展前景

目前，人类已耗用能源总量近 3000 亿吨标准煤（tce），自 1973 年以来，从地球开采的石油近 5000 亿桶（约合 800 亿吨），剩下的石油按现有生产水平计算，还可保证开采 40 年。天然气也只能持续开采 50 年，石油、煤和天然气资源都正在快速地走向枯竭，并且化石能源的过度应用还导致了 $CO_2$ 等气体大量积累，形成了温室效应。因此寻找一种既能替代化石能源又不影响人类生存环境的能源是各国多年来的努力目标。热核聚变具有潜力巨大、可大规模、全天候为人类长期提供所需能源的能力。

许多学者确信，在 21 世纪，热核聚变核电站将出现在人类的生活中，人类大规模应用这种无害于环境的聚变能从而摆脱在文明发展中不断出现的能源危机。热核能另一开发技术——激光核聚变，由于自由电子激发技术的发展，目前已接近核聚变的点火条件。这一技术的成功将使热核能的应用更加灵活。科学家认为这种方法适合于制造小型廉价的核聚变反应堆，有可能在交通工具直接使用，另外制造成本也有可能大大降低。

随着第一代热核聚变技术的发展，人类不仅可以使用氘、氚、氦-3 为燃料而且能够利用如下的热核反应能源：

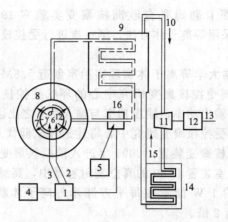

图 4-17 氘-氚反应堆热核发电原理示意图
1—注入器；2—氘；3—氚；4、15—水；5—锂；6—等离子体；
7—夹层；8—磁线圈；9—蒸汽发生器；10—蒸汽；11—汽轮机；
12—发电机；13—电动率输出；14—冷凝器；16—氚分离器

$$^{11}B + ^{1}H \longrightarrow 3^{4}He + 8.7 \text{MeV}（能量是炭燃烧的 2.1 \times 10^{6} 倍）；$$
$$^{7}Li + ^{1}H \longrightarrow 2^{4}He + 17.3 \text{MeV}（能量是炭燃烧的 6.3 \times 10^{6} 倍）；$$
$$^{6}Li + ^{1}H \longrightarrow ^{4}He + ^{3}He + 4 \text{MeV}（能量是炭燃烧的 1.7 \times 10^{6} 倍）$$

实现这 3 种反应只不过是需要使等离子体达到更高温度和密度，如此人类就可以不依赖于氚的制取而直接利用地球上的硼和氢资源，生产利用太阳能。人类憧憬的以氢代替碳为含能质能源时代将以热核能为基础而加速到来，从而永远地消除能源的应用给环境带来的负面影响，使地球更适宜人类生存。

核聚变反应堆现在正进行国际合作，预测在 2025 年可建成示范性聚变堆，但真正的商业化将在 2040 年后实现。50 年后，人类将真正进入没有任何核污染、燃料来源难以穷尽的核文明时代。

# 4.3 核供热

城市供热工程是处于温、寒带城市的基础设施之一。目前的供热方式主要包括热电联产、区域锅炉、分散小锅炉、小火炉及少量的低温核供热和热泵站供热。其中热电联产、区域锅炉、热泵是比较先进的供热方式，也是城市集中供热的主要热源，这导致普遍存在的效率低、消耗常规能源（煤、天然气和石油）和污染严重等问题。

低温核供热是近年发展起来的一种利用核反应堆单纯供热的供热方式，这种方式固有安全性好，对环境污染小，供热效率高。核供热既可满足用户对室内供暖温度的要求，同时由于降低低压参数，使反应堆安全性大大提高。正常运行时对周围环境的放射性辐照量比燃煤热电厂还低，更不排放烟尘、$CO_2$ 及 $SO_2$ 等有害物质。而且由于它的能量密度高，可以占很少的地方，集中产出大量的热能，对解决集中供热中燃煤和燃油带来的环境污染和运输问题，缓解煤炭紧张具有现实意义。

若以热功率为 200MW 的核供热堆代替同等规模的燃煤锅炉房，每年可减少 25 万吨煤炭运输量，每年少排入环境 38.5 万吨 $CO_2$、0.6 万吨 $SO_2$、0.16 万吨 $NO_x$、0.5 万吨烟尘和 5 万吨灰渣。若代替燃油锅炉房，则每年可减少 10 万吨燃油运输量，每年少排入环境 $1800tSO_2$、$619t\ NO_x$ 和 49.2t 灰渣。即使是排入环境的放射性物质，核供热堆也不到燃煤锅炉房的三十分之一，可见推广应用核供热技术对减排温室气体和改善环境十分有益。低温核供热堆在瑞典、俄罗斯等供热事业发达国家已经广泛应用并取得良好的经济和社会效益。

低温核供热堆主要有深水池供热反应堆和承压壳式供热堆两种，通常核供热堆由三部分组成（见图 4-18）。① 产生热量的核反应堆和主交换器，带有放射性的水在这一部分循环，组成一回路，取消泵，采用自然循环，堆芯和主交换器成为一体。② 确保带放射性的一回路水不和热网水直接接触的中间回路，包括热网热交换器和泵。③ 进入居民区的普通热网。

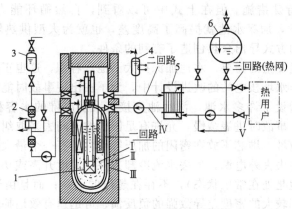

图 4-18　低温核供热系统示意图

Ⅰ—释热区；Ⅱ—压力容器；Ⅲ—屏蔽层；Ⅳ—二回路；Ⅴ—三回路（热网）
1—堆芯；2—一次冷却剂净化系统；3—硼酸水注系统；4—二回路容积补偿器；
5—热网热交换器；6—事故冷却系统

### 4.3.1　常压深水池供热反应堆

深水池供热堆的设计原理与其他低温供热堆不同，深水池供热堆（DDR-1）的概念是我国首先提出来的，它利用"低温"这一特点，将反应堆堆芯放置在一个大而深的水池中，由于水的静压力，允许在不出现沸腾的条件下，提高供水温度，满足集中供热系统的需要。又由于反应堆被大量的水包围着，平均水温不超过 100℃，反应堆可在常压下工作，从而不会发生"失压"事故，有良好的固有安全性。深水池供热堆不使用压力容器，也没有保证压力边界完整的核安全级设备，因而具有结构简单、材料便宜、制造容易、造价较低、工程现实性好和供热运行可靠性高等优势，具有推广应用价值。

深水池供热堆的特点如下。

（1）水静压力提高沸点　由于低温供热要求堆芯出口水温稍高于 100℃，利用水层加压可以有效地提高饱和温度。当堆芯以上有 10m 水深时，水的饱和温度可提高 20℃（即沸点由常压下的 100℃变为 120℃），利用这一特性可以将冷却堆芯的水温提高到 100℃以上，而堆芯内不出现沸腾。增加水深提高压力从而提高温度的办法，给核工程设计带来许多其他方面的好处。

（2）自然循环能力增强反应堆　冷却水的自然循环是保证反应堆安全的重要手段，一座反应堆的自然循环能力由以下关系式决定：

$$N_t = 4.43 c_p \rho \beta^{\frac{1}{2}} \Delta t_0^{3/2} \Delta H_0^{1/2} A \xi^{-1/2}$$

式中　$N_t$——反应堆自然循环功率；
　　　$c_p$——比定压热容；
　　　$\rho$——密度；
　　　$\beta$——线膨胀系数；

$\Delta t_0$ ——堆芯冷却剂出入口温差；

$\Delta H_0$ ——堆芯与热交换器高度差；

$A$ ——堆芯冷却剂流通截面积；

$\xi$ ——冷却剂流动阻力。

反应堆的自然循环能力与 $A$ 成正比，而 $A$ 随反应堆功率（或堆芯体积）的 2/3 次方变化，所以，当反应堆功率增大以后，自然循环能力降低。例如，100 MW 反应堆会比 10 MW 反应堆的自然循环能力下降 1 倍。商用供热堆功率都在 100 MW 以上，为保持自然循环能力，往往需要采取特殊措施。但在上式中可以看到，自然循环能力还与冷热源高度差 $\Delta H_0$ 的 1/2 次方成正比，加深水池就提高了高度差，也就为大型供热堆自然循环方式，即不依靠外界提供能量的方式导出余热创造了有利的条件。

（3）大的水容积是安全的需要　水池加深扩大了池水容积，这也正是大型商用供热堆安全上的需要。在现代压水堆核电站的改进设计中，为了在出现事故时能吸收过多的能量和保持堆芯不会裸露，都增设了许多水池。深水池直接扩大反应堆的水容积是最理想的扩容办法，使得反应堆在发生事故时进展缓慢，允许有足够长的时间去采取纠正措施。

（4）常压安全反应堆　堆芯不放在密闭的加压容器内还有一个最大的好处，就是在出现异常情况时，例如，在失去外电源，失去水流冷却条件，温度升高或功率增长时，不会导致压力升高（反应堆水池是处在常压状态），不存在超压的危险；而且由于是低压相变，当水变成蒸汽时，汽液两相较大的密度差导致强的负反馈，可迅速有效地抑制反应堆功率或温度的升高，进而降低功率并导致停堆。这是深水池常压反应堆有别于其他密封加压反应堆具有的特殊安全性能。

DPR-3 型深水池供热堆的主要参数见表 4-9，其简图见图 4-19。

表 4-9　200MW 的 DPR-3 型深水池供热堆主要参数

| 项目 | 参数 | 项目 | 参数 |
| --- | --- | --- | --- |
| 热功率/MW | 200 | 一次水总流量/(t/h) | 5710 |
| 水池内径/m | 8 | 一次换热器数量/台 | 6 |
| 水池深度/m | 21 | 一回路泵数量/台 | 6 |
| 燃料组件数目/盒 | 249 | 二回路进出水温/℃ | 65/95 |
| 组件内元件棒数目/根 | 60 | 二次水总流量/(t/h) | 5705 |
| 元件棒外径/mm | 10 | 二次换热器数量/台 | 6 |
| 燃料部分高度/mm | 1500 | 二回路泵数量/台 | 6 |
| 棒间距/mm | 12.5 | 热网供水温度/℃ | 90 |
| 池顶水面压力/MPa | 0.1 | 热网回水温度/℃ | 60 |
| 堆芯进/出口水温/℃ | 70/100 | 热网水流量/(t/h) | 5700 |

（5）造价低且可靠性高　深水池是由深埋地下的钢筋混凝土制成，与钢制压力容器相比，它的性能可靠、坚固、耐久、没有辐照损伤问题、制造容易、成本低廉。水池表面不加压力，没有密封加压要求，省去了很多压力系统和设备，也省去了许多预防失压的安全设施；很多系统得以简化，很多设备可采用有使用经验的常规设备，这不仅大大降低反应堆造价，而且提高了运行可靠性。

核供热的经济性是问题的关键。深水池供热堆堆型简单，技术和设备成熟，所以建造费用很低。据估计，1 座 200MW 深水池供热堆大约需要投资 1.8 亿元，仅相当于加压供热堆的 1/3 左右。与燃煤锅炉相比，达到同样规模，大约需要 7 台大型锅炉，其投资合计约为

1.1亿元。核供热堆比锅炉房的投资高一些,但核供热堆的使用寿命为锅炉的2～3倍。这说明国产化的供热堆,在200MW的规模下,已经可以和国内锅炉的造价相比。深水池供热堆的燃料利用率已有所提高,可以使供热成本降低。燃煤锅炉中1t煤（热值为20934kJ/kg）产生的热量相同时,所需要的核燃料费仅为60～70元。

从这种规模的核供热的投资和成本来看,这项常压核供热技术在远离煤源的地区,将可能比常规供热更经济。与较清洁的能源相比,经济性会好得多。这主要是因为,这项技术本身符合中国国情。

### 4.3.2 常压壳式供热堆

清华大学核能技术设计研究院完成了200MW商用堆关键技术攻关和以热电联供、制冷空调、海水淡化等实验为代表的供热堆综合利用技术研究与开发,商用示范堆工程可行性研究、初步设计和工程前期准备也已完成。

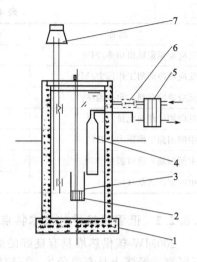

图4-19 200MW池式供热堆简图
1—反应堆水池；2—堆芯；3—控制棒；
4—衰减筒；5—主换热器；6—主循环泵；
7—余热冷却系统

#### 4.3.2.1 低温供热堆堆体结构及主要技术参数

200MW壳式核供热堆采用了一体化、自稳压、全功率自然循环、非能动安全系统和水力驱动控制棒等先进技术,具有安全性高、运行可靠、放射性隔离措施完善,可在热用户附近建设等特点。低温核供热堆技术应用领域广泛,其推广应用具有良好的社会效益和经济效益,尤其是核能海水淡化技术的应用,将是解决淡水资源短缺的有效途径之一。

200MW核供热堆在设计上紧跟国际核能技术的前沿,遵循新一代反应堆的发展趋势,采用一体化布置、轻水自然循环冷却,具有自稳压的特性,在压力容器外设有紧贴式承压安全壳。图4-20和表4-10分别示出了200MW核供热堆堆体结构及主要参数。

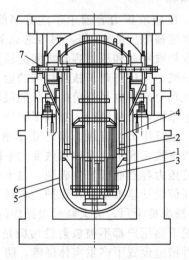

图4-20 200MW核供热堆结构
1—反应堆堆芯；2—控制棒；3—乏燃料贮存；4—主换热器；
5—压力容器；6—钢安全容器；7—二回路接管

表 4-10  200MW 供热堆主要参数

| 名称 | 参数 | 名称 | 参数 |
| --- | --- | --- | --- |
| 反应堆额定输出功率/MW | 200 | 压力壳设计压力/MPa | 3.1 |
| 反应堆冷却剂工作压力/MPa | 2.5 | 安全壳设计压力/MPa | 2.1 |
| 反应堆冷却剂入出口温度/℃ | 140/210 | 堆芯高度/m | 1.9 |
| 反应堆冷却剂流量/(t/h) | 2341 | 燃料组件数/盒 | 96 |
| 中间回路工作压力/MPa | 3.0 | 控制棒数量/根 | 32 |
| 中间回路入出口温度/℃ | 95/145 | 主换热器数量/台 | 6 |
| 中间回路流量/(m³/h) | 3600 | | |

#### 4.3.2.2 低温供热堆的技术特点

200MW 核供热堆具有良好的固有安全特性和非能动安全性，系统简单，建造较易，运行可靠，经济上具有竞争力。反应堆一回路采用一体化布置、自稳压和自然循环设计，一回路系统全部包容在反应堆压力容器内，没有外延的粗管道和其他大型、复杂设备。小口径工艺管均布置在压力容器上部，不仅减小冷却剂压力边界泄漏的概率和后果，而且排除了主管道断裂造成严重失水事故的可能性。此外，穿管口径也受到限制，以保证在断管和两道隔离阀同时失效条件下失水量较小，堆芯不会裸露。

利用蒸汽分压原理及掺入非凝结气体实现各种功率下自稳压运行，省去了复杂的需要加热和喷淋调节的稳压器。

200MW 核供热堆具有不需要外部动力、不设置主循环泵、简化主回路系统和增加运行的安全可靠性的特点。供热堆采用非能动安全系统设计，装备 2 套独立、冗余的余热排出系统，每套系统均可将反应堆停堆后的剩余发热通过自然循环由空气冷却器排向大气，不需要动力源，从而确保反应堆安全。注硼系统采用重力注入方式，因此不需要外电源。

供热堆采用的控制棒动压水力驱动是一种安全、经济和先进的新型驱动方式，排除了弹棒事故。

#### 4.3.2.3 壳式核供热堆安全原理

核供热堆一回路热容量大，反应堆压力容器中子注量率低。压力容器内装有大量欠热水，单位热功率水容积约为压水堆核电厂的 15 倍，对堆芯余热排出、防止堆芯失水和缓解其他事故后果均有较大益处。供热堆堆芯和压力容器之间的较宽水层，使压力容器的中子注量率比压水堆核电厂低 4 个数量级，不仅可延长核供热堆的运行寿命，且利于退役处置。

冷却剂不含硼溶液，可保证在全寿期内具有负的慢化剂温度系数，确保反应堆具有自保护和自稳定的能力，并且简化了系统，减少腐蚀，有利于运行安全和退役处理。

运行参数低，安全裕度大。运行压力、温度、堆芯功率密度较低，设计安全裕度较大。核供热站系统惯性大，在瞬态或事故工况下，过程参数变化平缓。

采用双层承压壳设计，即使压力容器底部发生破裂，也不会导致堆芯失水。

操作简便，宽容期长。对任何设计基准事故，保护逻辑只自动触发停堆和打开余热排出系统阀门（失电开启），不需要操纵员干预，大大降低误操作的可能性。

对供热堆而言，在任何工况下热用户都不被放射性污染是必须保证的。200MW 供热堆根据纵深防御原则，采取了多种措施设置了多重实体屏障，防止放射性物质污染热用户。如在含放射性的一回路和热网之间设置中间隔离回路，且中间隔离回路的工作压力高于冷却剂回路，保证在主换热器泄漏的情况下放射性也不会进入热网。为防止放射性物质释放至周围环境，除燃料元件包壳和反应堆冷却剂压力边界外，供热堆还采用了安全壳和二次安全壳。

与核电站不同的是,由于供热堆的优异特性,它的第一道屏障——燃料包壳和第二道屏障——反应堆冷却剂压力边界更为安全可靠。

核供热堆采用了一体化、自稳压、全功率自然循环、新型水力控制棒驱动系统和非能动安全系统等一系列先进技术,大大提高了供热堆的安全性,并使系统简化,运行可靠。

表 4-11　核供热与燃油锅炉成本比较　　　　　　　　　单位:元/GJ

| 项目 | 核供热 | 燃油锅炉 | 燃油锅炉 | 燃油锅炉 |
| --- | --- | --- | --- | --- |
| 油价/(元/t) | — | 830 | 985 | 1280 |
| 燃料成本 | 2.9 | 25.5 | 29.4 | 39.3 |
| 供热生产成本 | 19.2 | 32.6 | 36.5 | 46.2 |
| 首年总成本费用 | 31.5 | 34.2 | 38.1 | 47.8 |

推广应用核供热技术不仅具有明显的社会效益,在经济性上也具有竞争力。表 4-11 以单座 200MW 核供热堆示范工程为例,比较了核供热与燃油锅炉的供热成本。这说明以核供热代替燃油锅炉房供热不仅具有明显的经济效益,而且具有改善我国能源结构、保障能源安全的战略意义。

### 4.3.3　核供热堆的其他用途

核供热堆还可以用于制冷和海水淡化。

(1) 制冷　以核供热堆作为热源,为溴化锂制冷机提供低压蒸汽,可以生产 7℃ 的冷冻水供大面积降温空调。一座 200MW 核供热堆可为 200 万～300 万平方米的建筑面积制冷空调。据初步经济分析,以单位制冷量价格比较,用热能的溴化锂制冷机的制冷费用低于用电制冷的费用。

(2) 海水淡化　淡水资源短缺是全球关注的问题,核能海水淡化技术受到重视,国际原子能机构已将我国开发的核供热堆列为核能海水淡化的优选堆型之一。一座 200MW 核供热堆与高温多效蒸馏工艺 (MED) 相结合,可日产淡水约 16 万吨。按出口价格,一座 200MW 核供热堆约 $1\times10^8$ 美元、淡化厂约 $2\times10^8$ 美元,产水成本约 1 美元/m³。

国外主要国家消费水价大多在 0.3～1.9 美元/m³ 之间;中东、北非地区可接受的淡水售价约为 1.5 美元/m³。利用我国开发成功的核供热堆进行海水淡化在国际上具有经济竞争力。

在国内建设 200MW 核能海水淡化厂,产水成本约为 5 元/t。目前,国内沿海城市的自来水大多需要远距离引水,1.4～2.3 元/t 的水价是以国家的巨额补贴和不计引水工程的直接投资及工程维护费用为基础的,并不反映真实的供水成本。如天津"引滦入津"工程的引水长度达 234km,大连"引英入连"输水管线工程全长达 114.5km,均投资巨大。若考虑引水工程的真实成本,则核能海水淡化完全具有经济竞争力。

### 4.3.4　核供热堆前景展望

随着我国北方城市集中供热面积的逐渐扩大,核供热堆在区域供热领域拥有广阔的潜在市场。伴随着福利型供热体制走向市场化,严格控制二氧化碳和二氧化硫的排放量、减少重点城市和行业的排放量等措施的逐步实行,将进一步提高核供热堆的经济竞争力。

未来,核供热堆应用的主要领域是核能海水淡化。根据国际脱盐协会的统计,截至 1997 年底,全世界单台产量在 100t/d 以上的淡化水日产量就已经达到 2300 万吨,约一亿人口在使用淡化海水。我国被联合国列为 13 个缺水国之一,沿海城市一半以上缺水。根本解决沿海城市和岛屿淡水短缺问题的途径是海水淡化。

以核供热堆为热源的核能海水淡化技术可在提供日产 16 万吨淡化水的同时，不增加燃料运输量，不增加对电网的供电压力，也不增加环境污染，具有常规海水淡化技术无法相比的优势。核能海水淡化的产水成本高于现行水价，但取消城市居民用水的补贴，按用水和水污染处理成本收费已势在必行。随着水资源的市场化，核能海水淡化技术必将为解决我国沿海地区的淡水短缺问题做出贡献。

## 4.4 核废物处理与核安全

核能同样具有两重性，一方面核能为社会提供丰富的能量，但同时带来危害。伴随核能的开发和利用过程，从铀矿开采、水冶、同位素分离、元件制造、反应堆运行到乏燃料后处理整个核燃料的循环过程，同位素生产和应用，以及核武器的研制实验过程等，均将产生核废物。

对这些核废物需要进行科学管理和安全有效地处理和处置，防止过量的放射性核素释放到环境中，保证现在和将来对工作人员和公众造成的辐射损害较轻，并尽可能减少这种危害，从而达到保护人类健康及其生存环境的目的。同时，伴随着核能的开发利用，核安全问题日益受到重视。

### 4.4.1 核废物的管理及处置

第一座商用核电站建成以来，经过近半个世纪的发展，全世界共有 439 座总功率约 372 GW 商用核电站在运行。如此大规模的商用核电站每年都要卸出大量的乏元件，这些乏元件中含有大量钚和锕系核素以及长寿命裂变产物。

伴随这些核废物的是大量的辐射和衰变热，如果处理不当就会造成水、大气、土壤的污染，对自然生态环境造成破坏，并间接或直接地影响人类的生存。据调查统计，近几年核废物年积累量均超过了 1 万吨，而核废物积累总量已超过 20 万吨。

目前世界各国却没有处理这样巨大的核废物的能力，而且对这些核废物处理的技术要求相当高，如果处理不当就会造成安全隐患。因而核废物的安全处理成为制约核能发展的主要因素，是现今核能发展的主要议题之一。核废物与其他废物及其他有毒、有害物质有两大不同：

① 核废物中放射性的危害作用不能通过化学、物理或生物的方法来消除，而只能通过其自身固有的衰变规律降低其放射性水平，最后达到无害化；

② 核废物中的放射性核素不断地发出射线，有各种灵敏的仪器可进行探测，所以容易发现它的存在和容易判断其危害程度。

#### 4.4.1.1 核废物的来源

核废物是指含有放射性核素或被放射性污染的（其中的放射性浓度超过国家主管部门规定值）且不再被利用的物质，主要是指含有 $\alpha$、$\beta$ 和 $\gamma$ 辐射的不稳定放射性元素并伴随有衰变热产生的无用材料。核废物来源主要有 7 个方面（见图 4-21）。

① 铀、钍矿山、水冶厂、精炼厂、浓缩厂、钚冶金厂、燃料元件加工厂等前处理厂矿；

② 各类反应堆（包括核电站、核动力船舰、核动力卫星等）的运行；

③ 乏燃料后处理工业活动；

④ 核废物处理、处置过程；

⑤ 放射性同位素的生产、应用与核技术应用过程，包括医院及各科研院所的有关活动；

⑥ 核武器的研究、生产和试验活动；

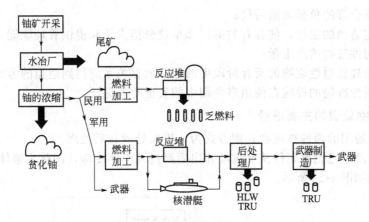

图 4-21 产生核废物的过程

⑦ 核设施（设备）的退役活动。

核废物主要产生于核工业厂矿和核电站，同位素和核技术应用所产生的核废物量少、核素半衰期短、毒性小。核废物以固态、液态和气态形式存在，其物理和化学特性、放射性浓度或活度、半衰期和毒性差别很大。

#### 4.4.1.2 核废物的种类

核废物主要有以下七类。

(1) 锕系元素 从原子序数 89（锕）开始的元素系列，即锕、钍、镁、铀、镎、钚等。

(2) 高放废物 高水平放射性废物的简称。将反应堆的乏燃料进行后处理之后产生的，以及核武器生产的某些过程中产生的。一般说来要求将它永久隔离。高放废物含有高放射性、短寿命的裂变生成物，危险化合物和有毒重金属。高放废物还包括在后处理中直接产生的液体废物和从液体中得到的任何固体废物。

(3) 中放废物 某些国家中采用的一种放射性废物的类别，但是没有一致的定义。例如，它可包括也可不包括超铀废物。

(4) 低放废物 任何不是乏燃料、高放废物或超铀废物的总称。

(5) 混合废物 既含有化学上危险的材料又含有放射性材料的废物。

(6) 乏燃料 反应堆中的燃料元件和被辐照过的靶。美国的核管理委员会（NRC）将乏燃料包括在它的高放废物定义中，但美国能源部（DOE）不将它包括在内。这与是否要求将它永久隔离有关。

(7) 超铀废物 含有发射 α 粒子、半衰期超过 20 年，每克废物中浓度高于 100 纳居里（即每秒 $317 \times 10^3$ 次衰变）的超铀元素的废物。美国能源部允许管理人员把含有其他放射性同位素，如 $^{238}U$ 和 $^{90}Sr$ 的材料包括在超铀废物中。

#### 4.4.1.3 核废物安全管理原则

核废物管理目标是以优化方式进行处理和处置，使当代和后代人的健康与环境免受不可接受的危害，不给后代带来不适当的负担，使核工业和核科学技术可持续地发展。国际原子能机构（IAEA）在 1995 年经理事会通过发布了成员国都必须遵守执行的放射性废物管理 9 条原则，即：

① 为了保护人类健康，对废物的管理应保证放射性低于可接受的水平；

② 为了保护环境，对废物的管理应保证放射性低于可接受的水平；

③ 对废物的管理要考虑到境外居民的健康和环境；

④ 对后代健康预计到的影响不应大于现在可接受的水平；

⑤ 不应将不合理的负担加给后代；
⑥ 国家制定适当的法律，使各有关部门和单位分担责任和提供管理职能；
⑦ 控制放射性废物的产生量；
⑧ 产生和管理放射性废物的所有阶段中的相互依存关系应得到适当的考虑；
⑨ 管理放射性废物的设施在使用寿命期中的安全要有保证。

#### 4.4.1.4 核废物处理的主要途径

目前国际上通用的两种核废物处理方式为：直接处理和后处理。

(1) 直接处理　乏燃料元件从反应堆卸出后经过几十年冷却，固化为整体后进行地质埋藏处置。其流程如图 4-22 所示。

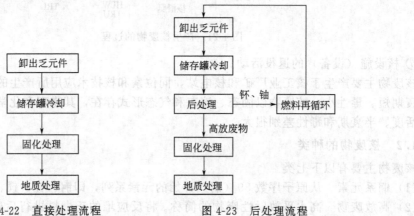

图 4-22　直接处理流程　　　图 4-23　后处理流程

(2) 后处理　用化学方法对冷却一定时间的乏燃料进行后处理，回收其中的铀和钚再进入核燃料再循环，将分离出的裂变产物和次锕系元素固化成稳定的高放废物固化物，进行地质埋藏处置。其流程见图 4-23。

(3) 分离-嬗变处理　目前所采用的两种处理途径不能将高放射性核废物的泄漏危害减少，经固化和地质处理的高放核废物不能完全保证经长时间的地质变化而造成高放核废物的泄漏。国际上认为对于高放核废物处理的方法是分离-嬗变技术，其处理流程见图 4-24。

嬗变可将高放废物中绝大部分长寿命核素转变为短寿命，甚至变成非放射性核素，可以减小深地质处置的负担，但不可能完全代替深地质处置。分离-嬗变处理的关键在分离技术，因为完全分离是很难达到的，加上还要产生二次废物。所以高放废物的分离-嬗变是一项难度大、耗资巨大、涉及多学科的系统工程。目前只是开发的初级阶段，距离实际处理高放废物还很远。

#### 4.4.1.5 核废物的处置技术

目前常用的核废物处理方式及最新的处理方式有五种。

(1) 后处理　后处理的主要任务是分离乏燃料中的铀和钚，将获取的高纯铀、钚进入燃料再循环。后处理是一个化学分离过程，乏燃料经酸溶解后最终分离出铀、钚和裂变产物。后处理是已在工业规模证明其为安全有效性的技术。20 世纪 70 年代以来，在若干个国家成功运行，且技术还在不断改进中。乏燃料经后

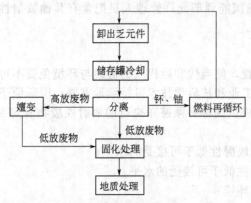

图 4-24　嬗变处理流程

处理,大约 98.5%~99% 的钚可被回收,回收的铀和钚,如用于增殖堆可提高天然铀资源利用率,从而满足人类较长期的能源需求。目前主要的后处理方法采用普雷克思(PUREX)法,普雷克思流程是现今核废物后处理比较成熟的技术,采用水溶法萃取。

后处理时大多数短寿命核素很快衰变掉,但仍有少量的钚及其他长寿命核素残留在核废物中,同时后处理过程本身也会产生大量的低放射性废物,所以乏燃料的后处理并不能完全解决核废物的安全处置问题,必须配合其他的处理途径来防止核废物的扩散。

(2) 固化　固化工艺是用适当的材料将放射性废物包裹起来,以防止放射性核素的泄漏。固化的主要目的是改善与随后的处理步骤相关的安全性。目前,使用的固化介质有水泥、混凝土、沥青及有机聚合物等。各材料间的组合,如水泥/沥青、沥青/聚合物、玻璃和陶瓷材料也在某些设施中应用或在开发中。放射废物固化处理包括水泥固化、沥青固化、塑料固化以及人造岩石固化等,它们的主要优缺点比较见表 4-12。

表 4-12　放射性废物的主要固化方法

| 固化对象 | 名称 | 主要优点 | 主要缺点 | 应用状况 |
| --- | --- | --- | --- | --- |
| 高放废液 | 玻璃固化<br>陶瓷固化<br>玻璃陶瓷固化 | 固化体浸出率较低,减容比较大。辐照稳定性和导热性较好 | 成本较高,工艺较复杂,产生二次废物,热稳定性较差 | 工业规模试验阶段 |
| | 人造岩石固化 | 固化体浸出率较低。废物容量大。辐照稳定性和化学稳定性较好 | 工艺较复杂,成本高 | 由实验转入应用阶段 |
| | 煅烧固化 | 减容比大(7~12),导热性、辐照稳定性和热稳定性较好 | 固化体浸出率高,化学稳定性较差 | 流化床法已得到工业应用 |
| | 热压水泥固化 | 固化体浸出率较低,热稳定性、辐照稳定性和机械强度较好,成本较低 | 研究阶段 | 实验阶段 |
| | 复合固化 | 固化体浸出率较低,辐照稳定性和机械强度较好 | 工艺较复杂,成本高 | 实验阶段 |
| 中低放废液 | 沥青固化 | 固化体浸出率较低,工艺简单,成本低廉,废物包容量大 | 减容比小(1~2),导热性、辐照稳定性和热稳定性较差,不耐高温、易燃/易爆 | 工业规模应用 |
| | 水泥固化 | 工艺简单,成本低廉,热稳定性、辐照稳定性和机械强度较好,无二次废物 | 增容明显(0.5~1倍),固化体浸出率较高 | 工业规模应用 |
| | 塑料(聚合物)固化 | 工艺简单,减容比大(2~5),固化体浸出率较低,热稳定性导热性较好,废物包容量较大 | 成本高,设备复杂 | 小规模应用 |

(3) 地质处置　地质处置是利用天然屏障和人工屏障,将放射性废物与人类的生存环境隔离开来。对于不同的放射性废物可采用不同的地质处置方式,低放废物在地表或浅地表埋藏,而高放废物则要在距地表至少 500m 下进行深埋。

浅地表埋藏处置是指地表或地下的具有防护覆盖的、有工程屏障或没有工程屏障的浅埋处置,埋藏深度一般在地面下 50 m 以内。浅地层埋藏是处置中低放射物的主要方法。浅地层埋藏处置是为了将中低放废物限制在处置场范围内,在其危险时间内防止对人类造成危害。这种处置技术比较成熟,只要处置程序正确、可靠,完全能保障中低放射性废物不对环境造成危害,目前该法已被世界各国广泛采用。

深地层埋藏处置是将高放废物经后处理固化后深埋在距地面至少 500 m 以下,使放射性核素自行衰变。目前一般的埋藏深度是 1000 m,在不考虑地质变化的条件下,这不失为处理高放废物的理想办法。另据实验报道，核废物能利用自身的衰变热将周围的部分岩石熔化，随后岩石将慢慢冷却并再次结晶，从而把核废物封存在地表深处。特别在地下 5000 m 以下的深度，即使封存核废物的固化体泄漏，也不会把放射性废物带回地表的地下水。而且，这种方法安全、廉价，已经成为许多国家处置高放核废物的主要选择。

我国目前的高放废物以液态为主，现存在不锈钢大罐中，等待玻璃固化。国内现已引进高放废液玻璃固化的全套工程冷台架设施，待冷试验运行后即可进行固化厂房的设计和建设，热的玻璃固化体可望在今后的十余年内产生，暂存 30～50 年后即可按要求进行最终地质处置。

（4）嬗变  对于长寿命的锕系元素只有通过核裂变才能使其转换为短寿命或稳定的核素。采用嬗变技术（transmutation）就是把高放废物中锕系核素、长寿命裂变产物和活化产物核素分离出来，制成燃料元件送到反应堆去燃烧或者制成靶子放到加速器上去轰击散裂，转变成短寿命核素或稳定同位素。这样减少了高放废物地质处理负担和长期风险，并可能更好地利用铀矿资源。嬗变原理主要通过 (n, γ)，(n, 2n) 反应将长寿命裂变产物或锕系核废物嬗变成稳定的短寿命核素。目前实现嬗变的装置有快堆、强流加速器、加速器驱动的次临界装置及聚变嬗变堆。

① 快中子堆  利用快中子堆可对核废物进行嬗变，快堆中子能量大都在 1MeV 范围内，快中子堆可使次锕系元素（$^{237}$Np、$^{241}$Am、$^{243}$Am、$^{244}$Cm 等）有效焚烧。但快堆中的热中子通量很低，不能进行 (n, γ) 反应对长寿命裂变产物（$^{99}$Tc、$^{129}$I、$^{90}$Sr、$^{135}$Cs、$^{137}$Cs）嬗变，同时对于要求中子能量阈值较高（>10 MeV）的核素，快堆也不能对其嬗变。而且次锕系元素捕获中子后将使 $K_{eff}$ 上升，这影响快中子堆的运行安全。故对次锕系元素的装载量必须严格进行限制，这也影响了嬗变的效率。

② 聚变嬗变堆  聚变嬗变堆利用托卡马克（tokamak）堆芯 D-T 聚变反应所产生的 14 MeV 高能中子在包层内使次锕系核素裂变或使其中子俘获产物裂变而"燃烧"掉，同时可使长寿命裂变产物发生中子俘获反应而生成短寿命或低毒素核素，并且也可利用中子与包层中的 Li 的反应增殖来维持堆芯 D-T 反应所消耗的氚。

由于长寿命裂变产物一般有较大的热中子吸收截面，相对较易嬗变处理；而中等寿命裂变产物（$^{90}$Sr、$^{137}$Cs）由于有极小截面，对其嬗变需很高的中子通量，但经特别设计的混合堆则有此优势。

③ 加速器  可以使用加速器驱动的废物嬗变（ATW）系统来处理长寿命裂变产物，将废物的自然衰变时间从 1 万年缩短到 1000 年以内。基本原理是：由直线加速器产生的质子轰击靶，靶在受到轰击后会产生中子，使废物嬗变成稳定的或低放射性物质的过程能够持续进行。ATW 系统适于焚烧具有以下特点的核废物：在反应堆中嬗变效率很低或根本不嬗变的核废物；具有潜在不稳定性和危险的反应性响应的核废物；反应堆中不能被分离和放置的核废物。

（5）超临界流体处理技术  美国爱达荷大学的研究人员开发出一种新的废物后处理技术，该工艺使用处于超临界温度的 $CO_2$，燃料中残余的 $UO_2$ 可与磷酸三丁酯（TBP）溶剂形成一种化合物，这种化合物可以溶于超临界的 $CO_2$ 中，同样的工艺也适用于 $PuO_2$。

燃料棒中积累的裂变产物不会与 TBP 化合物发生反应，在铀-TBP 和钚-TBP 溶于 $CO_2$ 的同时，这些裂变产物被留了下来。故新工艺的废物量极少。此外，该工艺所需的超临界 $CO_2$ 数量也很少。含有铀和钚的溶液随后被输送到一个二级容器中，在那里压力被降低，使 $CO_2$ 蒸发，留下铀-TBP 和钚-TBP。接着就可以将铀和钚从化合物中分离出来。该新工艺所需的压力并不比通常的反应堆压力高，而且还能将大部分 $CO_2$ 循环使用，排出的所有气体都经过过滤处理，以回收放射性颗粒。与传统技术相比，该技术产生的废物约为后者的

1%，而成本仅为后者的 2/3。

## 4.4.2 核安全

核能给人类带来了能源开发的新曙光，但必须注意核安全。历史上发生过 60 多次核泄漏事故，比较严重的核事故如下。

1971 年 11 月 19 日，美国明尼苏达州"北方州电力公司"的一座核反应堆的废水储存设施突然发生超库存事件，导致 5 万加仑（1US gal＝3.78dm³）放射性废水流入密西西比河，其中一些水甚至流入圣保罗的城市饮水系统。

1979 年 3 月 28 日，美国三里岛的核反应堆由于机械故障和人为失误致使冷却水和放射性颗粒外逸，但没有人员伤亡报告。

图 4-25　被毁坏的切尔诺贝利核电站 4 号反应堆　　　图 4-26　英国敦雷核电站

1986 年 1 月 6 日，美国俄克拉荷马州一座核电厂因错误加热发生爆炸，结果造成 1 名工人死亡，100 人受到核辐射。

1986 年 4 月 29 日，前苏联切尔诺贝利核电站发生大爆炸，其放射性云团直抵西欧，导致 8000 人死于辐射带来的各种疾病。灾后当局用于事故处理的各项费用加上发电减少的损失，共达 80 亿卢布（约合 120 亿美元）。图 4-25 为被毁坏的切尔诺贝利核电站 4 号反应堆。

1999 年 9 月 30 日在日本茨城县发生了核泄漏事故，事故原因是操作工人用水桶将 16kg 含铀溶液直接倒进沉淀罐，过量的 $^{235}$U 在中子撞击下开始连续裂变，从而造成核泄漏。

1999 年 10 月 5 日，日本核事故还未结束，芬兰首都赫尔辛基东部 60 km 外的一个核电站发生轻微氢气泄漏事故。同一天，汉城附近一座核电站也发生泄漏事故。工作人员在修理核电站设施时，约 45 L 具有放射性的重水泄漏出来。有 22 名工人受到了核辐射污染。

2005 年 3 月 6 日，英国《星期日泰晤士报》披露，该国最大核电厂之一的敦雷核电厂（见图 4-26）存在着令人惊讶的安全漏洞，导致大量放射性物质外泄，对周围环境造成了严重污染。英国原子能局却有意隐瞒该厂安全漏洞，在过去多年中未向该电厂周围地区公众和游客发出警告。目前，敦雷核电厂的安全丑闻已引起了英国各界的广泛关注。

2011 年日本福岛核事故。福岛核电站（Fukushima Nuclear Power Plant）是世界上最大的核电站，共 10 台机组，均为沸水堆。日本经济产业省原子能安全和保安院 2011 年 3 月 12 日宣布，日本受 9 级特大地震影响，福岛第一核电站的放射性物质发生泄漏；2011 年 4 月 11 日 16 点 16 分福岛再次发生 7.1 级地震。受日本大地震影响，福岛第一核电站损毁极为严重，大量放射性物质泄漏到外部；2011 年 4 月 12 日，日本原子能安全保安院根据国际核事件分级表将福岛核事故定为最高级 7 级。

上述情况表明，在人类的生产和生活中，零危险是不存在的，安全应该永远第一，安全是永恒的主题。安全管理必须常抓不懈，绝不可能一劳永逸。

使用核裂变能，人们最担心的是核放射性污染和核废料的处理问题。实际上，核电站的建设和使用有一系列的安全防范措施，可使核裂变能的释放缓慢有控制地进行。只要有良好设计、制造和严格的科学管理，核电完全是一种安全可靠的能源。特别是世界各国正在积极努力推进改进型和创新型两类新一代核电站的开发，使核电产生影响环境的重大事故几乎降至百万分之一以下。相比而言，核电是最安全的能源。为此，它在许多国家，特别是在那些人口多、能源紧缺的国家和地区受到欢迎，其发展态势是有增无减。

## 思 考 题

1. 为使核裂变能应用更加广泛，核能技术发展战略需哪些转变？
2. 核燃料都有哪些？
3. 核电站反应堆有哪几种堆型？
4. 与轻水堆相比，重水堆有哪些优缺点？
5. 压水堆和沸水堆有哪些区别？
6. 简要叙述高温气冷堆的工作原理。
7. 描述快中子反应堆的作用原理及其特点。
8. 实现可控核聚变"点火"的难点何在？
9. 目前来看，实现可控核聚变有哪几种方法？并简要叙述各方法的工作原理。
10. 托马克装置存在哪些问题？
11. 核聚变反应堆的研发被认为是人类最具有挑战的特大型课题，试论述各国不惜重金，大力研发聚变反应堆的原因。
12. 同传统的供热方法相比，低温核供热有哪些优点？并论述核供热在我国的应用价值。
13. 核废物包括哪些物质？
14. 处理核废物有哪些途径？
15. 结合各国核电的应用现状，谈谈核电在技术方面的发展趋势。

## 参 考 文 献

[1] 马栩泉. 核能开发与应用 [M]. 北京: 化学工业出版社, 2005.
[2] 王永庆, 田里. 200MW核供热堆工业供汽的经济分析 [J]. 核动力工程, 2000, 21 (5): 473-476.
[3] 董铎, 张达芳. 200 MW 核供热堆核能海水淡化及接口方案的研究 [J]. 核动力工程, 1995, 16 (4): 377-384.
[4] 田里, 王永庆. 200MW核供热堆汽电联供的经济分析 [J]. 清华大学学报 (自然科学版), 2000, 40 (6): 95-98.
[5] 林士耀, 高祖瑛. 200MW 模块式高温气冷堆回热循环系统热力学设计研究 [J]. 核科学与工程, 2003, 23 (1): 52-57.
[6] 王淦昌. 21 世纪主要能源展望 [J]. 核科学与工程, 1998, 18 (2): 97-108.
[7] 潘自强. 21 世纪初辐射防护的几个基本问题 [J]. 世界科技研究与发展, 2003, 25 (3): 14-18.
[8] 荣明礼. 21 世纪新能源 [J]. 山西能源与节能, 1999, (1): 54-57.
[9] 周苏军, 王迎苏, 池金铭. 高温气冷堆发电技术的发展和应用前景 [J]. 中国电力, 2001, 34 (12): 8-10.
[10] 陈桂辉. 轻水堆核电站的原理与应用前景 [J]. 福建能源开发与节约, 1996 (1): 15-16.
[11] 谈成龙. 国际放射性废物地质处理 10 年进展 [J]. 世界地质科学, 2003, 20 (3): 50-53.
[12] 田嘉夫. 常压核供热技术现实经济可行的清洁能源 [J]. 中国工程科学, 2000, 2 (2): 74-76.
[13] 裴天德. 从二氧化碳和核辐射的角度展望核能 [J]. 东方电气评论, 1994, 8 (2): 104-112.
[14] 田嘉夫, 杨富. 低温核能供热经济分析 [J]. 核动力工程, 1994, 15 (6): 512-516.
[15] 鲁志强, 熊贤良. 对我国核电产业发展战略和政策的建议 [J]. 核动力工程, 2000, 21 (1): 2-6.
[16] 王传英, 陈世齐. 关于核电发展的几点思考——由美国提出的"第 4 代核电"引起的话题 [J]. 核科

学与工程，2001，21（3）：193-199.

[17] 王恒德．关于我国辐射防护工作的思考［J］．辐射防护通讯，1995，15（1）：13-20.
[18] 李寿．关于先进核能系统的嬗变能力［J］．核科学与工程，1998，18（3）：193-200.
[19] 李子颖．国际核能概况［J］．国外铀金地质，1998，15（2）：97-99.
[20] 熊日华，王世昌．海水淡化中的替代型能源［J］．化工进展，2003，22（11）：1139-1142.
[21] 王雪元．核电的困惑与希望［J］．中国软科学，1994，（2）：106-108.
[22] 李素云．浅谈切尔诺贝利核事故后白俄罗斯居民的心理状态［J］．辐射防护通讯，1996，16（4）：38-40.
[23] 胡遵．切尔诺贝利事故及影响与教训［J］．辐射与防护，1994，14（5）：321-335.
[24] 杨高义．日本核灾难向世界敲响警钟［J］．劳动保护科学技术，2000，20（3）：21-23.
[25] 严陆光，倪受元．太阳能与风力发电的现状与展望［J］．电网技术，1995，19（5）：1-9.
[26] 吴宗鑫．我国高温气冷堆的发展［J］．核动力工程，2000，21（1）：39-80.
[27] 何炳光．我国海水利用现状、问题及对策建议［J］．节能与环保，2004，（4）：14-18.
[28] 宋瑞祥．我国核电安全监督管理的现状与对策-对泰山、大亚湾核电站基地的调查［J］．环境保护，1998，（11）：9-11.
[29] 赵仁恺．我国核电发展现状和展望［J］．中国电力，1999，32（12）：6-11.
[30] 黄雅文．我国台湾省放射性废物管理概况［J］．辐射防护通讯，1994，14（5）：39-42.
[31] 甘向阳，高祖瑛，张作义．先进堆严重事故对策［J］．核动力工程，2000，21（6）：519-523.
[32] 张巧珍，师晋生．叶京生．新能源的开发与利用［J］．化工装备技术，2003，24（3）：58-60.
[33] 周文俊，贾宝山，俞冀阳．压力管式反应堆非能动余热排出系统方案研究［J］．核技术，2003，26（7）：523-526.
[34] 施工，赵兆颐，田嘉夫等．一种新型的核能供热装置——深水池供热堆的原理和工程特性［J］．物理，1999，28（12）：730-734.
[35] 朱瑞安．用低温核供热堆进行海水淡化［J］．清华大学学报（自然科学版），1994，34（3）：94-100.
[36] 温鸿钧．由世纪之交核能发展中的三件大事看核能发展的前景［J］．核科学与工程，2003，23（2）：103-109.
[37] 程景泰，王继东．与核安全有关的核电厂标准［J］．1994（1）：17-20.
[38] 刘艺．原子能和平利用新领域——低温供热［J］．中国青年科技，1997（1）：38-40.
[39] 赵仁恺．中国核电的可持续发展［J］．中国工程科学，2000，2（10）：33-41.
[40] 李玉仑．中国未来电力需求与核能［J］．核动力工程，1997，18（1）：1-4.
[41] 李生莲，程毓香．重核裂变与人类能源［J］．晋中师范高等专科学校学报，2003，20（1）：31-32.
[42] 藏明昌，阮可强．世界核电走向复苏——第13届太平洋地区核能大会评述［J］．核科学与工程，2004，24（1）：1-5.
[43] 邱励勤．纵观国际核骤变进展探讨中国核骤变发展的道路［J］．力学进展，1999，29（4）：471-481.
[44] 周宏春．核电与核废物管理［J］．中国人口资源与环境，1994，4（4）：23-28.
[45] 苏庆善，王瑞偏．核供热堆——多效蒸发海水淡化流程［J］．水处理技术，1995，21（1）：42-45.
[46] 孔宪文，姜军，朱松．核裂变与核骤变发电综述［J］．东北电力技术，2002，（5）：29-34.
[47] 岳生，杨晓东．核能的和平利用及前景［J］．现代物理知识，1997，9（3）：30-33.
[48] 朱永瞻．核能发展与核废物安全处理［J］．世界科技研究与发展，1999，20（5）：38-41.
[49] 时振刚，张作义，薛澜．核能风险接受性研究［J］．核科学与工程，2002，22（3）：193-198.
[50] 易明．核能工业用超耐热钼基合金的开发［J］．中国钼业，1994，18（3）：12-14.
[51] 田里，王永庆．核能海水淡化的经济竞争性比较研究［J］．核动力工程，2001，22（6）：554-558.
[52] 洪瑞祥．核能及辐射能应用前景［J］．化工时刊，1995（4）：3-8.
[53] 刘静霞，孙树萍．核能技术发展的回顾与展望［J］．化学教育，2000，（3）：21-24.
[54] 赵仁恺．中国核电的可持续发展［J］．中国工程科学，2000，2（10）：33-41.
[55] 甘向阳，高祖瑛．先进堆严重事故对策［J］．核动力工程，2000，21（6）：519-523.
[56] 春江．核能利用与安全［J］．质量与可靠性，2001（2）：39-40.
[57] 朱吉灿．核能利用与环境保护［J］．能源工程，1995（3）：10-13.

[58] 商如斌,杨双宇.我国核电的可持续发展初探 [J].水电能源科学,2002,20 (1):78-80.

[59] 谭衢霖,邵芸.我国核能利用与能源可持续发展探讨 [J].上海环境科学,2001,20 (4):197-198.

[60] 赵河立,初喜章,阮国岭.核能在海水淡化中的应用 [J].海洋技术,2002,21 (4):17-21.

[61] 安永锋.核能在我国能源战略中的地位 [J].山西能源与节能,2003 (2):68-69.

[62] 潘自强.核燃料和煤燃料链对健康、环境和气候影响的比较 [J].辐射与防护,1996,16 (1):15-30.

[63] 居怀明,徐元辉,钟大辛.化学热管系统在高温堆上的应用 [J].清华大学学报(自然科学版),1995,35 (6):59-63.

[64] 顾忠茂,刘长欣,傅满昌.加快开发我国核能产业实现能源结构多样化 [J].中国能源,2003,25 (12):7-12.

[65] 贾海军,李毅,肖志等.与核供热堆耦合的海水淡化系统及蒸发工艺研究 [J].核动力工程,2003,24 (6)(增刊):101-104.

[66] 任德曦,胡泊.论我国核电事业发展空间 [J].南华大学学报(社会科学版),2003,4 (2):106-110.

[67] 曲静原,张作义.目前核能发展与安全管理所遇到的若干挑战 [J].核动力工程,2001,22 (6):559-562.

[68] 吴承康,徐建中,金红光.能源科学发展战略研究 [J].世界科技研究与发展,1998,22 (4):1-6.

[69] 曲静原.欧共体核事故后果评价研究及其程序系统的引进开发 [J].辐射防护通讯,1998,18 (5):24-28.

[70] 高林,林汝谋.三种高温气冷堆核能热力循环性能的比较 [J].工程热物理学报,2000,21 (3):273-276.

[71] 郭永海,王驹,金远新.世界高放废物地质处置库选址研究概况及国内进展 [J].地学前缘(中国地质大学),2001,8 (2):327-332.

[72] 吴宗鑫,张作义.世界核电发展趋势与高温气冷堆 [J].核科学与工程,2000,20 (3):211-219.

[73] 唐辉.世界核电设备与结构将长期面临的一个问题——微动损伤 [J].核动力工程,2000,21 (3):221-226.

[74] 吴宗鑫.我国高温气冷堆的发展 [J].核动力工程,2000,21 (1):39-43.

[75] 曹栋兴.受控热核聚变发展现况 [J].核物理动态,1996,13 (1):56-58.

[76] 贾海军,姜胜耀,吴少融等.双塔竖直蒸发管高温多效蒸发海水淡化实验系统 [J].清华大学学报(自然科学版),2003,43 (10):1336-1338.

[77] 姜胜耀,高琅琅,张佑杰等.200MW 核供热反应堆重力注硼系统模拟研究准则 [J].清华大学学报(自然科学版),1998,38 (7):28-30.

[78] 亚军,王秀珍.200MW 低温核供热堆研究进展及产业化发展前景 [J].核动力工程,2003,24 (2):180-183..

[79] 葛新石.太阳能利用的研究与开发 [J].中国科学基金,1994 (3):189-192.

[80] 宋文杰.外中子源驱动的次临界堆核能系统——可预见的更安全的核能源 [J].中国能源,2001,(6):45-47.

[81] 盛得利,岳平,庄科贵等.核反应堆主厂房土建施工的特点及对水利工程施工的启示 [J].黑龙江水利科技,1998 (4):25-27.

[82] 张亚军,苏庆善.核供热堆调试试验的技术管理 [J].核动力工程,1999,20 (1):84-87.

[83] 陈立颖,郭吉林,刘伟等.核供热堆压力壳、钢安全壳套装工艺 [J].清华大学学报(自然科学版),2000,40 (12):25-28.

[84] 吴少融,苏庆善,董铎等.核供热反应堆热电联产实验研究 [J].清华大学学报(自然科学版),1995,35 (3):78-82.

[85] 田嘉夫.深水池低温供热堆的研究进展 [J].清华大学学报(自然科学版),1995,35 (2):109-110.

[86] 周善元.21世纪的新能源——核能 [J].江西能源,2001 (3):21-23.

[87] 田嘉夫.常压核供热技术现实经济可行的清洁能源 [J].中国工程科学,2000,2 (2):74-76.

[88] 姚秋明.当今世界核电工业的发展问题[J].科技前沿与学术评论,1998,22(4):27-30.
[89] 田嘉夫,杨富.低温核能供热经济分析[J].核动力工程,1994,15(6):512-516.
[90] 胡守印.反应堆周期监测装置的研制[J].工业仪表与自动化装置,2000(4):47-48..
[91] 周俊波,王奎升.高纯氦的应用、制取以及研究进展[J].舰船科学技术,2002,24(增刊):45-48.
[92] 王捷.高温气冷堆技术背景和发展潜力的初步研究[J].核科学与工程,2002,22(4):326-330.
[93] 陈夷华,王捷.高温气冷堆联合循环技术潜力研究[J].核科学与工程,2001,22(5):475-480.
[94] 王传英,陈世齐.关于核电发展的几点思考——由美国提出的"第4代核电"引起的话题[J].核科学与工程,2001,21(3):193-199.
[95] 日华,王世昌等.海水淡化中的替代型能源[J].化工进展,2003,22(11):1139-1142.
[96] 邱励俭.核聚变研究50年[J].核科学与工程,2001,21(1):29-38.
[97] 孔宪文,姜军.核裂变与核聚变发电综述[J].东北电力技术,2002(5):29-34.
[98] 宋家树.核能、核技术与防范核恐怖[J].科学对社会的影响,2003(4):24-27.
[99] 谭衢霖,翟建平.核能利用与我国可持续发展战略的关系[J].电力环境保护,2000,16(1):39-41.
[100] 田里,王永庆.核能与常规能源海水淡化的经济竞争性的比较[J].清华大学学报(自然科学版),2001,41(10):36-39.
[101] 潘自强.核能与可持续发展[J].科技导报,2003(1):9-13.
[102] 赵河立,初喜章.核能在海水淡化中的应用[J].海洋技术,2002,21(4):17-21.
[103] 陈颖健.可控核能新福音[J].国外科技动态,2003(5):16-19.
[104] 钟信.美国新政府调整核能政策积极推动核电发展[J].全球科技经济瞭望,2001,(9):24-25.
[105] 郑文祥,董铎.摩洛哥坦坦地区核能海水淡化示范项目[J].核动力工程,2000,21(1):48-51.
[106] 王兴武.全球铀资源、生产和需求[J].世界核地质科学,2003,20(1):11-12.
[107] 杨高义.日本核灾难向世界敲响警钟[J].劳动保护科学技术,2000,20(3):21-23.
[108] 高林,林如谋.三种高温气冷堆核能热力循环性能的比较[J].工程热物理学报,2000,21(3):273-276.
[109] 熊本和.世界核电的现状和未来[J].国防科技工业,2001(4):20-24.
[110] 吴宗鑫,张作义.世界核电发展趋势与高温气冷堆[J].核科学与工程,2000,20(3):211-217.
[111] 周庆凡.世界能源开发利用现状和格局[J].中国能源,2002(12):4-8.
[112] 曹栋兴.受控热核聚变发展现况[J].核物理动态,1996,13(1):56-58.
[113] 王杰,丁铭,杨小勇等.高温气冷堆复合联合循环特性研究[J].原子能科学技术,2015,49(4):616-622.
[114] 周红波,齐炜炜,陈景.模块式高温气冷堆的特点与发展[J].中外能源,2015,20(9):35-40.
[115] 中国核能行业协会.2014年全球核电综述[J].中国核能行业协会网,2015.
[116] 张生栋,严叔衡.乏燃料后处理湿法工艺技术基础研究发展现状[J].核化学与放射化学,2015,37(5):266-275.
[117] 林灿生.裂变产物元素过程化学[M].北京:原子能出版社,2012.
[118] 李钢,肖丹,杨斌等.放射源及放射性废物库在线监控技术现状及进展[J].黑龙江科学,2015,6(4):48-58.
[119] 徐銤.钠冷快堆的安全性[J].自然杂志,2013,35(2):79-84.
[120] 吴宜灿,王明煌,黄群英等.铅基反应堆研究现状与发展前景[J].核科学与工程,2015,35(2):213-221.
[121] 储慧,赵君煜."EAST"超导托卡马克核聚变实验装置的运行管理[J].科技管理研究,2015(21):186-189.

# 第5章

# 化学电源

化学电源是一种将化学能转化为电能的装置，也称电池。自 1800 年意大利科学家 Volta 发明了伏打电池算起，化学电池已有 200 余年的历史。目前，全世界共有 1000 多种不同系列和型号规格的电池产品，形成了独立完整的科技和工业体系。

化学电源能量转化率高，方便并安全可靠，已成为国民经济中不可缺少的重要组成部分。

① 在尖端技术领域　如宇宙飞船、人造卫星、火箭和遥测遥控等。

② 在军事领域　如潜艇、鱼雷、导弹、无线电通信、无线电定位和武器等。

③ 在生活领域。如飞机、汽车、移动通信、计算机、家用电器和照明等。

(1) 按工作性质分类　化学电源主要有以下四种。

① 一次电池（原电池）　电池反应本身不可逆，电池放电后不能充电再使用的电池。一次电池主要有锌-锰电池、锌-汞电池、锌-银电池、锌-空气电池和锂电池等。

② 二次电池（蓄电池）　可重复充放电循环使用的电池，充放电次数可达数十次到上千次。二次电池主要有铅酸蓄电池、镉-镍蓄电池、氢-镍蓄电池和锂离子电池等。二次电池能量高，用于大功率放电的人造卫星、电动汽车和应急电器等。

③ 燃料电池（连续电池）　活性物质可从电池外部连续不断地输入电池，连续放电。主要有氢-氧燃料电池，肼-空气电池等。燃料电池适合于长时间连续工作的环境，已成功用于飞船和汽车。

④ 储备电池（激活电池）　电池的正负极和电解质在储存期不直接接触，使用前采取激活手段，电池便进入放电状态。如：锌-银电池，镁-银电池，铅-二氧化铅电池等。储备电池用于作导弹电源、心脏起搏器电源。

(2) 按电解质性质分类　化学电源可分为酸性电池、碱性电池、中性电池、有机电解质电池和固体电解质电池等。

目前，世界各国投入极大的人力和物力开发新型化学电源技术，形成许多研究热点，例如新型二次电池（包括 MH/Ni 电池、锂离子电池等）和燃料电池，推动化学电源技术和产业化发展的动力来自于：

① 能源需求　全世界的天然能源（石油、天然气、煤）不断消耗，不可再生，人力必须寻求新能源；

② 生态与环境要求　要求电池本身无毒和无污染，推动着新型电池的发展，解决汽车的尾气污染，推动着高比能量、长寿命电池和燃料电池的发展；

③ 信息技术的发展　移动通信及笔记本电脑的迅速发展，要求电池小型、长服务时间、长寿命和免维护；

④ 航天领域和现代化武器装备的需求　人造卫星、宇宙飞船和野战通信要求高功率、轻质量和长寿命的储能电池和新型电池。

本章重点介绍 MH/Ni 电池、锂离子二次电池、燃料电池、铝-空气电池、钒电池和硫钠电池的工作原理、结构、性能、制备技术、应用和发展前景。

## 5.1 金属氢化物镍电池

金属氢化物镍（MH/Ni）电池是以储氢合金为负极材料，以 Ni(OH)$_2$ 为正极材料的二次电池。MH/Ni 电池的显著优点是能量密度高，容量是同尺寸的 Ni/Cd 电池的 1.5～2 倍；无镉污染，被称为绿色电池；大电流快速放电；电池工作电压 1.2V。

MH/Ni 电池广泛用于移动通信、笔记本电脑和各种小型便携式电子设备。随着电子、通信事业的迅速发展，MH/Ni 电池的市场迅速扩大。电动车用 MH/Ni 电池的开发，将是一个更为巨大的市场。美国 Ovonic 公司已开发出 30 kW 的电动车用 MH/Ni 电池，质量比能量达到 71W·h/kg，体积比能量达到 172W·h/L。我国的电动车用 MH/Ni 电池已取得重要进展。

### 5.1.1 MH/Ni 电池的工作原理

MH/Ni 电池正极材料是 Ni(OH)$_2$，负极材料是储氢合金（M），电解质为 KOH 水溶液，电极反应和电池反应为：

正极  $\quad\quad\quad\quad\quad\quad \mathrm{Ni(OH)_2 + OH^- \xrightleftharpoons[\text{放电}]{\text{充电}} NiOOH + H_2O + e^-} \quad\quad\quad\quad (5\text{-}1)$

负极  $\quad\quad\quad\quad\quad\quad \mathrm{M + H_2O + e^- \xrightleftharpoons[\text{放电}]{\text{充电}} MH + OH^-} \quad\quad\quad\quad\quad\quad\quad (5\text{-}2)$

电池反应  $\quad\quad\quad\quad \mathrm{Ni(OH)_2 + M \xrightleftharpoons[\text{放电}]{\text{充电}} NiOOH + MH} \quad\quad\quad\quad\quad\quad (5\text{-}3)$

MH/Ni 电池工作原理的示意图见图 5-1，MH/Ni 电池充电时，正极的 Ni(OH)$_2$ 转变为 NiOOH，水分子在储氢合金负极上放电，分解出的氢原子吸附在电极表面上，形成吸附态的 MH$_{ad}$，然后扩散到储氢合金内部形成金属氢化物 MH$_{ab}$。

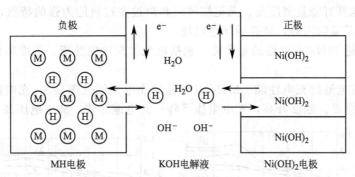

图 5-1　MH/Ni 电池工作原理的示意图

氢在合金中扩散较慢，扩散系数仅为 $10^{-8}$～$10^{-7}$ cm/s。研究发现，扩散是充电过程的控制步骤。在电极充电初期，电极表面的水分子被还原为氢原子，氢原子吸附到合金表面，形成 MH$_{ab}$：

$$\mathrm{M + H_2O + e^- \longrightarrow MH_{ab} + OH^-} \quad\quad\quad\quad (5\text{-}4)$$

吸附在合金表面的氢原子扩散进入合金相中，与合金相形成固溶体 MH$_{ad}$

$$\mathrm{MH_{ab} \longrightarrow MH_{ad}} \quad\quad\quad\quad (5\text{-}5)$$

如果溶解于合金相中的氢原子不断增多，会发生氢原子复合脱附或电化学脱附。

$$\mathrm{2MH_{ad} \longrightarrow 2M + H_2} \quad\quad\quad\quad (5\text{-}6)$$

$$\mathrm{MH_{ad} + H_2O + e^- \longrightarrow M + H_2 + OH^-} \quad\quad\quad\quad (5\text{-}7)$$

放电时，NiOOH 得到电子转变为 Ni(OH)$_2$，金属氢化物内部的氢原子扩散到表面形成吸附态的氢原子，再发生电化学反应生成储氢合金和水。氢原子扩散步骤也是负极放电过程的控制步骤。

## 5.1.2 MH/Ni 二次电池的结构与性能

目前商品化的 MH/Ni 电池的形状有多种类型，如圆柱形，方形和扣式等。图 5-2 是电池结构的示意图。电池外壳通常采用镀镍钢（兼作负极），电池盖是正极引出端，并装有安全排气装置。

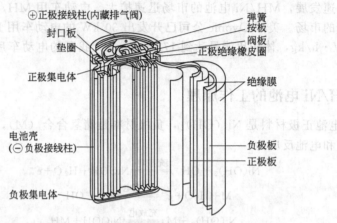

图 5-2　MH/Ni 电池的结构示意图

## 5.1.3 MH/Ni 电池的性能

MH/Ni 电池具有能量密度高、无记忆效应和耐过充过放能力强的特点，与 Cd/Ni 电池相比，由于消除了镉的污染，被誉为绿色电池。

这里主要讨论 MH/Ni 电池的电性能，包括电池的充放电性能、温度特性、循环寿命和自放电特性。

(1) MH/Ni 电池的充电性能　MH/Ni 电池的充电曲线见图 5-3，充电速度和电池温度对充电电压影响明显。温度升高，充电电压下降；充电速度快，充电电压高。

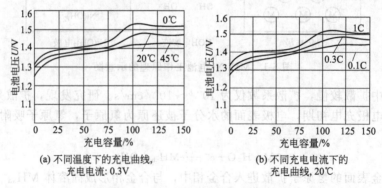

图 5-3　MH/Ni 电池的充电曲线

(2) MH/Ni 电池的放电性能　MH/Ni 电池的放电曲线见图 5-4，在环境温度为 20℃ 的时候，MH/Ni 电池的放电性能最佳。储氢合金在低于 0℃ 以下活性降低，在温度高于 40℃ 以上会分解放出 $H_2$，这是造成 MH/Ni 电池的使用温度受到限制的原因。不同放电倍率下 MH/Ni 电池的放电容量也受到影响。

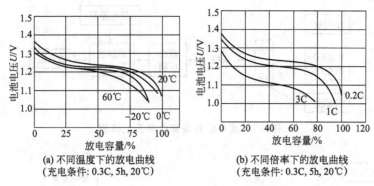

(a) 不同温度下的放电曲线
（充电条件：0.3C, 5h, 20℃）

(b) 不同倍率下的放电曲线
（充电条件：0.3C, 5h, 20℃）

图 5-4　MH/Ni 电池的放电曲线

（3）MH/Ni 电池的自放电特性　自放电的影响因素很复杂，如储氢合金的组成、使用温度和电池的生产工艺等。MH/Ni 电池的自放电特性与温度的关系见图 5-5。

研究发现氢气从储氢合金中逸出，如果隔膜选择不当、循环中合金粉脱落和微枝晶的形成都会引起自放电。

（4）MH/Ni 电池的循环寿命　电池的循环寿命是重要的性能指标，图 5-6 考查了电池容量与循环寿命的关系。

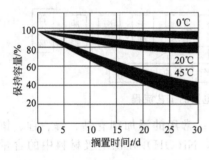

图 5-5　MH/Ni 电池的自放电特性

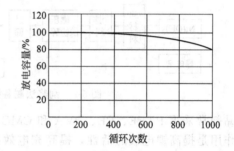

图 5-6　MH/Ni 电池的循环寿命曲线

循环条件：充电 0.25C, 3.2 h；放电 1.0C,
放电到 1.0 V，温度 20℃

MH/Ni 电池的循环寿命主要受以下几个因素的影响。

① 过度充电　可以导致阳极反应的气体与储氢合金中的稀土发生化学反应，形成稀土氧化物，破坏了储氢合金的结构。

② 氢气分压上升　稀土氧化物的形成减少了储氢合金的吸氢能力，造成了氢气分压逐渐上升。

③ 气体泄漏　电池内压过大会毁坏电池的密封层，导致电解质减少，结果容量降低。
电池的循环寿命不仅与电池的性能有关，而且与电池的组装有关。

## 5.1.4　MH/Ni 二次电池的制造工艺

MH/Ni 二次电池正极的制备工艺采用黏结法、泡沫法；负极有黏结法和烧结法等。

### 5.1.4.1　MH/Ni 电池的正负极制备工艺

（1）黏结式镍电极　黏结式镍电极制备工艺简单，消耗低。按胶黏剂不同，黏结式镍电极的制备方法分为成膜法、热挤压法、刮浆法等，其工艺流程见图 5-7～图 5-9。

黏结式镍电极的原料主要有活性 $Ni(OH)_2$；导电剂一般采用镍粉、胶体石墨和乙炔黑

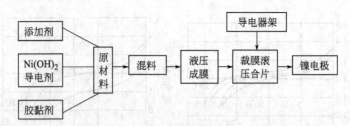

图 5-7 成膜法制备镍电极工艺流程

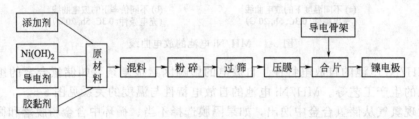

图 5-8 热挤压法制备镍电解工艺流程

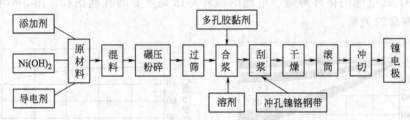

图 5-9 刮浆法制备镍电极的工艺流程

等，胶黏剂常采用 PTFE、PE、PVA 和 CMC 等；常用的添加剂有钴、锌、锂、镉等。添加剂的作用是提高镍电极的活性，提高充电效率，$Ni(OH)_2$ 在镍电极材料中的含量一般为 75%～80%。

(2) 泡沫镍正电极 图 5-10 为泡沫镍正电极制备工艺流程。

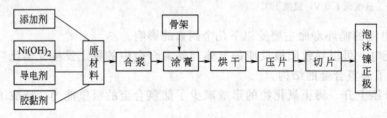

图 5-10 泡沫镍正极制备工艺流程

泡沫镍正电极制备工艺过程：将活性物质 $Ni(OH)_2$ 填充到泡沫基体孔隙中，再压制成型；泡沫镍正极活性物质选用高密度球形 $Ni(OH)_2$；黏结剂选用 PTFE；添加剂为钴粉、氧化钴和氧化锌等；导电剂一般采用镍粉、石墨粉或乙炔黑等；泡沫镍作为电极基板材料。添加剂的作用是提高 $Ni(OH)_2$ 的利用率，提高电极容量，抑制电极膨胀和延长电极寿命。

### 5.1.4.2 MH/Ni 电池负极制备工艺

MH/Ni 电池的负极采用储氢合金作负极活性物质，添加剂为镍粉或石墨粉，胶黏剂用 PVA、PTFE 和 CMC 等，集流体采用泡沫镍（或泡沫铜），也可采用冲孔金属带。

(1) 黏结法　黏结法的制备工艺见图 5-11。

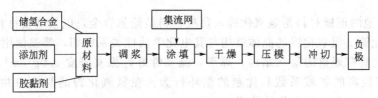

图 5-11　黏结法制备负极工艺流程

(2) 烧结法　烧结法制备 MH/Ni 电池负极的工艺流程见图 5-12。

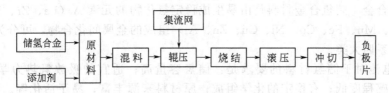

图 5-12　烧结法制备负极的工艺流程

烧结法又分为粉末烧结法和低温烧结法。

① 粉末烧结法　用于由钛系储氢合金作原料的 MH/Ni 电池的负极，粉末烧结法的基本操作是将储氢合金粉加压成型，在真空中烧结 1h，烧结温度为 800～900℃。冷却过程中通氢气，制成氢化物电极。如果将合金粉加到泡沫镍中，加压后在真空中烧结 1h，烧结温度为 800～900℃，可制得孔率为 10%～30% 的储氢电极。

② 低温烧结法　在储氢合金粉中加入胶黏剂，压制成电极。烧结温度控制在 300～500℃。低温烧结法制备的电极内阻小，可用于大电流放电。

### 5.1.4.3　MH/Ni 电池的制造工艺

MH/Ni 电池的正极为氢氧化镍电极，负极为储氢合金电极，隔膜为无纺布，外壳是镀镍钢筒，其制备工艺见图 5-13。

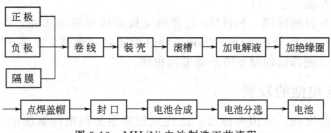

图 5-13　MH/Ni 电池制造工艺流程

根据 MH/Ni 电池的结构和制造工艺的不同，常见的 MH/Ni 电池有以下几种：烧结式电池、密封式电池和发泡式电池等。以烧结式为例，介绍 MH/Ni 电池的制备过程。

烧结式 MH/Ni 电池由正极板、负极板和隔膜层叠而成。通常将正负极板全部采用烧结式极板的称为全烧结式；正极采用全烧结式，而负极采用非烧结式的称为半烧结式。将已烧结的正极与负极包封隔膜，交错装配成电极组，放入塑料电池壳内，灌入电解液 KOH。封口化成，使正负极电池材料活化。电解液 KOH 的密度为 1.23～1.25kg/L，同时加入 LiOH 15～20g/L。

采取容量分选以选出电池容量相同或相近的单体电池。

## 5.1.5 MH/Ni电池的材料

MH/Ni电池的正极材料是氢氧化镍,负极材料是储氢合金,电极基板材料是泡沫镍。

(1) 氢氧化镍　氢氧化镍的晶体结构与其电化学活性关系密切,普遍使用的正极材料是 $\beta$-Ni(OH)$_2$,它具有规整的层状结构,球形,流动性好,振实密度 2.0g/cm$^3$,小颗粒的球形 Ni(OH)$_2$ 有较高的扩散系数和优越的循环行为。在氢氧化镍的晶格中共沉积掺杂 Li、Co、Zn 可改善 Ni(OH)$_2$ 的电化学性能。

Ni(OH)$_2$ 的制备工艺方法有多种,Ni(OH)$_2$ 依制备条件的不同,其形状、结构和性能不同,目前作为电极材料的 Ni(OH)$_2$ 生产主要采用化学沉淀法。

(2) 储氢合金　储氢合金材料是由易生成稳定氢化物的元素 A(La、Zr、Mg、V、Ti)与元素 B(Cr、Mn、Fe、Co、Ni、Cu、Zn、Al)组成的金属间化合物,可分为稀土系、钛系、锆系、镁系四大类。

MH/Ni 电池对于储氢材料的要求是:储氢容量高;适宜的吸放氢热力学和动力学性能;对杂质敏感程度低;有稳定的化学组成;原材料来源丰富;易于活化等。用于 MH/Ni 电池的典型储氢合金的主要特性见表 5-1。

表 5-1　MH/Ni 电池的典型储氢合金特性

| 合金类型 | 典型氢化物 | 吸氢质量/% | 理论电化学容量/(mA·h/g) | 实测电化学容量/(mA·h/g) |
| --- | --- | --- | --- | --- |
| AB$_5$ | LaNi$_5$H$_6$ | 1.3 | 348 | 330 |
| AB$_2$ | ZrMn$_2$H$_3$ | 1.8 | 482 | 420 |
| AB | TiFeH$_2$ | 2.0 | 536 | 350 |
| A$_2$B | Mg$_2$NiH$_4$ | 3.6 | 965 | 500 |
| 固溶体型 | V$_{0.8}$Ti$_{0.2}$H$_{0.8}$ | 3.8 | 1018 | 500 |

制备储氢合金材料常用的熔炼方法有:电弧炉熔炼法、中频炉熔炼法、快速冷却气流雾化法和机械合金化方法。

(3) 电极基板材料泡沫镍　MH/Ni 电池的电极基板材料泡沫镍,要求满足下列性能:孔隙率 95%～97%,孔径分布 50～500μm,导电性能好,强度大于等于 3×9.8N/cm,比表面积约 0.1m$^2$/g。泡沫镍的制备方法是电沉积法。

## 5.1.6 MH/Ni电池的发展

随着航天技术的发展,氢镍电池已广泛地应用在卫星的电源系统中。卫星在轨运行期间,氢镍蓄电池组作为储能装置在地影期给负载供电,在光照期接受太阳电池阵充电。蓄电池组的性能直接影响到卫星的工作寿命,能否有效地进行充电控制是影响蓄电池组寿命的关键。

高压氢镍电池组能满足航天飞行器对电源系统的可靠、耐用和高充放电能力等方面的需求。单体电池是高压氢镍电池组的核心部件,空间飞行器对它的寿命、可靠性和耐用性等方面的要求非常严格。国外空间用 60A·h 以内的高压氢镍单体电池的地面考核指标如下:

① 使用寿命大于 5000 次循环(70% DOD,周期小于 100min,温度 5℃);
② 过充电考核,1C 充电 120min,电性能正常、无损坏;
③ 大电流输出能力,具有 2C 以上的放电能力,2C 放电时,15min 放电电压高于 1.15V。

## 5.2 锂离子二次电池

锂离子电池是在研究锂二次电池的基础上发展起来的。它克服了长期困扰锂二次电池的短路和安全问题,采用嵌锂化合物作电极的活性物质,让锂离子自由进出而不破坏其结构。

锂离子二次电池的优点是开路电压高,单体电池电压高达 3.6~3.8V;比能量大,预计锂离子电池的比能量可达 150W·h/kg,目前比能量已达 130~140W·h/kg,是 MH/Ni 电池的 1.5 倍;循环寿命长,可达 1000 次以上;无记忆效应,安全性好;自放电小,室温时月容降率为 10%,相比之下 MH/Ni 为 30%~40%。

锂离子二次电池的缺点是不能大电流放电,目前只适用于中小电流的电器使用;电池成本高;需要过充保护等。

锂离子电池自 1991 年开发成功以来,迅速产业化,目前在移动电话、笔记本电脑和便携式电器等领域大量应用,已占领民用二次电池的产值之首,同时世界各国正研究开发汽车电源,锂离子二次电池发展前景可观。

### 5.2.1 锂离子电池的工作原理

目前已产业化的锂离子电池的负极为碳材料,正极为 $LiCoO_2$ 材料,电解质是 $LiPF_6$ ($LiClO_4$) +有机试剂。

锂离子电池的电化学表达式:

$$(-)Cu\,|\,LiPF_6-EC+DEC\,|\,LiCoO_2(+)$$

正极反应: $$LiCoO_2 \underset{}{\overset{充放电}{\rightleftharpoons}} Li_{1-x}CoO_2 + xLi^+ + xe^- \tag{5-8}$$

负极反应: $$nC + xLi^+ + xe^- \underset{}{\overset{充放电}{\rightleftharpoons}} Li_xC_n \tag{5-9}$$

电池反应: $$LiCoO_2 + nC \underset{}{\overset{充放电}{\rightleftharpoons}} Li_{1-x}CoO_2 + Li_xC_n \tag{5-10}$$

锂离子电池的工作原理示意图见图 5-14。

锂离子电池实际上是一个锂离子浓差电池,正负极分别为两种不同的锂离子嵌入化合物。充电过程是 $Li^+$ 从正极脱嵌,经过电解质嵌入负极,负极处于富锂状态,而正极处于贫锂状态;放电时 $Li^+$ 又从负极脱嵌,经过电解质进入正极,正极处于富锂状态,而负极此时又处于贫锂状态。显然锂离子电池的工作电压与其正负极材料有关。以 $LiCoO_2$ 和层状石墨为例,图 5-15 给出了锂离子电池的充放电反应示意图。

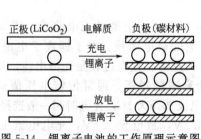

图 5-14 锂离子电池的工作原理示意图

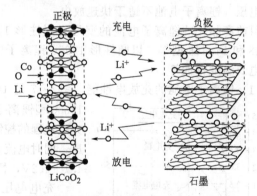

图 5-15 锂离子电池充放电反应示意图

### 5.2.2 锂离子电池的结构

锂离子电池由正极、负极、隔膜和电解质组成。锂离子电池的正极采用 $LiCoO_2$(正极活性物质）+乙炔炭（导电物质）+溶剂（60%PTFE乳液），配方是 $LiCoO_2$ 78%～80%，乙炔炭 10%～15%，PTFE乳液 7%～10%；锂离子电池的负极采用碳材料+PTFE乳液，配方是碳材料 95%，PTFE乳液 5%；隔膜采用厚度为 0.01mm 以下的微孔聚丙烯薄膜或特殊处理的低密度聚乙烯膜；电解质溶液采用 1mol/L 的 $LiPF_6$+EC+DEC。

目前商品化的锂离子电池按形状分类有圆柱形、方形、扣形和钱币形几种。圆柱形锂离子电池的结构与 MH/Ni 电池基本相似，但盖体设计比较复杂。电池盖安装有安全阀和一个正温度系数的电阻元件（PTC），安全阀的功能是过充电保护和释放过高的内压。安全阀一旦打开，电池立即无效。电阻元件的作用是降低或终止外部电流过大或电池局部温度过高，当外部电流下降或温度恢复后，电阻元件会恢复到合适的值，以保障电池继续正常充放电。图 5-16 是圆柱形锂离子电池的结构图。

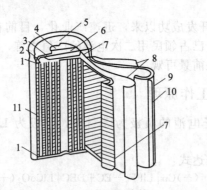

图 5-16 圆柱形锂离子电池的结构图
1—绝缘体；2—垫圈；3—PTC 元件；4—正极端子；5—排气孔；
6—防爆阀；7—正极；8—隔板；9—负极；10—负极引线；11—外壳

### 5.2.3 锂离子电池的性能

锂离子电池电压为 3.3～3.8V，而 Cd/Ni 电池和 MH/Ni 电池的电压均为 1.2V，锂离子电池更适用于便携式电器（操作电压一般为 3～12V）。锂离子电池的适用温度范围在 -20～60℃区间。锂离子电池放电倍率较低，室温下只能用 2C 连续放电。

锂离子电池设有安全装置，不会发生因锂枝晶生长而造成的内部短路，但使用时要控制充电电压。锂离子电池不适于快速放电。

目前商品化的锂离子电池的型号有圆柱形 14500、US14650、US26650 和方形 083448、063048 和 143448 型等。以圆柱形 18650 锂离子电池为例，讨论其充放电性能、循环寿命、自放电及温度特性等。

(1) 锂离子电池的充放电性能　图 5-17 是 18650 型锂离子电池的充电曲线，图 5-18 是 18650 型锂离子电池的放电曲线。对于锂离子电池来讲，充电过程的控制至关重要。充电过程是先恒电流，后恒电压，同时电流自动衰减的过程。通常恒定电压值选择在 4.1～4.2V，恒定电流选择为 1C，充电时间一般选择 3h。

充电电压为 4.2V，放电至 2.5V，充电电流 1.0 A。电池电压依放电率由低至高依次排列，先是较高的放电率下，放电电压下降，但放电容量降低较少，放电电压也与温度相关。

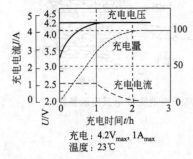

图 5-17 18650 型锂离子电池的充电曲线

(2) 锂离子电池的循环寿命　锂离子电池的循环寿

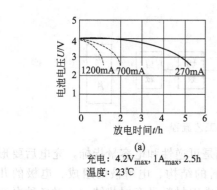 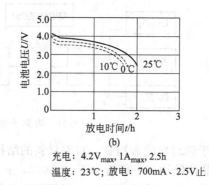

图 5-18  18650 型锂离子电池的放电曲线

命一般在 50~1000 次，图 5-19 给出了循环次数为 500 次放电容量变化。选用 18650 型标准电池，充电至 4.2V，放电至 2.75V，充电电流 1A，放电电流到 700mA；充电时间为 3h。循环 500 次，放电容量从 1400mA·h 衰减到 1250mA·h 左右。

(3) 锂离子电池的自放电特征　图 5-20 反映了锂离子电池的自放电特性，也称为储存特性。锂离子电池的自放电与温度有关。常温 25℃ 的条件下，在 1 个月内，电池容量保持率大于 90%，12 个月接近 70%；0℃ 条件下 12 个月内可保持 85% 以上；但如果在 60℃ 条件储存，容量衰减很快，一个月降至 65%，12 个月可降至 10%。

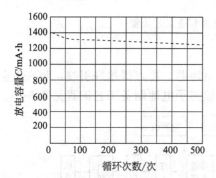 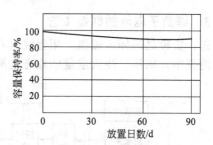

图 5-19  18650 型锂离子电池的循环寿命
　　充电：4.2V，1A，3.0h
　　放电：700mA，2.75V 止　　温度：23℃

图 5-20  锂离子电池的自放电特性
　　充电：4.2V$_{max}$，1A$_{max}$，2.5h
　　放电：200mA，2.50V 止　　温度：20℃

## 5.2.4　锂离子电池的制备工艺

### 5.2.4.1　锂离子电池正极的制备工艺

目前锂离子电池的正极活性物质主要是嵌锂氧化物 $LiCoO_2$、$LiNiO_2$ 和 $LiMn_2O_4$ 等，它们的电极电位在 4V 左右。这些锂氧化物具有层状结构，锂离子能够可逆地嵌入和脱嵌，其中 $LiCoO_2$ 具有稳定的放电电压和较高的放电容量，碳负极匹配性好，为目前商品化锂离子电池普遍采用。正极制备工艺流程如图 5-21 所示。

将正极活性物质（$LiCoO_2$）、导电剂（炭粉）和胶黏剂（PVDF 溶解在甲基吡咯盐中）均匀混合，制成糊状，均匀地涂敷在集流体（铝箔）的两面，厚度在 15~20μm。在氮气流中干燥去除有机分散剂，再将电极通过滚压机压制成型，按尺寸剪切成正极片。

### 5.2.4.2　锂离子电池负极的制备工艺

目前主要采用碳材料作负极，例如石墨、焦炭和裂解炭等。锂离子电池的容量在很大程

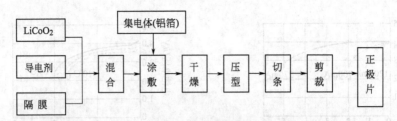

图 5-21 锂离子电池正极制备工艺流程

度上取决于碳材料的嵌锂量，对碳材料的结构要求首先是可逆性和电容量指标，充电后要形成 $Li_xC_6$ 晶体结构。一般情况下 $x \leqslant 0.5$，$x$ 值与碳材料的结构、电解液的组成、电极的几何形状及嵌入反应的速率有关。碳负极的作用和功能要求碳材料具有层状结构，对各种电解液有较好的相容性。

将负极活性物质碳材料、胶黏剂 PVDF 和添加剂（如聚亚胺）混合均匀，制成糊状后均匀涂敷在铝箔两面，干燥、滚压、剪裁成负极片。锂离子电池的负极制备工艺流程见图 5-22。

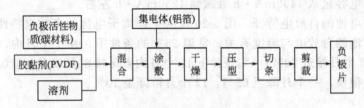

图 5-22 锂离子电池负极制备工艺流程

#### 5.2.4.3 锂离子电池的制备工艺

在正、负极之间插入隔膜；用卷绕机卷制成电池芯，再点焊接好引线，装入由金属镍制成的电池壳中；减压下注入定量的液态电解液。锂离子电池制备工艺流程见图 5-23。

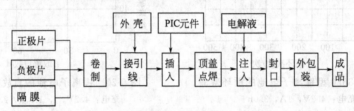

图 5-23 锂离子电池制备工艺流程

#### 5.2.4.4 锂离子聚合物电池的制备工艺

锂离子聚合物电池被称为第二代锂离子电池，它的正负极材料，电池的工作原理与锂离子电池完全一样，区别在于电解质的存在形式。锂离子电池的电解质是将液体电解质直接注入电池壳中，而锂离子聚合物电池的电解质是将液态有机电解质吸附在聚合物基体上，形成胶体电解质。锂离子聚合物电池结构简化，不需要金属外壳，甚至不需要充电保护装置。它消除了电池电解质的渗漏问题，电池的形状也实现了多样化。锂离子聚合物电池的制备工艺流程见图 5-24。

### 5.2.5 锂离子电池的材料

#### 5.2.5.1 锂离子电池的正极材料

根据锂离子电池的工作原理，锂离子电池正极材料除应满足传统电池正极材料所具有的条件外，还应满足下列特殊要求。

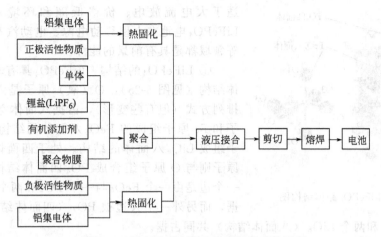

图 5-24 锂离子聚合物电池的制备工艺流程

① 层状或隧道结构，以利于锂离子脱嵌时无结构上的变化，使电池具有良好充放电可逆性；

② 锂离子在其中应尽可能多地嵌入和脱出，以使电极具有较高的容量，且在锂离子脱嵌时，电极反应的自由能变化不大，以使电池有较平衡的充放电电压；

③ 锂离子在其中应有较大的扩散系数，以使电池有较好的快充放电性能。

为了进一步提高锂离子电池的输出电压、比能量和循环性能，近些年的研究热点之一就是开发具有高电压、高容量和具有良好可逆性的正极嵌入材料，这种正极材料必须是可供锂离子大量自由嵌入和脱嵌的活性材料。目前锂离子电池正极材料的合成方法主要有：固相合成法、共沉淀法和溶胶-凝胶法等。

(1) 比较几种锂离子电池正极材料　大多数锂离子电池的活性正极材料是含锂的过渡金属化合物，而且以氧化物为主。过渡金属氧化物的电位（相对于 $Li/Li^+$）与充放电过程中 d 电子层变化的特征有关。

目前锂离子电池正极材料有 $LiCoO_2$、$LiNiO_2$、$LiMn_2O_4$ 和 $LiFePO_4$ 及它们的派生物，还有其他一些新型的正极材料，其中几种正极材料的性能比较见表 5-2。

表 5-2　几种正极材料的性能比较

| 正极材料 | 理论比容量/(mA·h/g) | 平均电压/V | 可逆范围($\Delta x$) | 毒性 | 价格 |
| --- | --- | --- | --- | --- | --- |
| $LiCoO_2$ | 274 | 3.7 | 0.5 | 有 | 高 |
| $LiNiO_2$ | 274 | 3.5 | 0.7 | 有 | 偏高 |
| $LiMn_2O_4$ | 148 | 4.0 | 1.0 | 无 | 低 |
| $LiFePO_4$ | 170 | 3.5 | 1.0 | 无 | 低 |

随着对锂离子正极材料的不断探索，近年来人们发现一系列可作为锂离子正极材料的聚阴离子型化合物——含有四面体或八面体阴离子结构单元 $(XO_m)^{n-}$（X=P、S、As、Si、Mo、W）的化合物。

目前报道较多的是具有橄榄石结构的聚阴离子正极材料。该类材料有两个突出的优点：①即便是大量锂离子脱嵌，材料的晶体框架结构也能保持稳定，这一点与 $LiCoO_2$ 有较大的不同；②易于调整材料的放电电位平台。

(2) 具有橄榄石结构的正极材料 $LiFePO_4$　$LiFePO_4$ 是新型锂离子电池正极材料，它具有高的工作电压和理论容量，同时 $LiFePO_4$ 正极材料还有安全性能好、优异的循环稳定性、

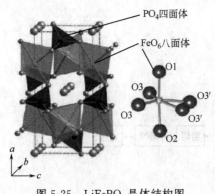

图 5-25 LiFePO₄ 晶体结构图

适于大电流放电、价格低廉和环境友好等优点。LiFePO₄ 电池在大型移动电源、电动汽车和用电设备等领域都是具有前景的能源。

① LiFePO₄ 的结构　LiFePO₄ 具有非常稳定的晶体结构（见图 5-25）：O（氧）原子是六方密堆积的排列方式（但有些变形），占据八面体空隙处的 O 原子和 Fe 原子组成的 FeO₆ 八面体的结构，同时 Li 原子组成 LiO₆ 八面体的结构。处于四面体空隙处的 P 原子则与 O 原子组合成 PO₄ 四面体结构，四面体的一个边是由一个 FeO₆ 与一个 PO₄ 和两个 LiO₆ 共同占据，而另外一个共边被 PO₄（四面体结构）与 FeO₆（八面体结构）和两个 LiO₆（八面体结构）共同占据。

② LiFePO₄ 的性质　LiFePO₄ 结构中 PO₄ 不导电，它将 FeO₆ 隔开致使无法形成连续共边的八面体，使得 Fe-O-Fe 电子导电无法形成，结果降低了 LiFePO₄ 的电子导电率；众多的八面体结构之间存在着一个具有四面体结构的 PO₄，这限制了晶体体积的变化，导致 Li⁺ 的脱嵌运动受到影响。LiFePO₄ 的结构导致它的较低电子导电率和离子扩散速率。为了改善其性能，需要改性处理。

③ LiFePO₄ 的改性　针对 LiFePO₄ 的电子导电率和离子扩散速率低的特点，采用提高电子导电率和离子扩散速率的方法。具体方法包括：

a. 碳包覆与掺杂　碳包覆的碳源有葡萄糖、蔗糖、柠檬酸、石墨及活性炭等，碳源进入 LiFePO₄ 颗粒表面与缝隙之间，有利于 Li⁺ 的扩散；

b. 加入导电物质制备复合材料，例如 LiFePO₄/石墨烯复合材料、LiFePO₄/碳纳米管复合材料和 LiFePO₄/PPy（聚合物）等，可以改善电化学性能。

④ LiFePO₄ 的制备方法　通过改变 LiFePO₄ 制备方法也可以实现改性，例如制备出粒度小且分布均匀的产品可以缩短离子的扩散路径，使材料的扩散速率得到提高。目前 LiFePO₄ 的制备方法主要有：高温固相法、溶胶凝胶法、水热法、共沉淀法、碳热还原法及微波法等。

#### 5.2.5.2　锂离子电池的负极材料

二次锂离子电池负极材料经历了金属锂、锂合金、碳材料，又发展了氧化物和纳米材料。1980 年以后，人们认识到锂在碳材料中的嵌入反应有接近金属锂的负电位，不容易与有机溶剂发生反应，并且有更好的循环性能。自 1990 年锂离子电池投入生产起至今，锂离子电池的负极材料始终是碳材料。目前，碳材料种类很多，分类方式也不同，依照石墨化程度分类如下：

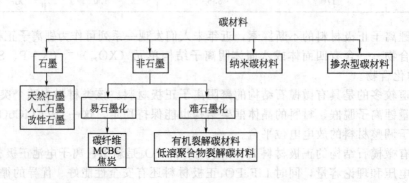

各种锂离子电池负极碳材料的性能见表 5-3。

表 5-3 锂离子电池负极碳材料的性能

| 碳材料种类 | 天然石墨 | 人造石墨 | 复合石墨 | MCMB-28 | 石油焦 | 改性石油焦 |
|---|---|---|---|---|---|---|
| 比容量/(mA·h/g) | >300 | 250~300 | 350~370 | 300 | 160 | 220~250 |
| 充放电效率/% | 90 | 80~90 | 90 | 90 | 30~60 | 70 |
| 电解质体系 | EC-DEC | EC-DEC | EC-DEC | EC-DEC | PC-DME | PC-DME |

## 5.2.6 有机聚合物锂离子电池

将锂离子电池的液体电解质改用聚合物电解质即为聚合物电解质锂离子电池,聚合物电解质锂离子电池是一种新型高能化学电源,它的优越性正在逐渐被人们所认识,应用领域也在不断扩大。作为高能移动电源,它广泛地应用于便携式电子产品中,如小型电动工具、摄像机、移动电话、卫星电话、掌上电脑和笔记本电脑等,同时它可作为军用电池、航天航空领域用锂离子电池、电动汽车用锂离子电池和医学领域的电源应用等。

尽管目前对聚合物电解质锂离子电池的研究已经很多,但应用于实际仍然面临着许多问题,主要有电池中锂离子传导机理、电池的电化学性能、电解质和电极界面的化学稳定性、组分间的相容性及电解质良好的力学性能等都有待进一步研究。

由于聚合物锂离子电池突出的优越性,许多国家政府和公司对它都给予了极大的关注,投入了大量的人力、物力进行研究,以适应电子、信息和交通等方面快速发展的需求和人们追求大容量、质轻、安全、环境友好的新型能源的要求。

## 5.2.7 超级电容器

超级电容器是介于传统平板电容器和二次电池之间的一种新型储能装置,它具有充放电速率高、循环寿命长、工作温度范围宽和对环境无污染的特点。超级电容器与平板电容器相比,存储电荷的能力高出 3~4 个数量级,是有潜力的储能装置。表 5-4 是超级电容器与常见充电电池的性能比较。

表 5-4 超级电容器与常见充电电池的性能比较

| 项目 | 镍氢电池 | 锂离子电池 | 燃料电池 | 铅酸蓄电池 | 超级电容器 |
|---|---|---|---|---|---|
| 充电时间 | 12~36h | 3~4h | — | 4~12h | 10s~几分钟 |
| 重复充放电/次 | >500 | 1000 | >500 | 400~600 | 500000 以上 |
| 工作电流 | 高 | 中 | 低 | 高 | 极高 |
| 记忆效应 | 有 | 很轻微 | 轻微 | 轻微 | 无 |
| 自放电率(每月) | 20% | 5%~10% | 低 | 3% | 高 |
| 比能量/(W·h/kg) | 60~80 | 100~200 | >200 | 30 | 4~10 |
| 比功率/(W/kg) | >1000 | >1000 | 35~1000 | <1000 | >1000 |
| 安全性 | 良 | 差 | 差 | 一般 | 优 |
| 环境影响 | 基本无污染 | 基本无污染 | 零污染 | 有污染 | 零污染 |

目前,超级电容器主要应用于公共交通、新能源发电系统、通信领域和军工等领域。
① 在俄罗斯、美国及日本等国家超级电容器用于公交车和电动车等公共交通领域,我国在 2006 年就在上海建成了使用超级电容器的公交车专线,到 2015 年,电动车用超级电容

器占到超级电容器市场份额的50%以上。

② 超级电容器应用于新能源发电系统可以起到"削峰填谷"的作用,采用超级电容器作为大容量储能装置,并在需要时释放存储的电能。这无疑为太阳能、风能等新能源的发展提供了空间。

③ 超级电容器应用在移动通信设备中,可以实现响应速度快、循环使用寿命长、温度范围宽和输出幅值大的脉冲的要求,同时超级电容器用于GSM和GPRS等无线通信便携设备、芯片等大功率脉冲领域,可保证电源波动和停电时继续工作,还能延长电池寿命。

④ 超级电容器在军事装备领域主要包括激光武器、离子束武器、航天飞行器和导弹等,这些设备在启动时需要超高功率脉冲电源,采用高比能量电池与超级电容器的组合可以满足要求。超级电容器还可用于潜艇、舰船、坦克及装甲车等军事设备上,用于作主辅电源和低温启动电源。

超级电容器的材料主要包括活性炭、碳纳米管、石墨烯和碳气溶胶等。

### 5.2.8 锂离子电池的发展

随着锂离子电池应用的迅速发展,锂离子电池技术进一步深入到军用和航空等技术领域,这些领域要求锂离子电池的低温使用范围在-40℃以下。目前商业化的锂离子电池电解液的凝固点在-30℃以上,性能难于满足低温领域的实际应用要求。低温性能的研究已成为目前锂离子电池研究者关注的重点问题之一。

电极材料的研究和开发对锂离子电池的进一步发展起到至关重要的作用。目前制锂离子电池发展的关键因素是正极材料,因此研究和开发出新型的正极材料体系,取代目前大量使用的$LiCoO_2$正极材料,推出能量更高,价格更便宜,安全可靠的新一代锂离子电池,具有重要的应用价值和实际意义。

## 5.3 燃料电池

燃料电池被称为连续电池,它在等温条件下直接将储存在燃料和氧化剂中的化学能转变为电能。燃料电池在反应过程中不涉及燃烧,能量交换效率不受卡诺循环的限制。

燃料电池的发电原理与传统电池相似:阳极进行燃料(例如氢)的氧化过程,阴极进行氧化剂(如氧)的还原过程,导电离子在电解质内迁移,电子通过外电路做功并构成电的回路。

燃料电池的工作方式与传统电池相异:它的燃料和氧化剂不是储存在电池内,而是储存在电池外的储罐中。当电池发电时,需要连续不断地向电池内输送燃料和氧化剂,排出反应产物和废热。确切地说它的工作方式更接近于汽油发电机,它的功率取决于储罐的容量。

(1) 燃料电池的特点　燃料电池的特点是能量转换率高,它的能效达到60%~70%,远高于热机和发电机的效率;环境友好,对于氢燃料电池,发电后的产物只有水;工作安静;方便使用;燃料电池发电系统由配置合理的电池组构成,可实现工厂生产模块,电站安装,更换方便;适用性强,燃料电池的燃料多种多样,如氢气、煤气、天然气、甲醇和汽油等;燃料电池供电范围广,可根据需求建立大中小型电站,也可以制成携带式电源。

(2) 燃料电池的类型　目前燃料电池主要以电解质的性质划分为五大类:①碱性燃料电池(alkaline fuel cell),简称AFC;②质子交换膜燃料电池(proton exchange membrane fuel cell),简称PEMFC;③磷酸燃料电池(phosphorous acid fuel cell),简称PAFC;④熔融碳酸盐燃料电池(molten carbonate fuel cell),简称MCFC;⑤固体氧化物燃料电池(solid oxide fuel cell),简称SOFC。燃料电池的类型、性能与应用见表5-5。

表 5-5　五种燃料电池的介绍

| 燃料电池类型 | 碱性燃料电池 | 磷酸燃料电池 | 质子交换膜燃料电池 | 熔融碳酸盐燃料电池 | 固体氧化物燃料电池 |
|---|---|---|---|---|---|
| 英文简称 | AFC | PAFC | PEMFC | MCFC | SOFC |
| 电解质 | 氢氧化钾溶液 | 磷酸 | 质子渗透膜 | 碳酸钾 | 固体氧化物 |
| 燃料 | 纯氢 | 天然气,氢 | 氢,甲醇,天然气 | 天然气,煤气,沼气 | 天然气,煤气,沼气 |
| 氧化剂 | 纯氧 | 空气 | 空气 | 空气 | 空气 |
| 效率 | 60%~90% | 37%~42% | 43%~58% | >50% | 50%~65% |
| 使用温度 | 60~120℃ | 160~220℃ | 60~120℃ | 600~1000℃ | 600~1000℃ |

## 5.3.1　碱性燃料电池（AFC）

AFC 是最先开发的燃料电池。20 世纪 50 年代被应用于空间技术领域，20 世纪 60 年代开始，AFC 被应用于汽车和潜艇。AFC 的显著优点是高能量转换率（一般可达 70%）、高比功率和高比能量。AFC 是全球性燃料电池研究的第一个高潮。

### 5.3.1.1　AFC 的工作原理

AFC 的电解质为氢氧化钾，导电离子是 $OH^-$，AFC 的工作原理如图 5-26 所示。

燃料（$H_2$）在阳极上发生氧化反应：

$$H_2 + 2OH^- \longrightarrow 2H_2O + 2e^- \qquad \varphi^{\ominus} = -0.828V \tag{5-11}$$

氧化剂（$O_2$）在阴极发生还原反应：

$$\frac{1}{2}O_2 + H_2O + 2e^- \longrightarrow 2OH^- \qquad \varphi^{\ominus} = 0.401V \tag{5-12}$$

电池反应：

$$\frac{1}{2}O_2 + H_2 \longrightarrow H_2O \qquad E^{\ominus} = 1.229V \tag{5-13}$$

AFC 的燃料有纯氢（用碳纤维增强铝瓶储存）、储氢合金和金属氢化物。AFC 工作时会产生水和热量，采用蒸发和氢氧化钾的循环实现排除，以保障电池的正常工作。氢氧化钾电解质吸收 $CO_2$ 生成的碳酸钾会堵塞电极的孔隙和通路，所以氧化剂要使用纯氧而不能用空气，同时电池的燃料和电解质也要求高纯化处理。

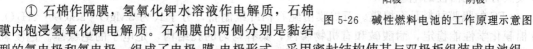

图 5-26　碱性燃料电池的工作原理示意图

### 5.3.1.2　AFC 电池的结构

AFC 的结构基本分为以下三种类型。

① 石棉作隔膜，氢氧化钾水溶液作电解质，石棉膜内饱浸氢氧化钾电解质。石棉膜的两侧分别是黏结型的氢电极和氧电极，组成了电极-膜-电极形式，采用密封结构使其与双极板组装成电池组。

② 氢氧化钾溶液置于框架内，称作碱腔，电极为双孔结构。氢氧化钾电解液可采用循环式或密封式两种。采用密封式结构与双极板组装成电池组。电池运行时，应严格控制反应气与碱腔间的压力差，以防止反应气体穿透细孔层进入碱腔。

③ 用棉膜作细孔层，与黏结型多孔气体扩散电极压合，形成类似双孔电极的结构，再按双孔电极的方式组成碱腔，然后组装成自由介质型碱性燃料电池。

### 5.3.1.3　AFC 的性能

AFC 与其他几类燃料电池相比，有三大长处。

(1) 能量转化效率高　通常 AFC 的输出电压为 0.8～0.95V，其能量转化效率可高达 60%～70%。这由 AFC 的结构所决定，AFC 的电化学反应是在相同的电催化剂上实现，交换电流密度高导致能量转化效率高。

(2) 采用非铂系催化剂　AFC 通常采用雷尼镍、硼化镍等作电催化剂，免受铂资源制约，同时可降低成本。

(3) 化学性质稳定　镍在碱性介质中和电池的工作温度下化学性质稳定，因此可采用镍板或镀镍金属板作双极板。

AFC 采用氢氧化钾作电解质，它的负面作用限制了 AFC 的发展。为了防止氢氧化钾与 $CO_2$ 反应，氧化剂（包括氧气、空气）必须充分净化，除去 $CO_2$，AFC 的氧化剂通常采用纯氧；如采用富氢燃料作还原剂，也要除 $CO_2$，AFC 的燃料通常用纯氢；AFC 的电池反应有水生成，需及时排出，排水工序增加了造价。

#### 5.3.1.4　AFC 电极的制备工艺

AFC 电极的设计要求电极具有高度稳定的气、液、固三相界面。目前有两种比较成功的电极结构。

(1) 双孔结构电极　所谓双孔结构是指电极分两层：粗孔层和细孔层。粗孔层与气室相连，细孔层与电解质接触。以雷尼合金材料作电极为例，粗孔层孔径为 $30\mu m$，细孔层孔径为 $16\mu m$。电极工作时，粗孔层内充满反应气体，细孔层内填满电解液。细孔层的电解液浸润粗孔层，液气界面形成并发生电化学反应，离子和水在电解液中传递，而电子则在构成粗孔层和细孔层的雷尼合金骨架内传导。双孔结构电极可以满足多孔气体扩散电极的要求，并保持反应界面稳定。

(2) 黏结型电极　黏结型电极是将亲水的导电体（如电催化剂材料铂/炭）与具有黏结能力的防水剂（如聚四氟乙烯乳液）按比例混合制成电极。它在微观尺度上是相互交错的两相体系，由防水剂构成的疏水网络为反应气体提供内部的扩散通道；由电催化剂构成的亲水网络可以被电解液充满浸润，它为水和 $OH^-$ 提供通道的同时，也为电子的传导提供通道。

#### 5.3.1.5　AFC 的材料

AFC 的催化剂的效能决定电池的性能，催化剂有几种类型：①贵金属，包括铂、铑、金和银；②贵金属合金；③过渡金属，如钴、镍和锰等。AFC 的电极选择与催化剂相关，AFC 的电极主要有以下两类。

① 高比表面积的雷尼（Raney）金属，雷尼镍作为阳极的基本材料，银粉作阴极，这种电极本身具有催化作用；

② 用高比表面积的碳材料作电极基体，将贵金属（例如铂）催化剂分散到碳基体上，形成具有催化活性的电极。

AFC 的隔膜材料是石棉膜。石棉膜由纯石棉纤维制备，分子式为 $3MgO \cdot 2SiO_2 \cdot 2H_2O$。石棉膜化学性能稳定，耐酸碱和有机物腐蚀，具有均匀的孔结构，是电子的绝缘体。饱浸氢氧化钾水溶液的石棉膜是离子（$OH^-$）的良好导体，并阻止水分子通过。

#### 5.3.1.6　AFC 的应用

(1) AFC 用于阿波罗登月飞船　20 世纪 60 年代，美国的普拉特-惠特尼公司研制出阿波罗登月飞行用的燃料电池。电池由英国剑桥大学的培根设计，称为培根电池。培根电池采用氢作燃料，氧作氧化剂，电解质为 45% 的 KOH，氢循环排水，单电池的流程见图 5-27。

培根电池采用锂化的双孔镍电极作氧电极，并具有双孔结构，保证了电极的稳定性和抗腐蚀性。

AFC 电池的工作温度为 200～300℃，氢、氧的工作压力早期为 4.15MPa，后期为

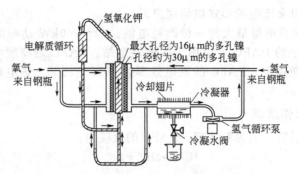

图 5-27 培根型单电池流程示意图

2.73MPa。单电池性能达到 2.30mA/cm², 工作电压为 0.80V。如果 40 节电池组成电池组, 输出功率可达 6kW。氢氧燃料电池适用功率要求在 1~10kW, 飞行时间在 1~30 天, 是载人飞船上的主电源, 燃料电池反应生成的水可供宇航员饮用, 液氧系统同时可与生命保障系统互为备份。AFC 动力源为阿波罗提供了 18 次飞行的电力, 累计运行超过 1000h。

(2) AFC 用于航天飞机　20 世纪 60 年代初, 美国艾丽斯-查尔默斯公司开发了碱性石棉膜型氢氧燃料电池。公司采用抗碱腐蚀的石棉膜作电解质隔膜, 浸入 35% 的氢氧化钾电解液; 在多孔镍板上, 通过化学沉积的铂-钯作催化剂, 构成多孔气体扩散电极; 镁板作为双极板。

碱性石棉膜型氢氧燃料电池的关键技术是排水。要确保电池组长时间稳定运行, 一定要保证将电池生成的水连续不断地排出, 并且排出的水量应等于电化学反应生成的水量, 这种石棉膜的碱液浓度与体积才会无大幅度波动。艾丽斯-查尔默斯公司开发出两种排水方法: 动态排水与静态排水。

航天飞机上使用的 AFC 由三组独立的碱性石棉膜型氢氧燃料电池系统提供液氢作燃料, 液氧作氧化剂。电池反应生成的水经净化可供宇航员饮用, 同时可用于航天飞机返回地球时的冷却作用。航天飞机用碱性石棉膜型氢氧燃料电池已飞行了 93 次, 工作时间高于 7000h。

#### 5.3.1.7　AFC 的发展趋势

AFC 有自己的优势: ①在碱性环境中可以使用镍、铬等替代贵金属催化剂; ②AFC 有很高的电极反应速率和电池电压。但有两条缺点限制了 AFC 的发展: ①AFC 是以液态 KOH 溶液为电解质, KOH 遇到空气中的 $CO_2$ 容易生成 $K_2CO_3$, 沉淀会堵住燃料扩散所需要的孔。必须除去空气中的 $CO_2$ 和各种烃类燃料中 $CO_2$, 导致成本升高。②电池电化学反应生成的水必须及时排出, 以维持水平衡, 排水系统复杂。这限制了 AFC 在地面上的使用。

在研究质子交换膜燃料电池的基础上, 采用固体聚合物电解质膜代替液体电解质的固体碱性燃料电池成为新的热点。用氢氧根离子聚合物膜代替液体电解质可以降低 $CO_2$ 的影响, 重点是研发高性能的离子交换膜以提高碱性燃料电池的寿命和效率。阴离子交换膜是碱性燃料电池的核心, 它的作用是传导 $OH^-$ 和分隔阴、阳极。离子交换膜的性能直接关系到碱性燃料电池的性能、能量效率和使用寿命。

目前, 氢氧根离子交换膜的研究选择了季铵型离子交换膜、咪唑盐型离子交换膜、胍盐型离子交换膜、季磷盐型离子交换膜、季锍盐型离子交换膜和金属盐型离子交换膜。

### 5.3.2　磷酸型燃料电池 (PAFC)

PAFC 是一种以磷酸为电解质的燃料电池。PAFC 采用重整天然气作燃料, 空气作氧化剂, 浸有浓磷酸的 SiC 微孔膜作电解质, Pt/C 作催化剂, 工作温度 200℃。PAFC 产生的直流电经过直交变换后以交流电的形式供给用户。

PAFC 是目前单机发电量最大的一种燃料电池。50～200kW 功率的 PAFC 可供现场应用，1000 kW 功率以上的 PAFC 可应用于区域性电站。PAFC 是高度可靠的电源，可用于医院和计算站的不间断供电。PAFC 的发电效率为 40%～50%，热电联供的燃料利用率为 60%～80%。

#### 5.3.2.1　PAFC 的工作原理

如果考虑以氢为燃料，氧为氧化剂，PAFC 的反应为：

阳极反应：$\quad H_2 \longrightarrow 2H^+ + 2e^-$ （5-14）

阴极反应：$\quad \frac{1}{2}O_2 + 2H^+ + 2e^- \longrightarrow H_2O$ （5-15）

电池反应：$\quad \frac{1}{2}O_2 + H_2 \longrightarrow H_2O$ （5-16）

PAFC 的工作原理见图 5-28。

#### 5.3.2.2　PAFC 的结构与性能

(1) PAFC 的结构　PAFC 由多节单电池按压滤机方式组装构成电池组。PAFC 的工作温度一般为 200℃ 左右，能量转化率约在 40%，为保证电池工作稳定，必须连续地排除废热。PAFC 电池组在组装时每 2～5 节电池间就加入一片冷却板，通过水冷、气冷或油冷的方式实施冷却。如图 5-29 所示。

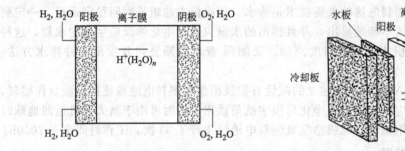

图 5-28　PAFC 的原理示意图　　　　图 5-29　PEFC 结构示意图

① 水冷排热　水冷可采用沸水冷却和加压冷却。沸水冷却时，水的用量较少，而加压冷却则要求水的流量较大。水冷系统对水质要求高，以防止水对冷却板材料的腐蚀。水中的重金属含量要低于百万分之一，氧含量要低于十亿分之一。

② 空气冷却　采用空气强制对流冷却系统简单、操作稳定。但气体热容低，造成空气循环量大，消耗动力过大。所以气冷仅适用于中小功率的电池组。

③ 绝缘油冷却　采用绝缘油作冷却剂的结构与加压式水冷相似，油冷系统可以避免对水质高的要求，但由于油的比热容小，流量远大于水的流量。

(2) PAFC 的性能

① 电池的工作温度　从热力学分析看，升高电池的工作温度，会使电池的可逆电位下降。但升高温度会加速传质和电化学反应速率，减少活化极化、浓差极化和欧姆极化。总体上升温会改善电池性能，PAFC 的工作温度为 200℃。

② 电池反应气体的工作压力　热力学分析表明，电池反应气体的工作压力会提高可逆电池的电压；从动力学上看，升高压力会增加氧还原的电化学反应速率，氧还原的速率与氧的压力成正比。升高压力会减少欧姆极化。

③ 电池的工作电位　在 PAFC 的工作条件下，氧电极的工作电压高于 0.8V 时，电催化剂铂会发生微溶，催化剂的担体 X-72 型炭也会缓慢氧化。

④ PAFC 电池的工作气体　PAFC 的燃料气对杂质有相当高的要求，以富氢气体为例，富氢气体中的 CO 会造成催化剂铂中毒和氢电极极化，要求 CO 的浓度范围控制在 1%（工作温度为 190℃ 时），富氢气体中的 $H_2S$ 气体的最高体积分数为 $2.0×10^{-6}$。

#### 5.3.2.3　PAFC 的制备工艺

PAFC 由电解质、电极及双极板等组成。

(1) PAFC 的电解质　PAFC 的电解质是浓磷酸，浓磷酸浸泡在 SiC 和聚四氟乙烯制备的电绝缘的微孔结构隔膜里。设计隔膜的孔径远小于 PAFC 采用的氢电极和氧电极（采用多孔气体扩散电极）的孔径，这样可以保证浓磷酸容纳在电解质隔膜内，起到离子导电和分隔氢、氧气体的作用。当饱吸浓磷酸的隔膜与氢、氧电极组合成电池的时候，部分磷酸电解液会在电池阻力的作用下进入氢、氧多孔气体扩散电极，形成稳定的三相界面。

PAFC 的电催化剂是铂，目前采用炭黑作铂的担体，降低了铂的用量，同时提高了铂的利用率。炭黑目前多采用 X-72 型炭，它具有导电、耐腐蚀、高比表面积和低密度的优点，同时它的廉价也降低了成本。

(2) PAFC 的氢、氧电极　PAFC 的氢、氧电极要求是多孔气体扩散型，为保障性能要求，氢、氧电极的结构经过多年改进，目前采用三层结构电极，如图 5-30 所示。

图 5-30　PAFC 多孔气体扩散电极结构示意

第一层是支撑层，材料常采用碳纸，碳纸的孔隙率高达 90%，浸入 40%～50% 的聚四氟乙烯乳液后，孔隙率降至 60% 左右，平均孔径为 12.5μm。支撑层的厚度为 0.2～0.4mm，它的作用是支撑催化层，同时起收集和传导电流的作用；第二层是扩散层，在支撑层表面覆盖由 X-72 型炭和 50% 聚四氟乙烯乳液组成的混合物，厚度为 1～2μm；第三层是催化层，在扩散层上覆盖由铂/炭电催化剂＋聚四氟乙烯乳液（30%～50%）的催化层，厚度约 50μm。

(3) PAFC 的双极板　PAFC 的双极板材料采用复合碳板。复合碳板分三层，中间为无孔薄板，两侧为多孔碳板。

#### 5.3.2.4　PAFC 的材料

PAFC 主要构件的材料包括电极材料、电解质材料和隔膜材料。

(1) 电极材料　电极材料包括载体材料和催化剂材料。催化剂附着于载体表面，载体材料要求导电性能好、比表面积高、耐腐蚀和低密度。钽网具备上述优点，曾被用于作 PAFC 的载体材料。考虑到价格因素，目前主要使用碳载体。催化剂材料主要为金属铂。

(2) 电解质材料　PAFC 的电解质是浓磷酸溶液。磷酸在常温下导电性小，在高温下具有良好的离子导电性，所以 PAFC 的工作温度在 200℃ 左右。磷酸是无色、油状且吸水性的液体，它在水溶液中可离析出导电的氢离子。浓磷酸（质量分数为 100%）的凝固点是 42℃，低于这个温度使用时，PAFC 的电解质将发生固化。而电解质的固化会对电极产生不可逆转的损伤，电池性能会下降。所以 PAFC 电池一旦启动，体系温度要始终维持在 45℃ 以上。

(3) 隔膜材料　PAFC 的电解质封装在电池隔膜内。隔膜材料目前采用微孔结构隔膜，它由 SiC 和聚四氟乙烯组成，写作 SiC-PTFE。新型的 SiC-PTFE 隔膜有直径极小的微孔，可兼顾分离效果和电解质传输。隔膜与电极紧贴组装后，电解质可透过微孔进入电极的催化层，形成了稳定的三相界面。

PAFC 的隔膜材料早期使用石棉，石棉的主要成分是碱性氧化物 $3MgO \cdot 2SiO_2 \cdot 2H_2O$。由于石棉与磷酸发生反应，影响 PAFC 的性能，目前已被淘汰。

（4）双极板材料　双极板的作用是分隔氢气和氧气，并传导电流，使两极导通。双极板材料是玻璃态的碳板，表面平整光滑，以利于电池各部件接触均匀。为了减少电阻和热阻，双极板材料非常薄。

#### 5.3.2.5　PAFC 的应用

1976 年以来，美国实施了一系列计划，开展了 PAFC 实验电站的运作，其中代表性的有 Target 计划、GRI-DOE 计划和 FCG-1 计划。

（1）Target 计划　美国的国际燃料电池公司（当时名称是普拉特-惠特尼航空公司）联合 28 家公司组合，共同开展 PAFC 的开发，命名为 Target 计划。Target 计划获得了成功，研制开发成功 12.5 kW 的 PAFC 系统，命名为 PC11A，见图 5-31。

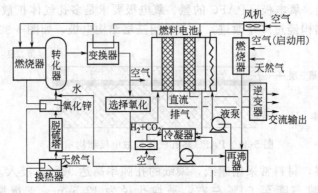

图 5-31　PC11A 燃料电池系统

PC11A 系统由 4 个电池组构成，每个电池组由 50 节单电池构成。电池组采用水冷排热系统。Targer 计划共产生了 64 台 PC11A 电站，分别安放于美国、加拿大和日本的工厂、公寓和宾馆等场所进行应用实验。结果表明，PAFC 电站是高效可行和环境友好的分散电站。

（2）GRI-DOE 计划　GRI-DOE 计划分别开发了 40kW 和 200kW 的 PAFC 电站，在美国和日本进行了现场应用实验。200kW 的 PAFC 电站采用水冷和空冷排热系统，其中空冷的 PAFC 电站流程见图 5-32。

GRI-DOE 计划证明 PAFC 电池组进行的可靠性，但也提出需降低成本。

（3）FCG-1 计划　FCG-1 计划的目标是建立大型的 PAFC 发电站，由美国能源部组织实施。FCG-1 计划开发了 4.5 MW 和 11 MW 的 PAFC 电站。1991 年，11 MW 的 PAFC 电站在日本千叶县开始运行。

#### 5.3.2.6　PAFC 的发展

PAFC 电站经过 30 多年的开发和运行，已经有突破性进展，但目前仍处于商业化前期。PAFC 需要完善的是电站的可靠性、寿命和造价。PAFC 有两项缺点导致近年来研究投入减少，进展速度减缓。

### 5.3.3　质子交换膜燃料电池（PEMFC）

PEMFC 又称高分子电解质膜燃料电池（polymer electrolyte membrane fuel cell）。在五

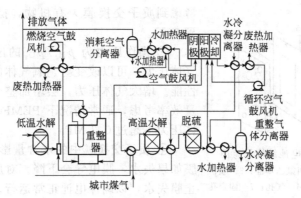

图 5-32　GRI-DOE 燃料电池系统流程

种燃料电池系统中，PEMFC 是目前应用最为广泛的，这是因为它具有工作时间长、启动时间短、功率密度高、产物清洁、寿命长、水易排出、无腐蚀、噪声低且可在室温下启动等优势。因此，PEMFC 不仅可以用于建设分散型电站、理想的可移动电源且在未来的"氢能时代"成为家庭动力源，同时 PEMFC 还是推进潜艇的候选电源之一。

**5.3.3.1　PEMFC 的工作原理**　PEMFC 以全氟磺酸型固体聚合物为电解质，以 Pt/C 或 Pt-Ru/C 为电催化剂，燃料为氢或净化重整气，氧化剂采用空气或纯氧，双电极材料目前采用石墨或金属。PEMFC 的工作原理示意图见图 5-33。

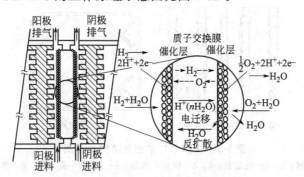

图 5-33　PEMFC 的工作原理示意图

阳极反应：
$$H_2 \longrightarrow 2H^+ + 2e^- \tag{5-17}$$

阳极催化层中的氢气在催化剂作用下发生反应，$H_2$ 裂解为氢离子和电子。电子经外电路流动到达阴极，提供电力；氢离子（$H^+$）通过电解质膜转移到阴极。氢离子与 $O_2$ 发生反应生成水。

阴极反应：
$$\frac{1}{2}O_2 + 2H^+ + 2e^- \longrightarrow H_2O \tag{5-18}$$

电池反应：
$$H_2 + \frac{1}{2}O_2 \longrightarrow H_2O \tag{5-19}$$

生成的水随反应气体排出，不会稀释电解质。

**5.3.3.2　PEMFC 的结构与性能**

（1）单电池的结构与性能　PEMFC 单电池由电极、质子交换膜、双极板等部件组成。影响电池的性能主要如下。

① 质子交换膜的厚度不同，会造成电池内阻的差异。研究发现质子交换膜越薄，越有利于提高电极的催化活性。

② 提高电池的操作温度，有利于提高电化学反应速率和质子在电解质膜内的传递速率。

考虑到质子交换膜为有机物,操作温度通常在室温到 90℃。

③ 操作压力为 $p_{H_2}/p_{O_2}$ 的压力比值。如果增加气体压力,可以改变氢、氧气体的传质,影响电池的性能。增大气体压力,会增加整个系统的能耗。从能量效率考虑,通常情况下 PEMFC 用于电动车时,气体压力不超过 0.3 MPa。

④ 质子交换膜中的水含量影响电解质膜的电导,膜如果失水,膜电导会下降。对反应气体增温可以防止膜失水,以确保电池正常运行。单电池的结构示意图见图 5-34。

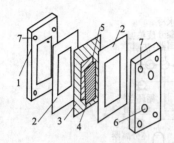

图 5-34　PEMFC 单电池结构示意图
1—不锈钢端板;2—聚四氟乙烯框;3—膜;
4—氢电极;5—氧电极;6—气孔;7—固定孔

(2) 电池组的结构与性能　PEMFC 是通过密封、排热和增湿等技术,组装成电池组。

① 单密封结构的 PEMFC 电池组　单密封结构的 PEMFC 电池组示意图见图 5-35。单密封结构的膜-电极-膜三合一组件(MEA)与双极板的外形尺寸一样大,在 MEA 组件上开有反应气体与冷却液流通的孔道。孔道与 MEA 组件工作面的四周均用激光切割出沟槽,用于放置密封件。当 MEA 热压好后,将橡皮等密封件嵌入上述沟槽内,即得到密封结构的 MEA。

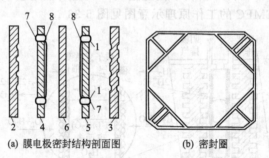

(a) 膜电极密封结构剖面图　　(b) 密封圈

图 5-35　PEMFC 单密封结构示意图
1—沟槽;2,3—流场板;4,5—碳纸扩散层;6—膜;7—密封圈;8—催化层

单密封结构的优点是质子交换膜在电池中可以发挥好分隔氢、氧气的作用,同时密封的实施也比较容易。单密封结构的缺点是质子交换膜的有效利用率低。如果电池的功率为千瓦级,质子交换膜的有效利用率仅能达到 60% 左右。单密封结构的电池组适用于工作面积大的电池。

② 双密封结构的 PEMFC 电池组　双密封结构的特点是 MEA 比双极板小,MEA 的四周边及所有的气体通道周边均用平板橡皮密封。双密封结构需要解决两气室间与共用管道的外漏与互串问题,同时还需处理对 MEA 本身周边的密封,否则会造成反应气在通道中互串。双密封结构的示意图见图 5-36。

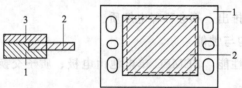

图 5-36　双密封结构示意图
1—带进气孔通道的密封板 A;2—MEA;3—密封件 B

双密封结构的优点是将质子交换膜的利用率提高到90%～95%。但它要求MEA周边密封要控制好，以免两种反应气体互相泄漏。

③ 增湿和排热　增湿的目的是防止离子交换膜失水变干。实施增湿的方式是在电池组内加入增湿段，实际上相当于一个假电池。假电池的结构与电池结构一样，但电极上无催化剂，也不发生电化学反应。其结构和示意图见图5-37。

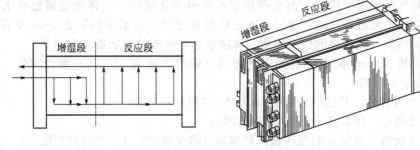

图5-37　增湿电池组示意图

增湿电池组中增湿段占整个电池组的10%～20%，要求增湿膜与MEA的离子交换膜的性质相同。

排热的目的是维持电池组工作温度稳定，保持电池组各部分工作温度均匀，防止局部过热。目前主要采用的方法是在电池组内设置带排热腔的双极板，也称排热板。用循环水或水+乙二醇的混合物将电池废热带走，以控制电池组的温度。图5-38为排热板流场与结构的示意图。

图5-38　排热板流场与结构的示意图

#### 5.3.3.3　PEMFC电极的制备工艺

PEMFC电极采用多孔气体扩散电极，它由催化层和扩散层构成。扩散层起支撑催化层的作用，同时还有以下功能：收集电流，为电化学反应提供电子通道、气体通道和排水通道。催化层是电极的核心部分，电池的电化学反应发生在催化层。

(1) 扩散层的制备工艺

① 憎水处理　将原料碳纸多次浸入聚四氟乙烯（PTFE）乳液中，用称重法记录浸入的聚四氟乙烯乳液的量。

② 焙烧处理　在330～340℃的温度下，焙烧浸好的碳纸，排出其中浸入的聚四氟乙烯乳液所含的表面活性剂，同时使聚四氟乙烯热熔烧结并均匀分散在碳纸的纤维上，实现憎水。

③ 整平处理　将水或水+乙醇的混合液作溶剂，加入炭黑与PTFE配成质量为1/1的溶液，用超声波将溶剂与溶液振荡均匀。当混合物静止沉淀后，弃去上清液，取其沉降物涂到憎水处理的碳纸上，实现其表面平整。

④ 如果采用碳布作扩散层，可不用作憎水处理，直接在碳布上做整平处理。

(2) 催化层的制备工艺　催化层用纯铂黑和PEFT乳液做原料，电极中铂含量为$4mg/cm^2$。催化层的制备工艺目前可分为两大类：经典疏水电极催化层制备工艺和薄层亲水电极催化层制备工艺。

① 经典疏水电极催化层制备工艺　将铂/炭催化剂、PTFE（乳液）及质子导体聚合物（如Nafion）三种原料按一定比例分散在50%的乙醇溶液中，超声波混合均匀，涂到扩散层上，烘干并热压处理，得到膜电极三合一组件。

催化层厚度一般在几十微米，其中PTFE含量通常在10%～50%之间。先制备铂/炭催化剂，再喷 Nafion；喷涂 Nafion 的量应控制在 $0.5\sim1.0\text{mg/cm}^2$。催化层经热处理，性能稳定。氧电极催化层的最佳组成为铂/炭 54%、PTFE23%、Nafion23%，电极中铂的担体为 $0.1\text{mg/cm}^2$；催化层孔半径控制在 $10\sim35\text{nm}$ 之间，平均孔半径为 15nm，要避免出现小于 2.5nm 的孔。

② 薄层亲水电极催化层制备工艺　在经典疏水电极催化层中，气体是在 PTFE 的憎水网络所形成的气体通道中传递。而在薄层亲水电极催化层中，气体则是通过在水或 Nafion 类树脂中的溶解扩散进行传递。薄层亲水电极的催化层厚度通常控制在 $5\mu\text{m}$ 左右，如此薄的催化层，导致氧气无明显的传质限制。薄层亲水电极催化层制备步骤如下。

a. 将 5% 的 Nafion 溶液与铂/炭电催化剂（铂的含量为 19.8%）混合均匀，质量比为（铂/炭）：Nafion=3/1；

b. 加入水与甘油，其比例为（铂/炭）/水/甘油=1/5/20；

c. 超声波混合，使其成为黑水状态混合物；

d. 将混合物分几次涂抹到聚四氟乙烯薄膜（事先清洗）上，在 135℃ 烘干；

e. 将烘好的膜与预处理过的质子交换膜进行热压处理，将催化层转移到质子交换膜上。

亲水电极催化层的优点是电极催化层与膜的结合紧密，可以避免由于电极催化层与膜的溶胶胀性不同所造成的电极与膜的分层；铂/炭催化剂与 Nafion 型质子导体可以接触良好；进一步降低电极的铂用量。

(3) 膜电极三合一组件的制备工艺　PEMFC 的膜为高分子聚合物，仅靠电池组装力不能使电极与离子交换膜之间有良好的接触，同时质子导体也无法进入多孔气体电极的内部。于是必须制备电极-膜-电极的三合一组件。具体做法是将全氟磺酸树脂玻璃化温度下施加一定压力，将以加入全氟磺酸树脂的氢电极（阳极）、隔膜（全氟磺酸型质子交换膜）和已加入全氟磺酸树脂的氧电极（阴极）压合在一起，形成了电极-膜-电极三合一组件，称为 MEA。MEA 的制备过程如下。

① 膜预处理　用 3%~5% 的 $H_2O_2$ 水溶液处理离子交换膜，在 80℃ 除去其有机杂质；用去离子水冲洗后，在 80℃ 温度下用稀硫酸溶液处理质子交换膜，目的是除去无机金属离子；用去离子水洗净后，置于去离子水中备用。

② 浸渍或喷涂树脂溶液　将制备好的多孔气体扩散型氢、氧电极，浸渍或喷涂全氟磺酸树脂溶液，然后在 60~80℃ 下烘干，树脂的担载量为 $0.6\sim1.2\text{mg/cm}^2$。

③ 热压　将上述氢、氧电极与膜按氢电极-膜-氧电极的顺序排列，置于两片不锈钢平板之间（双极板），热压。工艺条件为：温度 130~135℃，压力 6.0~9.0MPa，热压时间 60~90s，冷却降温。

④ 如果质子交换膜和全氟磺酸树脂转换为 $Na^+$ 型，热压温度提高到 150~160℃；如果将全氟磺酸树脂事先转换为热塑性（季铵盐型），热压温度提高到 195℃；热压后的三合一组件需要用稀硫酸重新转型为氢型。

### 5.3.3.4　PEMFC 的材料

PEMFC 的关键材料有：电催化剂、电极、质子交换膜和双极板。

(1) 电催化剂材料　PEMFC 的电催化剂材料主要是以铂为主的催化剂组分，包括炭载铂合金催化剂和纳米级颗粒铂/炭催化剂。

① 炭载铂合金催化剂　合金元素主要有铂、铬、锰、钴和镍等，铂在合金元素中的比例一般在 35%~65% 之间。铂合金通过化学还原法沉积在炭载体上，形成炭载铂合金催化剂。

② 纳米级颗粒铂/炭催化剂　通常采用炭黑、乙炔炭做担体，采用化学方法将铂或者铂钌合金沉积于炭担体上。通过特定方法将铂制备成纳米级粒度（粒度一般为 1.5~2.5nm）

使其具有高分散性。电催化剂要求高活性,以提高利用率。

(2) 电极材料　PEMFC 的电极是多孔气体扩散电极,由催化层和扩散层构成。电极扩散层的材料通常是碳纸或碳布,厚度约为 0.20~0.30mm。催化层的材料是纯铂黑和聚四氟乙烯乳液。

(3) 质子交换膜　目前采用的质子交换膜为全氟磺酸型质子交换膜。制备全氟磺酸型质子交换膜的原料是聚四氟乙烯,经聚合制备成高分子材料,其结构式为:

$$-(CF_2CF_2)_n-CF_2-CF_2O(CF_2CF_2)_m O(CH_3)CFCF_2SO_3H$$

如果 $m=1$,是美国杜邦公司生产的 Nafion 膜,如果 $m=0$,则为 Dow 公司制备的高电导的全氟磺酸膜。图 5-39 为质子交换膜中氢离子传导机理的示意图。

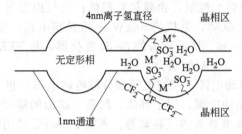

图 5-39　质子交换膜中氢离子传导机理示意图

(4) 双极板材料

① 在燃料电池组内双极板的作用是分隔氧化剂与还原剂、收集电流、分散气体和排热。要求双极板具有以下功能:

a. 双极板材料需要具有阻气功能,不能采用多孔透气材料;

b. 双极板材料起到收集电流作用,必须是电的良导体;

c. 燃料电池的电解质多为酸碱溶液,双极板材料又处于氧化介质和还原介质同时存在的工作环境,要求双极板材料具有抗腐蚀性;

d. 双极板材料应该是热的良导体,以保证电池组的温度分布均匀,并保证实施正常的排热功能。

② 双极板两侧　双极板两侧需要合理分布流场,以保证反应气体有分布均匀的通道。PEMFC 的双极板材料主要有无孔石墨板、表面活性的金属板和复合双极板,具体为:

a. 无孔石墨极一般由炭粉和石墨粉与可石墨化的树脂制备,经严格升温程序的石墨化过程处理,再通过机械加工在无机石墨板上形成蛇形通道流场。造价很高。

b. 金属极(如不锈钢)做双极板材料会受到氢和氧的腐蚀,必须对双极板表面做改性处理。改性金属板做双电极材料有利于批量生产和降低厚度(0.1~0.3mm),又有利于提高电池组的比能量和比功率。目前金属双极板成为各国发展重点。

c. 复合型双极板。将薄金属板(如 0.1~0.2mm 的 310# 不锈钢)与有孔薄炭板复合,形成了复合型双极板。有孔薄炭板作流场板,金属板与有孔薄炭板的结合采用导电胶黏结。

#### 5.3.3.5　PEMFC 的应用

(1) PEMFC 作为电力车动力源　目前作为电力车的可充电电源有铅酸蓄电池、镍氢电池和锂离子电池,但是各国政府和大公司普遍看好的是燃料电池作为电动车的动力源。

PEMFC 为动力的电动车性能完全可以与内燃机汽车相媲美。当以纯氢为燃料时,它能达到真正的"零"排放;如果以甲醇重整制氢为燃料,车的尾气排放也达到排放标准。美国福特公司推出的 P2000 电动轿车的 PEMFC 电力系统流程见图 5-40。

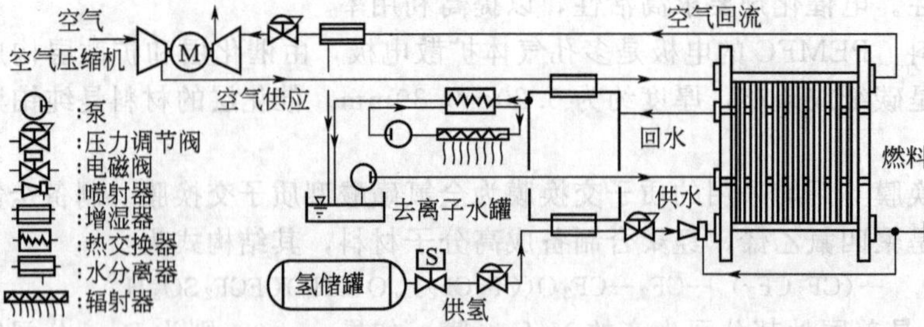

图 5-40　P2000 电动轿车的 PEMFC 电力系统流程

PEMFC 电力系统的原料为纯氢，由氢储罐提供；空气由空气压缩机提供。整个系统质量为 295kg。轿车采用前轮驱动，电机为 56kW 三相异步电机。电机最高转速可达 1500r/min，最大转矩可达 190 N·m。同时配备的 dc-dc 变换器，将 PEMFC 提供的高直流电压转换为直流 12V，可以提供 1.5 kW 的动力。

(2) PEMFC 用作可移动电源、家庭电源和分散电站电源　世界各燃料电池研究集团正在开发 PEMFC 作为可移动动力源，用于部队、海岛、矿山的移动电源。燃料可使用储氢材料、储氢罐、氨分解制氢和重整天然气制氢等。各类 PEMFC 可用于笔记本电脑、摄像机和家用电池等。

(3) PEMFC 用作水下机器人和潜艇电源　PEMFC 作为水下机器人的动力源，可以实现无缆水下机器人。美国国际燃料电池公司（IFC）研制的 10 kW PEMFC 系统用于海军不载人的水下车辆的动力源。作为潜艇的动力源，PEMFC 具备下列条件：水下航行时间长、隐蔽性好、工作温度和噪声低、能量转换效率高、不依赖空气推进、水下航行时间长且隐蔽性好。

## 5.3.4　熔融碳酸盐燃料电池（MCFC）

MCFC 属高温燃料电池，工作温度是 650～700℃。与低温燃料电池相比，MCFC 的成本和效率很有竞争力，概括起来有四大优势：①在工作温度下，MCFC 可以进行内部重整燃料，例如在阳极反应室进行甲烷的重整反应，重整反应所需热量由电池反应的余热提供；② MCFC 的工作温度为 650～700℃，其余热可用来压缩反应气体以提高电池性能，也可以用于供暖；③燃料重整时产生的 CO 可以作为 MCFC 的燃料，且由于 MCFC 为高温燃料电池，不会受到 CO 的中毒催化剂的威胁；④催化剂为镍合金，不使用贵金属。

MCFC 适用于建立高效、环境友好的电站，它的特点是电池材料价廉，电池堆易于组装，效率为 40% 以上，同时具有噪声低、无污染和余热利用价值高的优点。

### 5.3.4.1　MCFC 的工作原理

MCFC 的电解质为熔融碳酸盐，一般为碱金属 Li、K、Na 及 Cs 的碳酸盐混合物，隔膜材料是 $LiAlO_2$，正极和负极分别为添加锂的氧化镍和多孔镍。MCFC 的工作原理图见图 5-41。

MCFC 的电池反应如下：

阴极反应：$$O_2+2CO_2+4e^- \longrightarrow 2CO_3^{2-} \tag{5-20}$$

阳极反应：$$2H_2+2CO_3^{2-} \longrightarrow 2CO_2+2H_2O+4e^- \tag{5-21}$$

电池反应：$$O_2+2H_2 \longrightarrow 2H_2O \tag{5-22}$$

由上述反应可知，MCFC 的导电离子为 $CO_3^{2-}$，$CO_2$ 在阴极为反应物，而在阳极为产物。实际上电池工作过程中 $CO_2$ 在循环，即阳极产生的 $CO_2$ 返回到阴极，以确保电池连续地工作。通常采用的方法是将阳极室排出来的尾气经燃烧消除其中的 $H_2$ 和 CO，再分离除水，然后将 $CO_2$ 返回到阴极循环使用。

#### 5.3.4.2 MCFC 的结构

MCFC 的结构示意图见图 5-42。MCFC 组装方式是：隔膜两侧分别是阴极和阳极，再分别放上集流板和双极板。

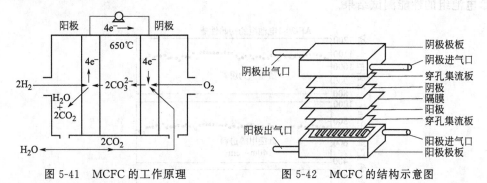

图 5-41 MCFC 的工作原理    图 5-42 MCFC 的结构示意图

MCFC 电池组的结构如图 5-43 所示。按气体分布方式可分为内气体分布管式和外气体分布管式。外分布管式电池组装好后，在电池组与进气管间要加入由 $LiAlO_2$ 和 $ZrO_2$ 制成的密封垫。由于电池组在工作时会发生形变，这种结构导致漏气，同时在密封垫内还会发生电解质的迁移。鉴于它的缺点，内分布管式逐渐取代了外分布管，它克服了上述的缺点，但却要牺牲极板的有效使用面积。

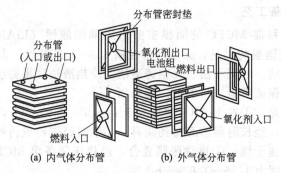

(a) 内气体分布管    (b) 外气体分布管

图 5-43 MCFC 电池组气体分布管结构

在电池组内氧化气体和还原气体的相互流动有三种方式：并流、对流和错流。目前采用错流方式。

#### 5.3.4.3 MCFC 的性能

(1) 单电池的结构与性能  图 5-44 为 MCFC 单电池的电流-电压曲线。由图可知，以

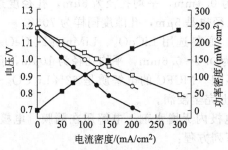

图 5-44 MCFC 的电流-电压曲线

($LiCoO_2$ 为阴极，Ni-Cr 合金为阳极，燃料气和催化剂的利用率均为 20%)

功能密度：● 0.9 MPa；○ 0.9 MPa；■ 0.1 MPa；□ 0.5 MPa

LiCoO$_2$ 为阴极、Ni-Cr 合金为阳极的 MCFC 单电池在 200mA/cm$^2$ 和 300mA/cm$^2$ 的电流密度下放电时,输出电压分别是 0.944V 和 0.781V,功率密度接近 300mW/cm$^2$。

(2) 电池组性能　图 5-45 是美国能源研究公司制备的 54 节单电池组成的 20kW 的 MCFC 电池组的性能测试结果。

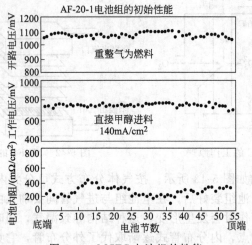

图 5-45　MCFC 电池组的性能

#### 5.3.4.4　MCFC 的制备工艺

(1) 隔膜的制备　目前 MCFC 的隔膜主要采用偏铝酸锂（LiAlO$_2$）膜,隔膜材料为 LiAlO$_2$ 粉体。为了保证隔膜的质量,必须严格控制 LiAlO$_2$ 的粒度、晶型和密度。偏铝酸锂隔膜的制备方法有热压法、电沉积法、真空铸造法、冷热液法和带铸法等。其中带铸法既适宜于大批量生产,又能保证质量,目前被广泛采用。

带铸法的主要步骤是:①在 LiAlO$_2$ 中加入 5%～15% 的 LiAlO$_2$,同时加入一定比例的胶黏剂、增塑剂和溶剂,经长时间球磨得到浆料;②浆料经带铸机铸膜;③通过控制其中溶剂的挥发速度,将膜快速干燥;④将数张膜叠合,经热压制备出 MCFC 用隔膜,要求厚度为 0.5～0.6mm,堆密度为 1.75～1.85g/cm$^3$。

(2) 电极的制备　MCFC 的阳极是镍电极或镍-铬合金电极,MCFC 的阴极为 NiO、LiCoO$_2$ 电极,二者的制备方法均采用带铸法,这与隔膜制备过程相似。

① MCFC 阴极的制备　原料选用羰基法制备的 Ni 粉,也可以选用高温合成法制备的 Ni-Cr 合金粉（Cr 的含量为 8%）,加入一定比例的胶黏剂、增塑剂和分散剂,用正丁醇和乙醇作溶剂调成浆料,用带铸制膜。在电池程序升温过程中除去有机物,成品是多孔气体扩散电极。Ni 电极通常厚度为 0.4mm,平均孔径为 5μm,孔径度达到 70%。Ni-Cr 电极的厚度是 0.4～0.5mm,平均孔径也是 5μm,孔隙度同样为 70%。

② MCFC 阳极的制备　原料选用 LiCoO$_2$、LiMnO$_2$ 或 CeO$_2$ 等,同样采用带铸法制成阳极。LiCoO$_2$ 阳极的厚度为 0.4～0.6mm,平均孔径为 10μm,孔隙率为 50%～70% 左右。

(3) 隔膜与电极的孔匹配　MCFC 的电解质是 62%Li$_2$CO$_3$＋38%K$_2$CO$_3$（物质的量,490℃）,它在 LiAlO$_2$ 隔膜上完全浸润。

MCFC 是高温电池,电极内无增水剂,电解质在隔膜、电极间分配主要靠毛细力实现平衡。研究发现平衡服从下列方程:

$$\frac{\sigma_c \cos\omega_c}{\gamma_c} = \frac{\sigma_e \cos\omega_e}{\gamma_e} = \frac{\sigma_a \cos\omega_a}{\gamma_a} \tag{5-23}$$

式中　$\sigma_c$,$\sigma_e$,$\sigma_a$——阴极、隔膜和阳极的表面张力;

$\omega_c$，$\omega_e$，$\omega_a$——阴极、隔膜和阳极的接触角；

$\gamma_c$，$\gamma_e$，$\gamma_a$——阴极、隔膜和阳极的孔半径。

电解质在隔膜和电极间的分配直接影响电池的质量，为了满足实际要求，隔膜、阴极和阳极的孔半径有如下要求：

① 隔膜的孔半径 $\gamma_e$ 在三者中要保持最小，以确保隔膜中充满电解液；

② 阴极的孔半径 $\gamma_c$ 最大，可促进阴极内氧的传质；

③ 阳极的孔半径 $\gamma_a$ 居中。

MCFC 在运行过程中，电解质熔盐会发生一定的流失。要注意减少电解质流失和补充电解质。

(4) 双极板的制备  双极板的原材料主要为不锈钢或各种镍合金。大功率电池组的双极板加工通常采用冲压成型加工，小型电池可采用机械加工。

在 MCFC 的工作条件下，双极板的腐蚀不可忽视。阳极侧的腐蚀速率高于阴极，往往在阳极侧镀镍以实现防腐。

#### 5.3.4.5  MCFC 的材料

MCFC 的材料包括电极材料、隔膜材料和双极板材料。

(1) 电极材料  MCFC 的电极是 $H_2$、CO 氧化和 $O_2$ 还原的场所，MCFC 的电极必须具备两个基本条件：

① 保证加速电化学反应，必须耐熔盐腐蚀；

② 保证电解液在隔膜、阴极和阳极间的良好分配，电极与隔膜必须有适宜的孔度相配。

MCFC 的阳极电催化剂经历了 Ag、Pt、Ni，现在主要采用 Ni-Cr 合金或 Ni-Al 合金。采用 Ni 取代 Ag 和 Pt 是为了降低电池成本，而演变为镍合金是为了防止镍的蠕变现象。

MCFC 的阴极材料有 NiO、$LiCoO_2$、$LiMnO_2$、CuO 和 $CeO_2$ 等，由于 NiO 电极在 MCFC 工作过程中会缓慢溶解，同时还会被从隔膜渗透过来的氢还原而导致电池短路，所以 $LiCoO_2$ 等新型阴极材料正逐渐取代 NiO。

(2) 隔膜材料  隔膜是 MCFC 的核心部件，必须具备高强度、耐高温熔盐腐蚀、浸入熔盐电解质后能阻气和具有良好的离子导电性能。目前 MCFC 的隔膜材料是 $LiAlO_2$，$LiAlO_2$ 粉体有三种晶型：分别为 α 型（六方晶系）、β 型（单斜晶系）和 γ 型（四方晶系）。外形分别为球形、针状和片状，密度则分别为 $3.400g/cm^3$、$2.610g/cm^3$ 和 $2.615g/cm^3$。早期使用的 MgO 隔膜已被淘汰。

(3) 双极板材料  MCFC 的双极板有三个主要作用：①隔开氧化剂（$O_2$ 或空气）与还原剂（天然气、重整气）；②提供气体流动通道；③集流导电。

MCFC 的双极板材料主要为不锈钢（如 310# 或 316#）和各类镍基合金。

#### 5.3.4.6  MCFC 的应用

MCFC 在建立高效、环境友好的 50～10000kW 的分散电站方面具有显著优势。MCFC 以天然气、煤气和各种碳氢化合物为燃料，可以实现减少 40% 以上的 $CO_2$ 排放，也可以实现热电联供或联合循环发电，将燃料的有效利用率提高到 70%～80%。

① 发电能力 50 kW 左右的小型 MCFC 电站，主要用于地面通信和气象台站等。

② 发电能力在 200～500 kW 的 MCFC 中型电站，可用于水面舰船、机车、医院、海岛和边防的热电联供。

③ 发电能力在 1000 kW 以上的 MCFC 大型电站，可与热机联合循环发电，作为区域性供电站，还可以与市电并网。

美国的 M-C 动力公司和能源研究所均建立了 MCFC 电站，日本的 1000 kW MCFC 电站由 4 台 250kW 的电池组构成。目前 MCFC 试验电站已积累丰富的经验，为 MCFC 的商业化提供了条件。但只有达到 4～5h 寿命的 MCFC 电站才能实现与现行的火力发电相竞争，目前需要完成的是改进 MCFC 的关键材料与技术，为 MCFC 的商业化铺平道路。

#### 5.3.4.7 MCFC 的发展趋势

MCFC 实现商业化还有需要解决的问题，主要包括阴极的溶解、阳极的蠕变、电解质的腐蚀作用与流失等。

（1）阴极的溶解　MCFC 的阴极为锂化的氧化镍，随着电极的长期运行，阴极在熔盐电解质中将发生熔解。熔解的产物是 $Ni^{2+}$，如果扩散到电池隔膜中，会与从阳极一侧渗透过来的氢发生反应：

$$NiO + CO_2 \longrightarrow Ni^{2+} + CO_3^{2-} \tag{5-24}$$

$$Ni^{2+} + CO_3^{2-} + H_2 \longrightarrow Ni + CO_2 + H_2O \tag{5-25}$$

反应生成的金属镍在隔膜中沉积会导致电池短路。研究结果表明，以氧化镍作电池阴极，电池每工作 1000h，阴极的质量和厚度将损失 3%。当气体工作压力为 0.1MPa 时，阴极寿命为 25000h；当气体工作压力为 0.7 MPa 时，阴极寿命仅有 3500h。

解决阴极溶解的方法主要有：①抑制 NiO 的溶解，包括向电解质中加入 $BaCO_3$、$SrCO_3$，改变电解质的组分配比；②改变阴极成分，向其中加入氧化钴、氧化银或稀土氧化物；③改变阴极材料，用 $LiCoO_2$、$LiMnO_2$、$LiFeO_2$、$SnO_2$、$Sb_2O_3$、$CuO$、$CeO_2$ 取代 NiO 做阴极；④降低气体工作电压，减缓 NiO 的溶解。

以上方法中，比较成功的是以 $LiCoO_2$ 取代 NiO 作阴极材料，$LiCoO_2$ 阴极在气体工作压力为 0.1MPa 时，寿命为 150000h。

（2）阳极的蠕动　在高温条件下，还原气氛中的镍还发生蠕变，结果导致电池的机械强度降低。对阳极蠕变采取的措施有：①向镍阳极中加入 Cr、Al 等元素形成 Ni-Cr、Ni-Al 合金，或加入 $LiAlO_2$ 或 $SrTiO_3$ 等无机材料以强化阳极；②用 $LiAlO_2$ 或 $SrTiO_3$ 作电极的基体材料，其表面镀一层镍或铜，然后热压烧成电极。目前普遍采用 Ni-Cr 或 Ni-Al 合金作 MCFC 的阳极。

（3）电池双极板材料的防腐　双极板多采用不锈钢材料，这在熔融碳酸盐中会受到腐蚀的威胁。可采取如下防腐方法：①在双极板材料表面包覆一层 Ni 或 Ni-Cr-Fe 耐热合金，或在其表面上镀铝或钴；②在双极板表面先形成一层氧化镍，然后与阳极接触的部分再镀一层 Ni-铁酸盐-Cr 合金层；③采用气密性好、强度高的石墨板作双极板。

（4）电解质的流失　阴极溶解、阳极腐蚀、双极板腐蚀、电解质蒸发和电解质迁移都会造成电解质流失，在电池设计上增加补盐环节。

### 5.3.5　固体氧化物燃料电池（SOFC）

SOFC 以固体氧化物为电解质。SOFC 不仅具有 AFC、PAFC、PEMFC 和 MCFC 的高效及环境友好的优点，同时还具有如下的特点：①全固态结构可以避免液体电解质带来的腐蚀和电解液流失；②在 800～1000℃ 的高温工作条件下，电极反应过程迅速，无需采用贵金属催化剂，降低成本；③燃料选用范围广，除 $H_2$、CO 外，可直接采用天然气、煤气及碳氢化合物等；④余热可用于供热和发电，能量综合利用效率达到 70%。

SOFC 主要用于与燃气轮机、蒸汽轮机组成联合循环发电系统，建造中心电站或分散电站。

#### 5.3.5.1 SOFC 的工作原理

SOFC 的电解质是固体氧化物，如 $ZrO_2$、$Bi_2O_3$ 等，其阳极是 Ni-YSZ 陶瓷，阴极目前主要采用锰酸镧（LSM，$La_{1-x}Sr_xMnO_3$）材料。SOFC 的固体氧化物电解质在高温下

(800～1000℃) 具有传递 $O^{2-}$ 的能力,在电池中起传递 $O^{2-}$ 和分隔氧化剂与燃料的作用。平板式 SOFC 的工作原理见图 5-46。

阴极反应　　　　$O_2+4e^- \longrightarrow 2O^{2-}$　　　　(5-26)

阳极反应　　$2O^{2-}+2H_2 \longrightarrow 2H_2O+4e^-$　　　(5-27)

电池反应　　　　$2H_2+O_2 \longrightarrow 2H_2O$　　　　(5-28)

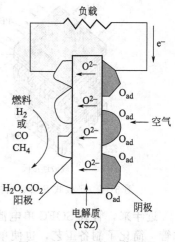

在阴极（空气电极）上,氧分子得到电子,被还原为氧离子;氧离子在电池两侧氧浓度差驱动力的作用下,通过电解质中的氧空位定向迁移,在阳极（燃料电极）上与燃料进行氧化反应。如果燃料为天然气（甲烷）,其反应为:

$$4O^{2-}+CH_4 \longrightarrow 2H_2O+CO_2+8e^- \quad (5-29)$$

燃料电池反应为

$$CH_4+2O_2 \longrightarrow 2H_2O+CO_2 \quad (5-30)$$

图 5-46　SOFC 的工作原理

从原理上讲,SOFC 是最理想的燃料电池类型之一,一旦解决了一系列技术问题,SOFC 有希望成为集中式发电和分散式发电的新能源。

#### 5.3.5.2　SOFC 的结构与性能

SOFC 为全固体结构,它目前主要有以下几种结构:平板式、管式、瓦楞式、套管式和热交换一体化结构式等。

(1) 平板式结构的 SOFC　平板式结构的 SOFC 电池的结构示意图见图 5-47。

① 平板式 SOFC 电池的结构　平板式 SOFC 电池是将阳极（空气电极）/YSZ 固体电解质/阴极（燃料电极）烧结成一体,形成三合一结构,简称 PEN 平板。PEN 平板之间由双极连接板连接。双极板设有内导气槽,这样形成了 PEN 平板相互串联,空气和燃料气体分别从导气槽中交叉流过。目前,平板式 SOFC 电池的结构多为 PEN 矩阵结构,既可以增大单电池面积,又可以解决 YSZ 的脆性问题。

以 10kW 级电池组为例,说明平板式 SOFC 的 PEN 矩阵结构。电池组共有 80 层,每一层放置 16 个 $50\mu m \times 50\mu m$ 的 PEN 平板,计算得到每一层表面积为 $256cm^2$;80 层共有 1280 个 PEN,电池总面积为 $2m^2$。PEN 矩阵结构与双极连接板之间采用高温无机胶黏剂密封,以防止燃料气体与空气混合。

② 平板式 SOFC 电池的性能　平板式 SOFC 结构简单,电极和电解质制备工艺简化,条件容易控制,造价低;电流流程短,采集均匀,电池的功率密度高。但是平板式结构造成了密封困难,热循环性能差;对双极连接材料有较高的要求,包括热膨胀系数的匹配性、抗高温氧化性和导电性等。

目前平板式是 SOFC 研究领域的主流。已开发的大规模的平板 SOFC 的功率为 10.7kW,以氢和氧为燃料时,950℃条件下功率密度为 $0.6W/cm^2$,远高于管式 SOFC。但平板式 SOFC 的电池性能衰减较快。

(2) 管式结构的 SOFC

① 管式 SOFC 的结构　管式结构的 SOFC 结构示意图见图 5-48。如图可见,多个管式的单电池以串联或并联的形式组装成电池组。每个单电池从里到外分别是支撑管、阴极（空气电极）、固体电解质膜和阳极。

支撑管由多孔氧化钇稳定的氧化锆（简称 CSZ）为原料制成,它的作用是起支撑作用并允许空气通过并到达空气电极。它与 LSM 空气电极、YSZ 固体电解质膜和 Ni-YSZ 陶瓷阳极共同构成了一端密封的单电池。

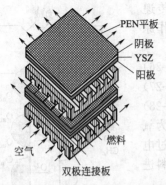 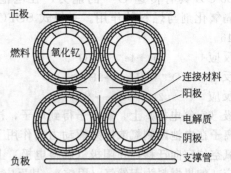

图 5-47 平板式 SOFC 结构示意图　　图 5-48 管式结构的 SOFC 结构示意图

近年来，管式 SOFC 单电池的结构被改进，取消了 CSZ 支撑管，改用空气电极自身支撑管，简化了制备工艺，也使单管电池的功率提高了几倍。

② 管式 SOFC 的性能　管式 SOFC 的特点是电池单管组装相对简单，避免了高温密封的技术难题。通过串联或并联将单电池组装成大规模的电池系统。但管式 SOFC 制备工艺复杂，造价高。

管式 SOFC 的电池功率密度为 $0.15W/cm^2$，比平板式电池低，但它衰减率低，热循环稳定性好。管式 SOFC 可常压运行，可以和燃气轮机或蒸汽轮机集成一体，形成联合发电系统，总效率可达 80%。

(3) 瓦楞式 SOFC　瓦楞式 SOFC 又称为单块叠层式 SOFC 模块，简称 MOLB，其结构示意图见图 5-49。

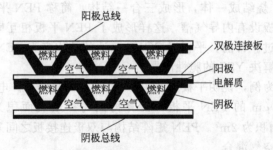

图 5-49 瓦楞式 SOFC 的结构示意图

瓦楞式 SOFC 与平板式 SOFC 的基本结构相似，区别在于 PEN 不同。瓦楞式的形状使其有效工作面积比平板式大，因此单位面积功率密度大。但瓦楞式的 PEN 制备困难，它必须经过共同烧结一次成型，烧结条件的控制要求也十分严格。

#### 5.3.5.3　SOFC 构件的制备工艺

(1) YSZ 膜的制备　以平板式 SOFC 为例，平板式 SOFC 的 YSZ 厚 $100\sim200\mu m$，制备方法为刮膜法。刮膜法即在阳极或阴极的基膜上形成负载薄膜，大约几十微米。形成负载薄膜的方法可选用电化学沉积（EVD）、DC Magnetron 溅射法、等离子喷涂法和化学喷涂法。

(2) 阴极的制备　介绍 SOFC 的两种阴极（平板式和管式）的制备方法。

① 平板式 SOFC 的阴极的制备方法　平板式 SOFC 的阴极的制备方法有丝网印刷法、喷涂法和浆料涂布法。基本操作都是将 LSM 浆料涂覆在 YSZ 膜板上，然后高温烧结成电极，烧结温度一般为 1000～1300℃。平板式电极的厚度约为 $50\sim70\mu m$。

② 管式 SOFC 阴极的制备方法　管式 SOFC 阴极的制备方法主要采用涂布技术将 LSM

沉积在 CaO 稳定的 $ZrO_2$（CSZ）多孔支撑管壁上，然后烧结成电极，电极厚度约 1.44mm。管式 SOFC 的阴极液也可以直接用 LSM 挤压成型。

（3）阳极的制备　Ni-YSZ 陶瓷电极的制备方法主要为丝网印刷法。将 NiO 和 YSZ 粉充分混合，用丝网印刷法将混合物沉积在 YSZ 电解质上，高温烧结（1400℃），形成 Ni-YSZ 陶瓷电极，厚度大约为 50~100μm。

Ni-YSZ 陶瓷电极的性能主要受下列因素的影响：

① Ni-YSZ 陶瓷电极中 NiO 和 YSZ 粉比例的影响是 Ni 的体积分数低于 30% 时，电导与 YSZ 相似，主要表现为离子电导；Ni 的体积分数高于 30% 时其电导表现为金属导电性。

② NiO 和 YSZ 粒度的影响是如果 YSZ 粒度大，表面积低，则 Ni 主要分布在 YSZ 表面，Ni-YSZ 的电导增加。

③ 采用变价氧化物（如 $MnO_x$，$CeO_2$ 等）修饰 YSZ 表面，再制备 Ni-YSZ 电极时，增加电极活性。

#### 5.3.5.4　SOFC 的材料

SOFC 的关键材料与部件为电解质隔膜、阴极材料、阳极材料和双极连接板材料。

（1）固体氧化物电解质　SOFC 的固体电解质材料主要有两种类型：萤石结构和钙钛矿结构，其中萤石结构的电解质材料研究相对充分。

① 萤石结构的氧化物　萤石结构的氧化物中 $ZrO_2$、$Bi_2O_3$ 和 $CeO_2$ 研究较多。掺杂 6%~10%（摩尔分数）的 $Y_2O_3$ 的 $ZrO_2$ 是目前应用最广的电解质材料。常温下纯 $ZrO_2$ 属单斜晶系，在 1150℃ 时不可逆转变为四方晶系，到 2370℃ 时转变为立方萤石结构，并一直保持到 2680℃（熔点）。

一系列相变引起体积变化大约 3%~5%，加入 $Y_2O_3$ 可以使立方萤石结构稳定。同时 $Y_2O_3$ 在 $ZrO_2$ 晶格内产生了大量的氧离子空位以保持整体的电中性。研究发现，加入两个三价离子，就引入一个氧离子空位。掺杂 $Y_2O_3$ 的量取决于不影响 $ZrO_2$ 的电导率，8%（摩尔分数）$Y_2O_3$ 稳定的 $ZrO_2$（YSZ）是 SOFC 普遍采用的电解质材料。在 950℃ 时，电导率为 0.1S/cm，它有很宽的氧分位范围，在 $1.0$~$1.0 \times 10^{20}$ Pa 压力范围内呈纯氧离子导电特性，只有在很低和很高的氧分位下才会产生离子导电和空穴导电。

采用 $Sc_2O_3$ 和 $Yb_2O_3$ 掺杂的 $ZrO_2$ 用于 SOFC 作为固体电解质，性能优于 YSZ，但造价较高。

YSZ 的弱点是必须在 900~1000℃ 的温度下才有较高的功率密度，这对于双极板和密封胶的选择及电池组装带来了一系列困难。目前 SOFC 的发展趋势是降低电池的工作温度，800℃ 左右的中温型 SOFC 受到重视。采用 $Gd_2O_3$ 和 $Sm_2O_3$ 掺杂的 $CeO_2$ 固体电解质在 600~800℃ 的中温区间将有应用前景。

② 钙钛矿结构的氧化物　$La_{0.9}Sr_{0.1}Gd_{0.8}Mg_{0.2}O_3$（LSGM）具有钙钛矿结构，它的特点是氧离子导电性能好，不产生电子导电，同时在氧化和还原气氛下稳定。研究发现，在 800℃ 时用 LSGM 作固体电解质，电池的功率密度可以达到 $0.44W/cm^2$，在 700℃ 时为 $0.2W/cm^2$，稳定性能好。钙钛矿结构氧化物有希望成为中温 SOFC 电池的固体电解质。

（2）阴极材料　SOFC 的阴极材料要求具有良好的电催化活性和电子导电性，同时要求与固体电解质有优良的化学相容性、热稳定性和相近的热膨胀系数。目前广泛采用的阴极材料为掺杂锶的锰酸镧（LSM，$La_{1-x}Sr_xMnO_3$）。一般 $x=0.1$~0.3。LSM 具备较高的氧还原的电催化活性和良好的电子导电性，同时与 YSZ 的热膨胀系数匹配性好的条件。

同样可作为 SOFC 的阴极材料还有 $La_{1-x}Sr_xFeO_3$、$La_{1-x}Sr_xCrO_3$ 和 $La_{1-x}Sr_xCoO_3$，但它们的性能低于 LSM。如果用其他稀土元素取代 La，或用 Ca、Ba 取代 Sr 还可以得到一

系列的阴极材料。目前这些阴极材料还处于研究中。

(3) 阳极材料　阳极材料可以选择 Ni、Co、Ru 和 Pt 等金属，考虑到价格因素，目前主要使用 Ni。将 Ni 与 YSZ 混合制备成金属陶瓷电极 Ni-YSZ，可以满足下列三个条件：① 增加了 Ni 电极的多孔性、反应活性同时防止烧结；② Ni 电极的热膨胀系数与 YSZ 电解质接近，有利于二者的匹配性；③ YSZ 的加入增大了电极-YSZ 电解质-气体的三相界面区域，增大了电化学活性区的有效面积，使单位面积的电流密度增大。

(4) 双极连接材料　双极连接板在 SOFC 中连接阴极和阳极，在平板式 SOFC 中还起着分隔燃料和氧化剂、构成流场及导电作用。对双极板材料的要求是必须具备良好的力学性能、化学稳定性、电导率高和接近 YSZ 的热膨胀系数。对于平板式 SOFC，双连接材料主要有两类：

① 钙或锶掺杂的钙钛矿结构的铬酸镧材料 $La_{1-x}Ca_xCrO_3$（LCC），性能满足要求，但造价高；

② Cr-Ni 合金材料，基本上满足要求，但长期稳定性能较差。

(5) 密封材料　密封材料用于电极/电解质和双极板之间的密封，要求必须具备高温下的密封性好，稳定性高和匹配性好。密封材料主要为无机材料，如玻璃材料、玻璃/陶瓷复合材料等。

#### 5.3.5.5　SOFC 的应用

(1) 管式 SOFC 试验电站　西屋公司开发了数套 25kW 级的管式 SOFC 系统，运行了数千小时。试验证明：输出的最大功率为 27kW；运行 1000h 后，性能衰减降低到 0.2% 以下；多次启动，关机循环试验几乎不影响电池的性能。

西门子-西屋公司开发的 100kW 级的现场试验发电系统由 1152 个管式单电池组成，按集束管式排列构成。运行了 4000h 以后，电池输出功率达到 127kW，电池效率为 53%；以热水方式回收高温余热，回收效率为 25%，总能量效率为 75%；计算热和功的总功率为 165kW。

西门子-西屋公司的经济分析表明，如果 SOFC 年生产规模达到 3MW，SOFC 系统的每千瓦造价可达到 1000 美元，价格上完全可以与目前火力发电的技术竞争。

(2) 平板式 SOFC 试验电站　平板式 SOFC 的制备工艺相对简单，电池质量与体积比功率密度均远高于管式 SOFC，所以全球 70% 的研究单位主要开发平板式 SOFC。

西门子公司 1994 年组装了 1kW 平板式 SOFC 电池组；1995 年组装了 10kW SOFC 电池组；1996 年组装了 2 台 10kW 平板式 SOFC 结构的 20 kW 的电池系统。

西门子公司发展的第一台 10kW 电池组，一层中放置 16 个 5cm×5cm 陶瓷膜电极三合一，共有 80 层，按压滤机方式组合的每层并联电池面积为 $256cm^2$，电池组总面积为 $2m^2$。这台电池组的开路电压为 10V，平均每层（单池）电压为 1.3V。在 950℃ 当气体利用率为 50% 时，电池组输出功率为 10.7kW。

西门子公司计算表明，100kW 平板式 SOFC 系统与热机、动力设备组合后，电效率可达 50%，能量利用总效率可高达 90%。

#### 5.3.5.6　SOFC 的发展趋势

目前开发的 SOFC 是在 1000℃ 下运行的高温固体氧化物燃料电池。电池所有的反应在高温下都存在效率和稳定性降低的问题，同时电池的关键材料，如电极、双板极和电解质的选择也受到限制。如果将反应温度降到 800℃ 以下，SOFC 将有极大的竞争力，所以目前开发中温型 SOFC 的关键技术引起了世界各国的注意，也取得了良好的发展。

开发中温型 SOFC 的关键技术是减少固体电解质膜的电阻，提高固体氧化物电解质材料的离子电导率。目前采用的技术是减薄电解质膜厚度，研制新型电解质材料。中温型 SOFC 的发展将有利于加快 SOFC 的商品化进程。

### 5.3.6 微生物燃料电池

微生物燃料电池（microbial fuel cells，简称 MFCs）是一种利用微生物作为催化剂，将燃料中的化学能直接转化为电能的装置，是一种生物反应器。自 1911 年英国植物学家 Potter 发现微生物可以产生电流开始，有关 MFCs 的研究一直在进行，但进展缓慢。直到研究人员发现某些微生物能在无介体的条件下直接将体内产生的电子传递到电极，MFCs 的研究获得了突破性进展。目前，MFCs 研究的主要内容是无介体 MFCs 产电性能的改善，体现在污水处理、生物传感器的应用和生物修复等方面。

#### 5.3.6.1 微生物燃料电池原理

微生物燃料电池以附着于阳极的微生物作为催化剂，通过降解有机物（例如，葡萄糖、乳酸盐和醋酸盐等），产生电子和质子。产生的电子传递到阳极，经外电路到达阴极产生外电流。产生的质子通过分隔材料（通常为质子交换膜、盐桥），也可以直接通过电解液到达阴极。在阴极与电子、氧化物发生还原反应，从而完成电池内部电荷的传递。图 5-50 为双室 MFCs 的工作原理示意图。

典型反应如下：

阳极：  $C_6H_{12}O_6 + 6H_2O \longrightarrow 6CO_2 + 24H^+ + 24e^-$

阴极：  $6O_2 + 24H^+ + 24e^- \longrightarrow 12H_2O$

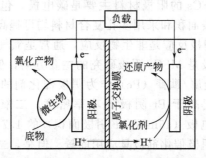

图 5-50　典型的双室 MFCs 的工作原理示意图

#### 5.3.6.2 微生物燃料电池的结构

微生物燃料电池主要有三种结构类型，即单室结构、双室结构和填料式结构。

（1）单室结构的 MFCs　单室 MFCs 通常直接以空气中的氧气作为氧化剂，无需曝气，因而具有结构简单、成本低和适于规模化的优势。单室的功率密度为 480~492mW/m²，单室 MFCs 无分隔材料和阴极液，内阻较双室小。但是单室 MFCs 的库仑效率（CE）比双室低（单室库仑效率为 10%，而双室则为 42%~61%）。

（2）双室结构的 MFCs　典型的双室 MFCs 包括阳极室和阴极室，中间由 PEM 或盐桥连接。双室的功率密度为 38~42mW/m²。

MFCs 从外形上又分为平板型和管型。以厌氧污泥为活性微生物，葡萄糖为底物，以颗粒石墨为阳极的管状 ACMFCs，其最大功率密度达到 50.2W/m³。管状 ACMFCs 在构型上和操作方式上与污水处理设备中的生物滤池颇为相似。

（3）填料式结构的 MFCs　填料式 MFCs 类似于流化床反应器，可以实现大规模污水处理与 MFCs 的结合。填充式结构极大地增大了微生物和电极的接触面积，促进了电子传输，内阻仅为 27Ω。

#### 5.3.6.3 质子交换膜（PEM）

(1) PEM 用于双室 MFCs　选择性优良的 PEM 对于双室 MFCs 的研究至关重要。在双室 MFCs 中，PEM 的作用是阳极室和阴极室分隔且传递质子，同时要阻止阴极室内氧气扩散至阳极室。

双室 MFCs 中普遍存在一个问题，即随着电池的运行，阳极液的 pH 会逐渐降低，而阴极液的 pH 会逐渐升高。一种观点认为，pH 变化是由于质子穿过 PEM 的速度比质子在阴极还原的速度慢所致。另一种观点认为，MFCs 的电解液中的阳离子除了质子以外，还有很多盐离子，如 $Na^+$、$K^+$ 和 $Ca^{2+}$，且这些盐离子的浓度是质子浓度的 $10^5$ 倍，PEM 中 99.999％的磺酸基被盐离子占据，使得膜上质子极少，表现为质子传递受阻。

(2) PEM 用于单室 MFCs　单室 MFCs 一般采用二合一电极，将 PEM 热压在阴极内侧。单室 MFCs 也可以不用 PEM。以葡萄糖为底物时，无 PEM 单室 MFCs 最大功率密度 475～515mW/$m^2$，而有 PEM 单室 MFCs 最大功率密度则为 252～272mW/$m^2$。但是二者的库仑效率有区别，有 PEM 时40％～55％，无 PEM 时为 9％～12％。分析认为，无 PEM 时氧气容易扩散至阳极，消耗了电子。同时，去除 PEM 后，电池阴极的开路电位升高，对此最合理的解释是质子由阳极到阴极的传递速率加快。其他材料如尼龙、纤维素、聚醋酸酯或者玻璃绒可以代替 PEM。

#### 5.3.6.4 微生物燃料电池的电极材料

(1) 阳极　微生物燃料电池阳极的作用是微生物附着和传递电子，它是决定 MFCs 产电能力的重要因素。目前 MFCs 的阳极材料主要是碳电极，包括石墨、碳纸和碳毡等。通过提高阳极材料的孔体积、表面积和采用多孔复合材料均可提高产电效果。

(2) 阴极　MFCs 中的阴极反应是非生物反应，通常是氧气或铁氰化物的还原。开发高效廉价催化剂和透气防渗电极是 MFCs 阴极研究的主要方向，例如单室 MFCs 以金属/四甲氧基苯基卟啉（TMPP）和金属/酞菁（Pc）作为阴极催化剂的产电性能，结果表明，金属大环化合物阴极的功率密度高于 Pt 阴极的功率密度。二氧化铅阴极的最大功率密度（77mW/$m^2$ 阴极面积）是铂电极（45mW/$m^2$ 阴极面积）的 1.7 倍。无论从产电性能还是成本的角度看，二氧化铅作为阴极催化剂极具应用前景。但是，二氧化铅阴极存在着潜在的铅渗漏危险。

(3) 电解液　理想的微生物电池的电解液应具有以下特点：产电效能高、酸碱缓冲能力强和足够的营养物质。从导电的角度看，增加离子强度显然能够降低电解液的欧姆降，进而提高产电效能。从微生物生长的角度看，需合适的碳源和必需的营养盐。

(4) 缓冲液　在 MFCs 中添加酸碱缓冲液，不仅用于维持产电细菌生长最佳 pH，而且能增加体系电导率。最常用的是磷酸盐缓冲液。

#### 5.3.6.5 微生物燃料电池的工作条件

(1) 电极间距　以葡萄糖为底物，电极间距1cm时，电池最大功率密度达1540mW/$m^2$（51W/$m^3$），电流效率（CE）达 60％。

(2) 阳极搅拌　由于各电池体系的结构、电解液组成、微生物代谢方式等差异，搅拌对电池产电效果的作用也不尽相同。

(3) 温度　温度对 MFCs 产电效果也有影响，但程度不尽相同。研究发现，对于单室无膜 MFCs，温度由 32℃降至 20℃，观察到电池阴极还原电位相应降低，但电池功率仅下降 9％。30℃时，双室 MFCs 启动时间是 22℃的一半，而且最大输出功率也升高 77％，15℃时 MFCs 经过 45d 仍不能启动。

#### 5.3.6.6 产电微生物

产电微生物主要包括单一菌种和混合菌群。

(1) 单一菌种　无介体 MFCs 中的单一菌种有：*Shewanella putrefaciens*、*Geobacteraceae sulferre-ducens*、*Rhodoferax ferrireducens*、*Pseudomonas aeruginosa*、*Desulfovibrio desulforicans* 和 *Escherichia coli* 等。这些细菌能够在无介体条件下向阳极传递电子，其机理主要包括：①通过细胞膜上的细胞色素传递电子；②通过细胞菌毛、纤毛（纳米电线）传递电子；③利用自身分泌或代谢产物作为电子传递介体。

(2) 混合菌群　单一菌种通常表现出高的电子传递效率，但它们生长速率缓慢，对底物的专一性很强。相比而言，混合菌群有许多优点：抗冲击能力强、可利用基质范围广、底物降解率和能量输出效率高。通常用于 MFCs 的混合菌群来自生活污水、活性污泥、厌氧颗粒污泥和海底（或湖底）沉积泥。

① 活性污泥　生物燃料电池的启动实际上是微生物在电极表面形成生物膜的过程，也是转移电子的微生物和其他种群微生物的竞争过程，电压升高是电极对转移电子微生物选择的结果。

以厌氧活性污泥作为接种体，目前已成功启动了空气阴极微生物燃料电池（ACMFCs），例如，以醋酸钠作底物，其最大功率密度可以达到 $146.56mW/m^2$，而以葡萄糖为底物时，最大功率密度为 $192.04mW/m^2$。二者的底物去除率分别为 99% 和 87%。

② 产氢菌群　以生物反应器中的厌氧产氢混合菌为菌源，酸性条件下驯化（维持产氢菌群活性的同时抑制产甲烷菌），驯化后的产氢菌群成功启动了双室 MFCs。稳定运行条件下，有机负荷率为 $1.404kgCOD/(m^3 \cdot d)$ 时，最大输出电压为 304mV（外电阻 50Ω）。

③ 硫酸盐还原菌　硫酸盐还原菌（SRB）是典型的专性厌氧菌，主要以乳酸作为碳源，能将硫酸盐（$SO_4^{2-}$）还原成硫负离子（$S^{2-}$）。SRB 普遍存在于土壤、海水和污水等缺氧环境中，是微生物腐蚀及环境污染的主要因素之一。空气中的氧气作为氧化剂，无需曝气，因而具有结构简单和成本低的优点，更适于规模化。

## 5.4　铝电池

铝在能量储存和转换方面的应用很早就受到人们的重视。1850 年，Hulot 提出了铝作为电池电极材料的设想；1857 年，铝首次作为阳极应用在 Al/HNO₃/C 电池中，其电动势为 1.377 V；1950 年，Al/MnO₂ 电池开始研制；1960 年，铝-空气电池技术的可行性得到证实；1970 年开始了高能熔盐二次铝电池的研究。

金属铝表面有一层保护膜，它导致电极电位显著低于理论值，而且电压行为明显滞后。这个技术问题可以通过活化铝的表面层来解决，但代价是铝电极的抗腐蚀和长期存储性能下降。近年来通过开发各种新型的铝合金电极及相应的电解质添加剂，尤其是铝-空气电池的研究取得了突破性的进展。

铝电池产品在野外便携装置、应急电源、备用电源、机动车辆和水下潜艇等方面得到了应用。

铝电池种类很多，通常按电解质体系分类，本节主要讨论水溶液电解质铝电池和非水溶液电解质铝电池（包括熔盐电解质体系、室温熔盐电解质体系和有机电解质三种体系）。

### 5.4.1　水溶液电解质铝电池

水溶液电解质体系相对操作简单，成本低且环境污染少，水溶液电解质铝电池因此受到广泛关注，目前已有下列体系：Al-MnO$_2$、Al-MgO、Al-H$_2$O$_2$、Al-FeCN 和 Al-S 等。

表 5-6 列出了铝电池的电化学性能，并与铅酸电池、Ni-Cd 电池和 Zn-AgO 电池比较。

**表 5-6　普通水溶液电池和铝电池**

| 电池 | 开路电压/V | | 容量/(A·h/kg) | 最大能量密度/(W·h/kg) |
| --- | --- | --- | --- | --- |
| | 理论 | 测量 | | |
| 铅酸 | 2.0 | 2.0 | 83 | 170 |
| Ni-Cd | 1.4 | 1.2 | 181 | 240 |
| Zn-AgO | 1.6 | 1.4 | 199 | 310 |
| Al-AgO | 2.7 | 2.0 | 378 | 1020 |
| Al-H$_2$O$_2$ | 2.3 | 1.8 | 408 | 940 |
| Al-FeCN | 2.8 | 2.2 | 81 | 230 |
| Al-S | 1.8 | 1.4 | 595 | 1090 |

(1) Al-MnO$_2$ 电池　Al-MnO$_2$ 电池的电池反应如下：

$$Al+3MnO_2+3H_2O \longrightarrow 3MnOOH+Al(OH)_3 \tag{5-31}$$

Al-MnO$_2$ 电池的理论电压比 Zn/MnO$_2$ 电池高出 0.9V。为提高强碱性电解质电池的寿命，Zn/MnO$_2$ 电池中的锌负极通常含有 1.5%～4% 的汞（质量分数）。汞会带来日益严重的环境污染，而用铝电池可以解决这个问题。

由于铝负极表面的氧化膜，Al/MnO$_2$ 电池的测量电压仅比 Zn/MnO$_2$ 电池高 0.2V。为提高负极电势，研究主要集中在开发铝合金方面。添加少量 Zn、Cd、Mg 或 Ba 可使负极电势提高 0.1～0.3V；添加 Ga、Sn 或 In 可使负极电势提高 0.3～0.9V。含有 7% Zn 和 0.12% Sn 的铝合金（质量分数），其负极电势提高 0.9V，负极效率为 90%。

Al-MnO$_2$ 电池的电解质有：AlCl$_3$·H$_2$O，CrCl$_3$·6H$_2$O，碱性 KOH 或 NaOH 溶液。目前，Al-MnO$_2$ 电池仅用于一些特殊场合，如用海水作电解质，作水下电源。

(2) Al-AgO 电池　Al-AgO 电池反应如下：

$$2Al+3AgO+2OH^-+3H_2O \longrightarrow 2Al(OH)_4^-+3Ag \quad E=2.7V \tag{5-32}$$

目前，潜艇上使用的 Al-AgO 电池系统，电压为 140V，容量为 1.66 kW·h，能量密度为 82 W·h/kg。一种用聚合物作胶黏剂、铝合金作负极的碱性 Al-AgO 电池，其容量高达 1.2 A·h/cm$^3$，电流效率接近 100%。主要用于为水下军事设施提供动力。

(3) Al-H$_2$O$_2$ 电池　在碱性介质中，Al-H$_2$O$_2$ 电池的电池反应：

$$2Al+3H_2O_2+2OH^- \longrightarrow 2Al(OH)_4^- \quad E=2.3V \tag{5-33}$$

Al-H$_2$O$_2$ 电池目前有两种设计：

① 直接向液体电解质中加入 H$_2$O$_2$，组成 Al-H$_2$O$_2$ 电池。它是一种为水下无人控制船舶提供动力的 Al-H$_2$O$_2$ 电池；

② 双通道电池，用于降低在过氧化氢和铝负极之间的非电化学反应程度，负极和正极用经过 Ir/Pd 修饰的多孔性镍正极分开，此类电池开路电压为 1.9V，极化损失为 0.9mV/(mA·cm$^2$)，功率密度为 1W/cm$^2$。

Al/H$_2$O$_2$ 电池主要问题是如何使过氧化氢在高电势的正极上有效还原，防止过氧化氢和铝负极反应。

(4) Al-S 电池　将水溶液中的硫和铝负极结合，水溶液电解质是含有 K$_2$S 的碱性溶液，阴离子有 OH$^-$ 和各种硫的化合物为 HS$^-$、S$^{2-}$、S$_2^{2-}$、S$_4^{2-}$、S$_5^{2-}$ 等，整个电池反应可写成：

$$2Al + S_4^{2-} + 2OH^- + 4H_2O \Longrightarrow 4HS^- + 2Al(OH)_3 \quad E = 1.79V \quad (5-34)$$

对于阳离子是 $K^+$ 的 Al/S 电池，电流容量为 361.7A·h/kg，系统的理论比能量为 647W·h/kg。

(5) 铝-铁氰酸盐电池　$Fe(CN)_6^{3-}$ 与铝负极结合，在碱性溶液中，电池反应如下：

$$Al + 3OH^- + 3Fe(CN)_6^{3-} \Longrightarrow 3Fe(CN)_6^{4-} + Al(OH)_3 \quad E = 2.76V \quad (5-35)$$

以 KOH 作为电解质，这种电池系统开路电压为 2.2V，放电电流密度为 $2000mA/cm^2$，功率密度为 $2W/cm^2$。

(6) Al-Ni 电池　铝和正极材料 NiOOH 结合，形成 Al-Ni 电池，电池反应如下：

$$Al + 3NiOOH + OH^- + 3H_2O \Longrightarrow Al(OH)_4^- + 3Ni(OH)_2 \quad E = 2.8V \quad (5-36)$$

### 5.4.2　铝-空气电池

铝-空气电池是半个燃料电池。铝-空气电池是金属/空气电池的一种，具有较高的理论容量、高电压和高比能量，铝电池是一种有发展前途的金属/空气电池。表 5-7 总结了各种碱性电解质的金属/空气电池的电化学性能。

**表 5-7　碱性电解质金属/空气电池性能**

| 电池 | 负极反应 | 负极电势[①]/V | 金属当量/(A·h/g) | 电池电压/V 理论 | 电池电压/V 实际 | 比能量/(kW·h/kg) 金属 | 比能量/(kW·h/kg) 电池反应剂 |
|---|---|---|---|---|---|---|---|
| Li/空气 | $Li + OH^- \Longrightarrow LiOH + e^-$ | -3.05 | 3.86 | 3.45 | 2.4 | 13.3 | 3.9 |
| Al/空气 | $Al + 3OH^- \Longrightarrow Al(OH)_3 + 3e^-$ | -2.30 | 2.98 | 2.70 | 1.2~1.6 | 8.1 | 2.8 |
| Mg/空气 | $Mg + 2OH^- \Longrightarrow Mg(OH)_2 + 2e^-$ | -2.69 | 2.20 | 3.09 | 1.2~1.4 | 6.8 | 2.8 |
| Ca/空气 | $Ca + 2OH^- \Longrightarrow Ca(OH)_2 + 2e^-$ | -3.01 | 1.34 | 3.42 | 2.0 | 4.6 | 2.5 |
| Fe/空气 | $Fe + 2OH^- \Longrightarrow Fe(OH)_2 + 2e^-$ | -0.88 | 0.96 | 1.28 | 1.0 | 1.2 | 0.8 |
| Zn/空气 | $Zn + 2OH^- \Longrightarrow Zn(OH)_2 + 2e^-$ | -1.25 | 0.82 | 1.65 | 1.0~1.2 | 1.3 | 0.9 |

① 负极电势相对标准氢电极（SHE）。

#### 5.4.2.1　铝-空气电池的原理

铝-空气电池的负极是铝合金，在电池放电时被不断消耗并生成 $Al(OH)_3$；正极是多孔性氧电极（与氢氧燃料电池的氧电极相同）；电池放电时，从外界进入电极的氧（空气）发生电化学反应，生成 $OH^-$；电解液可分为两种：一为中性溶液（NaCl、$NH_4Cl$ 水溶液或海水）；二是碱性溶液。

从可充电性来看，空气电池可分为一次电池和机械可充的二次电池（即更换铝负极）。正极使用的氧化剂，因电池工作环境不同而异。电池在陆地上工作时使用空气；在水下工作时可使用液氧、压缩氧、过氧化氢或海水中溶解的氧。

#### 5.4.2.2　铝-空气电池的用途

金属/空气电池的主要优点是比能量高，金属/空气电池能为许多设备提供高容量动力，包括便携式计算机、通信设备、铁路信号灯、电话交换设备、电动交通工具、商业助听设备、动力照明和灯光浮标等。

在碱性电解质中，Li、Mg、Ca 等金属具有较高的电极电势，它们的理论电池电流密度和操作电流密度的差异通常是 $100 \sim 200mA/cm^2$，这是由于系统中电极极化造成的，空气电极是电池极化的主要原因。

目前，金属/空气电池的商业化有如下障碍：电池的成本、负极极化、电池不稳定和腐蚀、非均匀溶解、安全性以及实际操作困难。

#### 5.4.2.3 铝-空气电池的材料

(1) 铝负极　根据热力学计算，铝负极在含盐电解质中电势为 $-1.66V$，在强碱性电解质中电势为 $-2.35V$。但实际上，铝电池的工作电势远低于理论值。原因是：①铝表面有一层致密的氧化膜，由于内部阻力，氧化膜造成电压到达稳定态时间延迟；②铝容易发生腐蚀反应，导致金属的利用率减小；③氢气的产生。

随着电动车用铝-空气电池问世，逐步开发出了用于中性盐溶液和碱性水溶液中的高效铝合金负极。在中性盐溶液中，由于 AlGa 合金中 Ga 在合金表面上的富集和膜的分离、AlMn 阳极极化时 Mn 富集层形成双层阳极膜（内层包括 $Al_2O_3$ 和 Mn，外层为 Mn 富集层）。富集层阻碍了 $Al^{3+}$ 向溶液中扩散。

含有 $Cl^-$ 的中性溶液中，$Ga^{3+}$ 对 Al、AlSn、AlZn 和 AlZnSn 等合金的电化学行为有影响，使电极活性增加。对于 AlGa、AlGaSn 合金来说，金属镓沉积于铝阳极表面是铝阳极活化的根本原因，但在碱性介质中镓离子的还原电位比铝的稳定电位负，不能直接向铝电极表面沉积；AlSnGa 多元合金阳极溶解时，Sn 和 Ga 溶入溶液，锡离子在铝电极表面沉积，随后镓离子在沉积锡上欠电位沉积，从而电极表面不断形成新的活性点，使 AlSnGa 多元合金具有较高的活化特性。

碱性介质中多元合金阳极活化溶解也遵循溶解-再沉积机理。通过向高纯铝中控制添加低浓度合金元素，成功地研制了一些铝合金。低浓度的 Mn、Ca、Zn、Ga、In、Tl、Pb、Hg 和铝制成三元或四元合金能够提高电流容量，阻止腐蚀。

铝合金中存在某些杂质如 Fe、Cu 等会显著地影响其电化学性能，因为腐蚀速率对铁的浓度十分敏感，所以需用超纯铝（至少为 99.999%）来制备负极。从经济的角度看，必须发展用工业铝（99.8%）代替高成本的超纯铝。

(2) 电解质和添加剂　目前铝-空气电池用电解质主要有碱性电解质和含盐电解质。

① 碱性电解质　在正常操作下，空气正极在碱性电解质中性能较好，铝极化程度低。但当电池敞口时，碱性溶液吸收空气中的 $CO_2$，这会导致在多孔性空气电极中碳酸盐结晶，妨碍空气接近电极，引起电极机械损害，破坏电极性能，需要加入阻蚀剂、添加剂或复合试剂等添加剂。目前常用的添加剂有 $Na_2SnO_3$、$Al(OH)_4^-$、柠檬酸钠、CaO、$CaCl_2 \cdot H_2O$ 和 NaCl 等。

② 无机盐电解质　通常采用含 NaCl 为 12% 的电解质体系。在无机盐电解质体系中，铝负极生成 $OH^-$ 或 $Cl^-$ 混合物，随后析出氢氧化铝凝胶沉淀。氢氧化铝在电极上积累而引起负极钝化，氢氧化铝结合水又造成电解质缺水。解决的办法是促进 $Al(OH)_3$ 凝胶的沉淀，向 NaCl 溶液中加入 $Na_3PO_4$、$Na_2SO_4$、NaF、$NaHCO_3$ 以减少需水量。另一个方法是使电解质发生湍流，利用晶体分离装置从电解质中分离出沉淀颗粒，分离后的液体又回流入电池。

无机盐电解质的电导率小于碱性电解质的电导率，解决的办法是正、负极之间的间隙要尽量小。

(3) 空气（氧气）正极　空气（氧气）正极与燃料电池的正极相似，属于气体渗滤电极。正极的反应是氧气的还原反应，维持这个反应必须用气体渗滤电极，在催化剂、电解质和氧气之间存在三相界面，这要求电极结构特殊。在陆地使用时，氧气可从空气中获得，在太空或水下使用铝电池的氧气可来自低温氧或氯酸盐。

#### 5.4.2.4 铝-空气电池系统设计

图 5-51 是铝-空气电池系统。电池工作温度接近 60℃，电解质和空气被强制对流，利用蒸发冷却和散热器将热量排出。空气流量通常是需求量的四倍，输入空气中的 $CO_2$ 必须除去，以防止空气电极逐渐降解。使用空气交换器补偿水的损失，利用结晶装置，通过使氢氧

化铝过饱和溶液中产生氢氧化铝沉淀来控制电解质中铝的浓度。

利用海水中的 $O_2$ 作为反应物的电池有一个特别的优点，就是除 Al 以外，所有的反应物都来自于海水。图 5-52 是一个绳式电池。中心的 Al 负极先用多孔性的分离材料包裹，然后是正极，最后外面包上保护性的外层。直径为 3cm 的绳装电池在空气中大约每米重 1kg，能量为 640 W·h/kg，使用六个月后为 0.03 W·h/kg。可制作出几百米长的绳状电池。

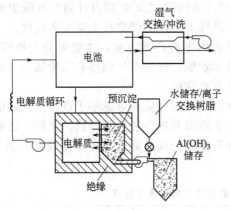
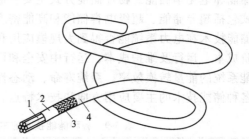

图 5-51 铝-空气电池系统

图 5-52 作为水下动力源的绳状铝-氧电池
1—铝负极；2—分隔板；3—氧气正极；4—多孔保护外层

## 5.4.3 非水溶液电解质铝电池

非水溶液电解质铝电池是二次（可充）电池，本章主要介绍三种体系。

(1) 强碱性氯化铝熔融电解质体系　二元 $NaCl$-$AlCl_3$ 和三元 $NaCl$-$KCl$-$AlCl_3$ 是铝-空气电池常用的电解质体系。在这些体系中，以熔融物中 $MCl$/$AlCl_3$（M 通常为 Na 和 K）的摩尔比等于 1 时为基准，摩尔比小于 1 时为酸性。在酸性熔体中，$Al_2Cl_7^-$ 是主要的阴离子。当熔体中酸度（$AlCl_3$ 的含量）下降时，$AlCl_4^-$ 量占多。

(2) 室温熔盐电解质体系　室温熔盐是一个研究热点，氯化铝可以和一些有机氯化物形成室温电解质。对于二元体系，当 $AlCl_3$ 摩尔分数小于 50% 时，熔体是碱性体系，其中主要的离子是 $AlCl_4^-$ 和 $Cl^-$；等比例（mol）的熔体是中性体系；$AlCl_3$ 摩尔分数大于 50% 是酸性体系，主要离子是 $Al_2Cl_7^-$。只有酸性体系铝金属才会沉积，碱性熔体是一次电池的电解质。已知室温熔盐电解质体系有 Al-$FeCl_2$、Al-$FeCl_3$、Al-$CuCl_2$ 和 Al-$FeS_2$。

(3) 砜基电解质体系　砜基电解质具有电导性能好、热稳定性好、能够溶解许多金属盐类及不易与金属阳离子结合等特点，普遍认为砜基电解质是一种适合于可充电铝电池的有机溶剂。将氯化铝加入到砜（$XSO_2$）中，发生如下反应：

$$4AlCl_3 + 3XSO_2 \Longrightarrow Al(XSO_2)_3^{3+} + 3AlCl_4^- \tag{5-37}$$

表 5-8 给出了砜-$AlCl_3$（摩尔比为 10/1）电解质的熔点和电解率。可以看出，随着碳链增长，熔点下降，电导率增加。

表 5-8　砜基电解质的熔点和电导率

| XSO$_2$ | | | 4AlCl$_3$+3XSO$_2$ | |
| --- | --- | --- | --- | --- |
| 名称 | 分子式 | 熔点/℃ | 熔点/℃ | 120℃电导率/(mS/cm) |
| 二甲基砜 | $CH_3$—$SO_2$—$CH_3$ | 109 | 80 | 14 |
| 二乙基砜 | $C_2H_5$—$SO_2$—$C_2H_5$ | 72 | 60 | 10.5 |
| 二丙基砜 | $C_3H_7$—$SO_2$—$C_3H_7$ | 30 | 30 | 4 |

## 5.5 储能电池

采用大规模电力储能技术可以有效缓解用电供需矛盾、提高电网安全和稳定性、改善供电质量并积极促进可再生能源的利用和发展。目前世界各国（特别是发达的国家）对储能技术的研究极其重视，例如，日本的"新阳光计划"、美国的"DOE项目计划"及欧盟的"能源框架计划"中都制定了详细的储能发展规划，以推动本国的储能技术研究和发展。

到目前为止，人们已经探索和开发了多种形式的电能存储方式，主要可分为物理储能、电磁储能和电化学储能。物理储能方式主要有抽水蓄能、压缩空气储能和飞轮储能。电磁储能方式包括超导储能、超级电容储能和高能密度电容储能。

储能技术在电力系统能否得到大规模应用和推广，首先应该考虑基于该技术的储能系统的造价成本、运行及维护成本、运行中安全和可靠性以及规模能力等因素。此外，还需要考虑储能系统的能量转换效率、系统寿命、动态性能和冗余调节能力等多方面因素。表5-9列出了各种储能技术的主要应用方向和技术特点。

表 5-9 各种储能技术的主要应用方向和技术特点

| 储能类型 | | 典型额定功率/MW | 额定能量 | 特点 | 应用场合 |
| --- | --- | --- | --- | --- | --- |
| 机械储能 | 抽水储能 | 100~2000 | 4~10h | 可大规模，技术成熟。响应慢，需地理资源 | 日负荷调节，频率控制和系统备用 |
| | 压缩空气 | 10~300 | 1~20h | 适于大规模。响应慢，需地理资源 | 调峰，系统备用 |
| | 飞轮储能 | $5\times10^{-3}$~1.5 | 15s~15min | 比能量与比功率较大。含旋转部件，成本高，噪声大 | 调峰，频率控制，UPS和电能质量 |
| 磁储能 | 超导储能 | $1\times10^{-2}$~1 | 2s~5min | 响应快，比功率高。成本高，维护困难 | 电能质量控制、输配电稳定、UPS |
| | 电容器 | $1\times10^{-3}$~$1\times10^{-1}$ | 1s~1min | 响应快，比功率高。比能量太低 | 输电系统稳定、电能质量控制 |
| | 超级电容 | $1\times10^{-2}$~1 | 1~30s | 响应快，比功高。成本高，储能低 | 与FACTS结合 |
| 化学储能 | 铅酸电池 | 1~50 | 1min~3h | 技术成熟，成本较小。寿命低，环保问题 | 电能质量、电站备用、黑启动、UPS、可再生储能 |
| | 液流电池 | $5\times10^{-3}$~100 | 1~20h | 寿命长，可深充深放，易于组合，效率高，环保性好，比低 | 电能质量、可靠性控制、备用电源、调峰填谷、能量管理、可再生储能 |
| | 钠硫电池 | 千瓦至兆瓦级 | 分钟~数小时 | 比能量与比功率高。成本高，运行安全问题有待改进 | 电能质量、可靠性控制、备用电源、调峰填谷、能量管理、可再生储能 |

电化学储能主要有铅酸电池、氧化还原液流电池、钠硫电池、超级电容器、二次电池（镍氢电池、镍镉电池、锂离子电池）等储能形式。各种新型电池的储能系统的比较见表5-10。

表 5-10 各种新型电池的储能系统比较

| 储能技术 | 优势 | 劣势 | 功率型应用 | 能量型应用 |
| --- | --- | --- | --- | --- |
| 蓄水储能 | 高容量、低成本 | 场地特殊要求 | ◇ | ● |
| 压缩空气储能 | 高容量、低成本 | 需要特殊场地和气体燃料 | ◇ | ● |
| 液硫电池：多硫化液溴 全钒 溴化锌 | 高容量 | 能量密度低 | ◎ | ● |

续表

| 储能技术 | 优势 | 劣势 | 功率型应用 | 能量型应用 |
|---|---|---|---|---|
| 金属-空气电池 | 电池极高的能量密度 | 充电困难 | ◇ | ● |
| NaS电池 | 高的能量和功率密度,高效率 | 制造成本高,安全性需提高 | ● | ● |
| 锂离子电池 | 高的能量和功率密度,高效率 | 制造成本高,需要特殊的充电电路 | ● | ○ |
| 镍镉电池 | 高的能量和功率密度及效率 | 寿命短 | ● | ◎ |
| 其他先进电池 | 高的能量和功率密度及效率 | 高的制造成本 | ● | ○ |
| 铅酸电池 | 低价格 | 深充时寿命短 | ● | ○ |
| 飞轮 | 高功率 | 低能量密度 | ● | ○ |
| 超导储能 | 高功率 | 能量密度低、制造成本高 | ● | ◇ |
| 超级电容器 | 长寿命、高效率 | 能量密度低 | ● | ◎ |

注:● 表示完全可行;◎ 表示有合理性;○ 表示有可能但实用性或经济性不强;◇ 表示不可行。

本章主要介绍全钒液流电池和硫钠电池。

### 5.5.1 全钒液流电池

全钒液流是液流电池(也称氧化还原液流蓄电系统)家族中的一员。液流电池最早由美国航空航天局(NASA)资助设计,1974 年由 ThallerH. L. 公开发表并申请了专利。30 年来,多国学者通过变换 2 个氧化-还原电对,提出了多种不同的液流电池体系,如铈钒体系、全铬体系、溴体系、全轴体系和全钒体系液流电池等。钒电池应用范围包括风力和光伏发电、电网调峰、交通市政和通信基站等方面。

钒电池利用不同价态的钒离子的氧化还原反应来实现电能和化学能的转换,具有以下主要特点:①电池的功率和容量可以分开设计,增加容量方便;②自放电率低,长时间储存,钒电池的储能系统达到兆瓦级;③过放电能力强,钒电池的电解液循环流动,消除了热失控和电化学极化的问题,实现大电流充放电;④温度对钒电池的影响相对小;⑤循环寿命长、电解液循环使用及减少环境污染;⑥成本低和维护简单等。

#### 5.5.1.1 钒电池的工作原理

钒电池是液流电池技术发展主流,其将具有不同价态的钒离子溶液分别作为正极和负极的活性物质,分别储存在各自的电解液储罐中。在对电池进行充、放电实验时,电解液通过泵的作用,由外部储液罐分别循环流经电池的正极室和负极室,并在电极表面发生氧化和还原反应,实现对电池的充放电。

充放电时正负极的化学反应方程式为:

$$\text{正极} \quad V^{4+}(\text{蓝}) \underset{\text{放电}}{\overset{\text{充电}}{\rightleftharpoons}} V^{5+}(\text{黄}) + e^-$$

$$\text{负极} \quad V^{3+}(\text{绿}) + e^- \overset{\text{充电}}{\underset{}{\rightleftharpoons}} V^{2+}(\text{紫})$$

充电时,负极电解液 $V^{3+}$ 在电极表面得到电子反应为 $V^{2+}$;正极电解液 $V^{4+}$ 失去电子变为 $V^{5+}$。若实现对一定负载的放电,在负极表面 $V^{2+}$ 失去电子变为 $V^{3+}$,电子通过电极传递流向负载进而到达正极,并在正极表面 $V^{5+}$ 得到电子,被还原为 $V^{4+}$。电解质作为只传导离子的非电子导体,其内部的电荷平衡是通过溶液中 $H^+$ 在离子交换膜两侧的迁移来完成。

上述工作原理实现了电池在一个完整回路中的充放电过程。全钒电池的工作原理如图 5-53 所示。

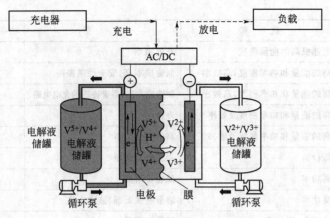

图 5-53 全钒液流电池工作原理

#### 5.5.1.2 钒电池的组成

钒电池主要由电堆、控制系统和电解液组成，如图 5-54 所示。

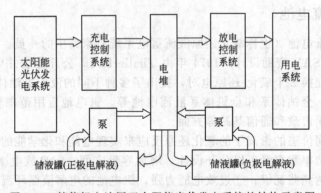

图 5-54 储能钒电池用于太阳能光伏发电系统的结构示意图

(1) 电堆 电堆是钒电池系统的核心部分，它是电化学反应的场所和实现储能系统电能和化学能相互转换的场所。电堆对储能系统的成本、功率、循环寿命、效率和维护等性能均有至关重要的作用。

电堆由集流体、液流框、电极和隔膜组成，按单极性电极、隔膜、双极性电极、隔膜、双极性电极、隔膜……单极性电极的顺序组装成电堆，图 5-55 为电堆内部示意图。

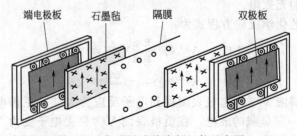

图 5-55 钒电池电堆内部组件示意图

将组装好的钒电堆通过管道、阀门和循环泵等组件与电解液储液罐相连，形成充放电回路，储液罐中的电解液通过循环泵流经管道、电堆，流回储液罐，循环泵使得电解液不断地循环流动，钒电池组就能进行充放电实验。

(2) 控制系统　控制系统主要包括充放电控制系统和泵循环系统。

① 充放电控制系统　充电控制系统主要由直流变换模块和均流控制电路组成，将太阳能光伏发电系统发出的电转换成钒电池系统的化学能；放电控制系统是通过逆变器将钒电池输出的直流电转换成220V/50Hz的交流电，供用电系统使用。

② 泵循环系统为钒电池提供基本的运行条件　泵循环系统主要包括泵的选择和循环管路设计。泵选用直流泵且耐酸腐蚀，循环管路设计要求密封性好，管路耐酸腐蚀。

(3) 电解液　电解液是钒电池中起电化学反应的活性物质，要求其具有较高的稳定性和电导率。电解液中不同杂质元素的含量对电解液的长期稳定性和充放电效率有影响，如某些杂质离子会导致电解液对温度敏感，产生沉淀及堵塞电堆管路等。因此，确定电解液的纯度并对关键杂质的含量进行控制是非常重要的。此外，还需要向电解液中加入某些适量的稳定剂，以提高电解液的长期稳定性、温度适应范围等。

(4) 隔膜　钒电池隔膜的作用是将正负半电池中的电解液分开，只让$H^+$自由通过。理想的隔膜应具备钒离子不渗透、$H^+$迁移速度快、面电阻小、耐腐蚀、耐氧化和寿命长等性能。

### 5.5.1.3　钒电池的材料

钒电池所用的材料包括集流体材料、膜材料和电解液等。

(1) 集流体材料　目前，集流体主要选用石墨板和导电塑料。

① 石墨板　石墨板具有导电性好和大电流充放电等优点，但是缺点很明显：石墨板易刻蚀，尤其在过充的条件下容易被电化学腐蚀；如果石墨板正极表面被腐蚀，形成凹坑，严重时被电化学腐蚀穿透导致钒电池正、负极电解液串液，这将影响钒电池的使用寿命；石墨板价格贵、脆性大等。这些缺点严重影响了石墨板在钒电池中的应用。

② 导电塑料　导电塑料具有密度小、易加工成型、成本低和适合大规模连续生产等特点，因此导电塑料集流体是未来研究发展的热点。常用的膜材料有Daramic膜、Nafion膜和Selemion AMV等。

(2) 膜材料　钒电池所用隔膜必须是亲水性，既允许$H^+$自由通过但是又要求必须抑制正负极电解液中不同价态的钒离子的相互混合，以避免电池内部短路，同时具有良好的导电性和选择性。离子交换膜一般选用交换$H^+$的阳离子交换膜。

Nafion材料是钒电池的常用的隔膜材料，它具有电阻低、钒离子不能通过的特点，有良好的离子导电性、化学稳定性和一定的机械强度。Nafion材料的不足之处在于它的价格昂贵，其成本占整个电堆的60%～70%，因此隔膜材料的国产化和其他隔膜的改性处理是钒电池隔膜的发展方向和解决重点。

(3) 电解液　钒电池的电解液由不同价态钒的离子溶液和支持电解质组成，其正极物质为V(V)/V(Ⅳ)溶液，负极物质为V(Ⅲ)/V(Ⅱ)溶液。钒电池的溶液既是电极活性物质又是电解液，要求长期稳定存在，同时化学活性高。

目前，增大钒溶液的稳定性主要有两种方法：一种是提高溶液的酸度，但溶液酸度过高会加强对电池外壳及隔膜的腐蚀；另一种是加入添加剂，如EDTA、吡啶和明胶等。溶液浓度适当提高和寻求适当的添加剂是钒电池溶液的重要研究方向。

制备电解液的方法主要有两种：混合加热制备法和电解法。混合加热法适合于制取1mol/L电解液，电解法可制取3～5mol/L的电解液。

混合加热制备法是将$V_2O_3$在$H_2SO_4$中溶解活化，然后用还原剂使V(V)还原为V(Ⅳ)或V(Ⅲ)即可得到。利用亚硫酸还原取得了较好效果。

电解法采取隔膜电解法，通过电解$V_2O_5$和$NH_4VO_3$两种方法。

#### 5.5.1.4 钒电池的发展

钒电池适合用做太阳能光伏发电系统的储能系统,它在太阳能光伏发电系统中具有广阔的市场前景。铅蓄电池按照10h计算,300kW·h约需人民币24万。如果考虑使用寿命和环保等问题,钒电池在大容量的条件下,完全可以跟铅蓄电池竞争。

随着全球能源危机和环境污染的加剧,全世界都在发展清洁的新能源。太阳能、风能等再生能源开发利用已经成为新能源发展的重要方向,这些可再生能源具有取之不竭、用之不尽的自然优势,但同时也具有不稳定性、受季节性影响较大等缺点,因此高效的能源储存就显得非常重要。

全钒液流电池是商业化的一种储能技术,目前在可再生能源并网、改善电能质量和备用电源等方面国内外都有不少应用。据统计到2014年年底,全钒液流电池储能总装机容量约为28MW·h/86MW·h,2015年的计划是51MW·h/215MW·h。表5-11列出了部分全钒液流电池储能系统示范应用工程。

表5-11 全钒液流电池储能系统示范应用工程(部分)

| 地点 | 储能系统规模 | 功能 | 研发单位 | 时间 |
| --- | --- | --- | --- | --- |
| 关西电力 | 0.45MW·h/1MW·h | 电站调峰 | 住友电工 | 1999年 |
| 日本 | 1.5MW·2h | 电能质量 |  | 2001年 |
| 南非 | 0.25MW·h/0.52MW·h | 应急备用 |  | 2002年 |
| 澳洲全岛风场 | 0.2MW·8h | 风储柴联合 |  | 2003年 |
| 美国犹他州 | 0.25MW·8h | 削峰填谷 |  | 2004年 |
| 北海道 | 4MW·h/6MW·h | 平滑风电场输出 |  | 2005年 |
| 爱尔兰风电场 | 2MW·6h | 风储发电并网 | 加拿大 VRB Power System Inc. | 2006年 |
| 美国吉尔斯洋葱公司 | 3.6MW·h | 提高发、配、用电综合质量 | 普能公司 | 2012年 |
| 国电龙源辽宁沈阳法库县的卧牛石50MW风电场 | 5MW·h/10MW·h | 跟踪计划发电、平滑输出、提高电网可再生能源发电的接纳能力 | 大连融科公司 | 2013年 |

由表5-11可见,2013年成功并网运行的"国电龙源辽宁沈阳卧牛石风电场储能项目"是全球最大的全钒液流电池储能电站示范项目。

### 5.5.2 钠硫电池

钠硫电池由美国Ford公司于1967年首先发明公布,是一种比能量高、大电流和高功率放电的电池。钠硫电池具有如下特点:①比能量高,理论比能量为760W·h/kg,实际比能量已达150W·h/kg,为铅酸电池的3~4倍;②开路电压高,350℃时开路电压为2.076V;③充放电电流密度高,放电一般可达200~300mA/cm$^2$,充电则减半;④充放电安时效率高,由于电池没有自放电及副反应,电流效率接近100%。钠硫电池体积小、容量大、寿命长和效率高,在电力储能中广泛应用于削峰填谷、应急电源及风力发电等储能领域。

#### 5.5.2.1 钠硫电池工作原理

钠硫电池的电极反应过程如图5-56所示。电池放电时的电极过程是电子通过外电路从阳极(电池负极)到阴极(电池正极),而Na$^+$则通过固体电解质β″-Al$_2$O$_3$与S$^{2-}$结合形成多硫化钠产物，在充电时电极过程正好相反。钠硫电池的反应表达式可写为：

$$(-) 2Na \underset{充电}{\overset{放电}{\rightleftharpoons}} 2Na^+ + 2e^-$$

$$(+) 2Na^+ + xS + 2e^- \underset{充电}{\overset{放电}{\rightleftharpoons}} Na_2S_x$$

$$总反应为：2Na + xS \underset{充电}{\overset{放电}{\rightleftharpoons}} Na_2S_x (3 < x < 5)$$

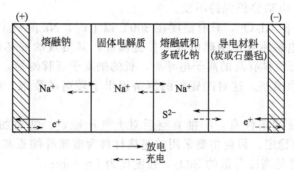

图 5-56　钠硫电池的电极反应过程

按此式算得的能量密度理论值为 760W·h/kg。在 Na/S 体系中，钠与硫发生反应能生成多种反应产物，即从 $Na_2S$ 到 $Na_2S_5$ 的多硫化物。因为钠与硫之间的反应剧烈，因此两种反应物之间必须用固体电解质隔开，同时又必须是钠离子导体。

#### 5.5.2.2　钠硫电池的组成与结构

钠硫电池由熔融态的液态电极和固体电解质组成的，一般工作温度为 300～350℃。

（1）液态电极　构成其负极的活性物质是熔融金属钠，正极活性物质是液态硫和多硫化钠熔盐，由于硫是绝缘体（$10^7 Ω·cm$），所以硫通常是填充在多孔的炭或石墨毡里，炭或石墨毡作为正极集流体。

（2）固体电解质　固体电解质兼隔膜是一种专门传导钠离子称为 $β''-Al_2O_3$ 的陶瓷材料，外壳则一般用不锈钢等金属材料。钠硫电池的结构示意图见图 5-57，其模块示意图见图 5-58。

图 5-57　钠硫电池的结构示意图

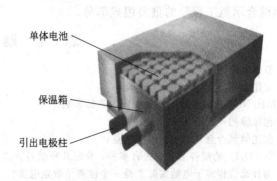

图 5-58　钠硫电池模块示意图

#### 5.5.2.3　钠硫电池的材料

钠、硫及多硫化物在室温下均为固体，当这些物质均以固态形式存在时，电池电阻率就会增加。各种多硫化物的熔点均在 200～300℃ 间，所以 Na/S 电池的正常运行温度应首选在

300～350℃间。

为避免固体析出，放电反应通常在 $Na_2S_5$ 成分出现时终止。多硫化物熔盐中含硫78%～100%时，有两个不相溶的液体形成，一个是富硫相，实际上几乎是纯硫，另一个离子导体熔盐 $Na_2S_{5.2}$。放电时 Na/S 体系的电动势反映了熔盐组分的变化，先是硫经过各种组成最后形成 $Na_2S_5$。当这两相共存时，电动势保持不变。但在 $Na_2S_{5.2}$ 与 $Na_2S_{2.7}$ 组成之间，电动势逐渐降低。除 $Na_2S_{2.7}$ 组成外，充电时还形成固体 $Na_2S_2$，说明液体中的组成总是 $Na_2S_x$。在此范围内，电动势仍保持不变。

电解质材料为 $Na-\beta-Al_2O_3$，只有温度在 300℃ 以上时，$Na-\beta-Al_2O_3$ 才具有良好的导电性。$Na-\beta-Al_2O_3$ 固体电解质管是钠硫电池的关键部件，其质量的好坏将很大程度上影响电池的性能和寿命，它必须具有高的离子电导率，长的钠离子迁移寿命，良好的显微结构和力学性能以及准确的尺寸偏差。这对陶瓷管的制备提出了较高的要求。电解质的形成与原材料、制备过程等有关。

热绝缘材料需满足的条件有：①抽真空后对大气压稳定；②对加速稳定；③密度低；④温度高至 800℃ 时仍稳定。目前主要采用的绝热材料为玻璃纤维板和多孔性绝缘材料。其中多孔性绝缘材料主要是高度分散的 $SiO_2$，粒度仅为 5～30nm。

高分散的 $SiO_2$ 压制成板状，再经升温到 800℃ 的热处理，这样该板就能自立而无需支撑，并有微孔结构。高分散的 $SiO_2$ 原料加入遮光剂后可降低辐射造成的热量损失。

#### 5.5.2.4 钠硫电池的发展

钠硫电池用于储能具有独到的优势，主要体现在原材料和制备成本低、能量和功率密度大、效率高、不受场地限制和维护方便等。钠硫电池已经成功地用于削峰填谷、应急电源、风力发电等可再生能源的稳定输出和提高电力质量等方面。目前在国外已有 100 余座钠硫电池储能电站在运行中，涉及工业、商业、交通和电力等多个行业。钠硫电池是各种先进二次电池中较为成熟的一种，也是具有潜力的一种先进储能电池。

钠硫电池的主要不足之处是由于工作温度在 300～350℃（受 $\beta-Al_2O_3$ 固体电解质材料电导率及电极材料熔点限制），所以电池工作时需要一定的加热保温。但现代保温技术发展很快，国外已普遍采用高性能真空绝热保温技术，可将保温层做得很薄（<30mm），功率密度损失可低于 $60W/m^2$（320℃）。

2014 年 8 月，我国首个钠硫储能电站工程化应用示范项目在崇明岛开建，电站总体储能容量为 1.2MW·h。这是国家科技支撑计划课题"以大规模可再生能源利用为特征的智能电网综合示范工程"的重要组成部分。

## 思 考 题

1. 叙述电池的种类和用途。
2. 叙述 MH/Ni 电池的工作原理。
3. MH/Ni 电池的寿命主要受哪些因素的影响？
4. 泡沫镍的作用是什么？
5. 叙述储氢合金材料的种类和特点。
6. $Ni(OH)_2$ 的制备工艺方法有多种，介绍几种制备方法。
7. 为什么说锂离子电池实际上是一个锂离子浓差电池？
8. 锂离子电池正极材料有哪几种？目前研究最成熟的是哪种？$LiFePO_4$ 的特点是什么？
9. 用于动力汽车上的锂离子电池采用哪种正极材料？
10. 你认为锂离子电池的负极材料目前存在什么问题，如何解决？
11. 锂离子电池的工作原理是什么？
12. 锂电池与锂离子电池的区别是什么？

13. 有机聚合物锂离子电池发展的障碍是什么？
14. 锂离子电池与 MH/Ni 电池的主要区别在哪里？
15. 燃料电池与传统电池在工作方式上有哪些区别？
16. 五大类燃料电池中，哪些发展迅速？哪些面临淘汰？哪些有新的发展？
17. 叙述五大类燃料电池的工作原理和各自特点。
18. 产电微生物种类不断增加，介绍几种新种群。
19. 铝电池是个大家族，叙述其主要成员。
20. 为什么说"铝-空气电池是半个燃料电池"？
21. 非水溶液电解质铝电池有什么特点？
22. 比较各种新型电池的储能系统。
23. 叙述钒电池的优势与不足，钒电池的发展趋势是什么？
24. 钒电池材料包括哪些？叙述它们的最新研究热点。
25. 比较钒电池与铅酸电池，包括使用范围、特点和性能。
26. 叙述硫钠电池的工作原理。
27. 比较钒电池与硫钠电池，包括使用范围、特点和性能。
28. 简述钙钛矿电池的优缺点。

## 参考文献

[1] 陈军，陶占良．能源化学［M］．北京：化学工业出版社，2004．
[2] 宋文顺主编．化学电源工艺学［M］．北京：中国轻工业出版社，1998．
[3] 衣宝廉著．燃料电池［M］．北京：化学工业出版社，2000．
[4] 翟秀静，高虹．新型二次电池材料［M］．沈阳：东北大学出版社，2004．
[5] 郭炳焜，李新海，李松青．化学电源［M］．长沙：中南大学出版社，2003．
[6] plomol Veldhuisjbj, Sitters E F. Improvement of molten-carbobate fuel cell（MCFC）[J]. Power Scources. 1992, 38: 369-373.
[7] 郑重德，王丰，胡涛等．质子交换膜燃料电池研究进展［J］．电源技术，1998，22（3）：23-27．
[8] 葛善海，衣宝廉，徐洪峰．质子交换膜燃料电池的研究［J］．电化学，1998，4（3）：299-306．
[9] Shigeyuki Kawalsu. Advanced PEMFC development for cell powered vehicle [J]. Power Source, 1998, 71: 150-160.
[10] Prater K B. Solid polymer fuel cell for transport and stationary application [J]. Power Sources. 1996, 61: 105-109.
[11] Ralph T R. Low Cost Electrodes for Proton Exchange Membrane Fuel Cells Performance in Single Cells and Ballard Stacks [J]. Journals of the Electrochem. Soc. 1997, 144 (1): 3845-3850.
[12] 李乃朝，衣宝廉．离子交换膜燃料电池汽车［J］．电化学，1997，2（3）：363-370．
[13] Prater K B. Polymer electrolyte fuel cells a review of recent developments [J]. Power Source. 1994, 51: 129-136.
[14] 张义煌，黄永来．薄膜型中温固体氧化物燃料电池（SOFC）研制及性能考察［J］．电化学，2000，19（6）：78-83．
[15] Bessette N F. Geogre R A. Electrocal performance if Westinghouse, s air electrode supported solid oxide fuel cell, in Proc. Of 2nd Internal Fuel Cell Conference. Kobe, Japan, 1996: 267-270.
[16] Brand R, Freund A, Lang J, et al. Plationium alloy castelyst for fuel cells and method of its production, US: Patent s 489 563, 1996.
[17] Xiao G, Li Q F, Hans A H, et al. Hydrogen oxidation on gas diffusion electrodes for phosplaric acid fuel cells in the procured carbon monoxide and oxygen [J]. Electrochem Soc, 1995, 142 (9): 2890.
[18] CAH, TRR. Demonstrating the benefits of fuel cells and-Further significant progress towards communication [J], Platinum Metals Review. 1995, 39 (1): 9.
[19] Isillzazawa M, Klwata Y, Takenchl M, et al. Portable fuel cells system for telecommunication uses

[J]. Denki Kagaku, 1996, 64 (6): 454-466.

[20] Prater K. The renaissance of the solid polymer fuel cell [J]. Power Source, 1990, 29: 239-250.

[21] Makoto Vehida, Yuko Aoyama, Nobuo Eda, et al. New preparation method in cast reduction of the key components [J]. Platinum Metals Rev, 1997, 41 (3): 102-103.

[22] Hirschenhofer J H, Stauffer D B, Engleman, Klett M G. Fuel cell handbook. Mrgantown [J]. Parsous Corporation, 1998, 4 (1): 4-36.

[23] Huijsmans J P P, Kraaij G J, Makkus R C, et al. An analysis of endurance issues for MCFC [J]. Journals of Power Sources, 2000, 86 (3): 117-121.

[24] Atsushi Tsuru. Electrode's deformation and cell performance on MCFCstack, The 2nd IFCC International fuel cell conference. Japan, 1996: 3-13.

[25] Yoshiba G. 10kW class MCFC stack operation result using Li/Na carbonate electrolyte. The 2nd IFCC International fuel cell conference. Japan, 1996.

[26] Wolf T L, Wilemski G. Molten carbonate fuel cell performance mode [J]. Electrochem Soc. 1983, 130: 48-55.

[27] Hirro Yasue, et al. Development of a 1000k W-class MCFC pilot plant in Japan [J]. Journal of Power Sources, 1998: 89-74.

[28] 李乃朝,衣宝廉. 不同工作条件下的熔岩燃料电池性能 [J]. 电源技术, 1997, 21 (3): 110.

[29] Bill Siuru. Fuel cell vehicles status report [J]. The Battery Man, 2001 (5): 50-62.

[30] Bribgton D R. The use of fuel cell to enhance the under water performance of conventional diesel electric submarine [J]. Power Source, 1994, 51: 375-389.

[31] Albert H N, Anbukulandianathan M, Canesan M, et al. Characterisation of different grades of commercially pure aluminum as prospective galvanic anodes in saline and alkaline battery electrolyte [J]. Applied Electrochemistry, 1989, 19: 547-551.

[32] Macdonald D D. English C. Development of anodes for aluminum/air batteries solution phase inhibition of corrosion [J]. Applied Electrochemistry, 1990, 20: 405-417.

[33] Kapali V, Vebjatakrishna Tyer S, Balaramachandran V, et al. Studies on the best alkalineelectrolyte for aluminum/air batteries [J]. Power Source, 1992, 39: 263-269.

[34] Gnana Sahaya Rosilda L, Ganesan M, et al. Influence of inhibition on corrosion and anodic behavior of different of aluminum in alkaline media [J]. Power Source, 1994, 50: 321-329.

[35] C Yang, P costanagne, S Srinivasan. Approaches and technical challenges to high temperature operation of proton exchange membrane fuel cells [J]. Power Sources, 2001, 103: 1-9.

[36] Stone C Steack A E, WEI Jin-zhu. Ttifluorostyrene and ion-exchange membranes formed the reform. USA: 5773480, 1998-06-30.

[37] Michael W F, Ronald F M, John C A, et al. Incorporation of voltage degradation into a generalised steady state electrochemical mode for a PEM fuel cell [J]. Power Sources, 2002, 106: 274-283.

[38] J Divisk, H-F Oetjen, V Peinecke, et al. Components for PEM fuel cell systems using hydrogen and CO containing fuels [J]. Electrochimica Acta, 1998, 43: 3811-3815.

[39] Debe M K, Haugen G M, Steinbach A J, et al. Catalyst for membrane electrode assembly and method of making UPS: 5482792. 1996-01-19.

[40] 张纯,毛宗强. 磷酸燃料电池（PAFC）电站技术的发展现状和展望 [J]. 电池技术, 1996, 20 (5): 216.

[41] Cameron D S. The fifth grove fuel cell symposium [J]. Platinum Metals Review, 1997, 41 (4): 171.

[42] Appleby A J. Fuel cell technology: Status and future prospects [J]. Energy, 1996, 21 (7/8): 521-530.

[43] 魏子栋,郭鹤桐,唐致远. 磷酸型燃料电池空气惦记催化反应层数学模型与数值分析 [J]. 高等学校化学学报, 1996, 17 (11): 1760-1764.

[44] Penner S S. Applery A J, Baker B S, et al. Commercialization of fuel cells [J]. Energy, 1995, 20 (5): 331-339.

[45] Aranane L, Urushibata H, Murahashi T. Evaluation of effective platinum metal surface area in a phosphoric acid fuel cells [J]. Electrochem Source, 1994, 14 (7): 1804-1816.

[46] 王怡中, 符雁. 多相催化反应中太阳能导电效率的 [J]. 太阳能学报, 1998, 19 (1): 36-40.

[47] Yin Zhang, Crittenden J C, Hud D W, et al. Fixed-bed photocatalysis for solar decontamination of water [J]. Environ scitechnol, 1994, 28: 535-442.

[48] Masanobu Wakizoe, Omourlay A Velev, Supramaniam Srinivasan. Analysis of proton exchange membrane fuel cell performance with alternate membranes [J]. Electrochem. Acta, 1995, 40 (3): 335-344.

[49] Yong Woo Rho, Omourlay A Velev, Supramaniam Srinivasan, et al. Mass transport phenomena in proton exchange membrane fuel cell using $O_2/He$, $O_2/Ar$, and $O_2/N_2$ mixtures [J]. J. Electrochem. Soc., 1994, 141: 2084-2089.

[50] 吕鸣祥, 黄长保, 宋玉瑾. 化学电源 [M]. 天津: 天津大学出版社, 1992.

[51] 陈延禧, 黄成得, 孙燕宝. 聚合物燃料电池的研究和开发 [J]. 电池, 1999, 29 (6): 243-248.

[52] Cleghon S J C, Ren X, Springer T E, et al. PEM fuel cells for Transportation and Stationary werGenerationApplications [J]. Hydrogen, Energy, 1997, 22 (12): 1137-1144.

[53] Tanimotok, Miyazaki Y, Yanagida M, et al. Solubility of nickel oxide in [62+38mol%] [Li+K] $CO_3$ containing alkaline earth carbonates [J]. Denki Kagaku. 1991, 59 (7): 619-622.

[54] Tanimotok, Miyazaki Y, Yanagida M, et al. Effect of addition of alkaline earth carbonate on solubility of NiO in motten $Li_2CO_3$-$Na_2CO_3$ eulecuc [J]. Denki Kagaku, 1995, 63 (4): 316-318.

[55] Young Jang, Biying Huang, Haifeng Wang, et al. Synthesis and characterization of LiAlCoO and LiAlNiO and LiAlNiO [J]. Journal of Power Source, 1998, 72: 215-220.

[56] Peng Z S, Wan C R, Jiang C Y. Synthesis by sol-gel process and characterization of $LiCoO_2$ cathode materials [J]. Solid State Logics, 1996, 86-88: 395-400.

[57] Jierong Ying, Changyin Jiang, Chunrong Wan. Preparation and characterization of high-density spherical $LiCoO_2$ cathode material for lithium ion batteries [J]. Journal of Power Sources, 2004, 129: 264-269.

[58] Mitsuhiro Hibino, Hirokazu Kawaoka. Honmaperformance of composite electrode of hydrated sodium manganese oxide and acetylene lack [J]. Electrochimica Acta, 2004, 49: 5209-5216.

[59] Zhaoxiang Wang, Lijun Liu, Liquan Chen. Structural and electrochemical characterizations of surface-modified $LiCoO_2$ cathode materials for Li-ion batteries [J]. Solid State Ionics, 2002, 148: 335-342.

[60] Amowa G, Whitfield P S, Davidson I J, Hammond R P, et al. Structural and sintering characteristics of the $La_2Ni_1Co_xO_4$ series [J]. Journal of solid state chemistry, 1998, 140: 116-127.

[61] Yang S T, Jia J H, Ding L, Zhang M C. Studies of structure and cycleability of $LiMn_2O_4$ and $LiNd_{0.01}Mn_{1.99}O_4$ as cathode for Li-ion batteries [J]. Electrochimica Acta, 2003, 48: 569-573.

[62] Julien C, Camacho-Lopez M A, Mohan T. Combustion synthesis and characterization of substituted lithium cobalt oxides in lithium batteries [J]. Solid State Ionics, 2000, 135: 241-248.

[63] She-huang Wu, Hsiang-JuiSu. Electrochemical characteristics of partiallycobalt-substituted $LiMn_2CoO_4$ spinels synthesized by Pechini process Materials [J]. Chemistry and Physics, 2002, 78: 189-195.

[64] Zhang J, Xiang Y J, Yu Y. et al. Electrochemical evaluation and modification of commercial lithium cobalt oxide powders [J]. Journal of Power Sources, 2004, 132: 187-194.

[65] Koh Takahashi, Motoharu Saitoh, Norimitsu Asakura. Electrochemical roperties of lithium manganese oxides with different surface areas for lithium ion batteries [J]. Journal of Power Source, 2004, 136: 115-121.

[66] Hailei Zhao, Ling Gao, Weihua Qiu. Improvement of lectrochemical stability of $LiCoO_2$ cathode by a nano-crystalline coating [J]. Journal of Power Sources, 2004, 132: 195-200.

[67] Nieto S B, Majumder R S. Katiyar. Improvement of the cycleability of nano-crystalline lithium manganate cathodes by cation co-doping [J]. Journal of Power Source, 2003, 123: 53-60.

[68] 赵平.全钒氧化还原液流储能电池组 [J].电源技术,2006,30(2)36-40.
[69] 杨裕生.简述发展大规模蓄电的液流蓄电池 [J].科技导报,2006,24(8):26-30.
[70] 崔艳华,孟凡明.钒电池储能系统的发展现状及其应用前景 [J].电源技术,2005,29(11):96-102.
[71] Sun E,Skyllas,KazacosM1. Study of the V(Ⅱ)/V(Ⅲ) redox couple for redox flow cell applicatio74. s [J]. ower Sources,1985,15(2):179-190.
[72] 桂长清.风能和太阳能发电系统中的储能电池 [J].电池工业,2008,(13)1:54-58.
[73] 温兆银.钠硫电池及其储能应用 [J].上海节能,2007(2):7-10.
[74] 曹佳弟,周懿.钠硫电池中金属与陶瓷的密封研究 [J].材料科学与工艺,1997,5(2):66-70.
[75] 汤叶华,谢建.光伏技术的发展现状 [J].可再生能源,2005,125(3):68-69.
[76] 王磊,张正国,高学农等.VRLA 蓄电池在通信光伏电源系统中的应用 [J].电源技术,2007,31(10):811-812.
[77] Ludwig Joerissen, Juergen Garche, Ch Fabjan, et al. Possibleuse of vanadium redox-flow batteries for energy storage insmall grids and stand-alone photovoltaic systems [J]. Journalof Power Sources,2004,127:98-104.
[78] 张华民,周汉涛,赵平等.钒氧化还原液流储能电池 [J].能源技术,2005,26(1):23-26.
[79] 李华,常守文,严川伟.全钒氧化还原液流电池中电极材料的研究评述 [J].电化学,2002,8(1):257-261.
[80] 陈茂斌,李晓兵,孟凡明等.钒电池储能在光伏发电中的应用前景 [J].电池工业,2008,13(4):267-269.
[81] 李林德.全钒液流电池钒电解液及电极材料研究 [D].昆明:昆明理工大学,2002.
[82] 陈茂斌.钒电池关键材料及外通道流量分配研究 [D].重庆:重庆大学,2008.
[83] 唐燕秋.全钒氧化还原液流电池及电极反应机理的研究 [D].重庆:重庆大学,2003.
[84] 吕正中,胡嵩麟,武增华等.全钒氧化还原液流储能电堆 [J].电源技术,2007,31(4):318-321.
[85] Shibata A, Sato K. Development of vanadium redox flow battery for electricity storage [J]. . Power Engineering,1999,13(7):130-135.
[86] Ping Zhao, Huamin Zhang, Hantao Zhou, Jian Chen, Su-jun Gao, Baolian Yi. Characteristics and performance of 10 kW class all-vanadium redox-flow battery stack [J]. Journal of Power Sources. 2006,162:1416.
[87] Hwang G J, Ohya H. Crosslinking of anion exchange membrane by accelerated electron radiation as a separator for the all-vanadium redox flow battery [J]. Journal of Membrane Science,1997,132(1):55-61.
[88] Huang Ke-long, Li Xiao-gang, Liu Su-qin, et al. Research progress of vanadium re-dox flow battery for energy storage in China [J]. Renewable Energy,2008,33:186-192.
[89] Xi Jing-yu, Wu Zeng-hua, Qiu Xin-ping, et al. Nafion/SiO$_2$ hybrid membrane for vanadi-um redox flow battery [J]. Journal of Power Sources,2007,166:531-536.
[90] Wang W H, Wang X D. Investon of Ir-modified carbon felt as the positive electrode of an allvanadium redox flow battry [J]. Elec-trochimica Acta,2007,24(52):6755-6762.
[91] Qian Peng, Zhang Hua-min, Chen Jian, et al. A novel electrode-bipolar plate as-sembly for vanadium redox flow battery applica-tions [J]. Journal of Power Sources,2008,175:613-620.
[92] 周筝.储能钒电池电解液制备 [J].成都电子机械高等专科学校学报,2009,12(2):29-32.
[93] 杨根生.液流电池储能技术的应用与发展 [J].湖南电力,2008,28(3):59-62.
[94] 王轶,王荧,朱凌.多晶硅专利技术分析 [J].广东化工,2015,42(11):133-134.
[95] 朱淼,李昕明,朱宏伟.石墨烯-硅太阳能电池研发现状及应用前景 [J].新材料产业,2015(7):61-64.
[96] 李畅.聚合物/无机纳米复合体系太阳能电池光伏性能研究 [D].北京:北京理工大学,2015.
[97] 亚明.Cu$_2$ZnSnS$_4$薄膜太阳能电池吸收层材料的制备和性能研究 [D].长春:吉林大学,2015.
[98] 李定昌.菲涅尔透镜聚光下三结砷化镓电池输出特性实验研究 [D].广州:广东工业大学,2015.

[99] 赵雨,李惠,关雷雷等.钙钛矿太阳能电池技术发展历史与现状 [J].材料导报,2015,29 (6): 17-22.

[100] 郭超.多功能太阳能光伏光热集热器的理论和实验研究 [D].合肥:中国科学技术大学,2015.

[101] 刘义波,李峰,胡静.超级电容器研究进展及应用分析 [J].电源技术,2015,39 (9): 2028-2030.

[102] 李庆.新型碱性阴离子交换膜的制备及表征 [D].合肥:中国科学技术大学,2015.

[103] 张利中,赵书奇,廖强强等.国内外电池储能技术的应用及发展现状 [J].上海节能,2015 (10): 519-523.

[104] 刘红丽,高艳,谢光有.全钒液流电池隔膜材料进展 [J].东方电气评论,2015,115 (29):1-5.

[105] Sun C X,Chen J,Zhang H M,et al. Investigations on transfer of water and vanadium ions across Nafion membrane in an operating vanadium redox flow battery [J]. Power Sources,2010,195: 890-897.

[106] Zhang H. Z.,Zhang H. M.,et al. Nanofiltration (NF) membranes: the next generation separators for all vanadium redox flow batteries (VRBs) [J]. J. Energy Environ. Sci.,2011 (4):1676-1679.

[107] 李军,朱建新,李庆彪等.高能量密度锂离子电池电极材料研究进展 [J].化工新型材料,2015,43 (1):15-16.

[108] 李毅.介孔钙铁矿太阳电池及新型氧化物太阳电池的研究 [D].合肥:中国科学技术大学,2015.

[109] 李涛.锂离子电池正极材料的合成和改性研究 [D].沈阳:东北大学,2014.

[110] 邓晓梅.石墨烯基锂离子电池负极材料的制备与性能研究 [D].太原:太原理工大学,2015.

[111] 王娟.微生物燃料电池的性能研究 [D].南昌:南昌航空大学,2014.

[112] 李庆.新型碱性阴离子交换膜的制备及表征 [D].合肥:中国科学技术大学,2015.

[113] $LiFePO_4$/石墨烯正极材料的电化学性能研究 [D].秦皇岛:燕山大学,2015.

[114] 刘义波,李峰,胡静.超级电容器研究进展及应用分析 [J].电源技术,2015,39 (9): 2028-2030.

[115] Chen T,Dai L. Carbon nanomaterials for high-performance supercapacitors [J]. Materialstoday,2013,16 (7/8):272-280.

[116] Fic K,Meller M,Frackowiak E. Strategies for enhancingthe performance of carbon/carbon supercapacitors in aqueous electrolytes [J]. Electrochimica Acta,2014,128:210-217.

[117] Jiang J,Zhang L,Wang X,et al. Highly ordered macroporouswoody biochar with ultra-high carbon content as supercapacitor electrodes [J]. Electrochimica Acta,2013,113:481-489.

[118] 张文忠.储能方案在风力发电系统中的应用 [J].新能源,2014 (3):95-97.

[119] 陈启昉,方陈,张宇.钠电池的研究进展及其在电力储能中的应用 [J].华东电力,2014,42 (8): 1579-1585.

[120] Wessells C D,Peddada S V,Huggins R A,et al. Nickel hexacyanof-errate nanoparticle electrodes for aqueoussodium and potassium ion batteries [J]. Nano Lett.,2011 (11):5421-5425.

[121] 高子萍,赵明富.镍氢电池大电流充放电性能研究 [J].激光杂志,2015,36 (11):91-93.

# 第 6 章

# 生物质能

能源危机、生态破坏和环境污染是人类社会可持续发展的三大难题，化解三大难题的关键是发展可再生能源，即新能源。新能源包括太阳能、水能、风能、生物质能、地热能、海洋能和核能，其中，生物质能将占据越来越重要的位置。表 6-1 给出了部分新能源的储量。

表 6-1 全球可再生能源的储量

| 名称 | 太阳能 | 水能 | 风能 | 地热能 | 海洋能 | 生物质能 |
|---|---|---|---|---|---|---|
| 理论储量/(kW/a) | $1.74\times10^{14}$ | $3.96\times10^{9}$ | $3.5\times10^{12}$ | $3.3\times10^{10}$ | $6.1\times10^{10}$ | $11\times10^{10}$ |
| 转化为二次能源/亿吨 | 32.20 | 32.28 | 23.67 | 21.52 | 11.28 | 64.56 |

## 6.1 生物质能概述

生物质（biomass）是动植物的可再生、可降解的任何有机物质，是由植物的叶绿体进行光合作用而形成的有机物质。生物质能则是直接或间接地通过绿色植物的光合作用，把太阳能转化为化学能后固定和贮藏在生物体内的能量。世界能源署（IEA）对生物质能的定义是：是直接或间接通过植物的光合作用，将太阳能以化学能的形式储存在生物质体内的一种能量形式，能够作为能源而被利用的生物质能则统称为生物质能源。

生物质燃料中可燃部分主要是纤维素、半纤维素和木质素。按质量计算，纤维素占生物质的 40%～50%，半纤维素占生物质的 20%～40%，木质素占生物质的 10%～25%。表 6-2 为一些生物质中纤维素、半纤维素和木质素的比例。

表 6-2 生物质中纤维素、半纤维素和木质素的比例

| 生物质 | 木质素比例/% | 纤维素比例/% | 半纤维素比例/% |
|---|---|---|---|
| 软木 | 27～30 | 35～40 | 25～30 |
| 硬木 | 20～25 | 45～50 | 20～25 |
| 麦秆 | 15～20 | 33～40 | 20～25 |
| 草 | 5～20 | 30～50 | 10～40 |

典型生物质的密度为 400～900 kg/m³，热值为 17600～22600kJ/kg，随着含湿量的增加，生物质的热值线性下降。

生物质能源是人类用火以来，最早直接应用的能源。从燧人氏钻木取火开始，人类就开始有目的地利用生物质能源。与其他可再生能源不同，生物质是碳水化合物，包括木材及林业废弃物、玉米等农作物及其废弃物、水生藻类、城市及工业有机废弃物、动物粪便等。

随着人类文明的进步，生物质能源的应用研究开发几经波折，在第二次世界大战前后，欧洲的木质能源应用研究达到高峰。但随着石油化工和煤化工的发展，生物质能源的应用逐

渐趋于低谷。到20世纪70年代中期，由于中东战争引发的全球性能源危机，可再生能源，包括木质能源在内的开发利用研究，重新引起了人们的重视。人们深刻认识到石油、煤、天然气等化石能源的资源有限性和环境污染问题。日益严重的环境问题，已引起国际社会的共同关注，环境问题与能源问题密切相关，成为当今世界共同关注的焦点之一。

化石燃料的使用是大气污染的主要原因，"酸雨""温室效应"等都已给人们赖以生存的地球带来了灾难性的后果。而使用大自然馈赠的生物质能，几乎不产生污染，使用过程中几乎没有$SO_2$产生，产生的$CO_2$气体与植物生长过程中需要吸收的大量$CO_2$在数量上保持平衡，被称为$CO_2$中性的燃料。生物质能将成为未来可持续能源系统的组成部分，预计到21世纪中叶，采用新技术生产的各种生物质替代燃料将占全球总能耗的40%以上。

目前，全世界范围内生物质能的年消耗量是1.25t油当量，占世界一次能源消耗的14%。生物质能在发展中国家主要用于取暖和煮饭等生活用能，在发达国家生物质能则用于发电厂和工厂，作为煤的替代能源。生物质能与风力发电和水力发电相比，其发电可不受外界自然条件影响，实现生产过程可控。人们可以根据发电生产的要求，控制生物质种植面积及产量，从而保证发电生产的稳定性和持续性。

生物质能开发利用在许多国家得到高度重视，联合国开发计划署（UNDP）、世界能源委员会、美国能源部都把它当作发展可再生能源的首要选择。联合国粮农组织认为，生物质能有可能成为未来可持续能源系统的主要能源，扩大其利用是减排$CO_2$的最重要的途径，应大规模植树造林和种植能源作物，并使生物质能从"穷人的燃料"变成高品位的现代能源。

## 6.1.1 生物质的特点

生物质由C、H、O、N、S等元素组成，是空气中的$CO_2$、水和太阳光通过光合作用的产物。其挥发分高，炭活性高，硫、氮含量低（S：0.1%～1.5%，N：0.5%～3.0%），灰分低（0.1%～3.0%）。生物质具有以下特点。

(1) 可再生性　生物质能由于通过植物的光合作用可以再生，与风能、太阳能等同属可再生能源，资源丰富。据统计，全球可再生能源资源可转换为二次能源约185.55亿吨，相当于全球油、气和煤等化石燃料年消费量的2倍，其中生物质能占35%，位居首位（见表6-1）。

(2) 低污染性　生物质含硫和含氮量低，生物质碳水化合物，燃烧和生长时，碳元素遵守质量平衡规律，生物质能实现了二氧化碳的零排放，可有效地减轻温室效应。

(3) 分布的广泛性　生物质包括动植物，遍布全球每一个角落。在理想状况下，自然界的光合作用的最高效率可达到8%～15%，地球生成生物质的潜力可达到现实能源消费量的180～200倍。估计我国农林等有机废弃物每年有29.20亿吨，折合成标准煤3.82亿吨。

(4) 可存储性与替代性　生物质原料本身或其液体或气体燃料产品均可存储。

(5) 碳平衡　生物质作为碳水化合物，其生成和燃烧时遵循物质守恒定律，对大气的二氧化碳排放可以循环使用。

(6) 多样性　生物质的来源是各种动植物，其能源产品丰富多样，包括热与电、生物乙醇和生物柴油、成型燃料、沼气以及生物化工产品等。

综上所述，生物质能是一种符合能源利用发展趋势的可再生能源。用生物质能替代化石能源有利于应对化石能源的日益短缺，同时可减少或避免能源利用对人类生存环境造成的威胁，缓解全球气候变暖，实现能源利用的可持续发展。

## 6.1.2 生物质能分类

作为能源利用的生物质能主要有农作物、油料作物、林木、木材生产的废弃物、木材加工的残余物、动物粪便、农副产品加工的废渣、城市生活垃圾中的部分生物废弃物。生物质能主要分为：

① 城市垃圾　工业、生活和商业垃圾，全球每年排放约 100 亿吨；
② 有机废水　工业废水和生活污水，全球每年排放约 4500 亿吨；
③ 粪便类　牲畜、家禽及人的粪便等，全球每年排放数百亿吨以上；
④ 农林业生物　薪柴、枝丫、树皮、树根、落叶、木屑、刨花等（也包括生长迅速的乔木、灌木和草本植物，如棉籽、芝麻、花生及大豆等）；
⑤ 农业废弃物　秸秆、果壳、果核、玉米芯、甜菜渣及蔗渣等；
⑥ 水生植物　藻类、海草、浮萍、水葫芦、芦苇及水风信子等。

### 6.1.3 生物质能利用的现状

生物质能是由生物质转化而来，与风能、太阳能和水能等相比，生物质能是唯一可以转化为液体燃料的可再生能源。据统计，将全球的可再生能源按标准煤计算，其持续储量相当于全球油、天然气和煤等化石燃料年消费量的两倍，其中生物质能占 35%，位居首位。

自 20 世纪 70 年代末开始，全世界许多国家都制订了开发生物质能的研究计划，如巴西的酒精能源计划、美国的能源农场、欧盟的生物柴油计划、日本的阳光计划和印度的绿色能源工程等。

生物质能开发利用比较早的地区是西欧和北美地区，美国生物质液体燃料占一次能源总量的 4%，奥地利达到 10%，瑞典高达 16%。瑞典的生物质能利用量已占其能源消耗总量的 35% 以上，其生物质直燃发电技术已经基本达到商业化规模。

在美国、日本和加拿大等国，应用气化技术大规模生产水煤气；在巴西、美国等国用甘蔗、玉米等制取乙醇作汽车燃料；美国加州已有 50 多万千瓦的木柴发电厂；奥地利成功地推行建立燃烧木质能源的区域供电计划，目前已有九十多个容量为 1000～2000kW 的区域供热站，年供热 $1\times10^9$ MJ；美国、新西兰、日本、德国、加拿大等国先后开展了从生物质制取液化油的研究工作；一些国家的垃圾发电技术已基本成熟，日本有 131 座垃圾电站，总装机容量为 650MW。

我国是农业大国，生物质能资源非常丰富，估计每年可转化的生物质资源潜力约为 8～10 亿吨标准煤。2012 年，国务院通过《"十二·五"国家战略性新兴产业发展规划》，提出重点发展节能环保、新一代信息技术、生物、高端装备制造、新能源、新材料和新能源汽车产业等七大新兴产业。规划要求，到 2015 年战略性新兴产业增加值要占 GDP 的 8%，到 2020 年要占 15%。

### 6.1.4 生物质能利用技术的发展现状

目前，生物质能的利用从转化方式可分为化学转化、生物转化和物理转化，研究发现很多煤炭利用技术可应用于生物质，有多种开发利用途径，具体归纳如图 6-1 所示。

(1) 生物质化学转换技术　生物质化学转换包括直接燃烧、液化、气化和热解等方法，其中，最简单的利用方法是直接燃烧。但是，直接燃烧不仅烟尘大、热效率低且能源浪费大。所以不提倡直接燃烧的方法。

生物质热解技术是生物质受高温加热后，其分子破裂而产生可燃气体（一般为 $CO$、$H_2$、$CH_4$ 等的混合气体）、液体（焦油）及固体（木炭）的热加工过程。

采用直接热解液化方法可将生物质转变为生物燃油。据估算，生物燃油的能源利用效率约为直接燃烧物质的 4 倍，且辛烷值较高，若将生物燃油作为汽油添加剂，其经济效益更加显著。

生物质气化是指将固体或液体燃料转化为气体燃料的热化学过程。生物质与煤相比，挥

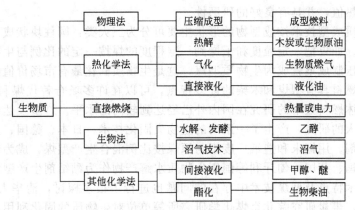

图 6-1 生物质能转化利用途径

发分含量高，灰分含量少，固定碳含量虽少但活性却比煤的高许多。因此，生物质通过气化之后加以利用，比煤气化后再利用的效果要好。

(2) 生物质物理转换技术 生物质热解技术主要指生物质压制成型技术。将农林剩余物进行粉碎烘干分级处理，放入成型挤压机，在一定的温度和压力下形成较高密度的固体燃料-压块细密成型技术。生物质热解技术使用专用技术和设备，在农村有很大的推广价值。

(3) 生物化学转换技术 生物化学转换技术主要是利用生物质厌氧发酵生成沼气（一种可燃的混合气体，其中 $CH_4$ 占 55%～70%，$CO_2$ 占 25%～40%）和在微生物作用下生成酒精等能源产品，包括厌氧发酵制取沼气、微生物制取酒精、生物制氢和生物柴油等。

## 6.2 生物质能转化技术

### 6.2.1 物理转换技术

生物质物理转变主要指生物质固化。所谓生物质固化就是将生物质粉碎至一定的粒度，不添加粘接剂，在高压条件下，挤压成一定形状。其粘接力主要是靠挤压过程所产生的热量，使得生物质中木质素产生塑化粘接。成型物进一步碳化制成木炭。生物质固化解决了生物质能形状各异、堆积密度小且较松散、运输和贮存使用不方便的问题，提高了生物质的使用效率。

#### 6.2.1.1 生物质固化成型技术

(1) 生物质固化成型的发展 生物质利用所面临的问题主要有体积密度和能量密度低。大多数生物质体积密度很低，大大低于煤炭的体积密度。例如稻草和稻谷壳的体积密度分别大约为 $50kg/m^3$ 和 $122kg/m^3$，而褐煤和烟煤的体积密度分别为 $560～600kg/m^3$ 和 $800～900kg/m^3$，无烟煤更高达 $1400～1900kg/m^3$。生物质的能量密度也大大低于煤炭，热值从 $7000kJ/kg$（牛粪）～$21000kJ/kg$（废弃木料）不等，而煤炭的热值从褐煤到无烟煤热值范围为 $20000～33000kJ/kg$。由于生物质的体积密度、能量密度较小，运输、储存费用都相对较高，一般认为生物质的利用半径仅为 $80～120km$，这大大限制了生物质能的有效利用。

提高生物质的体积、能量密度是生物质利用的重要研究方向。目前采用的主要技术有打包、制作生物质高压成型块以及制作生物质焦炭。打包的稻草体积密度可达 $70～90kg/m^3$，热值可达 $260～360kW·h/m^3$（$1kW·h≈3.6×10^6J$）；而稻草的生物质高压成型块体密度更高达 $450～650kg/m^3$，热值达 $1800～2800kW·h/m^3$；制作生物质焦炭更能使生物质接近煤的体密度及热值，并具有良好的研磨性。

现有的生物质成型技术按成型物的形状主要可分为三大类：圆柱块状成型、棒状成型和颗粒状成型技术。如果把一定粒度和干燥到一定程度的煤按一定的比例与生物质混合，加入少量的固硫剂，压制成型就成为生物质型煤，这是生物质固化最有市场价值的技术之一。

生物质固体燃料具有型煤和木柴的许多特点，可以在许多场合替代煤和木柴作为燃料。目前，生物质固体燃料技术的研究在国内外已经达到较高的水平。许多发达国家对生物质成型技术进行了深入的研究，产生了一系列的生物质固化技术。日本、德国、土耳其等国研究用糖浆作为黏结剂，用锯末和造纸厂废纸与原煤按比例混合生产型煤，成为许多场合的替代燃料。另外，美国、英国、匈牙利等国用生物质水解产物作为黏结剂生产型煤。国内对生物质工业型煤的技术特点及型煤技术中存在的问题也进行了很多探讨，清华大学、浙江大学、哈尔滨理工大学、煤炭研究院北京煤化学研究所等单位对生物质的固化利用途径进行了深入的研究，取得了一系列的成果。

(2) 生物质固化成型原理　各种农林废弃物主要由纤维素、半纤维素和木质素组成。木质素为光合作用形成的天然聚合体，具有复杂的三维结构，是高分子物质，在植物中的含量约为15%～30%。木质素不是晶体，因而没有熔点但有软化点，当温度达到70～100℃时开始软化并有一定的黏度；当达到200～300℃时呈熔融状、黏度高，此时若施加一定的外力，可使它与纤维素紧密粘接，使植物体体积大幅度减小，密度显著增加。即使取消外力，由于非弹性的纤维分子间的相互缠绕，使其仍能保持给定形状。冷却后强度进一步增加，成为成型燃料。

若原料中木质素含量较低，可加入一定的黏结剂，当加入黏结剂时，原料颗粒表面将形成吸附层，颗粒间产生范德华引力，从而使粒子间形成连锁的结构。采用此种成型方法所需的压力较小，可供选择的黏结剂有黏土、淀粉、糖蜜、植物油及造纸黑液等。

(3) 生物质压缩成型工艺　现有的生物质压缩成型技术按生产工艺分为黏结成型、压缩成型和热压成型等工艺，按成型物的形状主要可分为三大类：圆柱块状成型、棒状成型和颗粒状成型技术，通常压缩成型分为生物质收集、干燥、粉碎、预压、加热、压缩及冷却等步骤。工艺流程见图6-2。

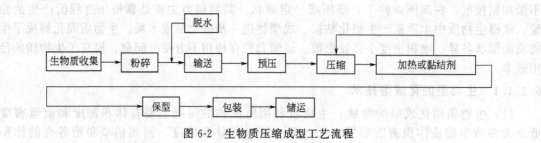

图6-2　生物质压缩成型工艺流程

用于生物质成型的设备主要有螺旋挤压式、活塞冲压式和环模滚压式等几种主要类型（见图6-3）。

目前，国内生产的生物质成型机一般为螺旋挤压式，生产能力多在100～200kg/h之间，电机功率7.5～18kW，电加热功率2～4kW，生产的成型燃料为棒状，直径50～70mm，单位产品电耗70～120kW·h/t。活塞冲压机通常不用电加热，成型物密度稍低，容易松散。环模滚压成型方式生产的颗粒燃料，直径5～12mm，长度12～30mm，也不用电加热。物料水分可放宽至22%，产量可达4t/h，产品电耗约为40kW·h；该机型主要用于大型木材加工厂木屑加工或造纸厂秸秆碎屑的加工，粒状成型燃料主要用作锅炉燃料。国内某些从事研究和开发生物质成型燃料技术和设备的单位参见表6-3。

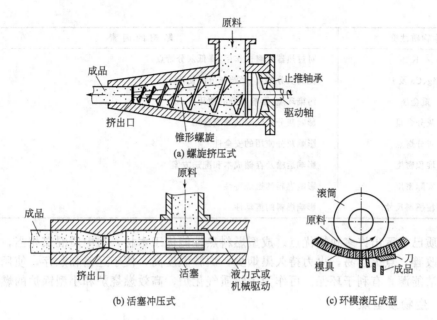

图 6-3 生物质压缩成型机

表 6-3 我国生物质致密成型设备主要性能指标

| 研究与生产单位 | 产品型号 | 规格/(台/a) | 生产率/(kg/h) | 电耗/(kW·h/t) |
|---|---|---|---|---|
| 江苏省连云港市东海粮食机械厂 | OBM-88 | 150 | 120 | 120.5 |
| 陕西省武功县轻工机构厂 | SX-7.5,SX-11 | 200 | 85~150 | 100 |
| 广西桂林市安元人造炭机械设备厂 | — | 150 | 120 | 100 |
| 河北正定常宏木炭设备制造厂 | JD-A | 150 | 120 | 100 |
| 西北农业大学农村能源研究室 | SZJ-80A | — | 80 | 71.4 |
| 江苏南京林产化学工业研究所 | MD | — | 120 | 100 |
| 辽宁省能源研究所产业基地 | — | 200 | 100 | 110 |
| 中国农机院能源动力所 | SYJ-35 | — | 50~100 | 83.3 |

生物质压实技术需要附属的生物质压实设备，尤其是生物质高压成型设备及制作生物质焦炭的设备价格昂贵，这无疑增加了生物质的成本，限制了生物质的利用。

(4) 生物质成型燃料特性　通常，生物质燃料特性包括化学特性和物理特性。化学特性包括热值、含水率、灰分以及 Cl、N、S、K 和重金属含量，物理特性包括一些直观的特性。详细内容见表 6-4。

表 6-4　生物质成型燃料特性及其影响

| 生物质性质 | 影 响 的 因 素 |
|---|---|
| 含水率 | 影响燃料的可存储性、热值、损失、自燃 |
| 热值 | 影响燃料的可利用性及工程设计 |
| Cl | 造成 HCl、二噁英和呋喃的排放，对过热器具腐蚀作用 |
| N | 将形成 $NO_x$ 及 HCN 等 |
| S | 将形成 $SO_x$ |

续表

| 生物质性质 | 影 响 的 因 素 |
|---|---|
| K | 对过热器有腐蚀作用,降低灰分熔点 |
| Mg、Ca 及 P | 提高灰分熔点,影响灰分的使用 |
| 重金属 | 污染环境,影响灰分的使用 |
| 灰分含量 | 影响灰分的使用及处理费用 |
| 灰分熔点 | 影响灰分使用的安全性 |
| 堆积密度 | 影响运输及存储成本和配送方案 |
| 实际密度 | 影响燃料的燃烧特性 |
| 颗粒燃料尺寸 | 影响燃料的流动性 |

生物质已显示出许多独特优点。成型燃料热性能优于木材,与中质混煤相当,而且燃烧特性明显改善,点火容易,火力持久黑烟少,炉膛温度高,便于运输和贮存,使用方便、卫生,是清洁能源,有利于环保。可作为生物质气化炉、高效燃烧炉和小型锅炉的燃料。

#### 6.2.1.2 生物质型煤

生物质型煤是指破碎成一定粒度和干燥到一定程度的煤及可燃生物质,按一定比例掺混,加入少量固硫剂,利用生物质中的木质素、纤维素、半纤维素等的黏结与助燃作用,经高压成型机压制而成。生物质型煤水分低、挥发分高;在燃烧过程中,干燥、干馏的时间短,挥发分易析出,容易着火和点燃,透气性好;在燃烧过程中形成微孔,增大了与空气的接触面积,因而能够充分燃烧,并能改变煤炭燃烧冒黑烟的现象,还能固硫和降低烟尘生成量;成型强度高,便于贮存运输。生物质型煤技术将不可再生的化石能源和可再生的生物质能巧妙地结合在一起,具有综合利用能源和减少环境污染的双重功能。

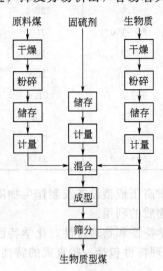

图 6-4 生物质固硫型煤生产工艺流程

(1) 生物质型煤生产工艺 生物质型煤生产工艺主要由烘干、粉碎、混合、高压成型等单元组成,生物质型煤生产工艺流程见图 6-4。生产过程一般是:首先将原煤和准备掺入的生物质分别进行烘干,将干燥后的原煤进行破碎,生物质则加以碾碎,磨成微细粉末。然后将两者进行充分混合,此时可根据原煤和生物质的特性,视情况加入适量的黏结剂和固硫剂。最后将上述混合物一同送入成型机,在高压下压制成型。生物质型煤也可以在压制成型的过程中掺入各种可燃的工业废弃物(煤泥、泥炭、粉煤灰等)和城市生活垃圾。生物质型煤在成型之前,一定要控制混合成型的煤粉、生物质和生石灰的水分小于 5%,以便通过成型主机固化成型。

根据生物质成型处理的不同方法,生物质型煤大体上可分为三类:①生物质制浆后的黑液,如纸浆废液作为成型黏结添加剂;②生物质水解产物,如水解木质素、纤维素、半纤维素及碳氢化合物等作为成型黏结添加剂;③生物质直接和煤粉混合,利用受热或高压压制成型。或利用植物纤维和碱法草浆原生黑液、腐植酸钠渣、糖浆等作复合黏结剂,用氢氧化钠处理稻草制备的黏结剂生产型煤。

(2) 生物质燃料的特性

① 抗压强度 抗压强度是生物质型煤各项力学性能指标中最直观、最有代表性的指标。

一般而言，随着原煤可磨性系数（HGI）的不断增大，型煤的抗压强度逐步升高。当煤料粒径小于0.3mm时，生物质型煤的抗压强度会逐渐降低。所以，国内外对煤成型粒径一般均要求在3mm以下。

② 点火性　生物质型煤比原煤可燃基挥发分有所提高，在点火的过程中，易燃的生物质率先点火放热，使生物质型煤在短时间内升温迅速达到着火点，使不易点火的原煤也随之很快着火，而且随着生物质的迅速燃烧，在型煤中生物质燃料原来占有的体积迅速收缩，型煤中空出了许多孔道及空隙，使一个实心的球体变成了一个"多孔形球体"，这样就为氧气的渗透扩散创造了条件，所以点火能深入到球面表层下一定深度，形成稳定的点火燃烧。在高压成型的生物质型煤中，其组织结构决定了挥发分的析出及向型煤内部传递热量比较缓慢，所以形成挥发分点火逐步进行，且点火所需的氧气比原煤层状燃烧点火时要少。从总体趋势上分析，生物质型煤的点火温度更趋向于生物质的点火特性，而且点火温度变化范围不大。

随着生物质加入量的增多，生物质型煤点火温度呈降低的趋势。生物质型煤点火温度与折算可燃基挥发分成反比，与折算可燃基灰分成正比。生物质型煤点火的延迟时间与燃料种类、燃料的性质（挥发分、灰分、水分等）、混料配比、主燃火焰温度、配风形式及大小等有关。

③ 燃烧机理　生物质型煤在燃烧的过程中呈多孔球燃烧有利于氧向内和燃烧产物向外的扩散，有利于加速传热传质和保证充分燃烧，因而不会产生煤热解过程中因为局部供氧不充分发生的热解析炭冒烟现象。生物质型煤灰渣中残炭含量低，残余灰渣也难于黏结成块，一般呈香烟灰状，用手一捻即散。实验证明，用烟煤压制的生物质型煤在其燃烧时生成的煤烟，用肉眼几乎看不出来，煤烟的生成量只是原烟煤的1/15。生物质型煤燃烧充分，能顺利实现层状燃烧，使灰渣黏结成片造成通风不良的情况会有所改善。

生物质型煤燃烧机理的实质是属于静态渗透式扩散燃烧。燃烧围绕生物质型煤表面及不断地深入到球内进行，少量的CO在空间燃烧。生物质型煤燃烧特性既有着火容易、易燃烬优越可取的一面，又存在灰壳阻碍气体扩散、降低燃烧速度的另一面。生物质型煤要燃烧良好，最根本的原则是要实现有效合理的配风下的控温燃烧。影响生物质型煤燃烧速度的主要因素包括生物质与煤的种类、燃烧温度、燃烧时通风情况、固硫剂添加情况、生物质不同掺量、生物质型煤外形与质量大小等。

④ 固硫特性　生物质型煤在成型过程中，不仅加固硫剂氧化钙，而且加有机活性物质（如秸秆，锯木屑等），生物质型煤在燃烧过程中，随着温度的升高，由于这些有机生物质比煤先燃烧完，炭化后留下空隙起到膨化疏松作用，使固硫剂CaO颗粒内部不易发生烧结，甚至使孔隙率反而增加，增大了$SO_2$和$O_2$向CaO颗粒内的扩散作用，提高了钙的利用率，又有利于固硫反应中先生成的$CaSO_3$及时氧化成更耐高温分解的$CaSO_4$，从而提高其固硫率。此外由于生物质型煤在成型过程中煤与固硫剂接触混合均匀，可以在较低的钙硫比下，使固硫率达到50%以上，同时生物质对生物质型煤在燃烧过程中起到的膨化疏松作用会增加燃烧时的空气流通量，使得生物质型煤的热效率不仅大大高于散煤，而且高于普通型煤。

生物质型煤的燃烧过程表现为两个阶段：挥发分燃烧阶段和煤焦燃烧阶段，生物质型煤在燃烧初期时生成的$SO_2$较少，燃烧中后期生成的$SO_2$较多。提高型煤固硫率的关键是固硫剂的制备，要求固硫剂有尽可能大的比表面积，反应活性尽可能高，同时要求固硫剂能耐较高的温度，并能使所生成的硫酸盐在高温下不易分解。实验证实，在氧化钙固硫剂的基础上加入适当的添加剂可以改善固硫效果。

(3) 生物质的主要用途　利用生物质型煤技术可以提高工业锅炉热效率，削减污染物排放，减免除尘脱硫设备及其运行维护费用，节约能源；还能有效地解决工业型煤需求量大与生产水平有限、技术不过关的矛盾。中国生物质能资源相当丰富，生物质型煤技术使人类有可能实现工业化大规模的开发与利用生物质能，使工、农、林业废弃物变废为宝，充分利用生物质能的可再生性，建立起可持续发展的能源系统，促进社会经济发展与生态环境改善的协调进行。

初步应用表明，型煤燃烧的节煤率可达10%～12%。加入生物质后由于燃烧性能的改善，节煤效果会更好。若按20%的生物质加入量和10%的节煤率作估算，原煤和生物质的热值分别取17693kJ/kg和10470kJ/kg，则可削减$CO_2$ 21.8%。由于生物质着火温度低于煤着火温度，使得生物质先行烧尽。其燃烧造孔作用既有利于型煤烧透，又有利于固硫反应中先生成的$CaSO_3$及时氧化成更耐高温分解的$CaSO_4$，从而提高工业燃烧的固硫率。削减总率可达70%。这一减硫效益足以吸引生物质型煤的开发和推广作用。

利用生物质短纤维的粘连作用，可以显著提高生物质型煤的强度，从而省去黏结剂的使用，提高型煤加工的经济性。

(4) 存在的问题　生物质型煤虽然在燃烧性能和环保节能上具有明显的优良特性，但它的致命缺点是压块机械磨损严重，配套设施复杂，使得一次性投资和成本都很高，目前还没有显著的经济优势。技术和经济因素阻碍了它的商业化发展应用，使得生物质固化技术目前还处于实验室研究和工业试生产阶段，还没有形成规模产业。如何降低成本和提高固硫率是需要解决的问题。

## 6.2.2　生物质化学转化技术

### 6.2.2.1　生物质直接燃烧技术

生物质直接燃烧是生物质能最早被利用的传统方法，就是在不进行化学转化的情况下，将生物质直接作为燃料燃烧转换成能量的过程。燃烧过程所产生的能量主要用于发电或者供热。

生物质直接作为燃料燃烧具有三项优点：①资源化，使生物质真正成为能源，而不是产生能源产品替代物的原料；②减量化，减少了生物质利用后剩余物的量；③无害化，直接燃烧生物质不会造成环境问题，真正达到了能源利用的无害化。

据FAO（联合国粮食农业组织）统计，全世界有34个发展中国家的木质燃料和木炭消耗量达到全国总能耗的70%以上，而且1999年全世界63%的木材收获量用作木质燃料，其中发达国家为30%，发展中国家是81%。由此可见，燃用生物质燃料仍将是发展中国家的主要选择。

生物质的直接燃烧大致可分炉灶燃烧、锅炉燃烧、垃圾焚烧等情况。直接燃烧过程通常热效率非常低，为此，研究开发工作主要是着重于提高直接燃烧的热效率。如研究开发直接用生物质的锅炉等用能设备。由于锅炉燃烧采用了现代化的锅炉技术，适用于大规模利用生物质，它的主要优点是效率高，并且可实现工业化生产。主要缺点是投资高，而且不适于分散的小规模利用，生物质必须相对比较集中才能采用本技术。目前已经研制出大型工业所需要的燃烧炉和锅炉，这些炉具能够燃烧各种不同形式的生物质，例如木材、废木、制浆作业所产生的黑色废液、食品加工业的废物和城市固体废物等。大型设备的效率相当高，其性能接近于使用矿物性燃料的锅炉。

垃圾焚烧也采用锅炉技术处理垃圾，但由于垃圾的品位低，腐蚀性强，所以它要求技术更高，投资更大，从能量利用的角度，它也必须规模较大才比较合理。

(1) 省柴灶　炉灶燃烧是最原始的利用方法，但一般适用于农村或山区分散独立的家庭用炉，它的投资最省，但效率最低，燃烧效率在15%～20%左右。在农村若提高生物质的燃烧效率，主要以改造节柴炉灶为主，由于各地薪柴种类不同，使用炉灶的习惯不同，节柴炉灶的型号也很多，一般旧式炉灶的热效率为 10% 左右，经过改造后，大多数炉灶的热效率可提高到 30% 左右。

省柴灶是按照薪柴燃烧和热量传递的原理设计的，与旧式柴灶相比，改革了炉膛、锅壁与炉膛之间相对距离与吊火高度、烟道和通风等的设计，并增设保温措施和余热利用装置，以达到热效率 20% 以上的要求。省柴灶的特点是省燃料、省时间、使用方便、安全卫生。

农户旧灶的特点是灶门大，灶膛大，吊火高，没有地风道，锅与灶体接触面太宽，所需的薪柴是圆木和粗树枝，燃烧不完全，热效率不高，一般只有 9% 左右。而新型炉灶大大提高了热效率，柴灶可达 20%～30%，煤灶高达 30%～40%，平均节能炉灶可节约燃料 40%～50%。

节柴灶灶体高 75～80cm，它是灶的主体，建筑材料为就地取材的石片、砖和黏土，在砌地风道和灶膛时，考虑了灶膛空间的利用，将地风道以下做成空心。

燃烧室一般为圆形，根据要求，还可采用锅底形和月牙形（见图 6-5、图 6-6）。燃烧室的大小是根据锅的大小而定，一般取锅底直径的 60%～70%，如选用 45cm 的锅，则燃烧室为 34cm，因人口的变化和季节的不同，有时农户要砌两个灶，因而要设计两个燃烧室。

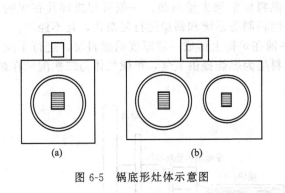

图 6-5 锅底形灶体示意图

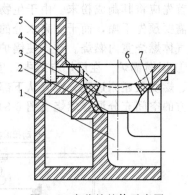

图 6-6 省柴灶灶体示意图
1—进气道；2—炉箅；3—炉胆；4—出烟口；
5—回烟道；6—保温层；7—加柴口

烟囱是自然通风排气的通道，为了加速排烟，增设地风道，从而加大了烟尘的排出量。烟囱尺寸为 12cm×12cm，高度应高出房脊 0.5m 以上。

挡火圈有两种形状，斜方形和圆环形。功能主要是使火力集中，提高燃烧性能。挡火圈上部与锅的距离靠近烟囱一侧为 1～3cm，因炉壁的断面积为 12cm×14cm 或 13cm×15cm，为加大烟囱的抽力，增设了启闭灶门挡。

表 6-5 为新旧炉灶的热性能对比，可以看出，新型省柴灶的热性能较旧式炉灶明显提高。

表 6-5 新旧炉灶热性能对比

| 类型 | 热效率/% | 升温速率/(℃/min) | 蒸发速度/(kg/min) |
| --- | --- | --- | --- |
| 新灶 | 26 | 4.28 | 0.07 |
| 旧灶 | 9 | 18 | 0.039 |

（2）生物质锅炉　生物质作为锅炉的燃料直接燃烧，其热效率远远高于作为农用炉灶燃料，甚至能接近化石燃料的水平。所以利用生物质作为锅炉直接燃料能大大地提高生

物质能的利用效率。生物质燃料锅炉的种类很多,按燃用生物质的品种不同可分为木材炉、颗粒燃料炉、薪柴炉、秸秆炉;按燃烧方式又可分为层燃炉、流化床锅炉、悬浮燃烧锅炉等(见图6-7)。

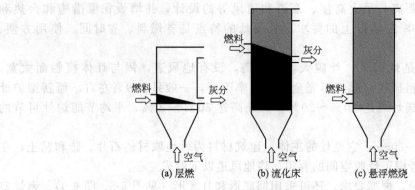

图 6-7　生物质锅炉类型

生物质燃料的一般特点是水分很高、灰分很小、挥发分很高、发热值偏低。用粉状燃烧时,首先应将其制成粉末。由于生物废料是非脆性材料,磨制时易生成纤维团而不是粉状,而且需要预先干燥,而干燥高水分的生物质燃料要消耗大量的热。一般可切成碎片在煤粉、油或气体燃烧室内燃烧。这样使锅炉结构、燃料制备系统和锅炉运行复杂化,且不经济。

① 层燃锅炉　在层燃方式中,生物质平铺在炉排上形成一定厚度的燃料层,进行干燥、干馏、燃烧及还原过程。空气从下部通过燃料层为燃烧提供氧气,可燃气体与二次配风在炉排上方的空间充分混合燃烧(图6-8)。

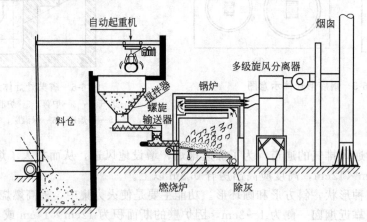

图 6-8　生物质燃烧系统

层燃锅炉属层状燃烧,生物质燃料通过给料斗送到炉排上时,不可能像煤那样均匀分布,容易在炉排上形成料层疏密不均,从而形成布风不均。薄层处空气短路,不能用来充分燃烧;而厚层处,需要大量空气用于燃烧,由于这里阻力较大,因而空气量较燃烧所需的空气量少,这种布风不均将不利于燃烧和燃尽。

由于生物质的挥发分很高,在燃烧的开始阶段,挥发分大量析出,需要大量空气用于燃烧,如这时空气不足,可燃气体与空气混合不好将会造成气体不完全燃烧,损失急剧增加。同时,由于生物质比较轻,容易被空气吹离床层而带出炉膛,这样造成固体不完全燃烧损失很大,因而燃烧效率很低。

另一方面当生物质燃料含水率很高时,水分蒸发需要大量热量,干燥及预热过程需时较长，所以，生物质燃料在床层表面很难着火，或着火推迟，不能及时燃尽，造成固体不完全燃烧损失很高，导致锅炉燃烧效率、热效率很低，实际运行的层燃炉热效率有的低达40%。同时它一旦燃尽，会由于灰分很少，不能在炉排上形成一层灰以保护后部的炉排不被过热，从而导致炉排被烧坏。生物质锅炉典型的炉排形式示意图如图 6-9 所示。

为克服层燃锅炉的诸多不足，又研究开发了一些层燃炉。

a. 带自动添加燃料的炉排锅炉　此锅炉是一种现代蒸汽发电站所用的烧木材和树皮的锅炉。燃料依靠气压式或机械式布料系统

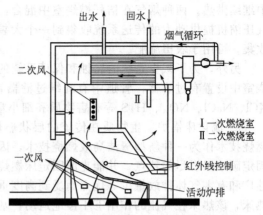

图 6-9　生物质锅炉典型的炉排形式示意图

送到锅炉的炉箅上面。有的燃料是在悬空状态下燃烧，未燃尽的剩余部分则落到一组炉箅上，直到完全燃尽。这种锅炉通常采用多个标准产汽量为 10t/h 的小型锅炉，但也有能力超过 200t/h 的大型炉。

b. 燃料分级燃烧式锅炉　此锅炉包括两个阶段：燃料从上面被送到主炉中的水冷炉格，然后热燃气进入副燃烧室，并在那里完成最后燃烧。这种锅炉通常是在低压下工作，产汽能力为 5~12t/h。

c. 倾斜式炉箅锅炉　此锅炉中燃料以阶梯式方式被源源不断地送到炉箅的顶部，先通过上部的烘干室，然后落到下面的燃烧室，把留在炉箅最下部的粉尘灰清走。

丹麦专门开发了以打捆秸秆为燃料的生物质锅炉。生物质锅炉由一个秸秆燃烧器和一个木屑过热器组成（图 6-10）。

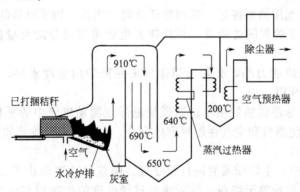

图 6-10　以打捆秸秆为燃料的生物质锅炉

生物质燃料中含有大量的 Na、K、Cl、N 及 S 等元素，这些元素在高温下极易生成 KCl、NaCl、$NH_3$、$NO_x$ 及 $H_2S$ 等物质。锅炉房中有大量的水蒸气，而这些物质在高温蒸汽存在时的腐蚀性极强。另外，生物质在燃烧的过程中会产生大量黏结性很强的木焦油。为了使生物质燃料尽可能完全地燃烧，同时减少腐蚀性物质的形成，以减少系统的腐蚀、污染、堵塞，锅炉采取了一系列结构上和操作上的措施。

首先，在结构上采取两段式加热。水在秸秆燃烧器中被加热到 470℃/($2.15 \times 10^4$ kPa)，然后在木屑过热器中被加热到 542℃/($2.15 \times 10^5$ kPa)。

其次，在操作上，秸秆束由 4 个并行的供料器供给，在秸秆燃烧器中的炉栅上燃烧。木屑在上部一个较小的炉栅上燃烧。从木屑过热器中出来的烟气温度较高，可进入秸秆燃烧器

中继续供热。两种烟气在秸秆燃烧室中混合，然后通过静电加速器净化后排放。飞灰被由空气压缩机提供动力的传送系统收集到一个大袋子中，它可用于工业加工。灰渣由下部的灰斗收集，可用于农田施肥。

另外，为了减少系统的腐蚀和保证系统的可靠运行，增添了许多过滤设施，如炉膛的燃烧室中设置有过滤器，管道中有纤维过滤器，烟囱附近也有一个很大的过滤器，以便消除$KCl$、$NaCl$、$NO_x$、$H_2S$等有害物质和细小颗粒。此外，系统还设有刮板以刮除木焦油。

② 流化床锅炉　生物质在传统的层状燃烧技术中转化利用存在种种的不足，而流化床燃烧技术作为一种新型清洁高效燃烧技术，因其能很好地适应生物质燃料挥发分析出迅速、固定碳难以燃尽的特点，并能克服固定床燃烧效率低下的弊病，具有燃烧效率高、燃料适应性广和有害气体排放量少等优点而受到高度重视。流化床燃烧系统有一个用耐火材料制成的热床，该热床在气流的作用下不停地运动，基本上起到炉算的作用。用烧石油、天然气或煤粉的燃烧室对热床进行预热，使温度上升到足以使生物质燃料燃烧。在这个温度上，升高流过热床的气流的温度，直到热床开始"沸腾"，也就是被流化。把燃料输送到流化床的方法主要取决于燃料的性质。质量大于流化床材料的固体燃料会落到床的表面并被淹没。反之，像木屑或刨花那样质量小的材料被输送到流化床表层的下方。液体燃料则用水冷喷射器输入。

流化床密相区主要由媒体（河沙或石英砂）组成，生物燃料通过给料器送入密相区后，首先在密相区与大量媒体充分混合，密相区的惰性床料温度一般在850~950℃之间，具有很高的热容量，即使生物质含水率高达50%~60%，水分也能够被迅速蒸发掉，使燃料迅速着火燃烧。加上密相区内燃料与空气接触良好，扰动强烈，因而燃烧效率有显著提高。因此，流化床燃烧方式最适合含高水分生物废料的燃烧。

流化床锅炉燃用生物质燃料也存在一些缺点：

a. 锅炉体形大，成本高；

b. 生物质燃料的燃用需要经过一系列的预处理（例如生物质原料的烘干、粉碎等）；

c. 飞灰含碳量高于炉灰的含碳量，并且随着生物质挥发分的大量析出，焦炭的燃尽较为困难；

d. 生物质燃料蓄热能力小，必须采用床料来保证炉内温度水平，造成炉膛磨损严重，也影响了灰渣的综合利用。

③ 悬浮式锅炉　悬浮式锅炉用于迅速燃烧悬浮在湍动气流中的颗粒状燃料。设备的结构可以是喷射式的，使燃料和空气在燃料室内混合，也可以是气旋式装置，燃料和空气在外部气旋式燃烧室中混合。

在悬浮燃烧系统中，生物质需要进行预处理，颗粒尺寸要求小于2mm，含水率不能超过15%。首先将生物质粉碎至细粉，然后将经过预处理的生物质与空气混合后一起切向喷入燃烧室内，形成涡流呈悬浮燃烧状态，增加了滞留时间。通过采用精确的燃烧温度控制技术，悬浮燃烧系统可以在较低的过剩空气条件下高效运行。采用分阶段配风以及良好的混合可以减少$NO_x$的生成。

但是，由于颗粒的尺寸较小，高燃烧强度都将导致炉墙表面温度过高，构成炉墙的耐火材料较易损坏。并且，悬浮燃烧系统需要辅助启动热源，当炉膛温度达到规定的要求时，才能关闭辅助热源。

锅炉燃烧过程中，由于大部分生物质含水量较高且组成复杂，燃烧过程不稳定，与常规锅炉相比，使用生物质的锅炉燃烧效率较低。提高燃烧效率的途径包括：

a. 降低含水量，使生物质内的水含量保持在适量水平，这样既可以减弱水蒸发对燃料温度上升的不利影响，又可以利用水在高温下分解产生的氢气来提高燃烧效果；

b. 改变尺寸，尽量减小燃料颗粒的大小，提高燃烧的速率、稳定性、充分性；

c. 燃烧室内保持在一定温度之上，为达到此条件，可用烟道烟气预热空气，这样可同时充分利用烟气余热；

d. 提高空气输入速率，保持一定的空气余量；

e. 联合燃烧，既不需要对现有设备做大的改动，又可以为生物质和矿物燃料的优化混合提供机会，比较实用的方式有生物质在组装于燃煤锅炉炉膛中的炉排上燃烧和生物质在气化炉中气化，燃气作为锅炉燃料等。

对城市来说，生物质的直接燃烧的环保效应更大于对其热能的利用。一个人口百万级的城市日产垃圾上千吨，处理这些垃圾的方式主要为填埋、生物降解和焚烧。生物降解的应用范围受限，填埋会带来占用城市用地、污染地下水、潜在的爆炸危险等一系列问题，而焚烧不但处理了垃圾，还回收了部分能量，具有较好的发展前景。

#### 6.2.2.2 生物质气化技术

生物质气化是指固态生物质原料在高温下部分氧化的转化过程。该过程是直接向生物质通气化剂（空气、氧气或水蒸气），生物质在缺氧的条件下转变为小分子可燃气体的过程。所用气化剂不同，得到的气体燃料也不同。目前应用最广的是用空气作为气化剂，产生的气体主要作为燃料，用于锅炉、民用炉灶、发电等场合。通过生物质气化可以得到合成气，可进一步转变为甲醇或提炼得到氢气。

气化技术适用于生物质原料的转化。生物质气化生成的高品位的燃料气既可供生产、生活直接燃用，也可通过内燃机或燃气轮机发电，进行热电联产联供。生物质气化反应温度低，可避免生物质燃料燃烧过程中发生灰的结渣、团聚等运行难题。

(1) 生物质气化的基本原理　气化就是将固体或液体燃料转化为气体燃料的热化学过程。为了提供反应的热力学条件，气化过程需要供给空气或氧气，使原料发生部分燃烧。尽可能将能量保留在反应后得到的可燃气中，气化后的产物是含 $H_2$、CO 及低分子 $C_m H_n$ 等可燃性气体。整个过程分为四步：干燥、热解、氧化和还原。

① 干燥过程　生物质原料进入气化器后，在热量的作用下，首先被干燥。大约被加热到 200～300℃，原料中的水分首先蒸发，产物为干原料和水蒸气。

② 热解反应　当温度升高到 300℃ 以上时开始发生热解反应，热解是高分子有机物在高温下吸热所发生的不可逆裂解反应。大分子碳氢化合物的碳链被打碎，析出生物质中的挥发物，只剩下残余的木炭。热解反应析出挥发分主要包括水蒸气、氢气、一氧化碳、甲烷、焦油及其他碳氢化合物。

③ 氧化反应　热解的剩余物木炭与被引入的空气发生反应，同时释放大量的热以支持生物质干燥、热解及后续的还原反应进行，氧化反应速率较快，温度可达 1000～1200℃，其他挥发分参与反应后进一步降解。

④ 还原过程　还原过程没有氧气存在，氧化层中的燃烧产物及水蒸气与还原层中木炭发生还原反应，生成氢气和一氧化碳等。这些气体和挥发分组成了可燃气体，完成了固体生物质向气体燃料的转化过程。还原反应是吸热反应，温度将会降低到 700～900℃。

各过程涉及的主要化学反应如下：

$$C(s) + O_2 \longrightarrow CO_2 \tag{6-1}$$

$$C(s) + CO_2 \longrightarrow 2CO \tag{6-2}$$

$$C(s) + H_2O \longrightarrow CO + H_2 \tag{6-3}$$

$$CO + H_2O \longrightarrow CO_2 + H_2 \tag{6-4}$$

$$C(s) + 2H_2 \longrightarrow CH_4 \tag{6-5}$$

$$H_2 + \frac{1}{2}O_2 \longrightarrow H_2O \tag{6-6}$$

$$CH_4 + H_2O \longrightarrow CO + 3H_2 \tag{6-7}$$

$$C_mH_n \longrightarrow \frac{n}{4}CH_4 + \left(m - \frac{n}{4}\right)C(s) \tag{6-8}$$

$$C_mH_n + \frac{4m-n}{2}H_2 \longrightarrow mCH_4 \tag{6-9}$$

(2) 生物质气化技术的分类　从不同的角度对生物质气化技术进行分类。

① 根据燃气生产机理可分为热解气化和反应性气化，反应性气化又可根据反应气氛的不同细分为空气气化、水蒸气气化、氧气气化、氢气气化。

② 根据采用的气化反应炉的不同可分为固定床气化、流化床气化和气流床气化。

③ 在气化过程中使用不同的气化剂、采取不同过程运行条件，可以得到三种不同热值的气化产品气：低热值，$4.6MJ/m^3$（使用空气和蒸汽/空气）；中等热值，$12\sim18MJ/m^3$（使用氧气和蒸汽）；高热值，$40MJ/m^3$（使用氢气）。

(3) 生物质气化设备　生物质气化反应发生在气化炉中，气化炉是气化反应的主要设备。生物质在气化炉中完成了气化反应过程并转化为生物质燃气。目前，国内外正研究和开发的生物质气化设备按原理分主要有流化床气化炉、固定床气化炉和携带床气化炉；按加热方式分为直接加热和间接加热两类；按气流方向分为上吸式、下吸式和横吸式三种。

① 生物质固定床气化炉　固定床是一种传统的气化反应炉，其运行温度在1000℃左右。固定床气化炉分为逆流式和并流式。逆流式气化炉是指气化原料与气化介质在床中的流动方向相反，而并流式气化炉是指气化原料与气化介质在床中的流动方向相同。这两种气化炉按照气化介质的流动方向不同又分别称为上吸式和下吸式气化炉，如图6-11所示。

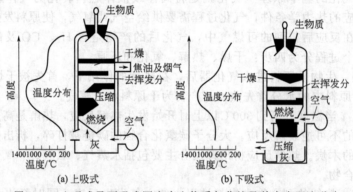

图 6-11　上吸式及下吸式固定床生物质气化炉及其床内温度分布

在上吸式固定床气化炉中，生物质原料从气化炉上部的加料装置送入炉内，整个料层由炉膛下部的炉栅支撑。气化剂从炉底下部的送风口进入炉内，由炉栅缝隙均匀分布并渗入料层底部区域的灰渣层，气化剂和灰渣进行热交换，气化剂被预热，灰渣被冷却。气化剂随后上升至燃烧层，在燃烧层，气化剂和原料中的炭发生氧化反应，放出大量的热量，可使炉内温度达到1000℃，这一部分热量可维持气化炉内的气化反应所需热量。气流接着上升到还原层，将燃烧层生成的$CO_2$还原成CO；气化剂中的水蒸气被分解，生成$H_2$和CO。这些气体与气化剂中未反应部分一起继续上升，加热上部的原料层，使原料层发生热解，脱除挥发分，生成的焦炭落入还原层。生成的气体继续上升，将刚入炉的原料预热、干燥后，进入气化炉上部，经气化炉气体出口引出。

下吸式固定床气化炉的特征是气体和生物质物料混合向下流动。通过高温喉管区（只有下吸式设有喉管区）。生物质在喉管区发生气化反应，而且焦油也可以在木炭床上进行裂解。

一般情况下，下吸式固定床气化炉不设炉栅，但如果原料尺寸较小也可设炉栅。此种气化炉结构简单，运行比较可靠，适于较干的大块物料或低灰分大块同少量粗糙颗粒的混合物料，其最大处理量是 500 kg/h。目前欧洲的一些国家已用于商业运行。

横吸式固定床气化炉的特征是空气由侧方向供给，产出气体从侧向流出，气体流横向通过气化区。一般适用于木炭和含碳量较低物料的气化（图 6-12）。在南美洲应用广泛并投入商业运行。

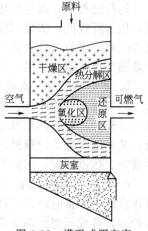

图 6-12 横吸式固定床气化炉工作

② 流化床生物质气化炉 流化床燃烧是一种先进的燃烧技术。与固定床相比，流化床没有炉栅，一个简单的流化床由燃烧室、布风板组成，气化剂通过布风板进入流化床反应器中。按气固流动特性不同，将流化床分为鼓泡流化床、循环流化床和双流化床（如图 6-13 所示）。

鼓泡流化床气化炉中气流速度相对较低，几乎没有固体颗粒从流化床中逸出。而循环流化床气化炉中流化速度相对较高，从流化床中携带出的颗粒在通过旋风分离器收集后重新送入炉内进行气化反应。双流化床与循环床相似，不同的是第 1 级反应器的流化介质被第 2 级反应器加热。在第 1 级反应器中进行裂解反应。第 2 级反应器中进行气化反应，双流化床的碳转化率也很高。

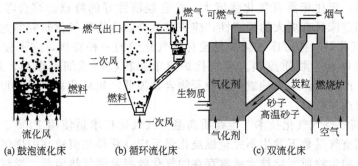

图 6-13 三种不同类型的流化床气化炉

在生物质气化过程中，流化床首先通过外加热达到运行温度，床料吸收并贮存热量。鼓入气化炉的适量空气经布风板均匀分布后将床料流化，床料的湍流流动和混合使整个床保持一个恒定的温度。当合适粒度的生物质燃料经供料装置加入到流化床中时，与高温床料迅速混合，在布风板以上的一定空间内激烈翻滚，在常压条件下迅速完成干燥、热解、燃烧及气化反应过程，使之在等温条件下实现了能量转化，从而生产出需要的燃气。通过控制运行参数可使流化床床温保持在结渣温度以下，床层只要保持均匀流化就可使床层保持等温，这样可避免局部燃烧高温。流化床气化炉良好的混合特性和较高的气固反应速率使其非常适合于大型的工业供气系统。因此，流化床反应炉是生物质气化转化的一种较佳选择，特别是对于灰熔点较低的生物质。

固定床气化炉与流化床气化炉有着各自的优缺点和一定的适用范围。以下对流化床和固定床气化炉的性能进行比较。

a. 技术性能 从目前情况来看，固定床和流化床气化炉的设计运行时间，一般都小于 5000h。前者结构简单，坚固耐用；后者结构较复杂，安装后不易移动，但占地较小，容量一般较固定床的容量大。启动时，固定床加热比较缓慢，需较长时间达到反应温度；流化床加热迅速，可频繁启停。

运行过程中,固定床床内温度不均匀,固体在床内停留时间过长,而气体停留时间较短,压力降较低;流化床床温均匀,气固接触混合良好,气固停留时间都较短,床内压力降较高。固定床的运行负荷可在设计负荷的 20%～110% 之间变动,而流化床由于受气流速度必须满足流化条件所限,只能在设计负荷的 50%～120% 之间变化。

b. 使用的原料　流化床对原料的要求较固定床低。固定床必须使用特定种类、形状、尺寸尽可能一致的原料;流化床使用的原料的种类、进料形状、颗粒尺寸可不一致。前者颗粒尺寸较大,后者颗粒尺寸较小。固定床气化的主要产物是低热值煤气,含有少量焦油、油脂、苯、氨等物质,需经过分离、净化处理。流化床产生的气体中焦油和氨的含量较低,气体成分、热值稳定,出炉燃气中固体颗粒较固定床多,出炉燃气温度和床温基本一致。

c. 能量利用和转换　固定床中由于床内温度不均匀,导致热交换效果较流化床差,但固体在床中停留时间长,故炭转换效率高,一般达 90%～99%。流化床出炉燃气中固体颗粒较多,造成不完全燃烧损失,炭转换效率一般只有 90% 左右。两者都具有较高热效率。

d. 环境效益　固定床燃气飞灰含量低,而流化床燃气飞灰含量高。其原因是固定床中温度可高于灰熔点,从而使灰熔化成液态,从炉底排出;而流化床中温度低于灰熔点,飞灰被出气带出一部分。所以流化床对环境影响比固定床大,必须对燃气进行除尘净化处理。

e. 经济性　在设计制造方面,由于流化床的结构较固定床复杂,故投资高。在运用方面,固定床对原料要求较高,流化床对原料要求不高,故固定床运行投资高于流化床;固定床气化炉内温度分布较宽,这可能产生床内局部高温而使灰熔聚、比容量低、启动时间长以及大型化较困难;流化床具有气化强度大、综合经济性好的特点。综合考虑设计和运行过程,流化床较固定床具有更大的经济性,应该成为今后生物质气化研究的主要方向。

③ 携带床气化炉　携带床气化炉是流化床气化炉的一种特例,它不使用惰性材料,提供的气化剂直接吹动生物质原料。该气化炉要求原料破碎成细小颗粒,其运行温度高达 1100～1300℃,产出气体中焦油成分及冷凝物含量很低,炭转化率可达 100%。由于运行温度高易烧结,故选材较难。

④ 生物质高温空气气化技术　生物质高温空气气化技术是使用 1000℃ 以上的高温预热空气,在低过剩空气系数下发生不完全燃烧化学反应,获得热值较高的燃气。高温空气气化技术克服了传统的生物质气化技术通常存在的气化效率及燃气热值低,燃料利用范围小,灰渣难于处理,易形成焦油苯酚等化合物的缺点。因此,国外开发了这种高温空气气化技术。反应流程如图 6-14 所示。

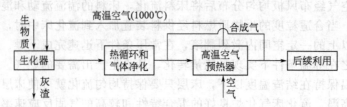

图 6-14　高温空气气化反应流程

高温空气气化的优点如下。

a. 效率高　在高温空气和快速加热的条件下,预热空气提高了进料的加热效率导致燃料的产气效率提高。

b. 燃气热值高　在预热空气中,随着燃料气化率的增加,导致气化温度有所下降而 $CO$ 和 $H_2$ 的产量增加,从而产气的热值相对较高。

c. 有处理燃料热值巨大变化的能力　采用卵石床气化器可作为热稳定器和焦炭固定器,热稳定器——当进料变化造成温度波动的时候,储存在卵石中的热量将消除气化温度的波动,并且使熔渣温度保持均衡。焦炭固定器——携带区的残余焦炭将在卵石床里被捕获,这将增加焦炭的停留时间,从而使炭颗粒与 $CO_2$、蒸汽充分反应,最终将燃料中的炭完全转化。

d. 对环境污染小　二噁英在 400~500℃ 开始形成,在 700~800℃ 形成较快,而在 800℃ 以上便开始分解,而采用高温空气气化的温度控制在 1000℃ 以上,抑制了二噁英的生成,同时也有效地抑制了 $NO_x$ 的生成(排放浓度仅 30~50μL/L)。

高温空气气化还具有可运行多种燃料、结构简单紧凑、灰渣易于处理及效率高等优点。

⑤ 多级循环流化床　多级循环流化床(见图 6-15)的反应器的分离部分由七段组成,每段的圆锥体首尾相连。由于它的特殊形式,在每段的锥体底部形成流化床,并且气体和固体间的回混被有效地阻止。

几个流化床串联运行的思想使固、气滞留时间的比率比一般流化床的高很多。当在它的第三段圆锥体送入生物质时,在一、二段底部形成氧化区。如果保证充足的炭送入氧化区,那么所有进入氧化区的氧气被转化为 CO 和 $CO_2$。

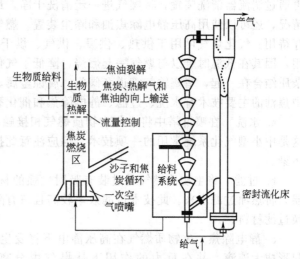

图 6-15　多级循环流化床立管

正是由于炭转化率的增加,所以气化效率相应提高。

(4) 生物质燃气的净化　从气化炉中出来的生物质燃气中含有一定杂质,不能直接使用,若不经处理直接使用,就会影响用气设备的正常运转,故需对粗燃气进行净化处理,主要清除气体中的焦油和灰分,使之达到国家燃气质量标准(<10mg/m³)。

① 生物质燃气中杂质的组成和性质　生物质燃气中的杂质一般分为固体杂质和液体杂质两大类,固体杂质中包括灰分和细小的炭颗粒,液体杂质则包括焦油和水分。粗燃气中各种杂质的特性见表 6-6。

表 6-6　粗燃气中各种杂质的特性

| 杂质种类 | 典型成分 | 来源 | 可能引起的问题 |
| --- | --- | --- | --- |
| 固体颗粒 | 灰分、炭颗粒 | 未燃尽的炭颗粒、飞灰 | 设备磨损、堵塞 |
| 焦油 | 苯的衍生物及多环芳烃 | 生物质热解的产物 | 堵塞输气管道及阀门,腐蚀金属 |
| 碱金属 | 钾和钠等化合物 | 农作物秸秆 | 腐蚀、结渣 |
| 氮化物 | $NH_3$ 和 HCN | 燃料中含有的氮 | 形成 $NO_x$ |
| 硫和氯 | HCl 和 $H_2S$ | 燃料中含有的硫和氯 | 腐蚀以及污染环境 |
| 水分 | $H_2O$ | 生物质干燥及反应产物 | 降低热值,影响燃气的使用 |

生物质燃气主要由可燃气体($H_2$、CO、$CH_4$、$C_mH_n$ 和 $H_2S$)和不可燃成分 $CO_2$ 及水蒸气组成。用空气气化是应用最广泛的技术,典型热值是 4~6MJ/m³。用氧作活性气体进行气化,得到的产品气质量更好些,热值达 10~15MJ/m³,但氧气供应增加了费用也伴有安全问题。若通过裂解和蒸汽转化工艺可生产中等热值的气体。如在典型的偶联反应器中添加水蒸气,用工艺中衍生的焦燃烧来加热,促进水蒸气转化反应,可得典型热值 14~

20MJ/m³ 的产品气。

在生物质气化过程中,不可避免地要产生焦油。焦油的成分非常复杂,大部分是苯的衍生物及多环芳烃,此外还有苯、萘、甲苯、二甲苯等,它们在高温时呈气态,温度降低至200℃时凝结为液态。

② 生物质燃气中的净化　净化系统由三个环节组成,即气体降温、水净化处理和焦油分离。高温的发生炉燃气首先经过旋风除尘器除掉较重杂质,然后通过第一组冷却塔降温;再通过湍流器清洗装置,将燃气进一步清洗干净,最后进入冷却喷淋塔进行冷却。根据具体情况,还可以使用高压静电除焦油和除尘装置。燃气在冷却和清洗之后被泵到一个储气罐储存待用。气化煤气可用于供热、供暖、供气、烘干和发电等。焦油的存在影响了燃气的利用,因其在低温时难以与燃气一起燃烧,降低了气化效率。且焦油易与水、灰分及炭颗粒等杂质结合在一起,堵塞输气管道和阀门,腐蚀金属,影响系统的正常运行。去除生物质燃气中焦油的主要技术有水洗、过滤、静电除焦和催化裂解。

a. 水洗　在喷淋塔中将水与生物质燃气相接触,可实现除尘、除焦油和冷却三项功能,这是中小型气化系统常用的一项技术。但应注意此技术易产生含焦油的废水,从而造成二次污染。

b. 过滤　将生物质燃气通过装有吸附性强的材料(如活性炭、滤纸和陶瓷芯)的过滤器,将焦油过滤出来。此技术过滤效率较高且兼有除尘和除焦油两项功能,缺点是需经常更换过滤材料。

c. 静电除焦　生物质燃气在高压静电下将发生电离,焦油小液滴将荷电进而聚合在一起形成大液滴,并在重力的作用下从燃气中分离出来。静电除焦效率较高,一般可超过90%。

d. 催化裂解　催化裂解是在催化剂的作用下,生物质燃气在800~900℃时发生热解反应,分解为小分子气体,效率达99%以上。热解的产物为可燃气体,可直接利用。催化剂多采用木炭、白云石和镍基催化剂。由于催化裂解技术较复杂,故多用于大中型生物质气化系统。

(5) 秸秆气化集中供气技术　秸秆由于堆积密度低和含有较多的氯、钾和硅等成分,极易形成结渣而影响燃烧,故如直接放入锅炉燃烧,能源利用水平低、浪费严重且污染环境。如将秸秆气化为中热值的秸秆可燃气,则可避免或减轻上述存在的问题,提高能源利用效率,又保护了环境。中热值燃气的优点:①可以使用相应的城市燃气的灶具;②可以使用相应的城市燃气的热水器;③所产生的蒸汽可由现有的产品转变为电;④可将生活垃圾中的有机质混入秸秆中,从而实现垃圾的无害化、减量化和资源化。

① 秸秆气化原理　秸秆气化技术是秸秆原料在缺氧状态下加热反应的能量转换过程。秸秆由碳、氢、氧等元素和灰分组成,通过供应少量空气并采取措施控制其反应过程,使碳、氢元素变成一氧化碳、甲烷、氢气等可燃气体,秸秆中的大部分能量转移到气体当中。这一能量转换过程通常在气化炉内进行。

② 工艺流程　秸秆气化的工艺流程如图6-16所示。

图 6-16　秸秆气化的工艺流程

将植物秸秆用粉碎机粉碎成3~5mm,经拌和后进入热解炉,粉碎的秸秆由加料斗进入,用螺旋输送机输送进热解炉。螺旋输送机在由耐热的不锈钢制造的管道中作螺旋形推进和拌和运动，管道外面用煤炭燃烧进行加热，由煤燃烧产生的烟气通过辐射和对流传热加热管道，再由导热的方式对管道内的秸秆碎末进行加热。在隔绝空气的条件下，使植物秸秆产生热解。热解后的植物秸秆得到气体和固体两种产物。气体经冷却器和净化器除去焦油等杂质后进入贮气罐，经管道送至用户；固体为残渣，仍含有可燃成分。为了保证热解后产生的可燃气热值，植物秸秆的含水量以 10%～15% 为宜。

③ 秸秆的热分解过程　秸秆的热分解过程可以分为以下三个阶段：干燥阶段、挥发分析出阶段和半焦化阶段。

a. 干燥阶段　植物秸秆的温度在 60～130℃ 时，吸收管道经热传导传入的热量，温度升高并干燥，随着温度的升高，植物秸秆中的水分逐渐蒸发，形成水蒸气析出。

b. 挥发分析出阶段　当秸秆温度被加热到 130～350℃ 时，秸秆中的有机物逐渐分解，挥发分陆续析出，秸秆中碳的百分含量增加。

c. 半焦化阶段　秸秆温度达到 500～600℃，焦油放出已达到最大，不挥发的固体残余物已变为半焦状的残渣。

植物秸秆的种类有玉米秆、棉花秆、油菜秆、稻草、麦草和锯木屑等。植物秸秆在隔绝空气进行加热时，由于有机质发生分解作用，生成蒸气、气体的混合物和固体残留物。将气体混合物冷却到常温时，可得到煤气和冷凝液。冷凝液由焦油和水组成，水中溶有来自气体的 $NH_3$、$CO_2$ 和 $H_2S$，因而生成相应的酸性和中性盐、有机酸及有机碱等有机化合物。不挥发的固体残余物为固定碳和略受变化的矿物质，随加热最终温度的不同，成半焦状的残渣。

由植物秸秆热解产出的煤气的温度较高，经过冷却器冷却和净化器净化，将焦油、冷凝水与煤气分离开来，用压缩机抽取煤气并将煤气压入贮气罐中贮存，煤气由贮气罐经管道供应用户。经化验，产出气体主要成分为 $CH_4$、$H_2$、$C_2H_6$、CO 及少量的 $C_3H_8$、$C_4H_{10}$ 等，密度为 1 $kg/m^3$ 左右，产气率为 50%～60%，煤气的低位发热值为 12570$kJ/m^3$ 以上。

制气后所剩残渣占植物秸秆量的 20%～30%，为半焦状，含有可燃物质，可进一步开发利用。植物秸秆中所含的水分，在制气过程中形成水蒸气，占植物秸秆原料投入量的 10%～30%。贮气柜的作用是储存一定量的燃气，以平衡系统燃气负荷的波动，并提供一个始终恒定的压力，保证用户燃气灶具的稳定燃烧。

从储气柜出来的燃气通过敷设在地下的管网输送到系统中的每一用户。户用净化器是用来除去燃气中剩余的灰尘和焦油等杂质，以延长灶具使用寿命。从储气柜取样，测气体热值和焦灰含量，结果见表 6-7。

表 6-7　气体热值和焦灰含量

| 项目 | 第 1 次 | 第 2 次 | 第 3 次 | 第 4 次 | 第 5 次 | 第 6 次 | 平均 |
| --- | --- | --- | --- | --- | --- | --- | --- |
| 热值/($kJ/m^3$) | 4673 | 4681 | 4656 | 4649 | 4630 | 4655 | 4657 |
| 焦灰含量/($mg/m^3$) | 23.6 | 23.1 | 22.8 | 22.5 | 23.2 | 23.7 | 23.2 |

从气体分析结果可以看出，燃气热值在 4630～4681$kJ/m^3$ 之间，燃气经净化处理后，焦灰含量在 23$mg/m^3$ 左右，每千克稻秆平均可产燃气 1.66$m^3$。每立方米燃气成本为 0.21 元。

秸秆气化集中供气、发电技术主要用于解决农作物的资源化利用。技术的关键是气化炉、净化系统及发电设备系统。我国在热解气化技术方面已经取得了较大进展，目前全国已建成 400 多个秸秆气化集中供应站。生产煤气初步的产气量达 1.5 亿立方米。由于秸秆气化技术的原材料广、要求不高、煤气热值适中（$Q_d=5000$～6000$kJ/m^3$）、操作使用较容易，故值得大力推广使用。运行证明，秸秆气化集中供气技术对处理大量的农作物秸秆，改善环境,提高农民生活水平,实现低质能源的高档次利用是行之有效的,具有良好的社会和经济效益。

(6) 生物质气化发电　生物质气化发电技术是把生物质转化为可燃气,经除焦油等净化处理后,送至气体内燃发电机发电。它既能解决生物质难于燃用而且分散分布的缺点,又可以充分发挥燃气发电技术设备紧凑而且污染少的优点,故气化发电是生物质能最有效最洁净的利用方法之一。

气化炉是生物质气化的主要设备,通常采用固定床气化炉,以农业、林业废弃物为原料,用于小规模气化发电系统,采用内燃机发电方式;流化床气化炉用于大、中规模气化发电系统,采用燃气轮机或蒸汽轮机发电方式,也可采用内燃机发电方式,可并入电网。

① 气化发电的方式　经处理的(以符合不同气化炉的要求)生物质原料经气化过程转化为可燃气体——气化气,气化气经过冷却及净化系统。在此过程中,灰分、固体颗粒、焦油及冷凝物被除去,净化后的气体即可用于发电,通常采用蒸汽轮机、燃气轮机及内燃机。生物质气化发电有以下 3 种方式。

a. 作为蒸汽锅炉的燃料燃烧生产蒸汽带动蒸汽轮机发电　这种方式对气体要求不很严格,直接在锅炉内燃烧气化气;气化气经过旋风分离器除去杂质和灰分即可使用,不需冷却;燃烧器在气体成分和热值有变化时,能够保持稳定的燃烧状态,排放物污染少。

b. 在燃气轮机内燃烧带动发电机发电　这种利用方式要求气化压力在 $10\sim30\mathrm{kgf/cm^2}$ ($1\mathrm{kgf/cm^2}=98\mathrm{kPa}$),气化气也不需冷却,但有灰尘及杂质等污染的问题。

c. 在内燃机内燃烧带动发电机发电　这种方式应用广泛,而且效率较高,但该种方式对气体要求严格,气化气必须净化及冷却。

② 气化发电工艺　瑞典的 TPS 气化工艺流程如图 6-17 所示,此工艺的主要特点是飞灰采用旋风分离器进行分离,燃气中的焦油采用石灰石进行催化裂解,显热可以实现回收。

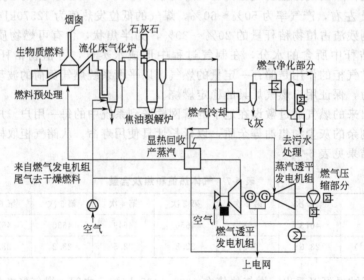

图 6-17　瑞典的 TPS 气化工艺流程

中科院广州能源研究所进行了 4MW 级生物质气化燃气-蒸汽整体联合循环发电示范工程的设计研究,并取得了较好的结果。该示范工程位于江苏省镇江市丹徒经济技术开发区,其工艺流程见图 6-18。

主要的工艺设计参数如下。

燃料:4.5 t/h 稻草秸秆;

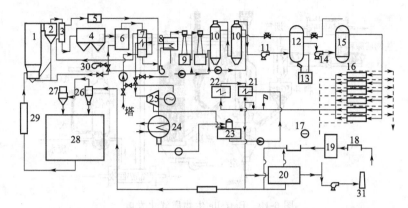

图 6-18 4MW 级生物质气化燃气-蒸汽整体联合循环发电工艺流程
1—流化床气化发生炉；2—旋风分离器；3，7，22—蒸发器；4—中温静电除尘器；5—汽包；6—焦油裂解炉；
8—空预器；9—文丘里除尘器；10—水洗除尘；11—引风机；12—储气罐；13—水封；14—加压风机；
15—加压储气罐；16—燃气发电机组；17—冷却水或加压水泵；18—燃料运输设备；
19—燃料切割机；20—燃料干燥设备；21—省煤器；23—除氧器；24—冷凝器；
25—蒸汽发电机组；26—粉尘旋风分离器；27—袋式除尘器；
28—燃料仓；29—加料器；30—鼓风机；31—烟囱

运行空燃比（1atm，25℃）：1.2m³/kg；
发电能力：燃气发电机组（3MW），蒸汽发电机组（1MW）；
气化炉效率：78%；
内燃机效率：30%；
汽轮发电机效率：24%；
系统总效率：28%。

此工艺采用流化床气化炉，主要采取以下措施解决生物质气化普遍存在的问题。

a. 采用旋风分离器、中温静电除尘以及水洗除尘去除燃气夹带的飞灰；

b. 采用木炭焦油裂解催化剂进行焦油裂解，即在裂解炉中加入适量的炭，再配入适量的空气，一方面通过炭与空气反应放热使燃气温度升高至 900℃ 以上，另一方面利用炭的催化作用，达到高温催化裂解的双重功效；

c. 采用燃气-蒸汽整体循环以回收系统的显热损失；

d. 通过水洗塔除掉燃气中的少量的氮化合物、硫化物、碱金属化合物和少量的未完全裂解的焦油。

美国建立的 Battelle 生物质气化发电示范工程代表生物质能利用的世界先进水平，可生产中热值气体。这种大型生物质气化循环发电系统包括原料预处理、循环流化床气化、催化裂解净化、燃气轮机发电、蒸汽轮机发电等设备，适合于大规模处理农林废物。此工艺使用两个独立的反应器：气化反应器（在其中生物质转化成中热值气体和残炭）和燃烧反应器（燃烧残炭并为气化反应供热）。

两个反应器之间的热交换载体由气化炉和燃烧室之间的循环沙粒完成。图 6-19 的工艺流程图给出了两个反应器以及它们在整个气化工艺中的配合情况。

Battelle 工艺与传统的气化工艺不同，不需要制氧装置，而是充分利用生物质原料固有的高反应特性。生物质的气化强度超过 $146t/(h·m^2)$，而其他气化系统的气化强度通常小于 $1t/(h·m^2)$。Battelle 气化工艺的商业规模示范建在弗蒙特州的柏林顿 Mcneil 电站，该项目的一期工程，用 Battelle 技术建造日产 200t 燃料气的气化炉，在初始阶段生产的生物质气用于现有的 Mcneil 电站锅炉。

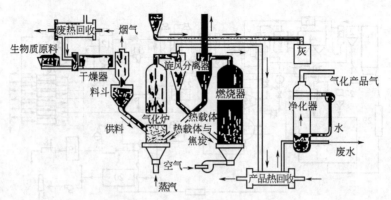

图 6-19 Battelle 生物质气化发电

③ 生物质气化技术存在的问题

a. 生物质灰分的熔点低且碱金属元素含量高，直接燃烧易结焦和产生高温碱金属元素腐蚀；

b. 生物质气化时，渣与飞灰的含碳高，气化效率低；

c. 燃气中焦油含量高，导致产生大量含焦废水并影响燃气利用设备的连续正常运行；

d. 燃气和经发电机组产生的尾气显热未回收，造成整个系统效率低（18%左右）；

e. 燃料单耗高。

#### 6.2.2.3 生物质热解与直接液化技术

生物质热解是生物质在完全缺氧或有限氧供给的条件下热降解为液体生物油、可燃气体和固体生物质炭三个组成部分的过程；生物质液化是在合适的催化剂的作用下，一般以水作为溶剂，在超临界条件下，水作为介质具有使反应加快、环境友好、产物易于分离等较好的反应特性，是具有开发和应用潜力的生物质液化剂和反应介质。液化和热解的对比见表 6-8。

表 6-8 液化和热解的对比

| 过程 | 温度/℃ | 压力/MPa | 干燥 |
| --- | --- | --- | --- |
| 液化 | 525～600 | 5～25 | 不需要 |
| 热解 | 650～800 | 0.1～0.5 | 需要 |

这两个过程都是将原料中的有机化合物转化为液体产品的热化学过程。液化是在催化剂存在的前提下，生物质原料中的大分子化合物分解成小分子化合物碎片，同时这些不稳定、活性高的碎片重新聚合成合适分子量的油性化合物。而热解一般不需催化剂，较轻的分解分子通过气相的均相反应转化成油性化合物。

(1) 生物质热解技术的特点

① 生物质热解技术能够以较低的成本，连续化生产工艺将常规方法难以处理的低能量密度的生物质转化为高能量密度的气、液、固产品，减少了生物质的体积，便于储存和运输；

② 可以从生物油中提取高附加值的化学品；

③ 生物质中含硫含氮量均较低，同常规能源相比，减少了空气中 $SO_2$ 和 $NO_x$ 排放；

④ 生物质利用过程中所放出的 $CO_2$ 同生物质形成过程中所吸收的 $CO_2$ 相平衡，没有额外增加大气中的 $CO_2$ 含量；

⑤ 生物油是一种环境友好燃料，生物油经过改性和处理后，可直接用于透平机，可视

为21世纪的绿色燃料。

(2) 生物质热解原理　生物质主要由纤维素、半纤维素和木质素组成，空间上呈网状结构。生物质的热解行为可以归结为纤维素、半纤维素和木质素三种主要组分的热解。但这三种主要成分的热解并不同时发生，相对于纤维素和半纤维素而言，木质素的降解发生在一个较宽的温度范围内，而纤维素和半纤维素的降解则发生在一个较为狭窄的温度区间。相比之下，纤维素结构最为简单，且在绝大多数生物质中占主要成分，其热解规律具有一定的代表性。纤维素的热解可分为三个阶段：预热解阶段、热解阶段和焦炭降解阶段。

① 预热解阶段　主要是纤维素高分子链断裂、纤维素聚合度下降及玻璃化转变，这一阶段会有一些内部重排反应发生，如失水、键断裂及自由基出现，还有羧基、羰基和过氧羟基的形成过程。当温度低于200℃时，纤维素热效应并不明显，即使加热很长时间也只有少量的重量损失，外观形态并无明显变化。然而，经过预热解处理的木质纤维素材料内部结构已经发生了一些变化，其热解产物的产量不同于未经过预处理的纤维素材料，这表明预热解是整个热解过程的必要的一步。

② 热解阶段　这是主要阶段，降解过程在300～600℃下发生，纤维素进一步解聚形成单体，进而通过各种自由基反应和重排反应形成热解产物。这一阶段发生化学键的断裂与重排，需要吸收大量的热量。这一阶段热解的主要产物是1,6-脱水内醚葡萄糖，但它在常压和较高温度条件下并不稳定，会进一步裂解成为其他低分子量的挥发性产物。

③ 焦炭降解阶段　这一阶段焦炭进一步降解，C—H和C—O键断裂，形成富碳的固体残渣。纤维素热解过程的主要反应如下：

$$(C_6H_{10}O_5)_x (纤维素) \longrightarrow xC_6H_{10}O_5 (左旋葡聚糖) \tag{6-10}$$

$$C_6H_{10}O_5 (左旋葡聚糖) \longrightarrow H_2O + 2CH_3-CO-CHO (甲基乙二醛) \tag{6-11}$$

$$CH_3-CO-CHO + H_2 \longrightarrow CH_3-CO-CH_2OH (乙缩醛) \tag{6-12}$$

$$CH_3-CO-CH_2OH + H_2 \longrightarrow CH_3-CHOH-CH_2OH (丙基乙二醇) \tag{6-13}$$

$$CH_3-CHOH-CH_2OH + H_2 \longrightarrow H_2O + CH_3-CHOH-CH_3 (异丙基乙醇) \tag{6-14}$$

(3) 热解工艺过程　热解工艺过程包括预处理、热解、热解产物的分离与收集。

① 预处理　预处理包括干燥和粉碎。干燥生物质能有效降低生物油中水分含量，从而改善生物油的黏度、pH值、稳定性和存储期，一般含水量应控制在15%以内。粉碎到合适的粒度有利于热质传递和热解产物的形成。预处理阶段还可能需要进行清洗或添加催化剂，以达到生产某些特定化学品的目的。

② 热解　热解过程工艺参数的选择直接决定了热解产物的组成和比例。这些工艺参数主要是由热解反应器的类型及其热传递方式所决定的，例如热解温度、传热速率、压力、停留时间以及生物质原料的种类、粒度等。这些工艺参数直接影响了热解过程的传热与传质、化学反应和相变情况，从而影响热解产物的产率。如果生物质热解的目的是获得液体产物，热解条件应为低温、高热传导速率和短的气体停留时间。如果热解目的是获得高产量的燃料气体，热解条件应为高温、低热传导速率和长的气体停留时间。如果热解目的是获得高产量的焦炭，热解温度还要低以及低热传导速率。

根据热解过程原料停留时间和温度的不同，热解工艺可分为三大类：慢速热解、常规热解和快速热解。慢速热解在较低的反应温度和较长的反应时间的条件下进行热解，它的主要产品是固体炭，大约占重量的30%，占能量的50%；常规热解以不足600℃的中等温度和中等反应速率，其气体、液体和固体三种产品的比例大致相等；快速热解在相对较低的温度下进行，一般为500～800℃。但是它具有较高的加热速率（1000～10000℃/s），较短的气固滞留期，一般小于1s。因此快速热解为大规模生物质材料的开发提供了广阔前景和途径。

快速热解最大液体产率可达80%，目前热解技术的研究焦点集中于快速热解。

③ 热解产物的分离与收集　热解产物的分离与收集包括气相中焦炭的分离和生物油的收集。生物质在热解过程中会产生一些小颗粒的焦炭，这些小颗粒的焦炭会在热解蒸汽的二次裂解中起催化作用，并对生物油稳定产生不利影响，因此，应采用过滤设备对气相中焦炭进行分离。生物油的收集主要利用冷凝器快速冷凝来实现。

(4) 快速热解装置　生物质快速热解液化是在传统裂解基础上发展起来的一种技术，相对于传统裂解，它采用超高加热速率（$10^2 \sim 10^4$K/s）、超短产物停留时间（0.2~3s）及适中的裂解温度，使生物质中的有机高聚物分子在隔绝空气的条件下迅速断裂为短链分子，使焦炭和产物气降到最低限度，从而最大限度获得液体产品。这种液体产品被称为生物油（biooil），为棕黑色黏性液体，热值达20~22MJ/kg，可直接作为燃料使用，也可经精制成为化石燃料的替代物。因此，随着化石燃料资源的减少，生物质快速热解液化的研究在国际上引起了广泛的兴趣。自1980年以来，生物质快速热解技术取得了很大进展，成为最有开发潜力的生物质液化技术之一。

快速热解过程在几秒或更短的时间内完成，液体产物收率相对较高，所以，化学反应、传热传质以及相变现象都起重要作用。关键问题是使生物质颗粒只在极短时间内处于较低温度（此种低温利于生成焦炭），然后一直处于热解过程最优温度。要达到此目的一种方法是使用小生物质颗粒（应用于流化床反应器中），另一种方法是通过热源直接与生物质颗粒表面接触达到快速传热（这一方法应用于生物质烧蚀热解技术中）。较低的加热温度和较长气体停留时间有利于碳的生成，高温和较长停留时间会增加生物质转化为气体的量，中温和短停留时间对液体产物增加最有利。生物质热解技术常用装置类型有：固定床、流化床、夹带流、多炉装置、旋转炉、旋转锥反应器、分批处理装置等。其中，流化床装置因能很好地满足快速热解对温度和升温速率的要求而被广泛采用。

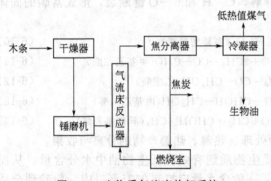

图6-20　生物质气流床热解系统

① 气流床热解　图6-20是佐治亚技术研究公司开发出的一种气流床。床直径为15cm，高4.4m，保证停留时间1~2s。木材粉末（粒径0.3~0.42mm）被燃烧废气带入反应器。

热解所需热量由载气提供。载气温度低于745℃，和生物质的质量比为8，以保证所提供的热量能获得最大的液体收率。系统进料速率为15kg/h。可生成58%的生物油（干基）和12%的焦炭（无水无灰基）。

② 真空热解　真空热解在真空多级炉缸内进行热解，真空多级炉可实现水与油组分的分离与回收。例如，一个高2m、直径0.7m的真空多级炉，反应温度为350~450℃。在炉的每一段收集液体组分，收率可达50%，整个过程的热效率为82%。实验用原料包括木材、树皮、农业渣料、泥炭和城市垃圾，进料量为0.8~35kg/h。

③ 旋转锥反应器　以生物质油为主要产品的各种热解液化技术中，旋转锥式热解反应器具有较高的生物产油率。图6-21的BTG旋转锥反应器由Twente大学开发，旋转的加热锥产生离心力驱动热砂和生物质；炭在第二个鼓泡流化床燃烧室中燃烧，砂子再循环到热解反应器中；热解反应器中的载气需要量比流化床和传输床系统要少，然而需要增加用于炭燃烧和砂子输送的气体量；旋转锥热解反应器、鼓泡床炭燃烧器和砂子再循环管道三个子系统统一操作比较复杂；典型液体产物收率为60%~70%（质量，干基）。

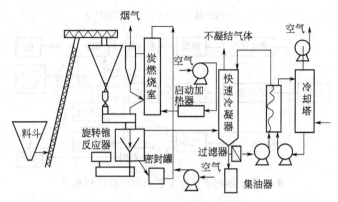

图 6-21 BTG 旋转锥示意图

④ 循环流化床裂解工艺 加拿大的 Waterloo 大学开发了近似的闪速热解工艺（见图 6-22）。装置规模为 5~250kg/h，液体产率可达 75%。

⑤ 涡流式烧蚀热解 图 6-23 为涡流式烧蚀反应器。装置中的生物质被加速到超音速来获得加热筒体内的切向高压，未反应的生物质颗粒继续循环，反应生成的蒸汽和细小的炭粒沿轴向离开反应器进入下一工序。典型的液体收率为 60%~65%（干基）。同其他热解方法相比，烧蚀热解在原理上有实质性的不同。在所有其他热解方法中，生物质颗粒的传热速率限制了反应速率，因而要求较小的生物质颗粒。在烧蚀热解过程中，热量通过热反应器壁面来"熔化"与其接触的处于压力下的生物质（就好像在煎锅上熔化黄油，通过加压和在煎锅上移动可显著增加黄油的熔化速率）。热解前峰通过生物质颗粒单向地向前移动。生物质被机械装置移走后，残留的油膜可以给后继的生物质提供润滑，蒸发后即成为可凝结的生物质热解蒸气。反应速率的影响因素有压力、反应器表面温度和生物质在换热表面的相对速率。

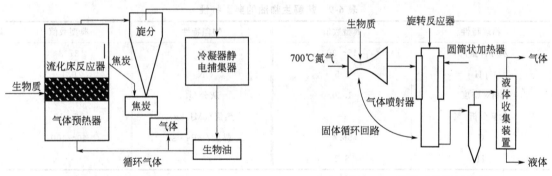

图 6-22 闪速裂解工艺　　　　　图 6-23 涡流式烧蚀反应器

在上述生物质快速裂解技术中，循环流化床的应用较为普遍。循环流化床工艺具有很高的加热和传热速率，且处理规模较大，获得液体的产率也最高。热等离子体快速热解液化是生物质液化新技术，它采用热等离子体加热生物质颗粒，使其快速升温，然后迅速分离、冷凝，得到液体产物。

(5) 热解产物及应用　生物质热解产物主要有气体、焦炭及液体三种。图 6-24 给出了热化学转化工艺过程及产品。

① 气体产物　热解产生的中低热值的气体含有 $CO$、$CO_2$、$H_2$、$CH_4$ 及饱和或不饱和烃类化合物（$C_nH_m$）。热解气体可作为中低热值的气体燃料，用于原料干燥、过程加热、动力发电或改性为汽油、甲醇等高热值产品。热解气体的过程分三部分：热解形成焦炭过程中，少量的（低于干生物质质量 5%）初级气体随之产生，其中 $CO$ 和 $CO_2$ 约占 90% 以上，

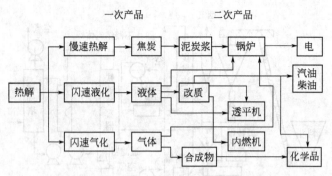

图 6-24 热化学转化工艺及其产品应用前景

其余为一些烃类化合物；在随后的热解过程中，部分有机蒸气裂解成为二次气体；最后得到的热解气体，实际上是初级气体和其他气体的混合物。

② 焦炭产物　热解过程所形成的固体产品是焦炭。焦炭颗粒的大小很大程度上取决于原料的粒度、热解反应对焦炭的相对损耗以及焦炭的形成机制。当热解目标是获得最大焦炭产量时，通过调整相关参数，一般可获得相当于原料干物质 30% 的焦炭产量。焦炭可作为固体燃料使用。

③ 液体产物　热解液是高含氧量、棕黑色、低黏度且具有强烈刺激性气味的复杂流体，含有一定的水分和微量固体炭。快速热解所得到的热解液通常称为生物油（biooil，biocrude）或简称为油（oil），而把传统热解产生的热解液称为焦油（tar）。生物油的理化特性对生物油储存和运输具有重要的参考价值，并直接影响到生物油的应用范围与利用效率。

表 6-9 给出了快速热解生物油的典型理化特性。生物油虽然含有与生物质相同的元素，但其化学组成已不同于生物质原料。

表 6-9　热解生物油的典型特性

| 物理特性 | 典型数值 | 物理特性 | 典型数值 |
| --- | --- | --- | --- |
| 水分含量/% | 15～30 | O | 37.3 |
| pH | 2.5 | N | 0.1 |
| 相对密度 | 1.20 | 灰分/% | 0.1 |
| 元素分析/% | — | 热值/(MJ/kg) | 16～19 |
| C | 56.4 | 黏度/mPa·s | 40～100 |
| H | 6.2 | | |

物油包括两相，即水相和非水相。水相中含有多种低分子量的含氧化合物；非水相化合物中包含许多不溶性高分子量的有机化合物，主要包括含氧官能团的酸类、酚类、醛类以及芳香族化合物。热解液中酚基和甲氧基来源于木质素的降解，纤维素的降解则主要产生羰基化合物。

生物油的构成与裂解原料、裂解技术、除焦系统、冷凝系统和储存条件等因素均有关。生物质转化为液体后，能量密度大大提高，可直接作为燃料用于内燃机，热效率是直接燃烧的 4 倍以上。但生物油含氧量高（质量分数约 35%），因而稳定性比化石燃料差，而且腐蚀性较强，因而限制了其作为燃料使用。

目前，热解技术在基础研究、生产和应用领域都受到广泛的关注，但还存在一些需要解决的问题，包括生物油生产成本通常高于矿物油；生物油不稳定，长时间贮存会发生相分离及沉淀等现象，并具有腐蚀性；由于物理、化学性质的不稳定，生物油不能直接用于现有的动力设备，必须经过改性和精制后才可使用；不同生物质原料热解所得到的生物油品质差别很大；目前生物油制品的生产、使用还缺乏统一标准等。

针对上述存在的问题，需要开展深入的相关研究，包括研制新型大规模热解装置、探索热解工艺特性、优化过程控制因素、提高装置热解效率和生物油质量和降低生产成本；建立生物油生产、应用及销售的统一标准，扩大生物油应用范围；发展生物油改性、精制工艺方法（加氢处理、沸石分子筛催化），提高生物油品质，使其能够参与矿物油燃料市场的竞争。

（6）生物质直接液化技术——高压液化技术　生物质直接液化采用较高压力下实现液化，又称为高压液化。把生物质放在高压设备中，添加适宜的催化剂，在一定的工艺条件下反应制成液化油。反应物的停留时间大约几十分钟，产品可作为汽车用燃料或进一步分离加工成化工产品。生物质通过液化不仅可以制取甲醇、乙醇和液化油等化工产品，还缓解未来的能源危机，生物质液化将是生物质能研究的热点。

生物质与石油在结构、组成和性质上有很大的差异。生物质的主体是高分子聚合物，而石油是烃类物质的混合物；生物质中氢元素远小于石油，而含氧量却远高于石油，且生物质中含较多的杂质。因此将生物质直接转化为液体燃料，需要加氢、裂解和脱灰过程。生物质直接液化工艺流程见图6-25。木材原料中的含水率约为50%，液化前需将含水率降低到4%，且便于粉碎处理。

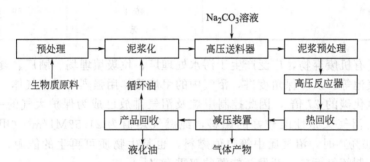

图 6-25　生物质直接液化工艺流程

木屑干燥和粉碎后，初次启动时与蒽混合，正常运行后与循环油混合。由于混合后的泥浆非常浓稠，且压力较高，故采用高压送料器输送至反应器。用CO将反应器加压到28MPa，温度为350℃，催化剂是浓度为20%的$Na_2CO_3$溶液，反应的产物是气体和液体。离开反应器的气体被迅速冷却为轻油、水及不能冷凝的气体。液体产物包括油、水及其他杂质，可通过离心分离机分离，得到的液体产物一部分用作循环油使用，其他作为产品。

生物质直接液化是远期目标，目前重点放在基础研究上。与裂解和气化比，液化存在高压工艺较昂贵、浆料难以高压进料、泵送和换热带液负载高等技术难题。此外，液化产品较瞬时裂解的生物油黏度更高，性质更差，产量也明显较低。但是，如能控制反应速率和操作条件，液化产品可使含氧量降至最低而产量可达最高，因为伴有加氢或加氢-脱氧反应，在含氧量和热值方面较裂解油好。一般裂解油含氧量约35%，热值20~25MJ/kg（干基），而液化产品含氧约15%，热值35~40MJ/kg。

## 6.2.3　生物转换技术

生物化学过程是利用原料的生物化学作用和微生物的新陈代谢作用生产气体燃料和液化燃料，具体讲是利用生物质厌氧发酵生成沼气和在微生物作用下生成酒精等能源产品的技术，这是利用生物质能对环境的破坏作用降低到最低程度的技术。

#### 6.2.3.1 厌氧发酵的沼气技术

沼气是一种可燃气体，由于这种气体最先是在沼泽中发现的，故称为沼气。沼气是有机物在厌氧条件下经多种微生物的分解与转化作用后产生的可燃气体，其主要成分是甲烷（$CH_4$）和二氧化碳（$CO_2$），其中甲烷含量一般为60%～70%，二氧化碳含量为30%～40%（容积比），此外，还有少量的氢（$H_2$）、氮、一氧化碳（CO）、硫化氢（$H_2S$）和氨等。沼气热值为$272MJ/m^3$，低于天然气$410MJ/m^3$，但高于管道煤气$8.8MJ/m^3$，约是生物质热解气的5倍。甲烷是无色、无臭和无味的气体，甲烷与沼气的主要特性参数见表6-10。

表 6-10 甲烷与沼气的主要理化性质

| 理化特性 | $CH_4$ | 标准沼气 |
| --- | --- | --- |
| 体积分数/% | 54～80 | 100 |
| 热值/(kJ/L) | 35.82 | 21.52 |
| 爆炸范围（与空气混合的体积分数）/% | 5～15 | 8.33～25 |
| 密度（标准状态）/(g/L) | 0.72 | 1.22 |
| 相对密度（与空气相比） | 0.55 | 0.94 |
| 临界温度/℃ | −82.5 | −25.7～−48.4 |
| 临界压力/$\times 10^5$Pa | 46.4 | 59.35～53.93 |
| 气味 | 无 | 微臭 |

沼气来源于有机废弃物，广泛产生于污水处理厂、垃圾填埋场、酒厂、食品加工厂、养殖场和农村沼气池等。从环保角度讲，沼气中的甲烷是作用强烈的温室气体，其导致温室效应的效果是二氧化碳的27倍，因此控制甲烷及沼气排放已成为保护大气的一个重要方面；从能源角度讲，沼气又是性能较好的燃料，纯燃气热值为$21.52MJ/m^3$（甲烷含量60%、二氧化碳含量40%）时，沼气属中等热值燃料，也是生物质可再生的能源。因此，高效利用沼气，具有控制沼气污染、开发新能源的双重意义。

西欧是人类最早使用沼气的地区，但目前中国是全世界沼气事业发展速度最快、数量最多和沼气利用开展得最好的国家。

目前，生物质沼气技术已发展得非常成熟，已经进入商业化应用阶段。近年来随着国民经济的快速发展，城市废弃物数量迅速增加，为了治理这些废弃物，我国已建成大、中型沼气工程几千座，形成年产沼气数十亿立方米的能力。由于这些气源稳定、供气量大（如规模较大的污水处理厂、垃圾填埋场一般日产沼气为1万～2万立方米，中型的沼气工程日产气也可达数千立方米），采用动力装置进行燃烧发电，已成为国际上趋同的技术路线。

（1）沼气发酵原理  沼气发酵是一个（微）生物作用的过程。各种有机质（包括农作物秸秆、人畜粪便以及工农业排放废水中所含的有机物等）在厌氧及其他适宜的条件下，通过微生物的作用，最终转化成沼气，完成这个复杂的过程，即为沼气发酵。沼气发酵主要分为液化、产酸和产甲烷三个阶段。

① 液化  农作物秸秆、人畜粪便、垃圾以及其他各种有机废弃物，通常是以大分子状态存在的碳水化合物，必须通过微生物分泌的胞外酶进行酶解，分解成可溶于水的小分子化合物，即多糖水解成单糖或双糖，蛋白质分解成肽和氨基酸，脂肪分解成甘油和脂肪酸。这些小分子化合物才能进入到微生物细胞内，进行以后的一系列的生物化学反应，这个过程称为液化。

② 产酸  液化过程的产物，即单糖类、肽、氨基酸、甘油和脂肪酸等物质在不产甲烷细菌微生物群的作用下，转化成简单的有机酸、醇以及二氧化碳、氢、氨和硫化氢等，其中

主要产物是挥发性有机酸（其中乙酸约占 80%），此为产酸阶段。

③ 产甲烷　这些有机酸、醇及二氧化碳等物质被产甲烷细菌分解成甲烷和二氧化碳，或通过氢还原二氧化碳的作用，形成甲烷，这个过程称为产甲烷阶段。沼气是以甲烷和二氧化碳为主的混合气体。

(2) 沼气发酵工艺条件　沼气发酵微生物要求适宜的生活条件，对温度、酸碱度、氧化还原势及其他各种环境因素都有一定的要求。在工艺上只有满足微生物的这些生活条件，才能达到发酵快、产气量高的目的。实践证明，如果某一条件没有控制好，就会引起整个系统运行失败。这些条件主要包括：严格的厌氧环境、发酵温度、发酵原料、发酵过程的酸度控制、接种物、碳/氮/磷的比例、添加剂和抑制剂、搅拌。

① 严格的厌氧环境　沼气发酵微生物包括产酸菌和产甲烷菌两大类，它们都是厌氧性细菌，尤其是产生甲烷的甲烷菌是严格厌氧菌，对氧特别敏感。它们不能在有氧的环境中生存，哪怕微量的氧存在，生命活动也会受到抑制，甚至死亡。因此，建造一个不漏水、不漏气的密闭沼气池（罐），是人工制取沼气的关键。沼气发酵的启动或新鲜原料入池时会带进一部分氧，但由于在密闭的沼气池内，好氧菌和兼性厌氧菌的作用，迅速消耗了溶解氧，创造了良好的厌氧条件。

② 发酵温度　沼气发酵微生物是在一定的温度范围进行代谢活动，可以在 8～65℃ 产生沼气，温度高低不同产气速度不同。在 8～65℃ 范围内，温度越高，产气速率越大，但不是线性关系。40～50℃ 是沼气微生物高温菌和中温菌活动的过渡区间，它们在这个温度范围内都不太适应，因而此时产气速率会下降。当温度增高到 53～55℃ 时，沼气微生物中的高温菌活跃，产沼气的速率最快。沼气发酵温度突然变化，对沼气产量有明显影响，温度突变超过一定范围时，则会停止产气。一般常温发酵温度不会突变；对中温和高温发酵，则要求严格控制料液的温度。

通常产气高峰一个在 35℃ 左右，另一个在 54℃ 左右。这是因为在这两个最适宜的发酵温度中，由两个不同的微生物群参与作用的结果。前者叫中温发酵，后者叫高温发酵。

若沼气发酵温度突然上升或下降，对产气量有明显的影响。若温度突然上升或下降 5℃，产气量会显著降低，若变化过大，则产气过程停止。为防止沼气发酵温度的突变，沼气池应采取必要的保温措施。将沼气池建于温室大棚内（夏季遮阴），是防止温度突变的有效措施之一。

③ 发酵原料　在厌氧发酵过程中，原料既是产生沼气的基质，又是沼气发酵微生物赖以生存的养料来源。除了矿物油和木质素外，自然界中的有机物质一般都能被微生物发酵产生沼气，但不同的有机物有不同的产气量和产气速度。较难分解的有机物质，在投料前要进行切碎、堆沤等预处理。若有机物已经过牲畜肠胃消化、阴沟厌氧消化及工业发酵，入池后很快就会产气。因此，农业剩余物秸秆、杂草及树叶等植物类；猪、牛、马、羊及鸡等家畜家禽的粪便类；工农业生产的有机废水废物（如豆制品的废水、酒糟和糖渣等）和水生植物均可作为沼气发酵的原料。表 6-11 为不同原料的产气量。

**表 6-11　发酵原料的产沼气量**

| 原料种类 | 产沼气量/(m³/t 干物质) | 甲烷含量/% |
|---|---|---|
| 牲畜厩肥 | 260～280 | 50～60 |
| 猪粪 | 561 | — |
| 马粪 | 200～300 | — |
| 青草 | 630 | 70 |
| 亚麻秆 | 359 | — |

续表

| 原料种类 | 产沼气量/(m³/t 干物质) | 甲烷含量/% |
|---|---|---|
| 麦秆 | 432 | 59 |
| 树叶 | 210～294 | 58 |
| 废物污泥 | 640 | 50 |
| 酒厂废水 | 300～600 | 58 |
| 碳水化合物 | 750 | 49 |
| 类脂化合物 | 1440 | 72 |

④ 发酵过程的酸度控制（pH 值） 原料发酵过程中，微生物的正常生长和代谢需要适中的 pH 值在 6.5～7.5 范围内，如果 pH 值小于 6.4 或大于 7.6，均会对沼气发酵产生抑制作用。pH 值在 5.5 以下时，产甲烷菌的活动完全受到抑制。

在沼气发酵过程中，池内 pH 值会有规律地发生变化。在发酵初期，池内产生大量的酸，pH 值下降；随后，氨化作用产生的一部分氨，会中和掉一部分酸，同时，由于产甲烷活动利用了大量的挥发酸，会使 pH 值恢复正常。在正常情况下，沼气发酵过程中的 pH 值变化是一个自然平衡过程，一般不需要进行人为的调节。但如果配料不当，或操作管理不合理，可能会导致大量挥发酸积累，从而使 pH 值下降。

在日常管理中，可能会遇到 pH 值过高或过低影响产气的情况，此时便需要进行人为调节。调节方法有以下几种：一是经常换料（少量），以稀释发酵液中的挥发酸，提高 pH 值；二是向池中加入适量的草木灰或氨水，调节 pH 值；三是适当加入牛、马粪便，并加水冲淡以降低 pH 值。

⑤ 接种物 在发酵过程中，菌种质量的好坏和数量的多少将直接影响到产气率的高低。实际操作中，要视发酵原料的不同，决定是否需要接种。如果原料是粪便及其他已发酵过的原料，由于本身含有大量的发酵微生物，不需要接种。如果原料是工、农业废水，由于这些物质不含有发酵微生物或数量太少，入池后必须加入足够量的接种物。

接种物可以从自然界中方便地获得，阴沟污泥及粪坑底污泥等都可作接种物。如果条件允许，在沼气池大换料时，可以采用发酵液作为接种物。加入接种物的数量，要视接种物的来源确定。如果采用沼气池发酵液作接种物，接种量应占总发酵料液的 30% 以上；若采用沼气池底层沉渣作接种物，接种量应占总发酵料液的 10% 以上；使用秸秆作发酵原料时，需要加大接种物数量，接种量一般要大于秸秆总重量。

⑥ 碳/氮/磷的比例 发酵料液中的碳、氮和磷元素含量的比例，对沼气生产有重要的影响。研究表明，碳/氮比为 (20～30)/1 为佳；碳/氮/磷以 10/0.4/0.8 为宜。采用农副产品的污水为原料的情况下，一般氮和磷含量均能超过规定比例下限，不需要另外投加。但一些工业污水，如果氮、磷含量不足，应补充到适宜值。

⑦ 添加剂和抑制剂 添加剂指能促进有机物分解，并能提高产气率的各种物质；抑制发酵微生物的生命活动的化学物质为抑制剂。

添加剂的种类很多，包括一些酶类、无机盐类、有机物和其他无机物等。目前应用比较普遍的添加剂包括硫酸锌、磷矿粉、碳酸钙和炉灰等，它们均可不同程度地提高产气率及甲烷含量。在以牛粪为发酵原料的沼气池中，添加少量尿素，可加快产气速度、提高产气量和原料分解率；添加适量 $CaCO_3$，可促进沼气的产生，并会提高沼气中甲烷的含量。

抑制剂的种类也很多，包括酸类、醇类、苯、氰化物及去垢剂等，同时各类农药，特别是剧毒农药，都具有极强的杀菌作用，即使微量也能破坏正常的沼气发酵过程。在沼气池日常管理中，一定要适当地使用添加剂和抑制剂。

⑧ 搅拌 沼气池在不搅拌的情况下，发酵料液明显地分成结壳层、清液层及沉渣层，严重影响发酵效果。对沼气池进行搅拌，可使池内温度均匀，使微生物与发酵原料充分接触，提高原料利用率，加快发酵速度，提高产气量。

在日常管理中，可视发酵规模大小，采取不同的搅拌方法。图 6-26 表示了 3 种搅拌方法。

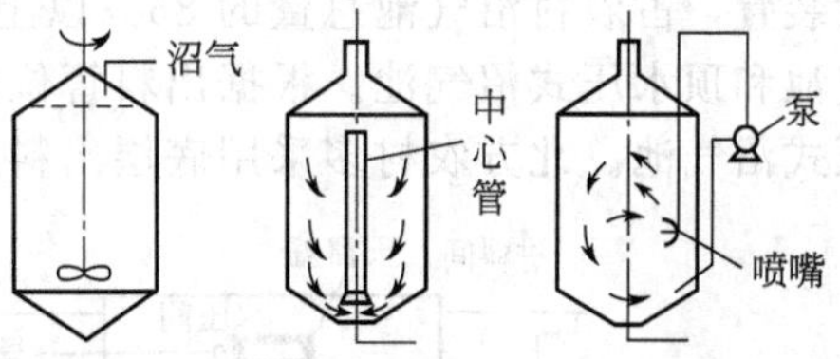

(a) 机械搅拌　(b) 气搅拌　(c) 液搅拌

图 6-26　沼气池常用的三种搅拌方式

a. 机械搅拌　机械搅拌器安装在沼气池液面以下，定位于上、中、下层皆可。如果料液浓度高，安装要偏下一些。此种搅拌法较适合于小型沼气池。

b. 液搅拌　用人工或泵使沼气池内的料液循环流动，以达到搅拌的目的。

c. 气搅拌　将沼气池产生的沼气，加压后从池底部冲入，利用产生的气流，达到搅拌的目的。液搅拌和气搅拌较适合于大、中型的沼气工程。

在设计搅拌装置时，应该注意沼气池内的物质移动速度不要超过 0.5m/s，这是沼气微生物生命的临界速度。

(3) 典型农村户用沼气池介绍　沼气利用是最早应用于农村家庭粪便处理和生产气体燃料的一种技术。近年来，中国发展了多种小型高效的户用沼气池，经过大规模的推广和应用，已使中国成为农村户用沼气池最多的国家。户用沼气池的特点是在处理人畜粪便和污水的同时，产生可燃用的沼气，对于环保和促进生态良性循环具有重大作用。一个 $8m^3$ 的户用沼气池在原料充足的情况下，可提供 10 人以上的生活燃气，可满足农民的大部分生活用能。

① 沼气发酵工艺类型　沼气发酵技术主要包括原料的预处理、接种物的选取和富集、消化器（在厌氧发酵过程中的消化器也称反应器，是沼气发酵罐、沼气池、厌氧发酵装置的统称）结构的设计、工程启动和日常运行管理等一系列技术措施。用于沼气发酵的有机物种类多，温度差别大，进料方式也不同，这导致沼气发酵工艺类型较多。

a. 按发酵温度区分

(a) 常温发酵（或自然温度发酵）　发酵温度随季节变化，发酵产气速率随四季温度升降而升降，夏季产气高，冬季产气低。由于所需条件简单，故农村沼气池大多属于该类型。

(b) 中温发酵　发酵温度维持在 30~35℃左右，中温发酵中微生物比较活跃，有机物降解较快，产气率较高，适于温暖的废水废物处理。

(c) 高温发酵　发酵温度维持在 45~55℃左右。该温度下沼气微生物特别活跃，有机物分解消化快，产气率高，停留时间短，适于处理高温的废水废物。

b. 按进料方式区分

(a) 连续发酵工艺　此类发酵工艺特点是连续定量地添加新料液、排出旧料液，以维持稳定的发酵条件及产气率。适于处理来源稳定的工业废水和城市污水等。

(b) 半连续发酵工艺　此类沼气发酵的特点是定期添加新料液、排出旧料液，间歇补充原料，以维持比较稳定的产气率。我国农村的三结合沼气池多属于此类。

(c) 批量发酵工艺　此类沼气发酵的特点是成批投入发酵原料，运转期间不投入新料，待发酵周期结束后出料，再投入新料发酵。该工艺产气率不稳定，适用于城市垃圾坑填式沼气发酵。

② 沼气池池型　我国农村家用沼气池多采用半连续发酵工艺，主要的沼气池池型有水压式沼气池、曲流布料式沼气池和分离浮罩式沼气池等。

a. 水压式沼气池　水压式沼气池是我国农村使用最广泛的人工制取沼气的厌氧发酵密

封装置，占农村沼气池总量的 85% 以上。根据水压间放置位置的不同，又分为侧水压式沼气池和顶水压式沼气池。根据出料管位置的不同又分为中层出料水压式沼气池和底层出料水压式沼气池。北方农村多采用底层出料水压式沼气池。具体结构见图 6-27。

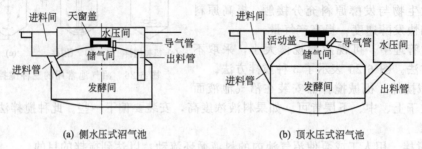

图 6-27　水压式沼气池

　　底层出料水压式沼气池由发酵间、水压间、储气间、进料管、出料口通道和导气管等部分组成。进料管一般设在畜禽舍地面，由设在地下的进料管与沼气池相连通。收集的粪便及冲洗污水经进料管注入沼气池发酵间。进料口的设定位置应与出料口及池拱盖中心的位置在一条直线上，以保持进料通畅，便于搅拌，防止排出未发酵的料液，造成料液短路。

　　水压式沼气池产气前，池内液面与进料间、水压间液面平齐。当池内发酵产生沼气并不断增多时，储气箱内的压力相应增高，气压将发酵间内的料液压出出料间，使出料间液面和池内液面形成压力差。当用户用气时沼气在水压下通过输气管输出，由于池内压力下降，水压间内的发酵料液便依靠重力的作用流回发酵间内，将沼气经导气管压出，为燃具供气。沼气的产生、储存和使用就这样周而复始地进行。这种利用料液来回流动，引起水压反复变化来储存和排放沼气的池型，就称为水压式沼气池。

　　水压式沼气池具有构造简单、施工方便、使用寿命长、力学性能好、材料适应性强、造价较低等优点。缺点是气压易随产气多少上下波动，影响高档炉具的使用。

　　曲流布料式沼气池也属水压式沼气池，只是结构与常规水压式沼气池有所不同。在进料口咽喉部位，设有滤料盘。原料进入池内时，分流板进行半控或全控式布料，形成多路曲流，增加新料散面，能充分发挥池容负载能力，提高池容产气率。扩大池出口，并在内部设隔板，塞流固菌。池拱中央、天窗盖下部中心破壳输气吊笼，输送沼气入气箱，并利用内部气压、气流产生搅拌作用，缓解料液上部结壳。外力连动搅拌装置，简单方便，搅动中心料液和上、下部料液。把池底部最低点改在出料底部，在倾斜池底作用下，形成一定的流动推力。实现主酵池进出料自流，不必打开天窗盖，全部料液由出料间取出。该池原料利用率、产气率和沼气负荷均优于常规水压式沼气池。

　　b. 分离浮罩式沼气池　浮罩式沼气池（见图 6-28）由发酵池和储气浮罩组成，发酵池的构造和水压式沼气池基本相同，不同点是水压池的储气间由浮罩代替，发酵间所产沼气，通过输气管道输送到储气柜储藏和使用。发酵间产生沼气后，沼气通过输气管道输送到储气罩，储气罩升高。用气时，沼气由储气罩重量压出，通过输气系统送沼气燃具使用。

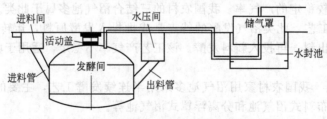

图 6-28　分离浮罩式沼气池

浮罩式沼气池具有气压恒定，池内气压低，对发酵池防渗性要求较低等优点，但建池成本相对较高，占地面积较大，施工周期较长，施工难度较大。

(4) 大中型沼气工程　沼气工程的规模主要按发酵装置的容积大小和日产气量的多少来划分（见表 6-12）。

表 6-12　沼气工程规模的划分

| 规模 | 单位容积/m³ | 单位容积之和/m³ | 日产气量/m³ |
|---|---|---|---|
| 小型 | <50 | <50 | <50 |
| 中型 | 50~500 | 50~1000 | 50~1000 |
| 大型 | >500 | >1000 | >1000 |

大中型沼气工程是指沼气发酵装置或其日产气量达到一定规模。中型沼气工程为单体发酵容积$\geqslant 50m^3$ 或多个单体发酵容积之和达到 $50m^3$，或日产气量 $50m^3$ 的沼气工程；如果单体发酵容积大于 $500m^3$，或多个单体发酵容积之和大于 $1000m^3$，或日产气量大于 $1000m^3$ 的为大型沼气工程。

国内在小型户用沼气池技术的基础上，相继研制成功处理畜禽养殖场和工业有机废弃物的大中型沼气工艺。近年来已经建成了一批重点沼气示范工程，形成了一套工艺先进、技术可靠和设备配套的工程技术，建立了初步规模的产业体系，具备了在全国大规模推广的条件。

沼气工程技术具有消除污染、产生能源和综合处置等多种功能，在城市中的养殖场应用可有效减少养殖场废物对周边环境的影响，其经济效益包括出售沼气、颗粒有机肥、制造再生饲料和避免环境罚款等。但由于这类工程建设的投入费用也很大，其综合效益需重新评估。通常只有在较大规模的养殖场中实施沼气利用技术才有一定的经济效益，因此在大中城市的大型养殖场应用沼气利用技术，既可解决养殖场的污染问题，也可获得较为可观的经济效益。但对于中小规模的养殖场来说，此项技术的应用还需有更好的技术依托和政策支持，才能实现经济和环境的双重效益。

① 大中型沼气工程工艺流程　大中型沼气工程工艺流程可分为三个阶段，即预处理阶段、中间阶段和后处理阶段。料液进入消化器之前为原料的预处理阶段，主要是除去原料中的杂物和砂粒，并调解料液的浓度。如果是中温发酵，还需要对料液升温。原料经过预处理使之满足发酵条件要求，减少消化器内的浮渣和沉砂。料液进入消化器进行厌氧发酵，消化掉有机物生产沼气为中间阶段。从消化器排出的消化液要经过沉淀或固液分离，以便对沼渣进行综合利用，此为后处理阶段。由于原料不同，运行工艺不同，每个阶段所需要的构筑物和选用的通用设备也各有不同。

a. 前处理　粪便污水的预处理阶段，需要选用适宜的格栅及除杂物的分离设施。杂物分离设施可选用斜板振动筛或振动挤压分离机等。固液分离是把原料中的杂物或大颗粒的固体分离出来，以便使原料废水适应潜水污水泵和消化器的运行要求。淀粉厂的废水前处理设施，可选用真空过滤、压力过滤、离心脱水和水力筛网等设施，也有选用沉淀池（罐）等设施；以玉米为原料的酒精厂废水前处理，可选用真空吸滤机、板框压滤机、锥篮分离机和卧式螺旋离心分离机；以薯干为原料的酒精厂废水前处理，先经过沉沙池再进入卧式螺旋离心机。

b. 消化器（沼气池）　消化器是大中型沼气工程的核心处理装置，微生物的生长繁殖、有机物的分解转化和沼气的生产都在消化器中进行，因此消化器的结构和运行情况是沼气工程设计的重点。消化器设计的注意事项包括：应最大限度地满足沼气微生物的生活条件，使消化器内能保留大量的微生物；应具有最小表面积，以利于保温，使其散热损失量最少；要使用很少的搅拌动力，可使新进的料液与消化器内的污泥混合均匀；易于破除浮渣，方便去除器底沉积污泥；要实现标准化、系列化生产；能适应多种原料发酵，且滞留期短；应设有超正压和超负压的安全措施。

c. 后处理　后处理包括出料的后处理及沼气的净化储存等。出料的后处理是大型沼气工程不可缺少的组成部分。后处理的方式多种多样，可直接作为肥料施肥，或者将出料先进行固液分离，固体残渣用作肥料，清液经曝气池等氧化处理而排放。

沼气发酵时会有水分蒸发进入沼气，水的冷凝会造成管路堵塞。沼气中还有一定量的 $H_2S$ 气体，$H_2S$ 的腐蚀性极强且对人体有害，因此必须设法除去沼气中的 $H_2O$ 及 $H_2S$。

② 厌氧消化器类型与性能　目前常见的厌氧消化可分为常规型、污泥滞留型和附着膜型三类。常规消化器内由于没有足够的微生物，且固体物质得不到充分消化，因而效率较低。新型污泥滞留型和附着膜型消化器最大的特点是在消化器内滞留了大量的厌氧活性污泥，这些活性污泥在运转过程中会逐步形成颗粒状，使其具有极好的沉降性能和较高的生物活性，大大提高了消化器的负荷和产气率。这里主要加以介绍。

a. 接触式厌氧消化器　接触式厌氧过滤器如图 6-29 所示，通过微生物在惰性填料的巨大表面积上形成生物膜的方法来保证微生物的滞留时间。接触式厌氧工艺（见图 6-30）可以增加微生物和废水之间的接触反应，从根本上解决控制污泥停留时间这一问题。即加上污泥沉淀和回流循环装置，在罐内保持较高的微生物浓度，从而提高发酵效率。

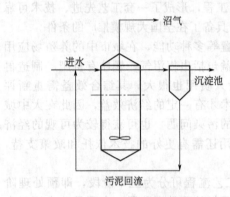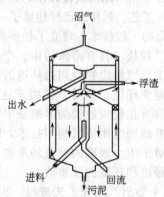

图 6-29　厌氧过滤器　　　　　图 6-30　厌氧接触工艺

填料一般采用卵石、炉渣、瓷环和塑料等。废水从过滤器底部进入，均匀上流，与附着在填料上的微生物接触，从而达到净化废水的目的，负荷率高的可达 $15kg/(m^3 \cdot d)$。在处理屠宰、合脂酸、豆制品和酒精废液等废水已取得成功。此厌氧消化器属于上流式，其特点是料液从过滤器下部进入，由下向上升流经过生物床，料液被沼气微生物消化，微生物牢固地附着在填料表面形成生物膜，克服了一般厌氧消化器沼气微生物易流失的缺点。

厌氧过滤器广泛地被用来处理多种高浓度的有机污水，如用于处理 COD 高达 $7 \times 10^4 mg/L$ 的糖蜜酒厂废水；处理 COD 浓度在 $2000mg/L$ 的屠宰废水，也用来处理城市下水道污水。

在处理有机质浓度低的污水时，应适当控制有机质负荷，避免因水力负荷过高而冲刷填料表面的生物膜和填料间隙中的活性污泥。

厌氧过滤器有弱点，由于填料的存在，废水中悬浮物稍多，容易出现从进水到出水料液在消化器内的短路和堵塞现象。解决的办法是设计异形填料，其材料是特殊的塑料，已解决运转中短路和堵塞的问题。

b. 纤维填料生物膜消化器　纤维填料固定床生物膜法消化器如图 6-31 所示，填料采用维纶。维纶是具有较好耐腐蚀性能的理想填料，在一般有机溶剂内均不溶解。维纶的特点是孔隙率大、理论比表面积大且不易堵塞。

纤维填料生物膜的工艺原理是固定床中的纤维丝均匀地分布在液相空间，形成微生物的附着载体，微生物呈立体网状结构附着在纤维上。废水从生物膜处流过，被分解消化，同时实现自身的生长。生物膜的表面积大，有极强的消化能力。

c. 上流式厌氧污泥床消化器（UASB） UASB消化器能维持很高的生物量（污泥VSS浓度可达$50 \sim 100 g/L$，VSS为挥发性悬浮物），一般污泥龄（微生物代谢更新间隔时间）在30d以上，处理废水的能力高。中温发酵进水容积COD负荷率可达$10 \sim 15 kg/(m^3 \cdot d)$。使用UASB在处理酒精废醪液、屠宰废水、啤酒废水和淀粉废水等都获得成功。UASB消化器结构如图6-32所示。

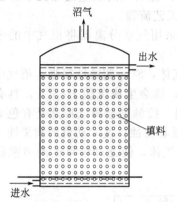

图6-31 纤维填料固定床生物膜消化器示意图

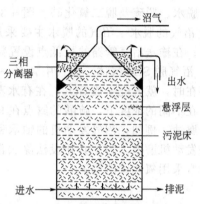

图6-32 上流式厌氧污泥床消化器

d. UBF型消化器 UBF型消化器是UASB和AF结合型消化器。消化器底部为UASB，上端为AF，装有软性填料，消化器的结构示意如图6-33所示。在UASB消化器的基础上，在消化器内一定部位安装了有过滤器作用的填料，其目的是要最大限度地保留沼气微生物在消化器内的数量，使其充分发挥作用。当UASB消化器内的污泥还未结成粒状污泥时，污泥容易流失，特别是启动时更是这样，需要经常回流污泥。为了尽量减少污泥流失，可利用厌氧过滤器中填料阻隔污泥的流失。填料可装在三相分离器的下面或上面。

e. ABR消化器 ABR消化器如图6-34所示，是在消化器内设置垂直放置的折流板，料液在消化器内沿折流板上下折流运动，依次流过每个格腔内的污泥床直至出口，在此过程料液中有机物质与厌氧活性污泥充分接触而被消化去除。ABR消化器有多种形式，这种消化器兼有厌氧接触、厌氧过滤和UASB 3种消化器的特点。ABR消化器的结构已做了多种改进，最终目的是延长厌氧活性污泥的停留时间，促使进水分布均匀，使泥水混合良好。

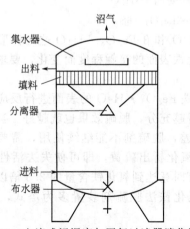

图6-33 上流式污泥床与厌氧过滤器消化器

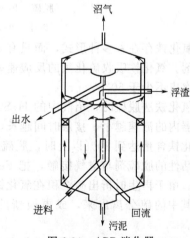

图6-34 ABR消化器

料液流经 ABR 消化器需要经过多次上下折流，虽然在每一个转角处必然存在一定程度的死区，但是 ABR 消化器的死区程度远小于其他结构形式的厌氧消化器。

ABR 消化器内没有移动部件，不需要搅拌设备，在容积不变的条件下，增长了料液的流程；而且颗粒污泥不是 ABR 良好运行的必要条件。虽然 ABR 消化器沿纵向运行将产酸与产甲烷过程分离开了，但是在同等的总负荷条件下，与单级厌氧消化器相比，ABR 消化器第一格腔要承受较大的负荷量，易造成第一格腔超负荷运行，要加以注意。

③ 沼气的净化与储存　沼气在使用之前必须净化，使沼气的质量达到要求。沼气的净化包括脱水、脱硫及脱二氧化碳。图 6-35 为沼气净化工艺流程。

a. 沼气的脱水　沼气的脱水主要采用两种方法：采用气水分离器将沼气中的部分水蒸气脱出；在输送沼气管路的最低点设置凝水器脱水。

b. 沼气脱 $SO_2$ 气体　沼气中含有一定量的 $SO_2$ 气体，$SO_2$ 腐蚀性很强。沼气中有过量空气存在时，就燃烧生成 $SO_3$；在有水蒸气的环境中，就会生成硫酸 $H_2SO_4$，具有强烈腐蚀性。在不同的浓度下，硫酸的露点在 90~160℃ 之间。接触到金属（特别是有色金属）就要发生腐蚀，例如：沼气发动机的轴承和一些配合表面易腐蚀；使发动机的润滑油变质，从而加快发动机磨损。为此必须设法除去沼气中的 $SO_2$ 气体，使处理结果达到国家标准的要求，通常采用氧化铁法脱硫。

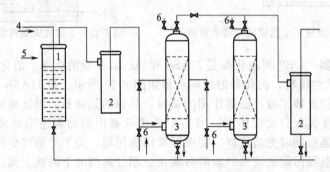

图 6-35　沼气净化工艺流程
1—水封；2—气水分离器；3—脱氧塔；4—沼气入口；5—自来水入口；6—再生通气放散阀

通常采用干法脱硫工艺，有氧化铁法和活性炭法，氧化铁法脱硫效果和经济性都较好，得到普遍使用。氧化铁法脱硫，是以氧化铁为基本的脱硫剂，脱去沼气或煤气中的硫化物，其反应式为：

$$\text{脱硫}\quad Fe_2O_3 + 3H_2S \longrightarrow Fe_2S_3 + 3H_2O \tag{6-15}$$

$$\text{再生}\quad 2Fe_2S_3 + 3O_2 \longrightarrow 2Fe_2O_3 + 6S \tag{6-16}$$

氧化铁存在着多种形式，而只有 $\alpha\text{-}Fe_2O_3 \cdot H_2O$ 和 $\beta\text{-}Fe_2O_3 \cdot H_2O$ 这两种形态能作为脱硫剂。氧化铁吸收硫化氢的反应速率视其与氧化铁表面的接触程度而变化，要求脱硫剂的孔隙率应不少于 50%。

氧化铁法脱硫时，沼气中的 $H_2S$ 在固体氧化铁 $Fe_2O_3 \cdot H_2O$ 的表面进行反应，沼气在脱硫器内的流速越小，接触时间越长，反应进行得越充分，脱硫效果也就越好。当脱硫剂中的硫化铁含量达到 30% 以上时，脱硫效果明显变差，脱硫剂不能继续使用，需要再生。将失去活性的脱硫剂与空气接触，把 $Fe_2S_3 \cdot H_2O$ 氧化析出硫黄，即可使失去活性的脱硫剂再生。由于再生时析出硫沉积在氧化铁的表面，有时竟达到氧化铁含量的 2.5 倍以上，所以要将其中的硫分离出来，或更换新的脱硫剂。氧化铁法脱硫剂装置多为塔式，如图 6-36 所示。

这种脱硫再生过程可循环进行多次，直至氧化铁脱硫剂表面的大部分孔隙被硫和其他杂质覆盖而失去活性为止。一旦脱硫剂失去活性，则需将脱硫剂从塔内卸出，摊晒在空地上，然后均匀地在脱硫剂上喷洒少量稀氨水，利用空气中的氧，进行自然再生。

c. 沼气储存 对于大中型沼气工程，由于厌氧消化装置工作状态的波动及进料量和浓度的变化，沼气的产量波动较大。同时，由于沼气的生产是连续的，而沼气的使用是间歇的，因而必须采用储气方法解决。通常采用低压湿式储气柜，少数用低压干式储气柜或橡胶储气袋来储存沼气。

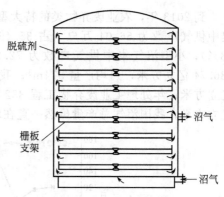

图6-36 塔式干法脱硫装置

(5) 沼气发酵残留物的综合利用技术 沼气发酵残留物可用于发展绿色农业和无公害食品工业。沼气发酵的残留物可作为饲料，例如用于养猪和养鱼，既节约饲料又改善产品质量；沼液浸种平均可增产粮食5%；沼液是一种良好的"广谱性生物农药"，防治作物病虫害，有利于农作物的增产增收，提高作物"三抗"能力；沼肥是一种缓速兼备的高效有机肥，在现有耕作方式下每亩增施1t沼肥，不仅能提高粮食产量5%~12%，还有利于改良土壤，增强农业生产后劲。

(6) 国内外沼气技术开发和应用现状 沼气技术在污水处理、堆肥制造、人畜粪便、农作物秸秆和食品废物处理等方面已得到广泛利用。印度早在1981年就开始实施发展以村为单位的利用家畜粪便生产沼气的农村沼气国家开发计划，每年新建沼气池达1.8万台之多。欧洲为减少温室气体排放也开始注意发展沼气技术，德国不仅充分利用垃圾填埋场的沼气发电，同时大力推广沼气池技术；日本通过食品废弃物再生法的实施，促进了用食品废弃物发酵堆肥技术的推广，并研究从沼气中提取氢气供燃料电池热电联供作燃料。

沼气产业链不断延伸，已进入城市居民生活。沼气能源的应用由生活用能、沼气发电拓宽到车载燃料和生物天然气等领域（沼气经过净化提纯需达到甲烷体积分数为95%~97%，$H_2S$体积分数降低至千万分之一）。沼气燃料电池是一种新型的清洁、高效的发电装置，是很有前景的沼气利用工艺。沼气燃料电池发电具有效率高、能量利用率高、振动和噪声小同时氮氧化物、硫化物排放浓度低。

经过近40年的研究、改进和推广，我国的沼气技术有了长足的发展。从2000年来，我国沼气工程建设迅速发展，由2000年的1042处，发展到2013年的99957处，增加了95倍。从图6-37可知，沼气工程一直稳步发展，自2006年起沼气工程进入快速发展阶段，年均增长率为7.193%。

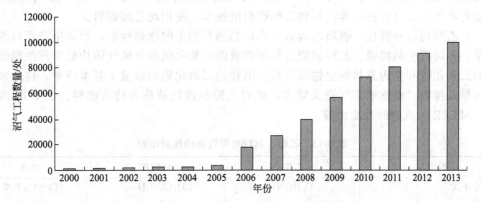

图6-37 2000~2013年我国沼气工程发展统计

到 2013 年，农业废弃物类的特大型沼气工程集中供气户数为 1.12 万户，大型沼气工程集中供气户数为 56.04 万户（占 35.46%）；中型沼气集中供气户数为 28.59 万户（占约 18%）；小型沼气集中供气户数为 72.27 万户（占 45.73%）。农村户用沼气总产量达到 136.74 亿立方米，户均产量 374m³；我国年处理农业废弃物工程 91614 处，年产沼气 18.37 亿立方米；年处理工业废弃物工程 332 处，年产沼气 2.66 亿立方米，沼气总产量约 15.77 亿立方米。我国沼气总产量虽然一直在增长，但增长率趋势显著下降（见图 6-38）。

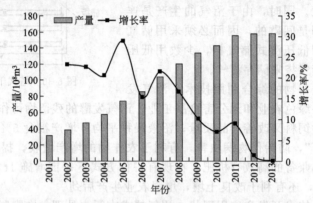

图 6-38　我国 2001～2013 年沼气年总产量及增长率

到 2017 年，我国将建设自主的碳排放交易体系。在碳排放交易体系将提供经济利益的转换和补偿机制，实现企业排污权的交易和温室气体排放的交易。建设好这个交易平台，将推动我国节能减排技术的发展，沼气产业将会得到快速发展。

#### 6.2.3.2　燃料乙醇

乙醇是一种无色透明具有特殊芳香味和强烈刺激性的液体，它以玉米、小麦、薯类和糖蜜等为原料，经发酵、蒸馏而制成。乙醇除大量应用于化工、医疗和制酒业外，也是能源工业的基础原料——燃料（燃烧低热值为 26900kJ/kg）。将乙醇进一步脱水再加上适量汽油后形成变性燃料乙醇，例如车用乙醇汽油，就是把变性燃料乙醇和汽油以一定比例混配形成的一种汽车燃料，在国外被视为替代和节约汽油的最佳燃料，具有价廉、清洁、环保、安全和可再生等优点，这项技术如今已十分成熟。自 20 世纪 90 年代初起，美国、巴西和欧盟国家就生产和使用车用乙醇汽油。

目前世界上燃料乙醇的使用方式主要有三大类：①汽油发动机汽车，乙醇添加量为 5%～22%；②灵活燃料汽车（FFV），乙醇与汽油的混合比可以在 0～85% 之间调整改变；③乙醇发动机汽车（包括乙醇汽车和乙醇燃料电池车）使用纯乙醇燃料。

(1) 乙醇的燃料特性　燃料乙醇具有和矿物燃料相似的燃烧性能，但其生产原料为生物源，是一种可再生的能源。乙醇燃烧过程所排放的一氧化碳和含硫气体均低于汽油燃烧，所产生的二氧化碳和作为原料的生物源生长所消耗的二氧化碳的数量上基本持平，这对减少大气的污染及抑制"温室效应"意义重大，燃料乙醇也因此被称为清洁燃料。表 6-13 给出了乙醇、MTBE 和汽油的性能比较。

表 6-13　乙醇、MTBE 和汽油的性能比较

| 性质 | 乙醇 | MTBE | 汽油 |
| --- | --- | --- | --- |
| 化学分子式 | $C_2H_5OH$ | $CH_3OC(CH_3)_3$ | $C_5$～$C_{10}$ 烃类 |
| 分子量 | 46 | 88 | 70～170 |
| $w$(碳)/% | 52.2 | 68.2 | 86～88 |

续表

| 性质 | 乙醇 | MTBE | 汽油 |
|---|---|---|---|
| $w$(氢)/% | 13.0 | 13.6 | 13~14 |
| $w$(氧)/% | 34.7 | 18.2 | 0 |
| 密度(25℃)/(kg/L) | 0.78 | 0.74 | 0.70~0.78 |
| 理论空燃比 | 9.0 | 11.7 | 14.2~15.1 |
| 雷德蒸气压/kPa | 18 | 56 | 50~70 |
| 沸点/℃ | 78.3 | 55.3 | 30~205 |
| 闪点/℃ | 13 | −28 | −40 |
| 自燃点/℃ | 420 | 460 | 220~260 |
| 潜汽化热/(J/g) | 904 | 339 | 310 |
| 低热值/(kJ/g) | 26.77 | 35.11 | 43.50 |
| 辛烷值(RON) | 111 | 118 | 88~98 |
| 辛烷值(MON) | 91 | 101 | 80~86 |

（2）生产乙醇的生物质原料　乙醇可以从许多含碳水化合物的植物中制取，根据其加工的难易顺序，主要有以下三类生物质原料：①糖类原料（甘蔗、甜菜、甜高粱等）；②淀粉类原料（谷子、小麦、玉米和大麦等）；③木质纤维类（草类、甘蔗渣和麦秸等）。

乙醇是通过微生物发酵单糖制得。淀粉和纤维素物料需水解成单糖，对于木质纤维需要加大水解力度制得单糖。淀粉水解相对简单，工艺技术也相对成熟。表 6-14 列出了一些原料的乙醇产量和蕴能度表。

**表 6-14　各种原料的乙醇产量和蕴能度表**

| 项目 | 每公顷地年产量/t | 糖或淀粉含量/% | 吨产醇/L | 每公顷年产量/L | 年生产天数 |
|---|---|---|---|---|---|
| 糖浆 | — | 50 | 300 | — | 330 |
| 甜菜 | 45 | 16 | 100 | 4300 | 90 |
| 甘蔗 | 70 | 12.5 | 70 | 4900 | 150/180 |
| 甜高粱 | 35 | 14 | 80 | 2800 | — |
| 木薯 | 40 | 25 | 150 | 6000 | 200~300 |
| 玉米 | 5 | 69 | 410 | 2050 | 330 |
| 耶路撒冷洋蓟 | 50 | 14 | 80 | 4000 | 90 |
| 小麦 | 4 | 66 | 390 | 1560 | 330 |
| 甘薯 | 25×2 | 25 | 150 | 3750×2 | — |

（3）乙醇的生物质生产方法　乙醇的生物质生产方法包括热化学转化法、生物转换法和发酵法。

① 热化学转化法　热化学转化法制乙醇主要是指在一定温度、压力和时间控制条件下将生物质转化成液态燃料乙醇。生物质气化得到中等发热值的燃料油和可燃性气体（包括一氧化碳、氢气、小分子烃类化合物），再将得到的气体组分进行重整，即调节气体的比例，使其最适合合成特定的物质，再通过催化合成，即可得到液体燃料乙醇（或甲醇、醚、汽油等）。

② 生物转换法　生物法生产燃料乙醇大部分是以甘蔗、玉米、薯干和植物秸秆等农产品或农林废弃物为原料经酶解糖化发酵制得。其生产工艺有酶解法、酸水解法和一步酶工艺法等。这些工艺与食用乙醇的生产工艺基本相同，所不同的是需增加浓缩脱水后处理工艺，使其水的体积分数降到 1% 以下。脱水后制成的燃料乙醇再加入少量的变性剂就成为变性燃料乙醇，将变性燃料乙醇和汽油按一定比例调和就成为乙醇汽油。

③ 发酵法  目前，燃料乙醇生产的主要原料有糖类、谷物淀粉类和纤维素类。用糖类生产乙醇具有工艺简单和成本低廉的优势，巴西、阿根廷等国广泛使用；以谷物淀粉作原料生产乙醇在北美和欧洲等国广泛使用。这里主要介绍以淀粉类和纤维素为原料制取乙醇的工艺。

a. 以淀粉类为原料发酵法生产燃料乙醇  以淀粉类生物质生产乙醇的工艺流程如图 6-39 所示，它包括：谷物除杂→谷物磨碎→加水混料→加酶制剂将淀粉液化→加热蒸煮（至60～90℃或130～145℃）→糖化→发酵（在 28～30℃或 36～38℃）。根据不同工艺发酵时间控制在 36～72h 之间，蒸馏后的废液部分回用。

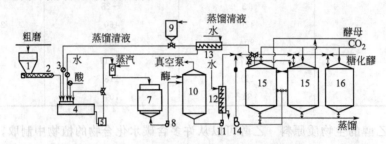

图 6-39  淀粉类为原料生产燃料乙醇的工艺流程
1—初粉碎原料储罐；2—计量器；3—流量计；4—混合器；5—涡流均质机；6—预热器；7—储罐；8，11，14—泵；9—蒸馏清液储罐；10—真空糖化罐；12，13—冷却器；15—种子罐前酵罐；16—发酵罐

b. 以纤维素类为原料生产燃料乙醇  自然界中存量最大的碳水化合物是纤维素。据估计，全球的生物量中，纤维素占 90% 以上，年产量约有 $200×10^9$ t，人类可直接利用的大约有 $8×10^9$～$20×10^9$ t。纤维素的最小构成单位也是 D-葡萄糖，但其构成与淀粉不同，因而纤维素具有不溶于水的特性。

纤维素的酶解过程比较复杂，降解速度也比较缓慢，这是利用纤维素生产乙醇的最大障碍。但纤维素的来源非常丰富，各种废渣、废料中的主要成分都是纤维素。所以，利用纤维素生产乙醇不仅可以降低生产成本，而且还可以变废为宝，净化环境。正因为如此，利用纤维素生产乙醇的技术受到了广泛的重视和研究。图 6-40 为纤维素类物质发酵生产乙醇的工艺流程，包括预处理、水解和发酵等步骤。

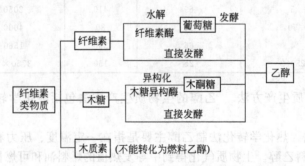

图 6-40  纤维素类物质发酵生产燃料乙醇的工艺流程

（a）预处理  预处理的主要目的是降低纤维素的分子量，打开其密集的晶状结构，以利于进一步的分解和转化。预处理过程中，半纤维素通常直接地水解成了各种单糖（如木糖、阿拉伯糖等），剩下的不溶物质主要是纤维素和木质素。利用有机溶剂（如乙醇）抽提木质素或对纤维素进行水解都可将二者分开。虽然有些预处理可使 95% 的葡萄糖转化成乙醇，但从能量和功效角度来看，预处理仍是一个十分昂贵的过程。相对而言，酸处理技术稍成熟一些。各种分离、溶解、水解纤维素、半纤维素和木质素的预处理方法见表 6-15。

表 6-15　木纤维材料的几种预处理方法

| 方　　法 | 例　　证 |
|---|---|
| 热机械法 | 碾磨、粉碎、抽取 |
| 自动水解法 | 蒸汽爆破、超临界 $CO_2$ 爆破 |
| 酸处理法 | 稀酸（$H_2SO_4$、HCl）、浓酸、乙酸等 |
| 碱处理法 | NaOH、碱性过氧化氢、氨水 |
| 有机溶剂处理法 | 甲醇、乙醇、丁醇苯 |

物理法是用研磨或水/汽破坏原料的结构，同谷物生产酒精时粉碎的目的一样，减小原料的体积，使其与水解物的接触面积大，水解容易进行。对于生物质原料来说，物理法的强度要大些，如蒸汽爆破法。化学预处理有稀酸、碱、有机溶剂、氨、$SO_2$ 及 $CO_2$ 等方法，使纤维素降解。

选择产糖量高、低成本和高效率的预处理方法是重要前提。目前，纤维素原料的预处理技术主要有化学法和酶法。化学法一般采用酸水解法（用抗酸膜将纤维素酸解物中的糖和酸分离，可同时回收糖、盐酸和硫酸），利用酸水解法酸解木材生产葡萄糖的费用与淀粉水解生产葡萄糖的费用大体相当；酶法水解的关键问题是纤维素酶的成本，如果纤维素酶成本降低，采用纤维素生产乙醇可与以淀粉为原料生产乙醇相竞争。

(b) 水解　经过预处理，下一步就是水解，使半成品转化成可发酵性糖，水解方法包括有酸法和酶水解法。

酸水解分为稀酸水解和浓酸水解法。稀酸水解是纤维素物质生产酒精的最古老的方法。用 1% 的稀硫酸，在 215℃ 和连续流动的反应器中进行水解，糖的转化率为 50%。由于半纤维素（五碳糖）的降解速率高于纤维素（六碳糖）的降解速率，因此，水解生产可分为两步进行。第一步在较低的温度下，主要得到半纤维素的水解产物五碳糖；第二步在较高的温度下，得到纤维素的水解产物葡萄糖；将两种糖液混合，用生石灰中和多余的酸后发酵乙醇。用此种方法生产乙醇的理论值为 80gal/t 原料（1gal=3.79dm$^3$）。剩余的残渣用作乙醇厂的生产能源。稀酸水解要求在高温和高压下进行，反应时间几秒或几分钟，在连续生产中应用较多。

浓酸水解的过程是用 70% 的硫酸、温度 50℃、反应时间为 2～6h，半纤维素首先被降解；溶解在水里的物质经过几次浓缩沥干后得到糖，半纤维素水解后的固体残渣经过脱水后，在 30%～40% 的硫酸中浸泡 1～4h，溶液再经脱水和干燥后，再在 70% 的硫酸下反应 1～4h，回收的糖和酸溶液经过离子交换，分离出的酸在高效蒸发器中重新浓缩，剩余的固体残渣则再循环利用到下一次的水解中。浓酸水解过程的主要优点是糖的回收率高，大约有 90% 的半纤维素和纤维素转化的糖被回收。但反应时间比稀酸水解长得多。由于浓酸水解中的酸难以回收，目前应用较少。

提高酸水解经济性的另一途径是开发酸回收技术。传统处理是在水解后以石灰中和溶液，以适应发酵液对 pH 值的需要。如能以经济的方法把酸和糖分离，则不但酸可回用，还方便了糖液在后续工艺中的处理，经济意义很大。

酸水解过程中使用了大量的酸、氧化剂和敏化剂等化学试剂，水解条件较为苛刻，后续处理困难，且生成许多副产物。酶水解是生化反应，使用的是微生物产生的纤维素酶。酶水解选择性强，可在常压下进行，反应条件温和，微生物的培养与维持仅需少量原料，能量消耗小，可生成单一产物，糖转化率高（>95%），无腐蚀，不形成抑制产物和污染，是一种清洁生产工艺。

从 20 世纪 80 年代中期开始大规模生产纤维素酶，主要以固态发酵法为主，即微生物在没有游离水的固体基质上生长。但是生产成本过高,阻碍了纤维素制取乙醇工艺的实用化。目前很多学者从事这方面的研究工作。

c. 酶水解发酵工艺　酶水解发酵工艺包括直接发酵法、间接发酵法和同时糖化发酵法(SSF法)等工艺。

嗜热菌(40~65℃)和极端嗜热菌(65℃)能直接利用纤维素生产乙醇,不需要经过酸解或酶解前处理过程。研究最多的是用热纤梭菌(它是嗜热产芽孢的严格厌氧菌,革兰染色呈阳性),它能分解纤维素,并能使纤维二糖、葡萄糖和果糖等发酵。

从发酵工艺看,此类工艺方法设备简单,成本低廉。但热纤梭菌产生乙醇也存在以下问题:碳水化合物发酵不完全,乙酸、乳酸、氢的形成导致乙醇产率低;纤维素发酵速度慢,容积生产力低;终产物乙醇和有机酸对细胞有相当大的毒性。利用混合菌直接发酵,能解决乙醇产率不高和有机酸等副产物的存在问题。

间接法即糖化-发酵二段发酵法。它是用纤维素酶水解纤维素,收集酶解后的糖液作为酵母发酵的碳源。为了克服乙醇产物的抑制,必须不断地将其从发酵罐中移出,采取的方法有:减压发酵法、快速发酵法和阿尔法-拉伐公司的 Biostile 法。对细胞进行循环利用,可以克服细胞浓度低的问题。筛选在高糖浓度下存活并能利用高糖的微生物突变株,以及使菌体分阶段逐步适应高基质浓度,可以克服基质抑制。

为了克服反馈抑制作用,提出了在同一个反应罐中进行纤维素糖化和乙醇发酵的同步糖化发酵法(SSF)。其特点是纤维素酶对纤维素的水解和酵母发酵生成乙醇在同一容器内连续进行,这样酶水解的产物——葡萄糖由于酵母的发酵不断地被利用,这就消除了葡萄糖浓度过高对纤维素酶的反馈抑制。在工业生产中,采用同步糖化发酵法可简化设备、降低能源消耗、节约总生产时间和提高生产效率。但存在一些如糖化和发酵温度不协调等抑制因素。

在纤维素酶的糖化过程中,纤维素酶的最适温度为50℃左右,而酵母发酵的控制温度是37~40℃,解决这两个过程温度不协调的问题可采用耐热酵母与普通酵母混合发酵,也可采用非等温同时糖化发酵法。

d. 燃料乙醇的脱水　生物法生产燃料乙醇大部分是以甘蔗、玉米、薯干和植物秸秆等农产品或农林废弃物为原料经酶解糖化发酵制备,其生产工艺与食用乙醇的生产工艺基本相同,所不同的是需增加浓缩脱水后处理工艺,使其水的体积分数降到1%以下。

由于乙醇生产过程水的存在,使得乙醇与水形成二元共沸物,采用普通精馏方法得到的是95%浓度的乙醇。实现乙醇浓度达到99%,需要进一步脱水。目前采用的脱水工艺包括渗透气化、吸附蒸馏、特殊蒸馏、加盐萃取蒸馏、变压吸附和超临界萃取分离等。各项生产工艺对比见表6-16。脱水后制成的燃料乙醇再加入少量的变性剂就成为变性燃料乙醇,和汽油按一定比例调和就成为乙醇汽油。

表6-16　燃料乙醇脱水的工艺比较

| 工艺 | 原理 | 流程 | 收率/% | 乙醇浓度/% | 能耗 | 投资 |
| --- | --- | --- | --- | --- | --- | --- |
| 渗透气化法 | 膜分离 | 6%的乙醇发酵液经过普通精馏浓缩至乙醇浓度为80%~92%,然后再用渗透气化浓缩成无水乙醇 | >99.5 | 99.9 | 高 | 小 |
| 吸附蒸馏法 | 吸附和精馏两个过程结合 | 分子筛吸附与精馏相结合,流程与精馏相似 | >95 | 99.5 | 低 | 较小 |
| 特殊蒸馏法 | MIBE作夹带剂共沸精馏后,萃取蒸馏 | 先共沸精馏,再萃取蒸馏 | >92 | 99.8 | 高 | 大 |

续表

| 工艺 | 原理 | 流程 | 收率/% | 乙醇浓度/% | 能耗 | 投资 |
|---|---|---|---|---|---|---|
| 加盐萃取蒸馏法 | 以加盐液作萃取剂进行萃取蒸馏，消除体系的恒沸点 | 与萃取蒸馏的工艺流程基本相同 | >95 | 99.5 | 较低 | 较小 |
| 变压吸附法 | 升压吸附，降压吸附交替使用脱水 | 发酵液先经提馏塔分出固体残液，提馏液进入精馏塔精馏，精馏液经变压吸附塔制得乙醇 | >94 | 99.9 | 较高 | 较大 |
| 超临界液体萃取法 | 超临界液体萃取与吸附相结合 | 以高压超临界的液体为溶剂萃取所需组分，采用恒压升温、恒温降压和吸附等手段将溶剂与所萃取的组分分离 | >95 | 99.8 | 高 | 大 |

## 6.3 生物质利用新技术

### 6.3.1 垃圾处理技术

#### 6.3.1.1 垃圾处理技术的发展与现状

垃圾处理技术的研究起始于 20 世纪 70 年代，日本荏原公司采用流化床热解气化炉焚烧技术，建成了处理量为 400t/d 的垃圾处理发电厂；1997 年，德国西门子运用气化熔融技术建成处理量为 480t/d 的垃圾处理发电厂；20 世纪 90 年代末，美国西屋公司运用等离子体气化技术，建成用于处理城市生活垃圾、污水、污泥和报废汽车粉碎残渣的中试规模的能源处理厂。2000 年以来，拥有和掌握等离子气化技术的加拿大 Alter NRG 公司积极在世界各国推广这项高效的能源处理技术，在日本先后建成了处理量为 220t/d 的城市垃圾处理站和 4t/d 废水污泥综合处理站，各项排放指标均远优于欧盟排放指标；2012 年，瑞典人对城市垃圾进行等离子体气化熔融试验，发现其能量转化效率远远高于空气气化，并可有效地防止垃圾残留物的二次污染。

我国的气化发电技术研究开始于 20 世纪 80 年代，同济大学对流化床气化制气进行了实验室和工艺开发单元的研究；20 世纪 90 年代，浙江大学发明了流化床同移动床相结合的气化系统，设计出一套循环流化床"燃气-蒸汽-电气"的联产工艺体系；2001 年，昆明理工大学研制出侧吹式和密闭式直接气化熔融焚烧技术；2004 年中国林业科学研究院利用流态化气化炉处理城市垃圾，所产煤气热值高达 $6500\sim7500kJ/m^3$；2012 年浙江丽水市运用垃圾热解气化技术建成新型垃圾焚烧发电厂，其各指标均优于国家标准。

#### 6.3.1.2 垃圾热处理技术的比较

随着人类环保意识的增强和国内外对环境保护要求逐步提升，城市固体垃圾的无害化、资源化处理技术深入发展。城市垃圾的处理经历几个阶段，表 6-17 列出了焚烧技术、气化技术和热解技术的指标、操作条件和污染物等。

**表 6-17　城市固体垃圾热处理技术**

| 项目 | 焚烧技术 | 气化技术 | 热解技术 |
|---|---|---|---|
| 技术指标 | 最大限度将垃圾转化为高温烟气，主要组分为 $CO_2$ 和 $H_2O$ | 最大限度将垃圾转化为高热值的燃气，主要组分为 $CO$、$CH_4$ 和 $H_2$ | 最大限度将垃圾热分解为气相和压缩相 |

续表

| 项目 | 焚烧技术 | 气化技术 | 热解技术 |
|---|---|---|---|
| 反应环境 | 氧化环境<br>氧化剂用量大于理论量 | 还原环境<br>氧化剂用量低于理论量 | 不需要氧化剂 |
| 反应气体 | 空气 | 空气/纯氧/富氧空气/蒸汽 | 无 |
| 反应温度 | 850～1200℃ | 550～900℃（空气气化）<br>1000～1600℃ | 500～800℃ |
| 反应压力 | 常压 | 常压 | 稍高压 |
| 产品（气体） | $SO_2$、$NO_x$、$HCl$、$PCDD/F$ | $H_2$、$CO$、$CO_2$、$H_2O$、$CH_4$ | $H_2$、$CO$、$CH_4$、烃类 |
| 污染物 | $SO_2$、$NO_x$、$HCl$、$PCDD/F$、颗粒物 | $H_2S$、$HCl$、$COS$、$NH_3$、$HCN$、焦油、碳酸盐颗粒物 | $H_2S$、$HCl$、$NH_3$、$HCN$、焦油、颗粒物 |
| 灰分 | 底灰经过处理可以转换为含铁类金属（如铁，钢）和有色金属（如 Al、Cu、Zn），以及惰性材料（持久性建筑材料）。收集的飞灰经过处理与处置成为工业废物 | 燃烧过程之后的底灰通常会形成玻璃态熔渣，可以作为路基建设的填充材料 | 灰分中含碳量极少，作为工业特殊垃圾来处理 |

通过对比表 6-17，三种垃圾处理技术，显然垃圾气化技术可以实现较高的碳转化率和产能，其产品类似于天然气的燃气，经过净化可以直接应用。垃圾气化发电可降低二噁英等污染物的污染，其固态产物形成的熔渣中捕获了大量的金属物质。同时，基建费用相对较低，因而城市固体垃圾气化发电技术在我国的推广与应用具有广阔的前景。

### 6.3.2 沼气发电技术

近年来随着经济的发展，城市化进程逐步加快，城市废弃物数量迅速增加。埋在填埋场的城市废弃物厌氧消化产生的沼气，若不进行回收利用，垃圾填埋场产生的沼气最终进入大气。若将开有小孔的管道插入到填埋场，可以将填埋场产生的沼气抽出作为能源使用，还可以避免沼气逸入大气而加剧大气温室效应。

垃圾填埋场经过特殊设计，可有利于厌氧消化。在填埋垃圾之前，可预先铺设收集气体的管道，使气体产量得以优化，可达 $1000m^3/h$。填埋场产生的气体一般用于内燃机发电，目前世界上使用填埋场沼气发电装置的最大容量为 46MW。2014 年，我国生物质能发电量为 11GW，成为我国第五大发电系统（图 6-41）。

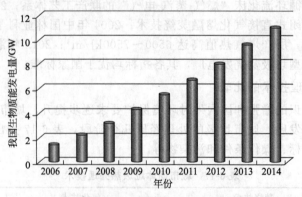

图 6-41 我国生物质能发电量（数据来源：BP）

（1）沼气发电动力装置　从能量利用的角度看，碳氢燃料可被多种动力设备使用，如内燃机、燃气轮机、锅炉等。图 6-42 是采用发动机（内燃机）、燃气轮机和锅炉（蒸汽轮机）

发电的结构示意图,燃料燃烧放热量通过动力发电机组和热交换器进行利用,相对于不进行余热利用的机组,其综合热效率要高。从图 6-42 中可见,采用发动机方式的结构最简单,而且还具有成本低、操作简便等优点。

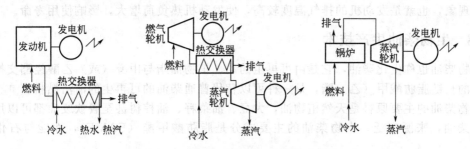

图 6-42　不同发动机发电的结构示意图

图 6-43 是采用不同种类动力发电装置的效率图,由图可见,在 4MW 以下的功率范围内,采用内燃机具有较高的利用效率。相对燃煤、燃油发电来说,沼气发电的特点是中小功率性,对于这种类型的发电动力设备,国际上普遍采用内燃机发电机组进行发电,否则在经济性上不可行。因此采用沼气发动机发电机组,是目前利用沼气发电的最经济、高效的途径。

(2) 沼气发动机的类型　沼气发动机一般是由柴油机或汽油机改制而成,分为压燃式和点燃式两种。

① 压燃式发动机采用柴油-沼气双燃料,通过压燃少量的柴油以点燃沼气进行燃烧做功。压燃式发动机的特点是可调节柴油-沼气燃料比,当沼气不足甚至停气时,发动机仍能正常工作;缺点在于系统复杂。大型沼气发电工程往往不采用压燃式发动机,而多采用点燃式沼气发动机。

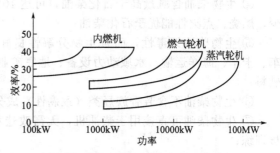

图 6-43　不同动力设备的能量利用率

② 点燃式沼气发动机也称全烧式沼气发动机,其特点是结构简单、操作方便且无需辅助燃料,适合在城市的大、中型沼气工程条件下工作,所以这种发动机已成为沼气发电技术实施中的主流机组。

(3) 沼气发动机发电机组系统　根据沼气发动机的工作特点,在组建沼气发动机发电机组系统时,要着重考虑以下几个方面。

① 沼气进气管路上安装稳压装置　沼气作为燃气,应确保进入发动机时的压力稳定,需要在沼气进气管路上安装稳压装置。为了防止进气管回火引起沼气管路发生爆炸,应在沼气供应管路上安置防回火与防爆装置。

② 进气系统　在进气总管上,需加装一套沼气-空气混合器,以调节空燃比和混合气进气量,混合器应调节精确和灵敏。

③ 发动机　沼气的燃烧速度很慢,若发动机内的燃烧过程组织不利,会影响发动机运行寿命,所以对沼气发动机有较高的要求。

④ 调速系统　沼气发动机的运行场合是和发电机一起以用电设备为负荷进行运转,用电设备的装载、卸载会使沼气发动机负荷产生波动,为了确保发电机正常发电,沼气发动机上的调速系统必不可少。从沼气发动机的经济性能出发,希望沼气发动机多工作在中、高负荷工况下,因为这样发动机的燃气能耗率较低,即发动机在高效率下工作。

为了提高沼气能量利用率,可采取余热利用装置,对发动机冷却水和排气中的热量进行利用。采取余热利用装置后,发动机的综合热效率会大幅度提高。

(4) 沼气发动机的可靠性 沼气的燃烧速度慢,若不采取有效措施,很容易使发动机出现后燃现象,也就是发动机的排气温度较高,使发动机热负荷增大,影响使用寿命。

### 6.3.3 生物柴油生产技术

生物柴油也称生化柴油,它是由可再生的动、植物油脂与甲醇(或)乙醇经酯交换反应而得到的长链脂肪酸甲(乙)酯,是一种可以替代普通柴油的可再生的清洁燃料。

生物柴油的主要原料是天然植物油,大豆、油菜籽、油棕树甚至餐饮废油都可以用来炼制生物柴油,来源广泛。生物柴油的主要成分是脂肪酸甲酯(FAME),性能与石化柴油相近。

#### 6.3.3.1 生物柴油的特性

① 生物柴油比石化柴油具有相对较高的运动黏度,这使得生物柴油在不影响燃油雾化的情况下,更容易在汽缸内壁形成一层油膜,从而提高运动机件的润滑性,降低机件磨损;

② 生物柴油的闪点较石化柴油高,有利于安全运输和储存;

③ 十六烷值较高,大于56(石化柴油为49),抗爆性能优于石化柴油;

④ 生物柴油含氧量高于石化柴油,可达10%,在燃烧过程中所需的氧气量较石化柴油少,燃烧、点火性能优于石化柴油;

⑤ 生物柴油无毒性,而且生物分解性良好(98%),健康环保性能良好。可用于公交车、卡车、海洋运输、水域动力设备、地底矿业设备及燃油发电厂等非道路用柴油机的替代燃料;

⑥ 生物柴油不含芳香族烃类(致癌性)成分,硫、铅和卤素等有害物质含量极少;

⑦ 生物柴油可直接用于柴油机,无需改造和添加设备,同时不需要另加储存设备及人员训练;

⑧ 生物柴油既可作为添加剂促进燃烧,本身又可做燃料,具有双重效果;

⑨ 生物柴油以一定比例与石化柴油调和使用,可以降低油耗、提高动力并降低排放污染率;

⑩ 环境友好,采用生物柴油尾气中有毒有机物排放量仅为普通柴油的1/10,颗粒物为普通柴油的20%,$CO_2$和CO排放量仅为石油柴油的10%,混合生物柴油可将排放含硫物浓度从500mg/kg降低到5mg/kg。生物柴油和柴油的品质指标比较见表6-18。

表 6-18 生物柴油和柴油的品质指标比较

| 指标名称 | 生物柴油 | 柴油 |
| --- | --- | --- |
| 夏季产品/℃ | −10 | 0 |
| 冬季产品/℃ | −20 | −20 |
| 20℃的密度/(g/mL) | 0.88 | 0.83 |
| 40℃动力黏度/(mm²/s) | 4~6 | 2~4 |
| 闪点/℃ | >100 | 60 |
| 可燃性(十六烷值) | 最小56 | 最小49 |
| 热值/(MJ/L) | 32 | 35 |
| 燃烧功效/%(柴油=100%) | 104 | 100 |
| 硫质量分数/% | <0.001 | <0.2 |

续表

| 指标名称 | 生物柴油 | 柴油 |
|---|---|---|
| 氧质量分数/% | 10 | 0 |
| 燃烧1kg燃料按化学计算法的最小空气耗量/kg | 12.5 | 14.5 |
| 水危害等级 | 1 | 2 |
| 三星期后的生物分解率/% | 98 | 70 |

#### 6.3.3.2 生物柴油的制备技术

生物柴油的制备可采用物理法和化学法，通常主要有四种制备方法，包括直接混合法、微乳液法、高温热裂解法和酯交换法。直接混合法和微乳液法属于物理法，高温热裂解法和酯交换法属于化学法。近来又发展了酶催化法及超临界流体技术，它们也属于化学方法。使用物理法能够降低动植物油的黏度，但积炭及润滑油污染等问题难以解决；而高温热裂解法的主要产品是生物汽油，生物柴油只是其副产品。相比之下，酯交换法是一种更好的制备方法，该技术已经日趋成熟。各种制备方法的比较见表6-19。

表6-19 生物柴油的生产方法比较

| 原料 | 生产方法 | 优缺点 |
|---|---|---|
| 植物油 | 直接使用或与常规柴油混合微乳 | 优点：液态、轻便、可再生、热值高<br>缺点：高黏度、易变质、不完全燃烧；有助于充分燃烧，可和其他方法结合使用 |
| 植物油和动物脂肪 | 热解 | 高温下生产，需要常规的化学催化剂，反应难以控制，设备昂贵 |
| 植物油或动物脂肪和醇类 | 碱催化的酯交换反应；酸催化的酯交换反应；脂肪酶催化的酯交换反应 | 高附加值副产物甘油，反应速率比酸催化快；但剩余碱时有皂生成，堵塞管道，需进行后处理；油脂中游离脂肪酸和水的含量高时催化效果比碱好；游离脂肪酸的含量对反应无影响，相对清洁；但酶价格偏高，且易失活，反应时间较长 |

(1) 直接混合法　在生物柴油研究初期，研究人员设想将天然油脂与柴油、溶剂或醇类混合以降低其黏度，并提高挥发度。如果将脱胶的大豆油与2号柴油分别以1/1和1/2的比例混合，直接在喷射涡轮发动机上进行600h的试验，当两种油品以1/1混合时，会出现润滑油变浑以及凝胶化现象，而1/2的比例不会出现该现象，可以作为农用机械的替代燃料。

如果将葵花子油与柴油以1/3的体积比混合，在40℃情况下测得黏度为$4.88\times10^{-6}$ $m^2/s$，而ASTM（美国材料实验标准）规定的最高黏度应低于$4.0\times10^{-6}m^2/s$，因此该混合燃料不适合在直喷柴油发动机中长时间使用。对红花油与柴油的混合物进行试验的结果好一些，但是长期使用仍会导致润滑油变浑。

(2) 微乳液法　微乳状液是由两种不互溶的液体与离子或非离子的两性分子混合而形成的直径在1~150nm的胶质平衡体系，是一种透明的、热力学性质稳定的胶体分散系。将动植物油与溶剂混合制成微乳状液是解决动植物油高黏度的方法。用乙醇水溶液与大豆油制成的微乳状液，其性质与2号柴油很相似。有人用53.3%的葵花子油、13.3%的甲醇及33.4%的1-丁醇制成乳状液，在200h的实验室耐久性测试中没有严重的恶化现象，但出现积炭和使润滑油黏度增加的问题。

采用表面活性剂（主要成分为豆油皂质、十二烷基磺酸钠及脂肪酸乙醇胺）、助表面活性剂（成分为乙基、丙基和异戊基醇）、水、炼制柴油和大豆油为原料，微乳液法制备的微乳状液体系，其性质与柴油很接近。

(3) 高温热裂解法　早期热裂解植物油为了合成石油。对大豆油热裂解产物的分析发现，烷烃和烯烃的含量占总质量的60%，裂解产物的黏度比普通大豆油下降3倍以上，其十六烷值和热值与普通柴油相近，但黏度值远高于普通柴油的黏度值。热裂解椰油和棕榈油，以 $SiO_2/Al_2O_3$ 为催化剂，温度控制在450℃。裂解得到的产物分为气、液、固三相，其中液相的成分为生物汽油和生物柴油，其性质与普通柴油非常相近。

(4) 酯交换法　酯交换法生产生物柴油是用动、植物油脂和甲醇或乙醇在酸性或碱性催化剂和一定温度下进行酯交换反应，生成相应的脂肪酸甲酯或乙酯，再经洗涤干燥，即得生物柴油，其副产品是甘油。生物柴油生产主流程见图6-44。

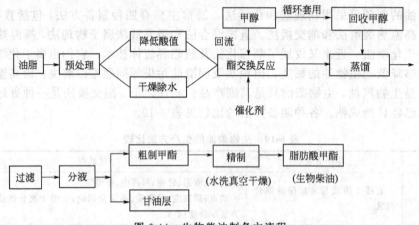

图 6-44　生物柴油制备主流程

① 预处理　在油脂进行酯交换时，要严格控制油脂中的杂质、水分和酸值。废油脂中含的杂质有高酸值油脂、游离脂肪酸、聚合物和分解物等，对酯交换十分不利，必须进行预处理。对餐饮业废油脂进行预处理可考虑的方法有物理精炼和甲醇预酯化。

a. 物理精炼　将油脂水化或磷酸处理除去其中的磷脂和胶质等物质→再将油脂预热、脱水及脱气后进入脱酸塔，维持残压，通入过量蒸汽→在蒸汽温度下，游离酸与蒸汽共同蒸出→经冷凝析出，油脂中的游离酸可降到极低量（色素同时被分解，使颜色变浅）。设备材料需用不锈钢，脱酸塔需要真空及中压过热蒸汽加热。由于真空脱酸是在高温下进行，所以微量的氧也能使油脂氧化，因此油要先脱气，设备要求严密。

b. 甲醇预酯化　将油脂水化脱胶→用离心机除去磷脂和胶等水化时形成的絮状物，将油脂脱水→原料油脂加入过量甲醇，在酸性催化剂存在下进行预甲酯化→使游离酸转变成甲酯。

酯化反应式：　　　　　　$RCOOH + CH_3OH \longrightarrow RCOOCH_3 + H_2O$　　　　　　(6-17)

预酯化可采用导热油加热，甲醇-水从预酯化塔顶排出，送至甲醇回收蒸馏塔。塔底残液经分层后可以回收甘油。

② 废油脂酯交换工艺　利用废油脂制造生物柴油，可以采用通常的脂肪酸甲酯的生产方法，即预酯化-二步酯交换-酯蒸馏技术路线。经预处理的油脂与甲醇一起，加入少量NaOH作催化剂，在60℃常压下进行酯交换反应，即能生成甲酯。由于化学平衡的关系，在一步法中油脂到甲酯的转化率仅达到96%。为超越这种化学平衡，采用二步反应，即通过一个特殊设计的分离器连续地除去初反应中生成的甘油，使酯交换反应继续进行，就能获得高达99%以上的转化率。另一方面，由于碱催化剂的作用生成了肥皂，色素和其他杂质混合在少量的肥皂中，产生一深棕色的分离层，在分离操作时将其从酯层分离掉。通过这种精制作用就能以高转化率获得浅色的甲酯。甘油回收流程和废水处理流程见图6-45。

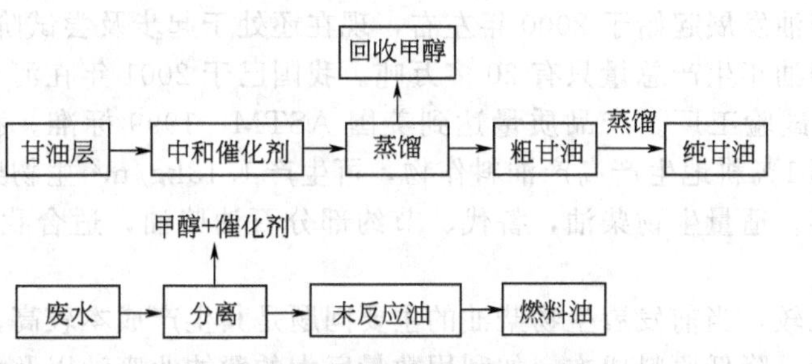

图 6-45 甘油回收及废水处理流程

在下层的甘油中加入酸以中和残余的催化剂,蒸馏回收甲醇后,便得到粗甘油。粗甘油再经蒸馏就能获得纯甘油。从反应过程产生的废水中除去甲醇和催化剂,就可得到未反应的油,该油也可作为燃料油。

(5) 酶法合成生物柴油　化学法生产生物柴油,存在工艺复杂、能耗高、醇必须过量、反应液色泽深、杂质多、产物难提纯和有废碱液排放等缺点,酶法合成生物柴油技术引发关注。在生物柴油的生产中,脂肪酶是一种适宜的生物催化剂,能够催化甘油三酯与短链醇发生酯化反应,生成相应的脂肪酸酯。

酶法具有提取简单、反应条件温和、醇用量小、甘油易回收和无废物产生等优点,且酶法还能有高价值的副产品,包括可生物降解的润滑剂以及用于燃料和润滑剂的添加剂。用于催化合成生物柴油的脂肪酶主要有酵母脂肪酶、根霉脂肪酶、毛霉脂肪酶和猪胰脂肪酶等。

酶法合成生物柴油也存在问题:①对甲醇及乙醇的转化率低,一般仅为 40%~60%,由于目前脂肪酶对长链脂肪醇的酯化或转酯化有效,而对短链脂肪醇如甲醇或乙醇等转化率低。而且短链醇对酶有一定毒性,酶的使用寿命短。②副产物甘油和水难于回收,不但对产物形成抑制,而且甘油对固定化酶有毒性,使固定化酶使用寿命短。故反应过程中必须及时除去生成的甘油。

(6) 超临界流体技术　超临界反应就是在超临界流体参与下的化学反应,在反应中,超临界流体既可以作反应介质,也可以直接参加反应。超临界反应不同于常规气相或液相反应,是一种完全新型的化学反应过程。由于超临界流体在密度、黏度、溶解度及其他方面所具有的独特性质,使超临界流体在化学反应中表现出很多优异性能,如溶质溶解度大,反应物间接触容易,扩散速度快等。超临界流体对操作温度及压力的变化十分敏感,所以在反应过程中可以通过改变操作条件来调节临界流体的物理性质,如密度、黏度、扩散系数、介电常数和反应速率常数等,以进一步影响反应混合物在超临界流体中的传质、溶解度及反应动力学等性质,从而改善反应的产率、选择性及反应速率。

用植物油与超临界甲醇反应制备生物柴油的原理与化学法相同,都是基于酯交换反应,在超临界状态下,甲醇和油脂成为均相,均相反应的速率常数较大,故反应时间缩,反应过程中不用催化剂,反应后续分离工艺简单,不排放废碱液,其生产成本与化学法相比大幅度降低,因而受到广泛的关注。

### 6.3.3.3　生物柴油发展现状

生物柴油具有含硫量低、含氧高、分解性能好和燃烧效率高的特点,经检测柴油车尾气中的烟尘、$SO_x$ 和 $NO_x$ 等均大幅下降。自 1988 年生物柴油问世以来,发展快速。

欧盟生物柴油总生产量急速猛增,2005 年欧盟生物柴油总产量为 310 万吨,占世界总产量的 3/4,到 2010 年欧盟已经增长到 2200 万吨。美国利用产能过剩的大豆为原料,生物柴油发展迅速。瑞典、法国、意大利、比利时等国生物柴油也在广泛使用。

而中国生物柴油发展起始于 2000 年左右,现在还处于起步及尝试阶段。据 2010 年统计数据,中国生物柴油年生产总量只有 20 多万吨。我国已于 2001 年在河北省的邯郸建成年产 1 万吨的生物柴油试验工厂。产品质量达到美国 ASTM—1999 标准。我国现有耕地 12665 亿平方米,若能用 1% 耕地生产高产油料作物,可生产 $1.13kg/m^2$ 生物柴油,则生产规模可达到 1500 万吨/年。适量生物柴油,替代、节约部分石油柴油,适合我国国情,值得研究、开发、应用。

与石化柴油比较,当前发展生物柴油的主要问题是其生产成本较高,缺乏竞争力。可从以下几个方面着手:降低原料成本,如利用数量巨大的餐饮业废油以及大规模种植高油农林作物或培养高含油量的工程藻类等;降低生产成本,采用新的反应器如利用膜反应器、固定床反应器等;在催化剂的使用上,考虑使用固定化脂肪酶或应用全细胞生物催化剂,降低催化剂的成本。此外还需要国家的政策支持。

### 6.3.4 生物质制氢技术

氢气作为 21 世纪的清洁能源,备受各国政府和研究人员的青睐。当今制取氢气的主要方法是化石燃料制氢,但化石燃料资源有限,对环境的污染几乎不可逆转;水电解制氢的技术已经成熟,但能耗较高,对电力需求旺盛的国家,电解水制氢成本相当高。目前,许多研究者对生物质制氢很感兴趣。Willams R. H 等对生物质制氢的成本进行评估,在考虑制氢带来的社会、经济效益后,生物质制取氢气将是最廉价的制氢方式。生物质制氢主要包括生物质热化学转化制氢和生物质发酵制氢。

#### 6.3.4.1 生物质气化制氢

(1) 生物质气化制氢的发展现状　微生物在常温常压下进行酶催化反应即可制得氢气。微生物发酵制氢不仅可以利用生物质中的化学键,而且可以利用光能。以秸秆为例,秸秆主要由纤维素、半纤维素和木质素通过复杂的方式连接形成,这 3 种物质的基本成分都是小分子糖类。但由于天然纤维素的结晶结构十分复杂,难以降解,因而很难被微生物所利用。采用汽爆方法对秸秆进行处理,破坏木质纤维素的天然结晶结构,同时使其中的半纤维素和木质素部分降解,从而易于被微生物分解利用。发酵方式采用压力脉动固态发酵法,能够充分利用原料,且大大降低废水排放量,在环境保护方面具有极大的优势。

(2) 生物质气化制氢的工艺技术　生物质气化是指将经过预处理的生物质在气化介质中(如空气、纯氧、蒸汽或这三者混合物)加热至 700℃ 以上,将生物质分解为合成气。生物质气化与煤气化原理相似,气化过程可以分成两个主要的反应阶段:热解和焦炭气化。焦炭气化是指固体焦炭、热解焦油和热解气的部分氧化,通常热解的速率大大快于气化速率,所以后者是速率控制步骤。热解阶段是指固体燃料在初始加热阶段的脱挥发分或热分解,它在几秒内完成,高温下甚至更短。可以用下列方程式表示:

$$生物质 \longrightarrow 焦油 + CO + CO_2 + H_2O + 半木炭 + CH_4 + C_mH_n + 焦木酸$$

$$焦油(裂解) \longrightarrow 木炭 + H_2 + CH_4$$

$$半木炭 \longrightarrow 木炭 + H_2 + CH_4$$

生物质催化气化制氢得到的产品气中主要成分有 $H_2$、CO 和少量 $CO_2$,然后再借助水-气转化反应产生更多的 $H_2$,最后分离提纯。由于生物质气化产生较多的焦油,许多研究人员在气化后采用催化裂解的方法来降低焦油含量并提高燃气中氢的含量。生物质气化制氢的工艺流程如图 6-46 所示。

气化过程中经常使用的气化剂为空气($O_2$)、蒸汽或氧气和蒸汽的混合气。采用不同的气化介质,燃料气体的组成及焦油含量也不同。使用空气作气化剂时,由于燃气中含有大量

图 6-46　生物质气化制氢的工艺流程

的氮，增加了 $H_2$ 提纯的难度，同时得到的合成气热值低，约为 $4\sim7MJ/m^3$（标准状况）；使用氧气和蒸汽的混合气作为气化剂时得到的合成气热值较高，可达 $10\sim18MJ/m^3$（标准状况）。大量的实验表明，蒸汽更有利于富氢气体的产生。

生物质气化制氢一般采用循环流化床或鼓泡流化床作为气化反应器（图 6-47），采用镍基催化剂或较为便宜的白云石或石灰石等作为焦油裂解催化剂。焦油的热裂解需要很高的反应温度（1000～1200℃），考虑到材料的耐火程度和焦油在高温时分解出来的炭黑难于分离，在实际应用过程中经常采用催化裂解的方式分解焦油。使用催化剂可以大大降低焦油的裂解温度（750～900℃），并可以提高裂解效率，使焦油在很短的时间内裂解率达 99% 以上。在催化剂使用过程中，考虑到催化剂的机械强度及使用寿命等问题，一般将生物质气化和催化反应设在不同的反应器中。

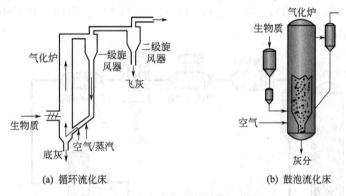

图 6-47　流化床气化炉结构示意图

流化床气化炉具有气-固接触、混合均匀和转换率高的特点，是唯一在恒温床上进行反应的气化炉。反应温度为 750～850℃，原料要求相当小的颗粒。其气化反应在流化床内进行，产生的焦油也可在流化床内裂解。流化介质一般选用惰性材料（如沙子），由于灰渣的热性质易发生床结渣而丧失流化床功能，因此要控制好运行温度。

循环流化床的流化速度较高，能使产出气体中夹带大量固体，因此在气体出口处设有气固分离器（旋风分离器），可将携带出来的炭粒和惰性材料颗粒分离出来，返回气化炉再次参加反应，从而提高炭的转化率。流化床工艺得到的生物质燃气热值高，可达 $12MJ/m^3$（标准状况）左右，气化效率达到 63% 左右。但是这一工艺设备复杂，操作不易掌握。

(3) 生物质气化制氢的新流程　尽管在欧洲及北美约有 100 套生物质气化或裂解装置正在安装或已投入运行，但利用生物质气化技术制氢还远未实现大规模商业化。目前欧美所使用的生物质气化流程主要包括以下几种。

① FERCO SilvaGas 流程　图 6-48 所示为 FERCO SilvaGas 流程示意图。该流程特点在于包括两个反应器，即气化反应器（间接加热，将生物质在 850～1000℃ 条件下转化为中热值气体和木炭）和燃烧反应器（木炭燃烧供给气化反应所需热量）。二反应器间通过循环的沙粒实现热传递。当蒸汽与生物质（木屑）比例为 0.45 时，产物气成分为：$H_2$ 21.22%、CO 43.17%、$CO_2$ 13.46%、$CH_4$ 15.83%、$H_2O$ 5.47%。产物气燃烧热值（HHV）为 $17.75MJ/m^3$（标准状况）。

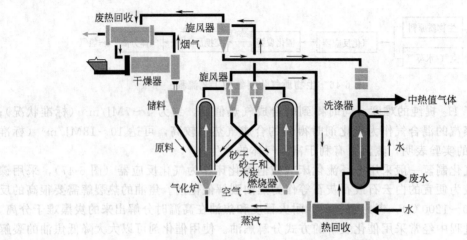

图 6-48　FERCO SilvaGas 流程示意图

② RENUGAS 流程　流程图如图 6-49 所示。主要设备为鼓泡流化床，主要原料为甘蔗渣。DOE 已在芝加哥建立示范厂。操作压力为 2.24 MPa、温度为 850℃ 时，产物气成分为：$H_2$ 19%、CO 26%、$CO_2$ 37%、$CH_4$ 17%、$H_2O$ 1%。产物气燃烧热值（HHV）为 13MJ/m³（标准状况）。

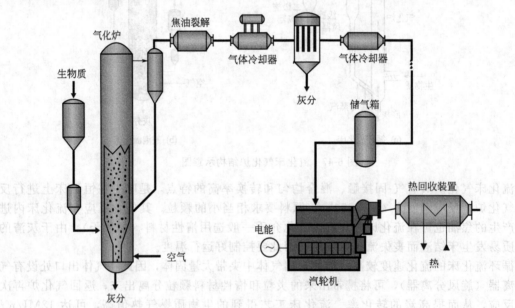

图 6-49　RENUGAS 流程示意图

③ FICFB 流程　流程如图 6-50 所示。主要设备为 FICFB 气化反应器，该反应器包括两部分，即气化带和燃烧带，通过惰性材料实现二者间的热传递，同时燃烧带产生的烟气可以与气化带产生的产物气分离。生物质原料与蒸汽一起加入到气化带中，加热至 850～900℃。产物气几乎不含氮。该流程的产物气属于富含氢气的中热值气体，无需提供纯氧。产物气成分为：$H_2$ 30%～45%、CO 20%～30%、$CO_2$ 15%～25%、$CH_4$ 8%～12%、$N_2$ 1%～5%、沥青 0.5～1.5g/m³（标准状况）、颗粒物 10～20g/m³（标准状况）。

④ CHEMREC 流程　CHEMREC 流程又可称为黑液（black liquor）气化，与 Texaco 气化流程很相似，图 6-51 为 CHEMREC 制氢装置。

将黑液浆与蒸汽、预热的氧化剂一起加入高温（约 950℃）、高压（约 3.2MPa）的反应器

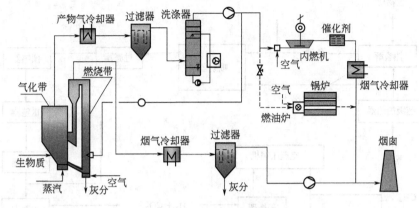

图 6-50 FICFB 制氢流程

中,主要使纤维素和木质素气化。当使用空气做氧化剂时,预热温度为 500℃。对于反应器性能来说,原料能否雾化及液滴尺寸是重要的影响因素,可通过使用中等压力的蒸汽实现雾化。气化器底部温度为 950℃,可通过供气速度来控制反应器温度。产物气燃烧热值(HHV)为 $4.1MJ/m^3$(标准状况),使用纯氧时可提高至 $9.1MJ/m^3$(标准状况)。

生物质气化制氢技术路线具有如下优点:①工艺流程和设备比较简单,在煤化工中有较多工程经验可以借鉴;②充分利用部分氧化产生的热量,使生物质裂解并分解一定量的水蒸气,能源转换效率较高;③有相当宽广的原料适应性;④适合于大规模连续生产。

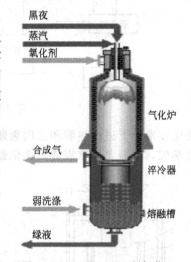

图 6-51 CHEMREC 制氢装置

### 6.3.4.2 生物质热裂解制氢

生物质热化学转换制氢是通过热化学方式,利用空气中的 $O_2$ 或含氧物质作为气化剂,将生物质转化为富含 $H_2$ 的可燃气,然后通过气体分离得到纯 $H_2$;对热化学转化阶段产生的可燃气体进行蒸汽重整反应,使混合气中的 $H_2$ 比例增大,降低 $CH_4$ 含量(与前文述及的 SMR 过程相似),最终产物为 $H_2$ 和 $CO_2$,其中 $CO_2$ 可被分离,得到接近纯净的 $H_2$。从化学组成角度考虑,生物质的硫含量和灰分含量较低,氢含量较高,比煤更适合于热化学转换工艺。

生物质热裂解制氢是对生物质进行间接加热,使其分解为可燃气体和烃类物质(焦油),然后对热解产物进行第二次催化裂解,使烃类物质继续裂解以增加气体中的氢含量,再经过变换反应产生更多的氢气,然后进行气体的分离提纯。热解反应类似于煤炭的干馏,由于不加入空气,得到的是中热值燃气,燃气体积较小,有利于气体分离。

生物质在隔绝空气的条件下通过热裂解,将占原料质量 70%~75% 的挥发物质析出转变为气;将残炭移出系统,然后对热解产物进行二次高催化裂解,在催化剂和蒸汽的作用下将分子量较大的重烃(焦油)裂解为 $H_2$、$CH_4$ 和其他轻烃,增加气体中的 $H_2$ 含量;接着对二次裂解后的气体进行催化重整,将其中的 CO 和 $CH_4$ 转换为 $H_2$,产生富氢气体;最后采用变压吸附或膜分离技术进行气体分离,得到纯 $H_2$。图 6-52 所示为美国 NREL 实验室开发的生物质热裂解制氢流程。

生物质热裂解制氢技术路线具有如下优点:①工艺流程中不加入空气,避免了氮气对气体的稀释,提高了气体的能流密度,降低了气体分离的难度,减少了设备体积和造价;②生

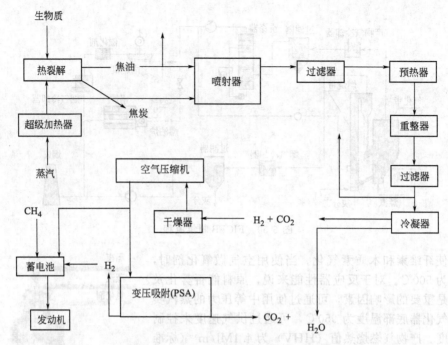

图 6-52 生物质热裂解制氢的工艺流程

物质在常压下进行热解和二次裂解,避免了苛刻的工艺条件;③以生物质原料自身能量平衡为基础,不需要用常规能源提供额外的工艺热量;④有相当宽广的原料适应性。

生物质热裂解制氢流程的产物气成分(摩尔分数)为:$H_2$ 35.2%、$CH_4$ 2.9%、$N_2$ 30.9%、Ar 0.4%、CO 7.7%、$CO_2$ 20.6%、$H_2O$ 2.4%。经过 PSA 装置后 $H_2$ 回收率达70%,产量 10.19kg $H_2$/h(261.83 kg $H_2$/d)。

图 6-53 所示为 Chittick 设计的生物质热裂解反应器结构示意图。由于安装了红外辐射防护层,同时红外辐射收集器又将收集到的红外线反射回去,可大大降低热裂解过程中的热量损失,使裂解能够保持在较高温度(800~1000℃)下进行。使用该反应器热裂解生物质,产物中基本没有木炭和焦油存在。

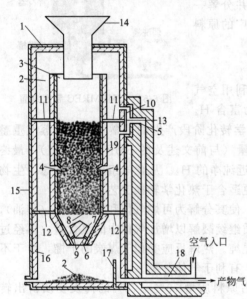

图 6-53 生物质热裂解反应器结构示意图
1—反应器;2—下吸式反应室;3~5—空气入口;
6—气体出口;7—红外辐射收集器;8—屏栅;
9—载体;10—导管;11,12—隔板;
13—空气分布阀门;14—布料器;
15—外套;16—红外辐射防护层;
17—凸缘;18—热交换器;
19—木炭床

进入反应室前原料(树皮屑和锯屑)与空气相遇,此时温度为 300~800℃,取决于供气速率;反应室(尤其是气体入口)下部的木炭温度可达 1000~1200℃。产物气成分为:17.6% $H_2$、11.0% $CO_2$、21.6% CO、2.5% $CH_4$、1.7% $H_2O$,其余为 $N_2$;燃烧热值为 $5.14 \times 10^6$ J/$m^3$(138Btu/$ft^3$)。

### 6.3.4.3 生物质超临界转换制氢

超临界转换制氢是将生物质原料与一定比例的水混合后,置于压力为 22~35MPa、温度为 450~650℃ 的超临界条件下进行反应，产生氢含量较高的气体和残炭。由于超临界状态下水具有介电常数较低、黏度小和扩散系数高的特点，因而具有很好的扩散传递性能，可降低传质阻力和溶解大部分有机成分和气体，使反应成为均相，加速了反应进程；同时，由于介质中含水量高，有利于氢气的形成，还可略去气化法中的干燥过程。但超临界水气化制氢的反应压力和温度都较高，对设备和材料的工艺条件要求比较苛刻。

美国的 Modell 等于 1977 年首先提出了木材的超临界水气化的工艺，实验条件接近于木材在水中的临界状态（374℃、22MPa），结果没有任何固体残留物或木炭产生，氢气含量超过 18%。此后，美国、加拿大和日本的一些研究机构进行了生物质、纤维素的气化研究，得到了氢含量较高的高热值气体，并且几乎不生成炭等副产品。

图 6-54 所示为通用原子能公司（General Atomic，GA）正在开发的生物质超临界水部分氧化（supercritical water partial oxidation，WPO）制氢流程。

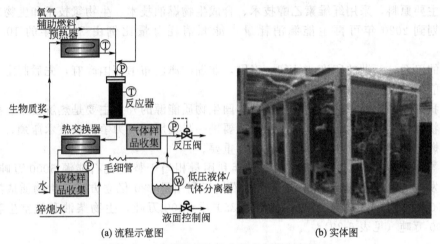

图 6-54 生物质超临界水部分氧化制氢流程

具体参数为：生物质浆中固体物质含量（质量分数）不超过 12%；预热温度低于 260℃（防止生成炭）；反应器容积 10L；停留时间 65~70s；压力 23.46MPa；温度 650~800℃。

#### 6.3.4.4 生物质热解油重整制氢

生物质快速热解制取燃料油的技术在过去的 20 年有了长足的进步，多种工艺得以发展，也为生物质制氢提供了新的途径。美国可再生能源国家实验室（NREL）率先在此方面做了一系列试验，氢气的产率均达到了 70% 以上，显示出良好的发展前景。目前的研究主要集中在工艺条件的确定和催化剂的选择。生物质热解油重整制氢流程如图 6-55 所示。

水蒸气催化重整生物质裂解油制氢的突出优点是作为制氢中间体的裂解油易于储存和运输。目前该方法的研究还不够深入，主要是在实验室中进行探索性的研究，但从技术上讲，以生物质裂解油为原料，采用水蒸气催化重整制取氢气是可行的。

### 6.3.5 生物质能的前景

生物质能作为新能源技术的研究与开发已成为世界重大热门课题之一，受到世界各国政府与科学家的关注。生物质能研究主要集中于三个方面：①生物质发电；②燃料乙醇；③生物柴油。

（1）国外生物质能的开发　美国生物质

图 6-55 生物质热解油重整制氢流程

能源的利用形式包括乙醇、生物柴油、生物电能以及工业过程利用等，大规模种植的能源作物主要是大豆、玉米和向日葵。美国能源部生物质发电计划的目标是到2020年实现生物质发电的装机容量为4.5万兆瓦，年发电2250亿～3000亿千瓦时。到2015年，生物柴油产量将占全国运输柴油消费总量的5%，达到610万吨。

欧盟各成员国生物质燃料产业的发展进度不均衡。瑞典是世界上道路交通最不依赖于化石燃料的国家之一，生物质供热发电1030亿瓦时，占全国能源消费总量的16.5%，占供热能源消费总量的68.5%。瑞典计划到2020年在交通领域全部使用生物燃料，率先进入后石油时代。世界第一座秸秆生物燃烧发电站就建在丹麦。近10年来，丹麦新建设的热电联产项目都是以生物质为燃料，同时，还将过去许多燃煤供热厂改为了燃烧生物质的热电联产项目。德国是欧盟最大的生物柴油生产国，产量为71.5万吨。到2030年，德国使用生物质能源占年能源消耗总量将达17.4%。法国开发第二代生物燃料。以麦秆、芒草和木材等农林废弃物为主要原料，采用纤维素乙醇技术、合成生物燃油技术、生物氢技术和生物二甲醚技术等。计划到2020年可再生能源消耗量占能源消耗总量比例由2005年的10.3%提高到23%。

南美的巴西，亚洲的印度、缅甸、泰国，非洲的津巴布韦等国政府，先后制定了开发利用生物质能的政策。

(2) 我国生物质能源的开发　目前，中国生物质能源的开发主要是热解技术、生物质能气化和生物质年发电技术。生物质能源产业要进一步发展就要力争突破技术瓶颈，尤其是第二代生物燃料和部分新生物化学品研发尤为重要。

2015年统计结果显示，全国生物质能年利用量相当于替代化石能源5000万吨标准煤。生物质年发电装机容量达到1300万千瓦，沼气年利用量220亿立方米，生物质成型燃料年利用量1000万吨，生物燃料乙醇年利用量350万～400万吨，生物柴油和航空生物燃料年利用量100万吨（见表6-20）。

表6-20　可再生能源开发利用指标

| 内容 | 年利用规模/万千瓦 | 年产能量/亿千瓦时 | 折标煤/(万吨/年) |
| --- | --- | --- | --- |
| 生物质发电 | 1300 | 780 | 2430 |
| 农林生物质发电 | 800 | 480 | 1500 |
| 沼气发电 | 200 | 120 | 370 |
| 垃圾发电 | 300 | 180 | 560 |
| 生物燃料 |  |  | 1000 |
| 成型燃料 | 1000万吨 |  | 500 |
| 燃料乙醇 | 400万吨 |  | 350 |
| 生物柴油 | 100万吨 |  | 150 |

2005～2020年，是中国生物质技术的开发和发展阶段，部分技术进入到商业应用。预计2020～2050年，随着生物质技术成熟和生物质能源体系的完善，生物质将成为主要的能源，进入到商业化示范和全面推广阶段。

## 思 考 题

1. 作为能源的生物质能主要指哪些物质？
2. 目前在生物质能利用技术方面，主要有哪些研究方向？
3. 生物质成型技术有哪几种？
4. 如何提高生物质燃烧锅炉的燃烧效率？

5. 生物质气化过程中有哪些化学反应？
6. 秸秆气化的原理是什么？
7. 简要叙述生物质热解的工艺过程。
8. 生物质热解工艺分为哪几类？简要叙述几种工艺的特点。
9. 生物质热解产生的液体与直接液化产生的液体有何区别？
10. 试论述我国大规模推广小型高效的户用沼气池的意义。
11. 利用生物质生产乙醇有哪些方法？
12. 国家大力推行利用非粮食作物生产乙醇的意义何在？
13. 生物柴油有哪些特性？
14. 与石化柴油相比，生物柴油的生产成本还较高，为降低生产成本，除改进生产技术外，还有哪些途径可实现这一目的？
15. 生物质能种类繁多，利用技术也不断发展，试结合文中提到的知识和现实中能源的利用情况，从生态、成本、社会价值等方面，论述将来生物质能在哪些领域可作为替代能源大规模应用。
16. 叙述垃圾的处理技术，你认为其中哪些具有发展空间？

## 参考文献

[1] 吴正舜，吴创之，郑舜鹏等．4MW 级生物质气化发电示范工程的设计研究［J］．能源工程，2003，(3)：14-17.
[2] 周善元．21 世纪的新能源-生物质能［J］．江西能源，2001 (4)：34-37.
[3] 张无敌，宋洪川，韦小岿等．21 世纪发展生物质能前景广阔［J］．中国能源，2001 (5)：35-38.
[4] 邓可蕴．21 世纪我国生物质能发展战略［J］．中国电力，2000，33 (9)：82-84.
[5] 董淑萍．北方庭院生态农业工程模式及效益分析［J］．生态农业研究，1995，3 (2)：75-78.
[6] 程桂兰．北山林区节柴改灶技术［J］．青海环境，1999，9 (1)：28-31.
[7] 郝小红，郭烈锦．超临界水中湿生物质催化气化制氢研究评述［J］．化工学报，2002，53 (3)：221-228.
[8] 吴创之，马隆龙．生物质能现代化利用技术［M］．北京：化学工业出版社，2003.
[9] 梁海．德国可再生能源发电动向［J］．国际电力，1997 (4)：6-10.
[10] 王璋保．对我国能源可持续发展战略问题的思考［J］．工业加热，2003 (2)：1-5.
[11] 孔宪文，李丽萍．发展生物质能可获得多方面的效益［J］．节能，2003 (2)：45-47.
[12] 曹福兴，沈建忠．高效半自动循环沼气池研制和应用［J］．能源工程，1995 (4)：36-40.
[13] 宋永利，杨丽华．工业锅炉生物质燃烧技术［J］．节能技术，2003，3 (21)：44-45.
[14] 陈由旺，王皆腾，李晓艳．关于我国能源可持续发展的思考［J］．承德石油高等专科学校学报，2001，3 (4)：30-34.
[15] 郭廷．贯彻党的十六届三中全会精神，全面深化节能以促进可持续发展的探讨［J］．节能，2004 (6)：3-6.
[16] 钟小兰，奚国珍．广西新能源可再生能源利用现状与对策［J］．农村能源，1998 (4)：35-37.
[17] 傅黎．国际太阳能新闻［J］．太阳能，2003 (2)：48-52.
[18] 周良虹，黄亚晶．国外可再生能源文献信息［J］．文献导阅，200，(4)：7-73.
[19] Modell M, Reid R C, Amin S. Gasification Process. U. S. Patent 4113446. Sep, 1978.
[20] 郭廷杰．加速生物质能的利用和发展［J］．能源技术，2003，24 (4)：152-155.
[21] 孙鸿峥．将要大显身手的生物质能［J］．能源工程，1994 (3)：44-48.
[22] 蔡金国．秸秆气化集中供气技术在农村地区的应用［J］．能源工程，2004 (3)：17-18.
[23] 顾念祖，嵇文娟．秸秆气化炉的研究与探讨［J］．工业锅炉，2004 (3)：21-23.
[24] D. E. Chittick. Fuel gas-producing pyrolysis reactors. US Patent, No. 4584947, 1986.
[25] 黎左梅．开发城市燃起气源-处理城市生活垃圾和污水［J］．江西能源，1994 (3)：11-14.
[26] 祝彦杰，祖庆喜．开发生物质能源提高环境质量［J］．应用能源技术，2004 (1)：4-5.
[27] 刘广志．科学技术界要关注高新能源的发展态势［J］．探矿工程，2004 (1)：7-10.

[28] 易维明,柏雪源. 利用热等离子体进行生物质液化技术的研究 [J]. 山东工程学院学报,2000,14 (1):9-12.
[29] 王联芝. 绿色能源的现状及展望 [J]. 世界科技研究与发展,2003,25 (4):49-53.
[30] Vapors. DOE Hydrogen, Fuel Cells & Infrastructure Technologies Program Review, 2004.
[31] 姚向君,田宜水. 生物质能资源清洁转化利用技术 [M]. 北京:化学工业出版社,2005.
[32] 张包钊,郭凤. 面向 21 世纪的美国生物质能源 [J]. 能源工程,1999 (2):9-11.
[33] 祝学范,杨克美. 木质能源的地位及开发利用前景 [J]. Rura Lenergy,2001 (6):30-32.
[34] 刘守新,李海潮. 木质生物能源利用技术研究 [J]. 中国林副特产,2001 (3):37-39.
[35] 曹金珍,张璧光. 木质生物质在能源方面的开发与利用 [J]. 华北电力大学学报,2003,30 (5):102-105.
[36] 华安增. 能源发展方向 [J]. 中国矿业大学学报,2002,31 (1):1-18.
[37] 张包钊. 欧洲生物质发电技术掠影 [J]. 可再生能源,2004 (11):65-68.
[38] 姜克隽. 气候变化-全球和中国面临的挑战 [J]. 世界环境,2004 (1):20-22.
[39] 徐康富,龙兴. 浅谈生物质型煤利用生物质能的意义及环保效益 [J]. 能源研究与利用,1996 (3):3-6.
[40] 骆仲泱,周劲松,王树荣. 中国生物质能利用技术评价 [J]. 清洁电力行动,2004,26 (9):39-42.
[41] 大江宏. 日本的废弃物与环境商机 [J]. 世界环境,2004 (3):64-68.
[42] 郭廷杰. 日本加速燃料电池技术实用化 [J]. 节能与环保,2004 (6):44-46.
[43] 高进伟,李海凤. 生物能利用技术探讨 [J]. 能源研究与信息,2003,19 (4):236-240.
[44] 任南琪,李建政. 生物制氢技术 [J]. 太阳能,2003 (2):4-6.
[45] 雒廷亮,许庆利. 生物质(秸秆)气合成燃料甲醇的可行性研究 [J]. 能源与环保,2004 (3):12-13.
[46] 何鸿玉,马孝琴. 生物质锅炉在火电厂的安装使用 [J]. 农村能源,2001 (1):21-22.
[47] 刘豪,邱建荣. 生物质和煤混合燃烧实验 [J]. 燃烧科学与技术,2002,8 (4):319-323.
[48] 武全萍,王桂娟,李业发. 生物质洁净能源利用技术 [J]. 能源与环境,2004 (2):41-43.
[49] 郭艳. 生物质快速裂解液化技术的研究进展 [J]. 化工进展,2001 (8):13-17.
[50] 潘丽娜. 生物质快速热裂解工艺及其影响因素 [J]. 应用能源技术,2004 (2):7-8.
[51] 肖军,段菁春. 生物质利用现状 [J]. 安全与环境工程,2003,10 (1):11-13.
[52] 陈振金. 生物质能 [J]. 福建环境,2003,20 (4):64-66.
[53] 张无敌,宇尚斌. 生物质能-未来能源的希望 [J]. 能源研究与利用,1995 (4):3-6.
[54] 乔淑滨. 生物质能的利用及生物质型煤应用 [J]. 能源技术,2003 (3):10-11.
[55] 黄仲涛,高孔荣. 生物质能的研究与开发 [J]. 中国科学基金,1994 (3):193-195.
[56] 雒廷亮,许庆利. 生物质能的应用前景分析 [J]. 能源研究与信息,2003,19 (4):194-197.
[57] 张纪庄. 生物质能利用方式的分析比较 [J]. 新能源及工艺,2003 (2):23-25.
[58] 樊京春,王永刚,秦世平. 生物质能利用技术的经济性分析 [J]. 新能源及工艺,2003 (4):19-23.
[59] 吴伟烽,刘聿拯. 生物质能利用技术介绍 [J]. 工业锅炉,2003 (5):11-14.
[60] 毛玉如,方梦祥. 生物质能流化床转化利用技术实践 [J]. 锅炉技术,2003,14 (3):72-75.
[61] 顾念祖. 生物质能生产煤气的探讨 [J]. 煤气与热力,1998,18 (4):8-9.
[62] 宋晓锐,黄仲涛. 生物质能通过热化学加工的开发利用 [J]. 现代化工,2000,20 (2):7-10.
[63] 李炳焕. 生物质能源的开发利用与前景 [J]. 唐山师范学院学报,2002,24 (2):36-38.
[64] 蒋剑春. 生物质能源应用研究现状与发展前景 [J]. 林产化学与工业,2002,22 (2):75-80.
[65] 李伍刚,李瑞阳. 生物质热解技术研究现状及其进展 [J]. 能源研究与信息,2001,17 (4):210-216.
[66] 毛玉如,骆仲泱. 生物质型煤技术研究 [J]. 煤炭转化,2001,24 (1):21-26.
[67] 何方,王华. 生物质液化制取液体燃料与化学品 [J]. 新能源及工艺,1999 (5):14-17.
[68] 陈泽智. 生物质沼气发电技术 [J]. 环境保护,2000 (10):41-42.
[69] 陈越月. 未来的绿色能源 [J]. 知识就是力量,2001 (11):44-45.
[70] 陈金链. 未来的燃料——生物质能 [J]. 能源工程,2000 (2):19-20.

[71] 王革华. 我国生物质能利用技术展望 [J]. 农业工程学报, 1995, 15 (4): 19-22.
[72] 张无敌, 宋洪川. 我国生物质能源转换技术开发利用现状 [J]. 能源研究与利用, 2000 (2): 3-6.
[73] 史振业, 芦莉莉. 我省生物质能源利用及颗粒燃料研发现状与分析 [J]. 甘肃科技, 2004, 20 (4): 1-3.
[74] 张巧珍, 师晋生, 叶京生. 新能源的开发与利用 [J]. 化工装备技术, 2003, 24 (3): 58-60.
[75] 王建忠. 开拓技术市场推动电力工业的技术进步 [J]. 中国电力, 1996, 29 (11): 91-92.
[76] 岑可法, 方梦祥. 新型高效低污染利用生物质燃料技术的研究 [J]. 能源工程, 1994 (2): 19-22.
[77] 吴国钧. 医院旱厕粪便无害化处理研究 [J]. 环境科学进展, 1997, 5 (3): 70-76.
[78] 张肇富. 用高粱生产乙醇的新工艺 [J]. 江苏食品与发酵, 1996 (4): 37-40.
[79] 张无敌, 宋洪川. 有利于农业持续发展的农村能源——生物质能 [J]. 农业与技术, 2001, 21 (4): 8-12.
[80] 王瑛, 李晓兵. 中国可再生能源 GIS 的设计与开发 [J]. 自然资源学报, 2003, 18 (6): 753-759.
[81] 莫志军, 朱新坚. 中国燃料电池发电技术展望 [J]. 中国能源, 2004 (4): 37-39.
[82] 李改莲, 王远红. 中国生物质能的利用状况及展望 [J]. 河南农业大学学报, 2004, 38 (1): 100-104.
[83] 张百良, 杨世关. 中国生物质能技术应用与农业生态环境研究 [J]. 中国生态农业学报, 2003, 11 (3): 178-179.
[84] 华颂今. 综合利用工农业废弃物开发新能源和可再生能源 [J]. 环境保护科学, 1999, 25 (6): 42-44.
[85] Pan Y G, Enrique V, Luis P. Pyrolysis of blends of biomass with poor coals [J]. Fuel, 1996, 75 (4): 412-418.
[86] 邢万里. 2030 年我国新能源发展优先序列研究 [D]. 北京: 中国地质大学, 2015.
[87] AnjianWang, Gaoshang Wang, et al. S-curve Model of Relationship between Energy Consumption and Economic Development [J]. Natural Resources Research, 2014, 24 (1): 53-64.
[88] 黄加明. 风力发电的发展现状及前景探讨 [J]. 应用能源技术, 2015, 208 (4): 47-50.
[89] 张迪茜. 生物质能源研究进展及应用前景 [D]. 北京: 北京理工大学, 2015.
[90] 杨艳华, 汤庆飞, 张立. 生物质能作为新能源的应用现状分析 [J]. 重庆科技学院学报 (自然科学版), 2015, 17 (1): 102-105.
[91] 鲁梨. 生物质热解提质液体燃料综合评价研究 [D]. 杭州: 浙江大学, 2015.
[92] 段奇武, 孔垂雪. 我国沼气产业化发展的新机遇 [J]. 中国沼气, 2016, 34 (1): 94-96.
[93] 孟祥海. 中国畜牧业环境污染防治问题研究 [D]. 武汉: 华中农业大学, 2014.
[94] 徐传涛, 乔富兴. 浅谈畜牧沼气业发展 [J]. 中国畜牧业, 2013 (4): 74-75.
[95] 陈利洪, 贾敬敦, 雍新琴. 我国沼气产业化发展战略模式及其措施 [J]. 中国沼气, 2016, 34 (1): 86-89.
[96] Patterson T, Esteves S, Dinsdale R, Guwy A. An evaluation of the policy and technoeconomic factors affecting the potential for biogas upgrading for transport fuel use inthe UK [J]. Energy Policy, 2011, 39 (3): 1806-1816.
[97] ichard T L. Challenges in scaling up biofuels infrastructure [J]. Science, 2010, 329 (5993): 793-796.
[98] 王彤. 城市固体垃圾气化发电燃气净化研究 [D]. 秦皇岛: 燕山大学, 2015.
[99] 郭文刚. 关于垃圾焚烧发电行业现状分析及发展建议 [J]. 民营科技, 2016 (1): 257-258.
[100] 曾中华. 生物质气化技术在工业窑炉上的应用 [D]. 广州: 华南理工大学, 2014.
[101] 孙培勤, 孙绍晖, 常春等. 我国生物质能源现代化应用前景展望 [J]. 中外能源, 2014, 19 (6): 21-28.
[102] 朱开伟, 刘贞, 吕指臣. 中国主要农作物生物质能生态潜力及时空分析 [J]. 中国农业科学, 2015, 48 (21): 4285-4301.
[103] 廖晓东. 我国生物质能产业与技术未来发展趋势与对策研究 [J]. 决策咨询, 2015 (1): 37-42.
[104] 李振宇, 黄格省, 黄晟. 推动我国能源消费革命的途径分析 [J]. 化工进展, 2015, 35 (1): 1-9.

# 第7章 风能

风是地球上的一种自然现象，它是由太阳辐射热引起的。太阳照射到地球表面，地球表面各处受热不同，产生温差，从而引起大气的对流运动形成风。据估计到达地球的太阳能中虽然只有大约2%转化为风能，但其总量仍是十分可观的。全球的风能约为 $2.74 \times 10^9 \text{MW}$，其中可利用的风能为 $2 \times 10^7 \text{MW}$，比地球上可开发利用的水能总量要大10倍。

全球风能如果只成功利用其中的20%，就相当于世界能源消费量的总和或电力需求的7倍。以风电为例，2013年风能发电占德国总发电量的7%，在西班牙占10%，在丹麦可以占到25%左右。

## 7.1 风能利用的发展历程

人类利用风能的历史可以追溯到公元前。公元前2世纪，古波斯人就利用垂直轴风车碾米，10世纪伊斯兰人用风车提水，11世纪风车在中东已获得广泛的应用，13世纪风车传至欧洲，14世纪已成为欧洲不可缺少的原动机。在荷兰风车先用于莱茵河三角洲湖地和低湿地的汲水，以后又用于榨油和锯木。只是由于蒸汽机的出现，才使欧洲风车数目急剧下降。

数千年来，风能技术发展缓慢，也没有引起人们足够的重视。但自1973年世界石油危机以来，在常规能源告急和全球生态环境恶化的双重压力下，风能作为新能源的一部分才重新有了长足的发展。风能作为一种无污染和可再生的新能源有着巨大的发展潜力，特别是对沿海岛屿，交通不便的边远山区，地广人稀的草原牧场，以及远离电网和近期内电网还难以达到的农村、边疆，作为解决生产和生活能源的一种可靠途径，有着十分重要的意义。

按全球风能装机历史可以将风能发展历史划分为三个阶段。

（1）起步阶段（1990~1998年） 全球风电发展缓慢，风电装机容量较低。主要原因是：①风电发电成本较高；②风电不稳定，风电并网导致电网的稳定性变差；③系统的无功调节困难，导致电网出现电压波动、闪变等问题。这些问题制约了风电的发展。

（2）缓慢发展阶段（1999~2007年） 由于油价的上涨、风电成本下降和电网技术进步，全球风电装机容量开始缓慢增长，全球装机容量从1999年的13.5GW上涨到2007年的94GW。

（3）快速发展阶段（2008年至今） 由于碳排放和环境压力，各国出台了相应政策，推动了全球风电装机容量的快速增长。2008年全球风电装机容量突破100GW，到2014年增加到369GW，使全球风电装机容量在新能源装机容量中仅次于核电，成为第二大新能源发电品种（图7-1）。

2000年以来，10年内风电开发和利用技术在世界所有风电国家都取得了空前迅速的发展，全球装机容量每年的增长率达20%以上。据《中国风电发展报告2014》数据显示，2013年全球累计风电装机容量已达到318.12GW，增长幅度12.5%。未来十年，全球尤其是中国、美国、欧洲的风电仍然将更加迅猛地发展。

全球风能协会（GWEC）于2005年年初成立，旨在推动风能成为全球一种重要的能源，

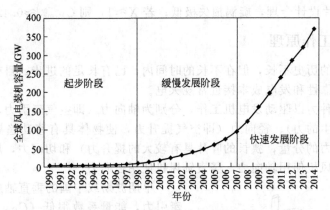

图 7-1 全球风电装机容量历史（数据来源：BP，GWEC）

报道全球范围的行业动态、政策动向，发布和组织国际会议信息，提供相关产业报告下载、各地区风电发展概述等。

据欧洲风能协会（EWEA）和"绿色和平"组织的估计，到 2020 年全球电力需求的 10% 可由风电提供，从而可减少全球近 10 万亿吨 $CO_2$ 排放量。

## 7.2 风力发电系统

### 7.2.1 关于风能的理论计算

风的功率可采用式（7-1）计算。

$$风的功率 = \frac{1}{2}\rho A V^3 \tag{7-1}$$

式中 $\rho$——空气密度，$kg/m^3$；
 $A$——截取区域面积，$m^2$；
 $V$——风速，$m/s$。

空气密度 $\rho$ 与空气压力及温度有关，而空气压力与温度由海拔高度决定。

$$\rho(z) = \frac{p_0}{RT}\exp\left(-\frac{gz}{RT}\right) \tag{7-2}$$

式中 $\rho(z)$——空气密度，与海拔高度有关，$kg/m^3$；
 $p_0$——标准海平面气压，$kg/m^3$；
 $R$——比空气常数，$J/(K \cdot mol)$；
 $T$——温度，K；
 $g$——重力常数，$m/s^2$；
 $z$——海拔高度，m。

前面公式计算的是理想状态下所获得的能量，实际上根本不可能实现，因此 Betz 于 1926 年提出了下面的公式。

$$p_{Betz} = \frac{1}{2}\rho A V^3 C_{P_{Betz}} = \frac{1}{2}\rho A V^3 \times 0.59 \tag{7-3}$$

即在没有任何能量损失的情况下，风机最多可利用 59% 的风能。

除此之外，对风机来说，还需考虑旋涡损失，旋涡损失与转子的周缘速率（X）密切相关。

$$X = \frac{v_{周缘}}{V_{风}} = \frac{\omega R}{v_0} \tag{7-4}$$

若 $X>3$ 且叶片设计合理,旋涡损失极低;若 $X\approx 1$,则 $C_{P,max}\approx 0.42$。

## 7.2.2 风机的工作原理

尽管风力发电的历史不长,但在不长的时间内,已有长足的进步。目前风力发电技术已趋于成熟,运行可靠性和发电成本接近常规火电。

风能够产生三种力以驱动发电机工作,分别为轴向力(即空气牵引力,气流接触到物体并在流动方向上产生的力)、径向力(即空气提升力,使物体具有移动趋势的、垂直于气流方向的压力和剪切力的分量,狭长的叶片具有较大的提升力)和切向力,用于发电的主要是前两种力,水平轴风机使用轴向力,竖直轴风机使用径向力。

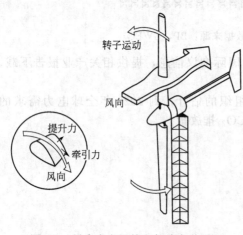

图 7-2 风力发电机的空气动力学原理

早期波斯或中国的垂直轴风轮利用的是空气牵引力,能量系数很低($C_{P,max}\approx 0.16$)。现代风机主要利用空气提升力,其方向与风向垂直,主要装置为风翼或叶片。当气流经过风翼型叶片表面时就开始了风能向电能的转化过程。气体在叶片迎风面的流动速度远高于背风面,相应地,迎风面压力小于背风面,并由此产生提升力,导致转子围绕中心轴旋转,如图 7-2 所示。

根据旋转轴方向的不同,风机可分为水平轴和竖直轴两种,如图 7-3 所示。

竖直轴风机又称 Darrieus 风机,常使用轻微弯曲的对称风翼,其优点是使用时无需考虑风向,齿轮箱和发电设备可安放于地面;缺点是每次旋转会产生很高的扭矩波动,无自启动能力,并且风速大时调整转速的能力有限。竖直轴风机于 20 世纪 70 年代开始商业化,一直持续到 80 年代末,之后发展已停滞。

目前水平轴风机占统治地位。水平轴风机主要包括塔架及其顶部的吊舱,吊舱内装有发电机、齿轮箱和转子。不同型号的风机使用不同的技术调整吊舱方向,风速合适时使吊舱迎

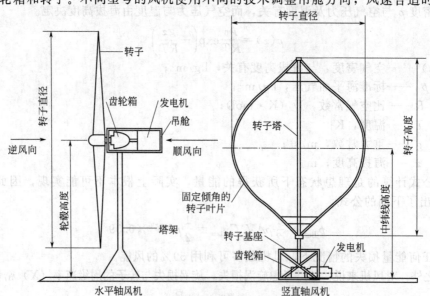

图 7-3 水平轴和竖直轴风机结构示意图

向风向；风速过大时偏离风向。对于小型风机，采用尾舵调整转子和吊舱方向；大型风机以风向标提供信号，使用电动装置调整吊舱和转子方向。

对于现代风机而言，转子叶片是最昂贵的零部件之一，而且叶片的强度是风力发电机组性能优劣的关键。目前的叶片所用材质已由木质、帆布等发展为复合材料（玻璃钢）、金属（铝合金等），其中纤维增强的新型复合材料叶片不仅抗疲劳强度高、寿命较长，且具有防雷击破坏的能力（仅丹麦每年就有1%～2%的转子叶片被雷电击毁）。

通常二叶或三叶风机用于发电，20叶或更多叶片的风机用作水泵。转子叶片数目与周缘速度间接相关。叶片数多的风机周缘速度低，但起始扭矩高，当风速提高时完全可以实现水泵的自动启动。二叶或三叶风机周缘速度大，起始扭矩小，即使风速合适也需要外部启动，但由于周缘速度大，使用更小、更轻便的齿轮箱即可达到发电机驱动轴所需的高转速。

目前，三叶风机占据着并网、水平轴风机的主要市场；双叶风机的塔顶重量更小，支撑结构更轻，因而成本更低。

与双叶风机相比，三叶风机可以更容易地控制惯性转矩。此外，三叶风机更具美感且噪声更低，因而更适宜用在人口密集地区，如海岸。

现有水平轴与竖直轴风机效率均可达30%～40%，但均需要进一步完善。水平轴风机使用螺旋桨式叶片，具有稳定的攻角，其优点是稳定性高、对振动和应力不敏感，但必须安装于塔架之上，增加了安装和维护费用，同时需要转向装置。竖直轴风机使用搅蛋器型转子，攻角变化稳定，但易产生共振导致结构破坏，其优点是无需塔架和转向装置，而且由于发电机、齿轮箱及其他设备均处于地面，安装和维护费用相对低廉。

## 7.2.3 风机系统

风机系统即风力发电机组，是指由风轮（叶片）、传动系统、发电机、储能设备、塔架及电器系统等组成的发电设备。

### 7.2.3.1 转子的控制技术

风机在达到设计风速条件下效率最高，即达到额定容量，风速一般为12～16m/s。但由于不可能对风速实现人工控制，因此若风速过大，则必须对转子的动力输出加以控制，主要方法如下。

（1）失速调整 此类风机属定桨距失速调节型风机。此技术需要恒定的转速，与风速无关。定桨距是指叶片被固定安装在轮毂上，其桨距角（叶片上某一点的弦线与转子平面间的夹角）固定不变。

失速效应是指由于叶片所具有的轮廓形状（叶片的扭曲度和厚度沿长度方向发生变化），当风速高于额定值、气流的攻角增大到失速条件时，转子叶片上的气流条件会发生变化，即风速高时叶片的背风面出现涡流，效率降低，以达到限制转速和输出功率的目的。

此类风机采用与电网直接连接的鼠笼式感应发电机，风机转子通过齿轮箱与发电机相连，如图7-4所示（这种技术是丹麦风电制造技术的核心技术）。

这种风机的优点是调节简单可靠，控制系统可以大大简化，当失速效应起作用时，无需使用控制系统；其缺点是叶片重量大（与变桨距风机叶片比较），轮毂、塔

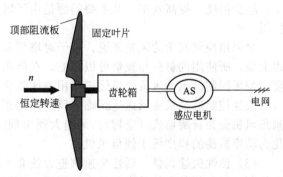

图7-4 恒定转速的风力发电机（丹麦）

架等部件受力增大。

失速效应是复杂的动力学过程，在风速不稳的条件下很难准确计算，因而在很长一段时间内被认为不能用于大型风机。小型和中型风机积累的经验使设计者可以更可靠地计算失速现象，但 MW 级风机仍避免使用失速效应。

(2) 倾角调整（即变桨距调节型风机） 变桨距是指安装在轮毂上的叶片，可以借助控制技术改变其桨距角的大小。其调节方法分为 3 个阶段。

① 开机阶段 当风机达到运行条件时，计算机命令调节桨距角。将桨距角调至 45°，当转速达到一定时，再调节到 0°，直到风机达到额定转速并网发电。

② 输出功率小于额定功率 当输出功率小于额定功率时，桨距角保持在 0°位置不变。

③ 发电机输出功率达到额定 当发电机输出功率达到额定时，调节系统即投入运行，当输出功率变化时，及时调桨距角的大小，风速高于额定风速时，使发电机的输出功率基本保持不变。

中、大型风机的叶片偏转系统常使用液压系统，微机控制；也可使用电动机。控制系统必须能随着风速的变化实时调整倾角，以保持稳定的功率输出。

图 7-5 所示为变桨距调节型风力发电机系统。风机转子通过齿轮箱与发电机相连，发电机的转子绕线通过背靠背（ac-dc-ac）电压转换器供电。在高风速条件下，从风中所获取的动力通过调整转子叶片的倾角加以调整。

风力发电机把风能通过旋转叶片及发电机变为交流电能，通过整流装置将交流电变为直流电，再通过逆变装置将直流电变为恒频（工频）交流电能，最后通过升压变压器，送入电力系统。

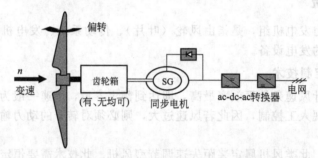

图 7-5 带有同步电机和 ac-dc-ac 转换器的变桨距调节型风机

变桨距调节型风力发电机系统的优点非常突出：①风力机可以最大限度地捕获风能，因而发电量较恒速恒频风力发电机大；②较宽的转速运行范围，以适应因风速变化引起的风力机转速的变化；③采用一定的控制策略可以灵活调节系统的有功、无功功率；④可抑制谐波，减少损耗，提高效率。其主要问题是由于增加了 ac-dc-ac 电压转换器，大大增加了设备费用。

对采用控制倾角的风机来说，转子对塔架和基底的推力小于采用失速效应的风机。从原理上说，所使用的材料与重量可以降低。在低风速地区，由于转子叶片可始终保持在最佳角度，使用控制倾角的风机效果优于采用失速效应的风机。

失速控制的风机在风速达到临界风速时必须停止，而当达到最大倾角、转子无负载时，倾角风机变为自旋模式（空转）。风速大到出现失速效应时，对失速风机来说，风速振荡转化为功率振荡的程度低于倾角风机。

(3) 活性失速调整 活性失速调整方法介于倾角调整和失速调整之间。风速低时采用倾角控制，以获得较高的效率和较大的扭矩；当风机达到额定功率后，活性失速调整起主要作用，此时转子叶片的迎角增大以获得更深程度的失速效应。活性失速调整可获得更为平稳的功率输出，其优点是保持了倾角风机使叶片保持低负载的水平旋转能力，作用于风机结构上的推力低于失速控制风机。

若风速过大（20～30m/s），风机必须关闭，转子必须离开风作用区域。尽管所获得的能量减少，但与大风速时风机必需的保护措施所需成本相比，在风机工作时间内所损失的能量价值还是小的。

#### 7.2.3.2 发电设备

转子叶片产生的能量需要传输系统才能到达发电机，传输系统包括转子轴（带轴承）、闸、齿轮箱、发电机和离合器。

风力发电主要使用的设备是发电机，它是一种将机械能转化为电能的、可以旋转的设备，所有的发电机均由转子和定子组成。对风力发电来说，主要使用三种发电机，即直流发电机、同步发电机和感应发电机（异步发电机）。目前多数风机制造商采用6极感应发电机，其余为直驱同步发电机。电力工业中，感应发电机并不常用于发电，但感应电动机普遍使用。电厂通常使用大型同步发电机，优点是可调整电压。

(1) 直流发电机　直流发电机产生的电压与空气流量和速度成正比。常使用反向换流器实现 dc-ac 转换，反向换流器允许的输入比为 2/1，即 120V 的交流转换器允许输入电压为 50～100V。由于风速一直发生变化，因此必须使用调整装置，如调整转子倾角，整个系统如图 7-6 所示。

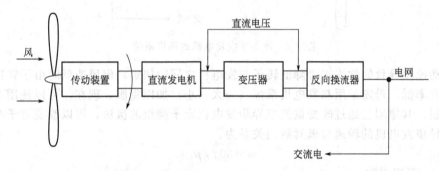

图 7-6　使用直流发电机的风机系统

(2) 同步发电机　图 7-7 所示为使用同步发电机的风机系统。一般来说，500kW～2MW 同步发电机的价格比同规格的异步发电机高，同时直接并网的同步发电机转速受电网频率和发电机极对数目的限制。在某些情况下，如出现阵风，会产生很大的扭矩，同时转子动力输出发生很大波动，必须采用其他措施加以消除，如柔性塔架。因此，直接并网同步发电机通常不用于并网风机，而是有时用于独立系统。

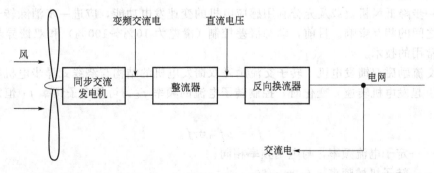

图 7-7　使用同步发电机的风机系统

工业上采用直驱变速同步电机——大直径同步环发电机,优点是无需使用齿轮箱,而感应电机必须使用齿轮箱。要获得所需频率(50~60Hz)的交流电,必须获得较高的电机转速(转子转速20~50r/min→电机1200r/min,电机转速依赖于极对数目),而齿轮箱是用于提高转速的关键设备。

同步发电机产生交流电,电压频率与极对数目和转子速度相关。但即使调整转速,发电机所产生的电压与电网之间还是存在频率和相位差,因此不能直接相连,必须经过整流、转化为直流电,而后再经过同步反向换流器变回交流电。此类设计的优点是无需使用传动装置——齿轮箱。

(3) 感应发电机(异步发电机) 图7-8所示为使用感应发电机的风机系统。由于滑动速度是变化的,感应发电机比同步发电机更适于并网连接。

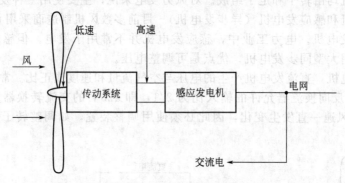

图7-8 使用感应发电机的风机系统

由滑动速度导致的软连接可降低转子与发电机之间的扭矩,但风速低时由于转速几乎固定,整体效率低。丹麦采用双发电机系统(一大一小)加以克服。现在,可以使用变极装置解决此问题,其原理是通过改变鼠笼型异步发电机定子绕组的接法,可以改变定子绕组的极对数,而异步发电机的转速与极对数的关系为:

$$n = 60f/p \tag{7-5}$$

式中 $p$——磁极对数;
$f$——电网频率,$f=50\text{Hz}$;
$n$——发电机转速,r/min。

对于频率$f=50\text{Hz}$的系统,当$p=2$时,$n=1500\text{r/min}$;当$p=3$时,$n=1000\text{r/min}$,对于1台600kW/125kW的风电机来说,风速高时$n=2$,功率为600kW;风速低时$n=3$,功率为125kW,这样通过定子绕组连接方式的改变,不但提高了风电机效率,而且更有效地利用了低风速时段的风能。

为进一步降低风机负载及充分利用感应电机的变速发电功能,应进一步消除转子速度与电网频率之间的相互影响。目前,动态滑差控制(滑差为10%~100%)和双馈异步电机是工业上最常用的技术。

(4) 交流励磁双馈发电机 转子交流励磁双馈发电机的结构与绕线式异步电机类似。当风速变化引起发电机转速$n$变化时,控制转子电流的频率$f_2$,可使定子频率$f_1$恒定,即应满足:

$$f_1 = pf_m \pm f_2 \tag{7-6}$$

式中 $f_1$——定子电流频率,与电网频率相同;
$f_m$——转子机械频率,$f_m = n/60$;
$p$——电机的极对数;

$f_2$——转子电流频率。

当发电机的转速 $n$ 小于定子旋转磁场的转速 $n_1$ 时，即 $n<n_1$，处于亚同步状态，此时变频器向发电机转子提供交流励磁，发电机定子发出电能给电网，式（7-6）取正号；当 $n>n_1$ 时，处于超同步状态，此时发电机同时由定子和转子发出电能给电网，变频器的能量逆向，式（7-6）取负号。

当 $n=n_1$ 时，处于同步状态，此时发电机作为同步电机运行，$f_2=0$，变频器向转子提供直流励磁。由上式可知，当发电机的转速 $n$ 变化时，即 $pf_m$ 变化时，若控制 $f_2$ 相应变化，可使 $f_1$ 保持恒定不变，即与电网频率保持一致，也就实现了变速恒频控制。

这种采用交流励磁双馈发电机的控制方案除了可实现变速恒频控制，减小变频器的容量外，还可实现有功、无功功率的灵活控制，对电网而言可起到无功补偿的作用。缺点是交流励磁发电机仍然有滑环和电刷。

### 7.2.4 风机技术

#### 7.2.4.1 大容量风机

表 7-1 所示为 20 世纪 80 年代以来风机尺寸及单机容量的发展趋势。可以看出，当前世界风机技术发展的主要趋势是大容量风机，很多风机制造商正致力于开发 MW 级大型风机，见表 7-2。

表 7-1  20 世纪 80 年代以来风机尺寸及单机容量的发展趋势

| 年　代 | 1981 | 1985 | 1990 | 1996 | 1999 | 2000 |
|---|---|---|---|---|---|---|
| 转子直径/m | 10 | 17 | 27 | 40 | 50 | 71 |
| 额定功率/kW | 25 | 100 | 225 | 550 | 750 | 1650 |
| 装机容量/(MW/a) | 45 | 220 | 550 | 1480 | 2200 | 5600 |

表 7-2  一些风机的尺寸及重量数据

| 类型 | 控制系统(P、S、AS) | 转子直径/m | 叶片数目 | 额定容量/kW | 吊舱及转子质量/kg | 单位扫掠面积质量/(kg/m²) | 发电机 |
|---|---|---|---|---|---|---|---|
| Bonus 300kW | S | 31 | 3 | 300 | 14500 | 19.2 | AG |
| Bonus 1MW | AS | 54 | 3 | 1000 | 63000 | 27.5 | AG |
| Bonus 1.3MW | AS | 62 | 3 | 1300 | 80900 | 26.9 | AG |
| Bonus 2MW | AS | 76 | 3 | 2000 | 125000 | 27.7 | AG |
| Carter | AS | 24 | 2(T) | 300 | 4431 | 10 | AG |
| DeWind D4 | P | 46 | 3 | 600 | — | — | DFAG |
| DeWind D6 | P | 62 | 3 | 1000 | — | — | DFAG |
| DeWind D8 | P | 80 | 3 | 2000 | — | — | DFAG |
| Enercon E-30 | P | 30 | 3 | 230/280 | 14650 | 20.7 | DD |
| Enercon E-40 | P | 40.3 | 3 | 500 | 29500 | 23.1 | DD |
| Enercon E-58 | P | 58 | 3 | 1000 | 92000 | 34.1 | DD |
| Enercon E-66/1.5 | P | 66 | 3 | 1500 | 99590 | 29.1 | DD |
| Enercon E-66/1.8 | P | 70 | 3 | 1800 | 101100 | 26.2 | DD |
| Enron 900 | P | 55 | 3 | 900 | — | — | DFAG |

续表

| 类型 | 控制系统<br>(P、S、AS) | 转子直径<br>/m | 叶片数目 | 额定容量<br>/kW | 吊舱及转子<br>质量/kg | 单位扫掠面积<br>质量/(kg/m²) | 发电机 |
|---|---|---|---|---|---|---|---|
| Enron TW 1.5 | P | 65 | 3 | 1500 | 74000 | 22.3 | DFAG |
| Enron TW 2.0 | P | 70.5 | 3 | 2000 | 80000 | 20.5 | DFAG |
| Fuhrlander | | | | | | | |
| FL30 | S | 13 | 3 | 30 | 1360 | 10.2 | AG |
| FL100 | S | 21 | 3 | 100 | 9000 | 26.0 | AG |
| FL250 | S | 29.5 | 3 | 250 | 14700 | 20.8 | AG |
| FL800 | S | 50 | 3 | 800 | 55000 | 30.4 | AG |
| FL1000 | S | 54 | 3 | 1000 | 59000 | 25.7 | AG |
| FL MD 70 | P | 70 | 3 | 1500 | 84200 | 21.8 | DFAG |
| FL MD 77 | P | 77 | 3 | 1500 | 87500 | 18.8 | DFAG |
| Gamesa G52 | P | 52 | 3 | 850 | 37500 | 17.6 | DFAG |
| Jeumont J48 | P | 48 | 3 | 750 | — | — | DD+PM |
| Lagerwey 18/80 | P | 18 | 2 柔性 | 80 | 3000 | 11.8 | AG |
| Lagerwey 27/250 | P | 27 | 2 柔性 | 250 | 10000 | 17.5 | AG |
| Lagerwey 50/750 | P | 50.5 | 3 | 750 | — | — | DD+PM |
| Made AE-52 | P | 52 | 3 | 800 | 37000 | 17.4 | DVAG |
| Made AE-66 | S | 66 | 3 | 1300 | 72000 | 24.6 | AS |
| NEG Micon | | | | | | | |
| NM 600/43 | S | 43 | 3 | 600 | 35000 | 24.1 | AG |
| NM 750/48 | S | 48 | 3 | 750 | — | — | AG |
| NM 1000/60 | S | 60 | 3 | 1000 | — | — | AG |
| NM 1500/64 | AS | 64 | 3 | 1500 | — | — | AG |
| NM 2000/72 | AS | 72 | 3 | 2000 | — | — | AG |
| NM 2500/80 | P | 80 | 3 | 2500 | — | — | DFAG |
| Nordic 1000 | S | 54 | 2 | 1000 | 45000 | 19.6 | VAG |
| Nordex N-29 | S | 29.7 | 3 | 250 | 16800 | 24.2 | AG |
| Nordex N-43 | S | 43 | 3 | 600 | 35500 | 24.5 | AG |
| Nordex N-54 | S | 54 | 3 | 1000 | 69800 | 30.5 | AG |
| Nordex N-63 | S | 63 | 3 | 1300 | 69400 | 24.5 | AG |
| Nordex N-80 | P | 80 | 3 | 2500 | 119300 | 23.7 | DFAG |
| Riva Calzaoni M30-52 | P | 33 | 1 | — | 13500 | 15.8 | AG |
| RePower 48/600 | S | 48 | 3 | 600 | — | — | AG |
| RePower 48/750 | S | 48 | 3 | 750 | — | — | AG |
| RePower 1000/57 | P | 57 | 3 | 1000 | — | — | AG |
| Südwind S33 | S | 33.4 | 3 | 350 | — | — | AG |

续表

| 类型 | 控制系统<br>(P、S、AS) | 转子直径<br>/m | 叶片数目 | 额定容量<br>/kW | 吊舱及转子<br>质量/kg | 单位扫掠面积<br>质量/(kg/m²) | 发电机 |
|---|---|---|---|---|---|---|---|
| Südwind S46/750 | P | 46 | 3 | 750 | — | — | DFAG |
| Tacke TW 600 | S | 43 | 3 | 600 | 33000 | 22.7 | AG |
| Turbowind T400 | AS | 34 | 3 | 400 | — | — | AG |
| Turbowind T600 | AS | 48 | 3 | 600 | — | — | AG |
| Vestas | | | | | | | |
| V29-Optislip | P | 29 | 3 | 225 | 13000 | 19.7 | VAG |
| V44-Optislip | P | 44 | 3 | 600 | 25700 | 16.9 | VAG |
| V63-Optislip | P | 63.6 | 3 | 1500 | 74000 | 23.7 | VAG |
| V66-Optislip | P | 66 | 3 | 1650 | 78000 | 22.8 | VAG |
| V80-Optislip | P | 80 | 3 | 2000 | 95000 | 18.9 | VAG |
| V52-Optispeed | P | 52 | 3 | 850 | 32000 | 15.0 | DFAG |
| V66-Optispeed | P | 66 | 3 | 1750 | 80000 | 23.4 | DFAG |
| V80-Optispeed | P | 80 | 3 | 2000 | 95000 | 18.9 | DFAG |
| Vergnet 15/60 | P+S | 15 | 2 | 60 | 2400 | — | AG |
| Vergnet 26/220 | P | 26 | 2 | 220 | 5400 | — | AG |
| WinWind WWD-1 | P | 56 | 3 | 1000 | 64000 | 25.9 | SG+PM |
| Zond 750 | P | 50 | 3 | 750 | — | — | DFAG |

注：1. P——pitch，倾角控制；S——stall，失速控制；AS——active stall，活性失速控制。

2. DFAG——double fed asynchronous generators，双馈异步发电机；DD——direct driven, variable speed, electrically excited synchronous generator，直驱变速电激励同步发电机；VAG——asynchronous generator with variable slip，变滑速异步发电机；AG——asynchronous generator，异步电机；SG——synchronous generator，同步发电机；PM——permanent magnets，交流励磁双馈发电机。

对于此类设计，基于恒速、失速效应和异步电机理念的所谓"丹麦概念"(Danish Concept)，被认为在技术上是不可行的。

新的风机设计概念基于变速控制和倾角控制，使用直驱同步环发电机(Enercon/ Lagerwey/ Jeumont/Mtoores公司)或双馈异步发电机(Enron/Vestas/DeWind公司)，见表7-3。

表7-3　正在研发的大型风机数据

| 型号<br>(NEG Micon) | 国家 | 控制系统<br>(P、S、AS) | 转子直径<br>/m | 叶片数目 | 额定容量<br>/kW | 变速(VS)或<br>恒速(FS) |
|---|---|---|---|---|---|---|
| 3000 | 丹麦+荷兰 | P | 90 | 3 | 3000 | VS |
| DOWEC | 荷兰+丹麦 | P | 120 | 6 | 6000 | VS |
| Wincon 2000 | 丹麦 | AS | 70 | 3 | 2000 | FS |
| DeWind D9 | 德国 | P | 90 | 3 | 3500 | VS |
| Jeumont | 法国 | P | — | 3 | 1500 | VS+PM |
| Enron 3.2 | 德+美 | P | 104 | 3 | 3200 | VS |
| Enron 3.6 | 德+美 | P | 100 | 3 | 3600 | VS |
| Lagerway/ABB | 荷兰+瑞典 | P | 72 | 3 | 2000 | VS+PM[①] |

续表

| 型号 (NEG Micon) | 国家 | 控制系统 (P、S、AS) | 转子直径 /m | 叶片数目 | 额定容量 /kW | 变速(VS)或恒速(FS) |
| --- | --- | --- | --- | --- | --- | --- |
| Mtorres TWT 1500 | 西班牙 | P | 72 | 3 | 1500 | VS |
| Vestas V90 | 丹麦 | P | 90 | 3 | 3000 | VS |
| Windformer/ABB | 瑞典 | P | 90 | 3 | 3000 | VS+PM[②] |
| Enercon E-112 | 德国 | P | 112 | 3 | 4500 | VS |
| RePower/N.O.K.5 | 德国 | P | 115 | 3 | 5000 | VS |
| Pfleiderer/Multibrid | 德国 | S+P | 100 | 3 | 5000 | VS |

① 输出电压 4000V。
② 输出电压 25000V。
注：其余符号同表 7-2。

其他公司（WinWind/Multibrid）开发的系统可看作上述两个系统的联合，此设计采用变速、倾角可调的风机及单级齿轮箱，可避免双馈异步发电机带来的高达 1500～1800r/min 的齿轮和电机转速。单级齿轮箱允许使用低转速的永磁同步发电机，可设计得比大型直驱同步发电机更小巧轻便，见图 7-9 及图 7-10。

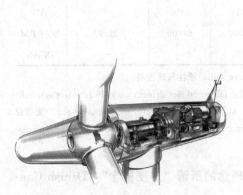

图 7-9　Bonus 1MW 级风机吊舱

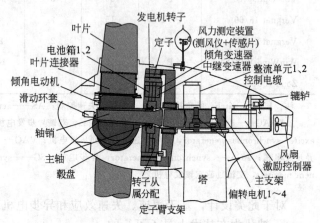

图 7-10　Enercon 1.5MW 级风机吊舱

此外，工业上还在改进风能转化系统中电力方面的效率，包括在发电机中安装永磁体或提高输出电压。传统风力发电机操作电压为 690 V（Enercon 风机为 440 V），吊舱或塔架底部需安装变压器，更高的电压输出可降低电线上的损失，且无需安装变压器。

目前的研究包括 Lagerwey/ABB2MW 计划（输出电压 3000～4000V）和 Windformer/ABB 3MW（输出电压 25000V）。

### 7.2.4.2　小型风机

小型风机（≤10kW）主要用于为偏远地区，如家庭、船舶或通信系统提供电力，通常与电池和/或小型柴油发电系统联合使用。小型风机的优点是转速比大型风机快得多，运行稳定且维护成本低。对于小型风机系统而言，运行稳定及低维护成本是最重要的指标。小型风机与大型风机有几点差别。

（1）风机系统不同　小型风机系统的设计与大型、联网的风机系统截然不同。二者所使用的梢速比不同，空气动力学过程也不同。

（2）传动-发电系统　小型风机的传动-发电系统与大型风机也不同。多数小型风机使用直驱变速系统及永磁体发电机,因此需要动力转换器以保持频率稳定,此类设计无需齿轮箱。

(3) 动力及转速调整系统不同　小型风机系统的动力及转速调整系统与大型风机不同。小型风机经常使用机械控制倾角系统或偏转系统代替电控系统,垂直和水平卷紧设备也很常用。风速高时,垂直卷起型风机会使转子偏向上方,外形类似直升机;水平卷起型风机则向尾部旋转转子。

小型风机的塔高与转子直径比例更大,以排除障碍物的干扰。与大型风机相比,小型风机每千瓦发电量的成本更高,但由于无需联网,因此只需与其他动力供应系统比较,如柴油机发电或太阳能系统。

表 7-4 是一种小型风机的主要参数一览表,主要结构包括:钢制轮毂、叶片、发电机、齿轮箱和电池系统(其中 NACA 4415 叶片为狭长形,比传统的短、宽叶片提升力大)。

表 7-4　小型风机系统的主要参数一览表

| 顺序号 | 项目 | 叶片组Ⅰ | 叶片组Ⅱ | 叶片组Ⅲ |
|---|---|---|---|---|
| 1 | 叶片形状 | 标准(短、宽翼) | NACA 4415 | 标准(短、宽翼) |
| 2 | 叶片材质 | 钢 | GRP | 钢 |
| 3 | 叶片制备用模具 | 钢 | GRP | 钢 |
| 4 | 叶片用材料比例 | St37(SAE 1015) | 50%玻璃、50%聚酯 | St37(SAE 1015) |
| 5 | 叶片平均质量/g | 2100 | 1300 | 2100 |
| 6 | 抗拉强度/MPa | 240 | 213.5 | 240 |
| 7 | 动力系统 | DC | DC | DC |
| 8 | 电池充电电压/V | 28 | 28 | 28 |
| 9 | 电池充电电流/A | 8 | 8 | 8 |
| 10 | 毂盘高度/m | 6 | 6 | 6 |
| 11 | 叶片数量 | 12 | 3 | 3 |
| 12 | 叶片长度/m | 1.3 | 1.5 | 1.3 |
| 13 | 启动风速/(m/s) | 3.1 | 6.5 | 4.3 |
| 14 | 最大发电电流/A | 8 | 33 | 30 |
| 15 | 发电机转子转速/(r/min) | 922~1210 | 1344~2722 | 1156~2332 |
| 16 | 叶片转速/(r/min) | 37~48 | 54~108 | 46~93 |
| 17 | 发电机与转子的齿数比 | 1:25 | 1:25 | 1:25 |
| 18 | 发电机类型/容量 | 直流同步电机/250W | 直流同步电机/250W | 直流同步电机/250W |
| 19 | 电池系统/单元数 | 200A·h,24V/2 | 200A·h,24V/2 | 200A·h,24V/2 |
| 20 | 机械效率 | 0.95 | 0.95 | 0.95 |
| 21 | 发电效率 | 0.98 | 0.98 | 0.98 |
| 22 | 齿轮系统效率 | 0.95 | 0.95 | 0.95 |
| 23 | 噪声(距离毂盘10m,设定风速7.5m/s)/dB | 75 | 45 | 60 |

注:NACA 即 National Advisory Committee for Aeronautics,国家动力学顾问委员会,Turkey。

### 7.2.4.3　涡轮风力发电机

涡轮风力发电机的涡轮机采用一个罩子罩住涡轮机叶片,产生低压区,使它能够以相当于正常速度3倍的速度吸入流过叶片的气流。风洞测试结果表明，有罩的涡轮机比无罩的涡轮机输出功率大6倍以上。涡轮机材质为高强度纤维强化钢材，在不增加重量的情况下，弯曲时承受的应力比普通钢材高3倍。

涡轮风力发电机安装有7.3m长的叶片，整机可达21层楼的高度，每台涡轮机额定功率达3MW。新型涡轮机发出的电力相当于传统涡轮机的6倍，10台这种新型风力涡轮发电机可为1.5万个家庭提供每年所需电能。涡轮风力发电机安装在海面巨大的漂浮平台上，由于海上的风力强，估计效果更好。

#### 7.2.4.4 风机的发展趋势

目前世界主流的三大风电机组是：笼型双速变极、异步发电机组、绕线式双馈异步发电机组和永磁直驱同步发电机组。风力发电机单机容量也不断向大型化发展。进入21世纪，MW级风力机逐渐成为国际风电市场上的主流产品。

近年来，随着智能控制技术的日益完善和发展，许多人也将其应用于风力发电控制系统中。将神经网络控制方法用于风力发电系统的控制过程，以克服微机控制过程中存在的系统模型的非线性和复杂性，使系统达到最优控制效果。模糊理论得出最优蓄电池电压控制作为发电机负荷的蓄电池电压来控制发电机出力，从而有效地把风能转换为电能。

应用遗传算法和模糊理论设计风力发电机变桨距控制器，利用遗传算法简单高效的寻优特点对模糊控制器的结构和参数进行优化设计。

## 7.3 风力发电场地

根据风电开发利用所处地域不同，分为两大类：海上风电和陆上风电。

### 7.3.1 海上风力发电

海上风力发电是目前风能开发的热点，建设海上风电场是目前国际新能源发展的重要方向。

(1) 海上风力发电的优势

① 与陆地相比，海上的风更强更持续，而且空间也广阔，风在大海上没有阻挡。

② 由于海水表面粗糙度低，海平面摩擦力小，因而风切变（即风速随高度的变化）小，不需要很高的塔架，可降低风电机组成本。另外海上风的湍流强度低，海面与其上面的空气温度差比陆地表面与其上面的空气温差小，又没有复杂地形对气流的影响，作用在风电机组上的疲劳载荷减少，可延长使用寿命，所以使用较低的风塔比较合算。

③ 海上石油钻塔的经验表明，阴极防腐措施可以有效防止钢结构的腐蚀。海上风机表面保护（涂颜料）一般都采取较陆地风机防腐保护级别高的防护措施。石油钻塔的基础一般能够维持50年，也就是其钢结构基础设计的寿命。海上风电站可以使用海上的石油钻塔基础，包括混凝土、重力+钢筋、单桩及三脚架。并网技术主要为铺设海底电缆，若距离主电网很远，可考虑使用高压直流输电技术。

(2) 海上风力发电的特点　利用大海上的风力资源并不容易，因为缺少建造风力发电机的地基。例如海上风力发电的功率为2.3MW，其叶片直径为80m，相当于一个标准足球场的长度。发电机机舱高出海平面约65m，浮置式的发电设备安装在浮标上。建造它的时候，不是在陆地上组装完再安装到海上的，而是通过轮船上的吊车在海上一点点搭建组装而成，并根据实际情况及时调整。

设计海上风力发电机的关键技术是让叶片部分尽量轻一些，以便在海上保持相对平稳，并可提高发电能力。当然，还要让发电机的"底盘"足够稳固，能经受住不时出现在海上的暴风骤雨和滔天巨浪。另外，原来陆上发电机的机箱是在上部，现在要把机箱下移，这在技术上增加了难度。

(3) 海上风力发电的进展　目前，丹麦有世界上最大的海上风电场。根据丹麦政府能源计划法案，在2030年以前海上风电装机将达到4GW，加上陆地上的1.5GW，丹麦风力发电量将占全国总发电量的50%。荷兰的目标是到2020年风电装机2.75GW，其中1.25GW安装在北海大陆架区域；爱尔兰和比利时分别有250MW和150MW的海上风电场计划。

挪威石油公司开发出可以漂浮在海中的发电机支柱。这台风力发电机有个形象的名字叫"海风（Hywind）"，是世界上首台悬浮式风力发电机。"海风"发电机建造在挪威的斯塔万格地区的海域中，该发电机与陆地上的风力发电机所用的材质大致相同。不同的是，其在海水下的部分被安装在一个100多米的浮标上，并通过三根锚索固定在海下$120 \sim 700m$深处，以便它随风浪移动并迎风发电。

悬浮式风力发电技术不仅仅是为了充分利用海上风力资源，更重要的是为日渐增多的海上活动提供能源。军事雷达工作、海运业、渔业和旅游业都会从中获益。漂浮风场将会给许多国家提供额外的能源，如果以后世界海洋上的各个区域都能分布一些悬浮式风力发电机，远洋轮船、深海远程潜艇、远程科学考察船等就可以在大海上直接获取电能。另外，开发海底石油和矿藏的工程队也将从海上风力发电站获得充分的电能。有了电能保障，一些远海旅游项目也可以开发起来。

## 7.3.2　高空风力发电

从能源本身的角度讲，高空风能比低空风能要丰富且稳定，风筝在高空中稳定就是实例。科学家根据相关的研究数据估计，在距地面大约$500 \sim 12000m$的高空，有足够世界使用的风能。如果这些风能能够全部转变为电能，则可以满足全世界百倍的电力需求。

研究发现，即使在那些风能资源的风力发电站区域，地面附近的风力密度低于$1kW/m^2$，而在纽约的高空区域，风力密度则可以达到$16kW/m^2$。最理想的高空风力资源刚好位于人口稠密地区，比如北美东海岸和中国沿海地区。高空风力发电机不需要另外提供动力，它悬浮和转向所需的能量都来自自身所产生的电能。由于高空风力发电机不需要建设电网，它在一些偏僻山区也大有用途。

既然高空风力比地面风力更加丰富，但至今没有一座商业化的高空风力发电站建成，原因在于高空风力发电面临着技术难度大和成本投入高两个主要问题。

高空风力发电有两种模式：第一种是在空中建造发电站，在高空发电，然后通过电缆输送到地面；第二种是在高空建设传动设备，将风能转化为机械能后直接输送到地面，再由发电机将其转换为电。

从理论上讲两种方法都行得通，但至今没有对两项技术的可行性实施过全面和严格的评估。美国能源部曾有一个小规模的高空风力发电项目，收集了一些数据。

## 7.3.3　低风速风力发电

平原内陆地区的风速远低于山区及海边，但由于其面积广大，因此也蕴含着巨大的风能资源。由于目前风力发电量增长迅速，而适合安装高风速风机的地点终究有限，因此要实现风力发电的可持续发展，就必须开发低风速风力发电技术。

所谓"低风速"，指的是在海拔10m的高度上年平均风速不超过$5.8m/s$，相当于4级风。要在此条件下使发电成本合乎要求，必须对风机进行必要的改进，主要措施包括：①在不增加成本的前提下，尽量增大转子直径，以获取尽可能多的能量；②尽量增加塔架高度以提高风速；③提高发电设备及动力装置的效率。

### 7.3.4 风力发电存在的问题

① 风电的地域性、季节性很强。不是所有地方都可兴建风电场，需要在风速大、持续时间较长的风能丰富地带。风的季节性也就导致了风电输出的易变性和随机性，在整个电网中风电目前也只能处于"配角"的地位。

② 风能资源的能量密度小，对设备要求较高，风能利用效率也较低。

③ 风电的稳定性无法保障、不可控且不能大量储存。

④ 风电对生态环境仍然有影响。因为场地建设和设备带来的噪声污染、阴影闪烁、视觉污染，影响鸟类活动化及和环境的不协调等。

⑤ 风电场建设和设备安装成本较高。目前风电成本相对于传统的火电和水电还是高出很多。

## 7.4 我国风能的发展历程

### 7.4.1 我国风能的发展历史

我国风能资源丰富，发展风电潜力巨大。我国位于亚洲大陆东南、濒临太平洋西岸，季风强盛。冬季季风在华北长达6个月，东北长达7个月。东南季风则遍及我国的东半壁。根据国家气象局估计，全国风力资源的总储量为每年16TW，近期可开发的约为1.6 TW，内蒙古、青海、黑龙江和甘肃等地的风能储量居我国前列，年平均风速大于3m/s的天数在200天以上。

中国气象科学研究院初步探明，中国风能总储量达32.26亿千瓦，居世界第一位。其中可开发和利用的陆地上风能储量有2.53亿千瓦，近海可开发和利用的风能储量有7.5亿千瓦，共计约10亿千瓦，大于中国的水能资源储量。

如果陆上风电年上网电量按等效满负荷2000h计，每年可提供5000亿千瓦时电量；海上风电年上网电量按等效满负荷2500h计，每年可提供1.8万亿千瓦时电量，合计2.3万亿千瓦时电量。

中国是世界上最早利用风能的国家之一。公元前数世纪我国人民就利用风力提水、灌溉、磨面、舂米及用风帆推动船舶前进。到了宋代更是我国应用风车的全盛时代，当时流行的垂直轴风车，一直沿用至今。

我国风力机的发展，在20世纪50年代末是各种木结构的布篷式风；20世纪60年代中期主要是发展风力提水机；20世纪70年代中期以后风能开发利用列入"六五"国家重点项目，得到迅速发展。中国风能协会成立于1981年，是经国家民政部正式登记注册的一个非营利性社会团体，2002年经中华人民共和国科技部和中国科学技术协会批准加入世界风能协会。

进入20世纪80年代，我国先后从丹麦、比利时、瑞典、美国和德国引进一批中、大型风力发电机组。在新疆、内蒙古的风口及山东、浙江、福建、广东的岛屿建立了示范性风力发电场。

### 7.4.2 我国风能存在的问题

与发达国家相比，我国风能的开发利用还相对落后。

(1) 技术发展的制约　目前，我国的风电设备市场仍然被进口设备垄断，国内的风力发电设备厂家则存在高投入低回报的问题；我国风电最大只能占到电网比重的12%以下，需要解决风电技术水平低下的问题。

(2) 风电入网困难　由于风电的稳定性不高,会对电网形成冲击,导致很多电网运营商不愿意接纳风电入网。实际上如果电网运营商为风机配备相应的调峰电源,可以解决风电的不稳定问题,但这会增加运营成本。

(3) 合理利用风能　风电基地的开发建设应按照大中小、分散与集中和陆地与海上相结合的方式进行,应鼓励内陆地区的风电发展,使分散的风电资源得以有效利用。政府应该进行市场竞争主体的培养,鼓励多元化的投资,继而使投资主体的积极性得以保持;相关部门要规范风电市场秩序,并加强对风电建设的管理。

### 7.4.3　我国风能的发展前景

2004 年以后,全国的风电装机容量每年平均增长 100% 以上,以这种高速发展的态势,截至 2010 年年底,全国风电装机容量总量达到 4183 万千瓦,这个数字首次超越美国且成为世界第一。

图 7-11 是我国风电在 2001~2012 年的发展概况,从图中看出我国风电装机容量在 2001~2012 年的发展状况,其中 2012 年新增的风电装机容量有 1297 万千瓦。

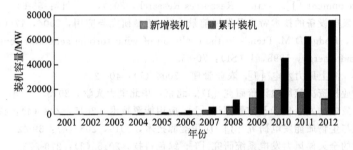

图 7-11　2001~2012 年我国风电发展趋势

2014 年中国风电装机容量为 91.5GW,占全球风电总装机容量的 31%,成为全球风电第一大国(图 7-12)。

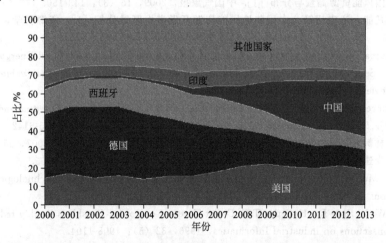

图 7-12　全球风电装机容量占比(数据来源:GWEC)

2014 年 11 月,国务院发布了《能源发展战略行动计划(2014—2020 年)》,行动计划提出,到 2020 年,基本形成比较完善的能源安全保障体系。

## 思 考 题

1. 简述风力发电机的工作原理。
2. 简述未来风力发电机的发展趋势。
3. 如何实现我国风能产业又好又快地发展？
4. 制约风能产业的因素有哪些？
5. 叙述风力发电的发展方向。
6. 如何计算理想状态下风力发电所获得的能量？
7. 风力发电系统由哪些设备组成？
8. 小型风机的设计与大型风机存在哪些不同点？
9. 何谓低风速？低速风机需进行哪些必要的改进？
10. 介绍新型风机的发展趋势。

## 参考文献

[1] 邢万里. 2030年我国新能源发展优先序列研究 [D]. 北京：中国地质大学，2015.
[2] Anjian Wang, Gaoshang Wang et. al. S-curve Model of Relationship between Energy Consumption and Economic Development [J]. Natural Resources Research，2014，24（1）：53-64.
[3] 韩俊良. 风力发电设备的技术特点及发展前景 [J]. 机械研究与应用，2004，17（5）：16-18.
[4] Thresher R W, Dodge D M. Trends in the evolution of wind turbine generator configurations and systems [J]. Wind Energy，1998，1（S1）：70-85.
[5] 郭雁，易跃春. 海上风力发电 [J]. 农业管理，2004（7）：40-42.
[6] 李施. 风电企业投资决策风险评价研究 [D]. 北京：华北电力大学，2015.
[7] 黄加明. 风力发电的发展现状及前景探讨 [J]. 应用能源技术，2015，208（4）：47-50.
[8] 齐洪波. 风能与生物质能发电研究 [J]. 应用能源技术，2015，208（4）：39-42.
[9] 孙红莺. 新型的全天候风力发电系统研究 [J]. 绿色科技，2015（3）：270-275.
[10] 张艳，何伟军. 我国小型风力发电产业发展现状及前景研究 [J]. 科技和产业，2013（13）.
[11] 刘明山. 风力发电的类型分析 [J]. 设计与计算，2009（4）：1-4.
[12] 赵蕾. 新型风力发电调速装置及其控制策略研究 [D]. 天津：河北工业大学，2014.
[13] 丁辑. 我国风能资源储量与分布 [J]. 中国气象报，2009，15（3）：143-150.
[14] 李柯，何凡能，席建超等. 中国陆地风能资源开发潜力区域分析 [J]. 资源科学，2010，32（9）：1672-1678.
[15] Dragan Komarov, Slobodan Stupar, Aleksandar Simonovic. Prospects of Wind Energy Sector. Development in Serbia with Relevant Regulatory Framework Overview [J]. Renewable & Sustainable Energy Reviews，2012，16（5）：2618-2630.
[16] Furkan Dincer. The Analysis on Wind Energy Electricity Generation Status Potential and Policies in The World [J]. Renewable and Sustainable Energy Reviews，2011，15（9）：5135-5142.
[17] 刘细平，林鹤云. 风力发电机及风力发电控制技术综述 [J]. 大电机技术，2007，55（3）：17-20.
[18] 刘其辉. 变速恒频风力发电系统运行与控制研究 [D]. 杭州：浙江大学，2005.
[19] Lalor G, Mullane A, Malley M. Frequency Control and Wind Turbine Technologies [J]. IEEE. Transactions on Power Systems，2005，20（4）：1905-1913.
[20] Brasseld W R, Spee R, Habetler T G. Direct Torque Control for Brushless Doubly-fed Machines [J]. IEEE Transactions on Industrial Informatics，1996，32（5）：1908-1104.
[21] 李剑平. 我国新能源风力发电的发展思路探索 [J]. 科技创新导报，2015（25）：194-195.
[22] 全球风能理事会（GWEC）. 2014年全球风电装机容量统计 [J]. Wind Energy，2015（2）：51-53.

# 第8章

# 其他新能源

本章介绍新能源海洋能、地热能和可燃冰的发展和现状。

## 8.1 海洋能

海洋能包括潮汐能、波浪能、海流能、温差能及盐差能。全世界的海洋能的总储量相当巨大，据估算全球的潮汐能大约27亿千瓦、波浪能大约25亿千瓦、海流能大约50亿千瓦、温差能大约20亿千瓦及盐差能大约26亿千瓦。

我国海洋能源的估算潮汐能为1.9亿千瓦，波浪能的开发潜力为1.3亿千瓦，沿岸波浪能为0.7亿千瓦，海流能为0.5亿千瓦，海洋温差能和盐差能分别有1.5亿千瓦和1.1亿千瓦。

目前，世界上对潮汐能和波浪能的开发在技术上相对成熟，一些国家建立了潮汐电站和波浪能电站，而海流能、温差能和盐差能的开发利用处于试验阶段。

海洋能属于清洁能源，海洋能发电具有很好的发展前景。但由于技术和经济上还存在问题，近期大规模开展海洋能开发建设还不成熟。但未来，尤其在化石能源逐渐消耗殆尽的将来，海洋能将发挥重要作用。

### 8.1.1 潮汐能发电

#### 8.1.1.1 概述

潮汐是月球和太阳对地球万有引力共同作用的结果，是海水时进时退、海面时涨时落的自然现象。在月球和太阳两者中，由于月球离地球更近，所以月球引力占主要地位。主要的潮汐循环有规律地与月球同步，但也随着地球-月球-太阳体系的复杂作用而不断变化和调整。

潮汐变化由于地球表面的不规则外形而复杂化。在深海中，巨大的潮汐波峰仅能超过1m，相对于整个海水深度的比率极小，所以由于摩擦力的作用而损失的能量非常小。在陆地边缘，尤其对于那些水深梯度大的区域，潮汐的能量变化剧烈。随着潮汐能传递区域相对于海水总容量的概率增大，相当大的能量也随之消失。

潮汐运动实质上如同一个巨大的制动器，潮汐作用引起的能量损失削弱了由地球-月球-太阳运行体系所形成的作用力。在地球的漫长变化过程中，白昼的变化以 $1\times10^{-5}\mathrm{s/a}$ 的速度变长。由于白昼的变化可以测量，因此潮汐能的损失量亦可被估算出来，具体损失量为 2.7TW/s。这些能量若全部转换成电能，每年发电量大约为 $1200\mathrm{TW\cdot h}$。

巨大的潮汐能是由许许多多临近大陆的海洋边缘区域凝聚而形成，这些区域显然是人类利用潮汐能的潜在场所。

潮汐发电与水力发电的原理基本相似，它是利用潮水涨、落产生的水位所具有势能来发电的，也就是把海水涨、落潮的能量变为机械能，再把机械能转变为电能的过程。具体说来，潮汐发电就是在海湾或有潮汐的河口建一拦水堤坝，将海湾或河口与海洋隔开构成水库,再在坝内或坝房安装水轮发电机组,然后利用潮汐潮落时海水位的升降,使海水通过轮机转动水轮发电机组发电。

#### 8.1.1.2 潮汐电站的类型

由于潮水的流动与河水的流动不同,它是不断变换方向的,因此潮汐发电出现了以下不同的形式,包括单库潮汐电站、双库潮汐电站和水下潮汐电站。

(1) 单库潮汐电站 早期的潮汐电站是简单的单库式,通常只有一个大坝,其上建有发电厂及闸门,其示意图如图 8-1 所示。

图 8-1 单库潮汐电站示意图

单库潮汐电站有两种主要运行方式,即双向运行和单向运行。

单向运行是指电站只沿一个水流方向进行发电,通常是单向退潮发电。这种电站的库水位接近于最高潮位。当海潮退落,库水位高于海潮位一定值时,电站机组开始发电;当海潮上涨,库水位高出海潮位的值小于一定值时,发电机停机;潮位继续上涨至高于库水位时,开闸进水,使库水位接近于最高潮位,以备下一次退潮发电。这种潮汐电站只需安装常规贯流式水轮机即可。

双向运行是指电站沿两个水流方向都发电。这种电站的库水位总在平均潮位附近摆动,当海潮退落,库水位高于海水位一定值时,机组进行退潮正向发电;当海潮上涨,海潮位高于库水位一定值时,机组进行涨潮反向发电。由于退潮和涨潮都发电,其电站必须安装双向式水轮发电机组。

两种运行方式的主要区别在于,单向运行方式只能提供间断电力,间断时间取决于潮位变化周期。这对电网来说是不利的。双向运行方式可提供较连续的电力,具有较强的电网适应性,可进行调峰运行。但它需要安装成本较贵、结构较复杂的双向式水轮发电机组,机组运行效率相对较低,总发电量比单向式少。

从发电量-价格比来看,单向运行方式优于双向式。但就电网而言,双向运行方式可能会提供更多的电力。因为双向运行方式电站有更大的灵活性,能更好地满足电网要求。

单向运行方式也可是涨潮单向发电,亦即海水侧为水轮机进口,库侧为水轮机出口,水库始终保持较低水位。这一方式的发电量比退潮发电少,较少被电站采用。这主要是因为涨潮发电运行时的库水位上涨速度比退潮发电运行时的库水位下降速度快。

双向运行方式提供的电力也不是连续的。在海-库水位接近相等的时间内,机组无法发电。每一涨潮或退潮发电结束时,必须立即打开闸门,以提高或降低库水位,迎接下一个退潮或涨潮发电运行。由于这段时间机组处于停机等待状态,导致其发电不连续。

为了使涨潮进水时获得更高的库水位,可以采用泵水的方法。即在海潮位达到最高而又未开始进行退潮正向发电之前,用泵从海侧向库侧泵水,使库位进一步提高,以增加退潮时的发电量。虽然泵水需要耗电,但由于泵水时的扬程低于发电时的落差,发电量比耗电量多,所以此法是有利的。另外,水位的提高有利于增强电站的灵活性,延长发电时间。若泵水功能由水轮机来完成,即选用多工况水轮机,如法国朗斯潮汐电站所用的 6 工况水轮发电机（双向发电、双向泵水、双向泄水），则运行起来较方便，且可减少大坝费用。不过总的来说，泵水功能的引入会增加电站的复杂性和投资额。

(2) 双库潮汐电站　为了克服单库方案发电不连续的问题，在有条件的地方可以采用双库方案。这里提出的双库方案有两种：一是双库连接方案；另一是双库配对方案。如图 8-2 所示。

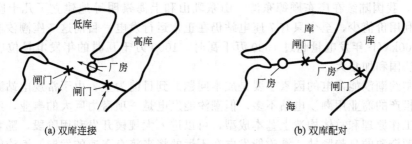

图 8-2　双库潮汐电站示意图

双库方案需要建两个水库，两库相互隔开，都有自己的大坝。地势有利时，可以利用天然条件分隔两库。

① 双库连接方案　双库连接方案如图 8-2 (a) 所示。两库中一个为高水位库，另一为低水位库，两库之间建发电厂，水轮机进水侧在高水位库，出水侧在低水位库。为增加发电量，应选两库中较小的一个为高水位库，两库各有自己的闸门。

高库闸门在高潮位时打开，让潮水进入，以保持其高水位；当海潮由高潮位下落至一定值时，此闸门关上，防止库水流出。低库闸门在低潮位时打开，排出库中的水，然后关上闸门。电站依靠高、低库水位差发电。

由于高低库水位始终具有一定差值，因此电站可实现连续发电，且电站所需水力发电设备较简单。双库方案可完全摆脱潮汐电站发电时间由潮水规律决定的缺点，它可像河川电站一样运行。

在双库连接方案中，若在电站处增加一条通往大海的水道，使电站既可沿低库方向发电，又可沿大海方向发电，则可增加电站的发电量。不过，这会增加电站的复杂性，同时还会降低电站的灵活性。

② 双库配对方案　双库配对方案如图 8-2 (b) 所示。双库配对方案的实质就是将两个单库电站配对使用，相互补充，克服单库电站的缺点。由于灵活性是这一方案的主要优点，因此参加配对的两个电站应设置为双向运行方式。根据电网需求的不同，配对的方式有多种。

(3) 水下潮汐电站　潮汐电站需在海岸边建造人工大坝，形成人工泻湖蓄水，这样会导致河流及海岸附近的生态平衡破坏。如果建造水下潮汐电站可以解决这一问题。

世界上第一座商用水下潮汐发电站于 2004 年在挪威并网发电。这座潮汐能发电站使用涡轮发电机，类似于一个水下风车。当水流改变方向时，这些涡轮发电机能够自动调整方向，把涡轮正好对准潮汐流来的方向。发电机被固定在位于海底 20m 高的钢柱顶端，当海水流过时，直径 10m 的叶片就会随之转动，从而产生电能。它的功率为 300kW，可供位于哈默菲斯特的 30 个挪威家庭使用。尽管这种发电机还只是原型机，但这是全世界第一次让潮汐能产生的电力并入大电网。

#### 8.1.1.3　应用

潮汐是一项取之不尽的电力能源，其发展方兴未艾。初步统计，目前全世界潮汐电站的总装机容量为 265GW。1912 年，德国首先建立了一座小型潮汐电站；1961 年，法国建立了朗斯电站，1966年8月首台机组发电，1967年全部竣工。发电设备置于坝内，共有24台单机容量10MW的水车（4叶片、横轴圆桶形卡卜兰式水轮机）和可逆式灯泡发电机组，年发电量544GW·h朗斯电站已正常运行了40余年，迄今仍为世界最大的潮汐发电站。加拿大于1980年在安纳波利斯河的河口建造了试验潮汐电站，装有1台17.8MW的全贯流式机组。1984年8月发电。这为今后在芬地湾兴建的大型潮汐电站奠定基础。

1958年，我国陆续在广东顺德东湾、山东乳山和上海崇明等地建立了几十座潮汐能发电站，由于利用价值少，至今只有7座电站仍在正常运行发电。目前这7座潮汐电站的总装机容量为7660kW，年发电量超过1000万千瓦时。1000万千瓦时的年发电量位居世界第三名，仅次于法国和加拿大。

目前，制约潮汐能发电的因素主要是成本问题。到目前为止，由于常规电站廉价电费的竞争，建成投产的商业用潮汐电站不多。但潮汐能发电是一项潜力巨大的事业，经过多年来的实践，在工作原理和总体构造上基本成型，可以进入大规模开发利用阶段，随着科技的不断进步和能源资源的日趋紧缺，潮汐能发电在不远的将来将有飞速的发展，潮汐能发电的前景是广阔的。

### 8.1.2 波浪能发电

相比于其他能源，波浪能有如下优点：①分布最广；②可再生性，只要太阳能存在即会产生风能，从而会不断地产生波浪能；③波能流密度大，最高处可达100kW/m；④洁净无污染；⑤有周期性变化规律；⑥利用方便，可以为沿海地区、海洋平台和远海领域提供能源。

波浪发电的原理包括：①利用物体在波浪作用下的振荡和摇摆运动产生的能量；②利用波浪压力的变化所产生的能量；③利用波浪的上升将波浪能转换成水的势能。

目前，波浪能发电装置种类繁多，但逐步接近实用化的有振荡水柱式装置、振荡浮子式波浪能转换装置和自升式波浪能发电装置等。

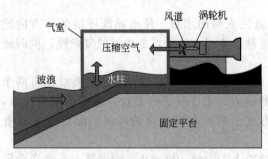

图8-3 振荡水柱式波能转换装置

（1）振荡水柱式发电装置　振荡水柱式发电装置根据振荡水柱停泊的方式分成固定式和漂浮式，其波能转换装置的原理及结构见图8-3。

在入射波浪的作用下，气室内的水柱受力发生振荡，使水柱上方的空气往复地推动风道，从而使涡轮机产生机械能量进行发电。

由于波浪的推动作用气室内的水柱进行上下往复运动，且具有固定的频率，当入射波浪的频率与水柱的固有频率相同或者接近时，将会产生共振作用，使气室内水柱的振幅加大。处于共振状态时，入射波浪与水柱的共同作用使得入射波浪的波高增加，而振荡体背部的波高减小，从而增加了波能转换装置的效率。

振荡水柱式装置的优点是抗恶劣气候的性能好、故障率低和使用寿命长，缺点是制造费用高，同时转换率低（将波浪能转化为电能的总效率仅为10%~30%）。

（2）振荡浮子式转换发电装置　振荡浮子式转换发电的原理是电磁转换器随浮子运动吸收能量，通过电磁转换器将波浪能转换成电能，其结构与原理见图8-4。振荡浮子式转换发电装置的优点是成本低且转化的效率较高，缺点是浮子受外界冲击容易损坏。振荡浮子式转换发电装置适用于一些提供电源的场合。

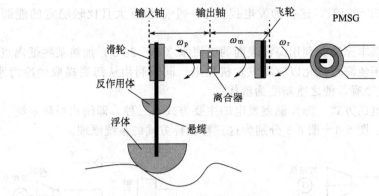

图 8-4　振荡浮子式转换发电装置

(3) 自升式波浪能发电装置　自升式波浪能发电装置包括三级能量的转换系统。一级能量转换机构直接与波浪相互作用，将波浪能转换成装置的动能和势能等；二级能量转换机构将一级能量转换所得的能量转换成旋转机械的液压能；三级能量转换将旋转机械的液压能通过发电机转换成电能。自升式波浪能发电装置包括浮筒、液压油缸、导向柱、自升式平台、液压油缸安装底座、蓄能库、液压控制系统和发电系统，如图 8-5 所示。

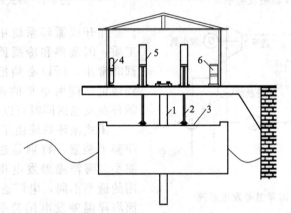

图 8-5　自升式波浪能发电装置组成
1—导向柱；2—液压油缸活塞杆；3—浮筒；4—蓄能器；5—液压油缸；6—发电机系统

当波浪上升时，波浪推动浮筒沿着导向柱向上运动并带动液压油缸的活塞杆上升，接下来引发如下系列：迫使液压油缸的无杆腔油液排出→通过液压控制系统进入高压蓄能库→再经过恒压调节后进入高压液压马达→高压液压马达连续驱动大发电机发电。

当波浪下降时，浮筒靠自重沿着导向柱下降→带动液压油缸的活塞杆下降→使得液压油缸的有杆腔油液排出→通过液压控制系统进入低压蓄能库→经过恒压调节后进入低压液压马达→使低压液压马达连续平稳地驱动小发电机发电。

自升式波浪能发电装置具有抗风抗浪、连续高效、性能稳定的特点。该装置在电力输出稳定性、装置可靠性、发电效率、管理和维护成本方面具有优势。

2014 年 12 月，江苏省在连云港海域成功实现了利用波浪能发电的国家，建立了 20 万千瓦的整体漂浮式电站，将波浪能通过"采能-换能-发电"的机械结构转变为稳定的电能，目的是为海岛居民提供电力。

## 8.1.3　温差能发电

由于太阳光照射，海洋表层水温可达 25～30℃，而水下 400～700m 深层冷水则为 5～

10℃，两者温差约为 20~24℃，这就为发电提供了一个总量巨大且比较稳定的能源。据估计发电量可达 10TW。

海洋温差发电的基本原理是利用海洋表面的温海水（26~28℃）加热某些低沸点工质并使之汽化，或通过降压使海水汽化以驱动汽轮机发电。同时利用从海底提取的冷海水（4~6℃）将做功后的乏气冷凝，使之重新变为液体。

(1) 海洋温差发电的方式  海洋温差发电的主要方式有三种，即闭式循环系统、开式循环系统和混合式循环。图 8-6~图 8-8 分别为这三种循环方式的系统原理。

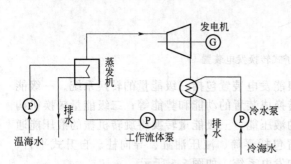

图 8-6　闭式海洋温差发电系统

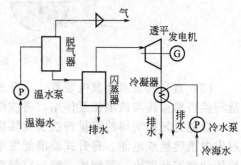

图 8-7　开式海洋温差发电系统

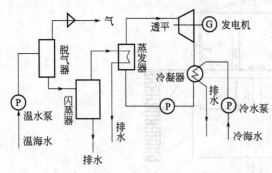

图 8-8　混合式海洋温差发电系统

在开式循环系统中，海水被直接用作工质，闪蒸器和冷凝器之间的压差和焓降都非常小，所以必须把管道的压力损失降到最低，同时透平的径向尺寸很大。开式循环在发电的同时可以得到淡水。

闭式循环系统由于使用了低沸点工质，使整个装置，特别是透平机组的尺寸大大缩小。海洋温差发电用的透平与普通电厂用的透平不同，电厂透平的工质参数很高，而海洋温差发电用透平的工质压力温度都相当低，且焓降小。大型海洋温差发电装置一般采用轴流式透平。混合循环系统综合了开式和闭式循环系统的优点，它以闭式循环发电，同时生产淡水。

然而，在实际应用中发现，由于海洋温差小，海洋温差发电系统热效率一直都比较低。根据我国海洋温差能分布情况，近年来探索研究的"海洋温差能-太阳能联合热发电系统"具有实用价值。

(2) 海洋温差能-太阳能联合热发电的方式  海洋温差能-太阳能联合热发电系统相当于引入新的热源，但需要考虑太阳能的不稳定性及昼夜交叉太阳能的不连续性。目前提出了有光照条件工作系统和无光照条件工作系统，同样有三种发电形式。

① 闭式温差能-太阳能联合热发电循环系统  以氨-水非共沸混合液为循环工质，利用太阳能进行再加热，同时加装回热器，如图 8-9 所示。

② 有光照条件工作系统  采用非共沸混合工质氨-水作为循环工质，图 8-10 为有光照条件的温差能-太阳能联合热发电循环示意图。其中数字代表系统循环工质在所处热力设备位置点处的状态。

③ 无光照条件工作系统  采用非共沸混合工质氨-水作为循环工质，图 8-11 为无光照条件海洋温差能-太阳能联合热发电示意图。其中数字代表系统循环工质在所处热力设备位置点处的状态。

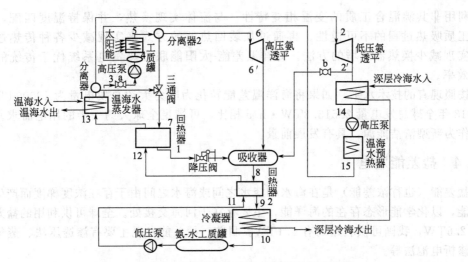

图 8-9 温差能-太阳能联合热发电循环系统示意图

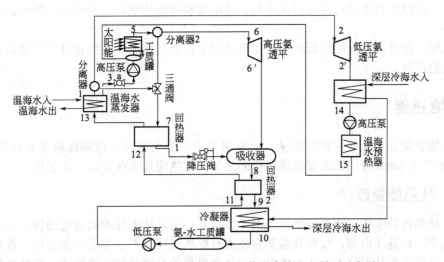

图 8-10 有光照条件的温差能-太阳能联合热发电循环示意图

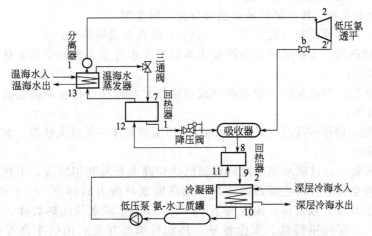

图 8-11 无光照条件海洋温差能-太阳能联合热发电示意图

利用非共沸混合工质的变温相变特性，与流体实现换热，并保持温度匹配，这样减少了工质吸热过程的不可逆性。再通过加装回热器的方式来实现减少各种传热过程的温差，实现减少换热器熵增的方法。海洋温差能-太阳能联合热发电系统优于传统的循环方式热效率。

按照现有的技术水平，如果将海洋温差能转化为电力大约总发电量为10000TW·h/a，与2013年全球总发电量22513.8TW·h/a相比，可满足全球大约一半的用电需求。海洋温差能作为新型清洁能源，具有发展前景。

### 8.1.4 盐差能发电

盐差能（也称浓差能）是在海水和淡水之间或海水之间由于存在浓度梯度而产生化学电位差能，以化学能形态存在的海洋能，主要存在于河海交接处。全球可供利用的盐差能功率可达2.6TW，我国可供利用的有0.1TW。目前，盐差能发电主要有渗透压法、蒸气压法和逆电渗析电池法等。

实验证明，从平均功率密度和能量回收角度考虑，而渗透压法和蒸气压法适合盐湖的盐差能发电，逆电渗析法适合在江河入海口。逆电渗析电池法是目前盐差能利用中最有希望的技术之一。

近几年，国外对逆向电渗析盐差能发电进行了广泛的研究，我国也开展了逆向电渗析盐差能发电的研究。

## 8.2 地热能

地热能系储存于地球内部的热量。地球相当于一个大热库，地热能蕴量总计约$14.5 \times 10^{25}$J，相当于5000万亿标准煤燃烧释放的热量。地热能是煤热能的1.7亿倍。

### 8.2.1 地热能资源

(1) 地热能的来源　地热能来源于两个方面：一是地球深处的高温熔融体，二是放射性元素的衰变。在地球内部，放射性物质自发进行热核反应，产生非常高的温度，放射性物质包括铀、钍等放射性同位素，火山爆发、喷泉和温泉等是地热的传播方式。熔盐体加热形成地热能主要形式为地热蒸汽和地下热水。

(2) 地热能的类型　按其属性地热能可分为4种类型。

① 水热型，即地球浅处（地下400~4500m）的热水或热蒸汽；

② 干热岩地热能，是特殊地质条件造成高温但少水甚至无水的干热岩体，需用人工注水的办法才能取出；

③ 地压地热能，即在某些大型沉积（或含油气）盆地深处存在的高温高压流体，其中含有大量甲烷气体；

④ 岩浆热能，储存在高温（700~1200℃）熔融岩浆体中的巨大热能，其开发利用目前尚处于探索阶段。

这4类地热能中，目前水热型地热资源已达到商业开发利用阶段，干热岩地热能处于研发阶段。随着全球对可再生能源的需求，地热能最具潜力的部分——干热岩备受重视。干热岩系埋藏于地表下数公里、温度高于150℃、没有水或蒸汽的热岩体，具有资源量巨大、地理分布广、零污染排放、安全性好、热能持续性好及利用效率高等优势，随着全球经济的迅速发展，能源需求和环境保护与日俱增，干热岩资源开发技术受到世界各国的广泛关注。

浅层地温能与干热岩资源的开发均是通过形成换热工质循环回路而达到持续热提取的目的（见图8-12）。

干热岩能量的提取采用增强型地热系统，通过储层激发后，将换热流体从注入井进入裂隙储层换热后，从生产井提取高温流体进行发电。表8-1将两者基本概念进行了对比分析。

水热型地热能又细分为高温（150℃）、中温（90～150℃）和低温（90℃）三种水热资源。高温（150℃）主要用于地热发电，中温（90～150℃）和低温（90℃）主要用于地热直接利用（供暖、制冷、工农业用热和旅游疗养等）。

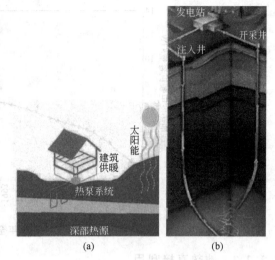

图8-12 浅层地温能（a）与干热岩（b）开发示意

（3）地热能的特点 地热能的特点是其分布具有地区性。从全球范围看，高温水热资源一般出现在火山、地震活动频繁的活动构造带或地质学上的板块边缘地区，如美国的黄石公园、墨西哥的塞罗普列埃托及冰岛的克拉夫拉等。

表8-1 浅层地热能与干热岩基本概念对比

| 地热类型 | 埋藏深度/m | 温度/℃ | 分布范围 | 换热介质 | 开发技术 | 用途 | 可能引起的环境问题 |
|---|---|---|---|---|---|---|---|
| 浅层地热 | 0～200 | 无要求 | 第四系覆盖层理想 | 地下水、地埋管 | 地源热泵 | 建筑供暖制冷 | 水位下降、热冷堆积 |
| 干热岩 | ≥3000 | ≥150 | 酸性岩体分布区 | 地下水（地表水）、$CO_2$ | 增强型地热系统 | 发电 | 微地震 |

地热能是清洁的能源，具有分布广、热流密度大、使用方便、流量与温度参数稳定且不受天气状况的影响。

## 8.2.2 地热能的利用

地热能的开发利用有两个主要方面，发电和直接利用。一般高于150℃的高温地热资源主要用于发电，发电后排出的热水可进行多种利用；温度在90～150℃的中温资源和90℃以下的低温资源主要是直接利用，如采暖、干燥、工业、农林牧副渔业、医疗、旅游及日常生活。

### 8.2.2.1 地热发电

地热发电是利用地下热水和蒸汽为动力源的发电技术，通过地下2000m左右的岩浆，产生200～350℃的蒸汽带动锅炉发电，其基本原理与火力发电类似。依据能量转换原理，蒸汽轮机将热能转为机械能，再带动发电机发电。地热发电不需要庞大的锅炉和燃料，仅利用地热能，但需要利用载热体把热能从地下带到地面上来。

地热发电非常洁净，包括发电设备及建设送电设施在内，$CO_2$ 排放量仅相当于火力发电的几十分之一和原子能发电的二分之一，且地热发电不受风力等季节和气象条件限制。自1975年以来，全球地热能发电装机容量快速增长，见图8-13。

地热发电的前期工作，包括地下勘测等，需要较大投入。

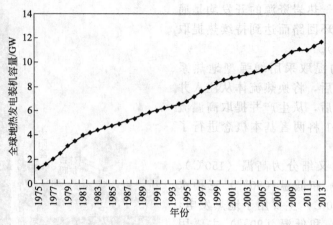

图 8-13　1975~2013 年全球地热发电装机容量

#### 8.2.2.2　地热直接利用

(1) 地热采暖、供热和供热水　地热采暖、供热和供热水应用广泛,它具有节能和无污染的优势,是理想的采暖能源。主要利用形式是采用地下热水为房屋供暖和洗浴。地热水本身含有多种矿物质,可用于人体的保健和某些疾病的治疗。温泉的洗浴和游泳是人类早期开发和应用的地热资源。图 8-14 为地热采暖和供热的图示。

图 8-14　地热的采暖和供热

(2) 地源热泵　地源热泵可以实现采暖与制冷的双向功能,即作为夏季制冷的冷却源和冬季供热的低温热源,从而实现采暖、制冷及供生活热水。地源热泵是改善城市大气环境、节约能源的一种有效途径。

(3) 地热能在各行业中的应用　在纺织、印染、制革、造纸等行业,使用地热能可节省转化水的处理;地热能可用于食品加工业,例如酿酒、制糖工业;地热能可用于农业,主要包括地热温室、育种、种植蔬菜、花卉和孵化等。

### 8.2.3　地热能的开发

2013 年 1 月 10 日,国家能源局、财政部、国土资源部、住房和城乡建设部发布了《关于促进地热能开发利用的指导意见》,提出的主要目标是到 2015 年,全国地热供暖面积达到 5 亿平方米,地热发电总装机容量达到 10 万千瓦,地热资源年利用总量达到 2000 万吨标准煤,形成地热资源评价、开发利用技术、关键设备制造、产业服务等比较完整的产业体系;到 2020 年,地热资源开发利用总量达到 5000 万吨标准煤。

(1) 干热岩地热资源的开发　干热岩作为资源潜力最大的地热资源类型。现有十多个国家的干热岩项目由政府资助进行研究,干热岩开发利用的理论与技术都取得了很大进展。在干热岩地热资源勘查中,地球物理勘查技术获得成功。例如,在澳大利亚南部,用重力异常圈定隐伏花岗闪长岩的分布范围来确定干热岩规模;日本用反射地震法和可控源音频大地电磁法,勘查地下的干热岩,已确定了断裂位置;美国、德国和英国等国家已经投入巨资建立了专门研发干热岩发电技术的机构。

我国干热岩资源潜力巨大，初步估算，在埋深 3～10km 范围内的干热岩资源量达到 860 万亿吨标准煤，按照 2% 的可利用量计算，相当于国内 2014 年能源消耗总量的 4480 倍。目前我国干热岩研究及技术水平仍处在前期的探索阶段，主要工作集中在资源潜力的评价和室内关键技术的研究。2015 年中国地质调查局组织实施了我国首个干热岩科学钻探深井在福建省漳州龙海市东泗乡清泉林场开钻，钻探深度将达 4000m，这标志着我国干热岩勘查开发进入实践探索阶段。

分析我国干热岩的发电潜力，前景十分广阔。研究发现，干热岩发电成本要远低于太阳能光电池的发电成本，同时随着干热岩发电技术的成熟和大规模开发，干热岩发电的电价会与火电、水电产生竞争。

(2) 地源热泵的进展　在浅层地下的土壤（砂石）和地下水中富集了约 47% 的太阳辐射热能，约为人类每年消耗的能源的 500 多倍。使用地源热泵技术，可以将浅层地下热能开发出来作为我们的新能源。

新型地源热泵供热站的核心构件是水井、压缩机和换热器。水井的功能是通过抽水井吸取地下水，经地源热泵升温，给建筑物内的散热器供热后，由回水井返回地下。一般水井深度在 50～100m，地下水温常年保持在 10～12℃，以保持地源热泵系统的稳定热源；压缩机将 12℃ 地下水升温后送进换热器；换热器是能量传输装置，实现地下水的循环使用；地源热泵在夏季可以起制冷作用，热泵从室内吸取热量，通过回水井将热量释放到地下水中。

地源热泵的能源（地下水）温度比较稳定，供热和制冷系数较高。相比之下，制冷的运行费用仅为普通中央空调的 50%～60%；供热用则比电锅炉节省 2/3 以上的电能，比燃煤锅炉节省 1/2 能量。

地源热泵技术于 20 世纪初开始使用，近年来在德国、法国、美国及日本等发达国家推广使用。我国的地源热泵技术于 20 世纪 50 年代开始在上海、天津、黑龙江、福建和辽宁等地推广使用。沈阳已有 138 个建设项目采用地源热泵技术供暖，总供热面积达 373 万平方米；北京、重庆和乌鲁木齐等地均有应用。

## 8.2.4　地热能的发展

地热能形成产业的过程中面临的难题是技术和资金。地热产业属于资本密集型行业，从投资到收益是一个漫长的过程。在技术上需要掌握开采点的准确勘测和对地热蕴藏量的预测，同时需要资金的投入。2013 年，世界银行宣布投入 5 亿美元，启动全球地热能发展计划（GGDP），目的是减少钻井过程中的风险、管理好地热能项目和帮助发展中国家扩大地热能发电规模。目前，全世界有 78 个国家利用地热能进行供热和 24 个国家利用地热能发电。

地热能具有不可忽视的优势，包括：①不受位置和气候影响；②建设时间和成本远低于核能；③大众没有疑虑。

地热能有望成为最具竞争力新能源。

## 8.3　可燃冰

科学家发现海洋某些部位埋藏着大量可燃烧的"冰"，其主要成分是甲烷与水分子（$CH_4·H_2O$），学名为天然气水合物，简称可燃冰。可燃冰是在一定条件下，由气体或挥发性液体与水相互作用过程中形成的白色固态结晶物质，外观像冰。甲烷水合物由水分子和甲烷组成，在海底深处接近 0℃ 的低温条件下稳定存在，融化后变成甲烷气体和水。

可燃冰燃烧产生的能量高于同等条件下的煤、石油和天然气的产能，且燃烧以后几乎不产生任何残渣或废弃物。不难想象,可燃冰可能取代其他日益减少的化石能源(如石油、煤、天然气等),成为一种新能源。

### 8.3.1 可燃冰的形成

可燃冰的形成有三个基本条件,缺一不可。第一,温度不能太高;第二是压力,0℃时它生成的压力是3000Pa以上;第三,要有气源。据估计陆地上20.7%和大洋底90%的地区,都具有形成可燃冰的条件。绝大部分的可燃冰分布在海洋里,其资源量是陆地上的100倍以上。

### 8.3.2 可燃冰的性质

如果不能保持高压、低温的状态,可燃冰在运往海面的途中会迅速融化。水深500m的海底气温约为5℃,可燃冰在这个温度范围能保持稳定状态,但在海面的气压状况下,气温必须降至-80℃。要保持高压低温的条件,将可燃冰以固体的形态运到海面需要巨额成本,去除混入可燃冰中的泥土和岩石也需要工夫。因此,将可燃冰气化后开采被视为有效的方法。

在标准状况下,一单位体积的可燃冰分解最多可产生164单位体积的甲烷气体,因而其是一种重要的潜在未来资源。可燃冰的储藏需具备四个基本条件:①原始物质基础——气和水的足够富集;②足够低的温度;③较高的压力;④一定的孔隙空间。

但是在自然界中,水合物常常作为其下游离气体的覆盖层,二者共同成藏。水合物圈闭成藏类型可分为两种:简单圈闭和复合圈闭。简单圈闭完全发生在水合物层内和地层之下;复合圈闭是有水合物和地质构造或地层相结合形成的。要作为一种资源安全利用甲烷水合物,必须对地质、气象进行综合研究。

### 8.3.3 可燃冰的开采技术

(1) 钻孔取心技术　随着钻探技术和海洋深水取样技术的提高,给人们提供了直接对自然界中天然形成的可燃冰进行研究的机会。同时,钻孔取心技术也是证明地下可燃冰存在的最直观和最直接的方法之一。目前已经在墨西哥湾、布莱克海岭等地取到了天然存在的可燃冰岩心。

用于研究的可燃冰样品通常取自钻杆岩心或用活塞式取样器、恒压取样器采集的海底样品。在分析测试时,一般取一定量的样品(100～200g)放入无污染的密封金属罐中,再在罐中注入足够的水,并保留一定的空间(100cm³)存放罐顶气。通过对罐顶气、样品经机械混合后释出的气及样品经酸抽提后释出气的甲烷至正丁烷的组分进行气相色谱分析,以及对罐顶气进行甲烷$\delta^{13}C$和$\delta D$分析,不但可以推测可燃冰的类型,而且还可以确定形成可燃冰的气体成因。

(2) 测井技术　测井技术是在可燃冰勘探中继地震反射法和钻孔取心法之后又一有效手段。Timothy S. Collett在阿拉斯加普拉德霍湾和库帕勒克河N. W. Eileen State-2井确定可燃冰存在的过程中,提出了利用测井技术鉴定一个特殊层可燃冰的四个条件:

① 具有高的电阻率(大约是水电阻率的50倍以上);
② 短的声波传播时间(约比水低131$\mu s$/m);
③ 在钻探过程中有明显的气体排放(气体的体积分数为5%～10%);
④ 必须在有两口或多口钻井区(仅在布井密度高的地区)。

由于形成可燃冰的水为纯水,因而在γ射线测井时,水合物层段的API值要比相邻层段明显增高。水合物层还具有自然电场异常不大的特点。与气水饱和层相比,水合物层的自然电位差幅度很低，这是因为水合物堵塞了孔隙，降低了扩散和渗滤作用的强度而造成。在钻井过程中，钻遇含气水合物层段另一明显的变化是含气水合物分解后引起含气水合物层段的井壁滑塌，反映在测井曲线上就是井径比相邻层位增大。含气水合物层段孔隙度相对较低，其中子测井曲线值则相对较高。

（3）化学试剂法　某些化学试剂，诸如盐水、甲醇、乙醇、乙二醇、丙三醇等化学试剂可以改变水合物形成的相平衡条件，降低水合物稳定温度。当将上述化学试剂从井孔泵入后，就会引起水合物的分解。化学试剂法较热激发法作用缓慢，但确有降低初始能源输入的优点。化学试剂法最大的缺点是费用太昂贵。由于大洋中水合物的压力较高，因而不宜采用此方法。化学试剂法曾在俄罗斯的梅索雅哈气田使用过，并在美国阿拉斯加的潜永冻层水合物中做过实验，它在成功的移动相边界方面显得有效，获得明显的气体回收。

（4）减压法　通过降低压力而引起可燃冰稳定的相平衡曲线的移动，从而达到促使可燃冰分解的目的。其一般是通过在一可燃冰层之下的游离气聚集层中"降低"天然气压力或形成一个天然气"囊"（由热激发或化学试剂作用人为形成），与天然气接触的可燃冰变得不稳定并且分解为天然气和水。

其实，开采可燃冰层之下的游离气是降低储层压力的一种有效方法，另外通过调节天然气的提取速度可以达到控制储层压力的目的，进而达到控制可燃冰分解的效果。减压法最大的特点是不需要昂贵的连续激发，因而其可能成为今后大规模开采可燃冰的有效方法之一。但是，单使用减压法开采天然气是很慢的。

从以上各方法的使用来看，单单采用某一种方法来开采可燃冰是不经济的，只有结合不同方法的优点才能达到对可燃冰的有效开采。若将降压法和热开采技术结合使用将会展现出诱人的前景，即用热激发法分解气水合物，而用降压法提取游离气体。

自20世纪80年代初起，世界各主要资源国都推动可燃冰开发列入国家重点发展战略，美国、日本、俄罗斯、加拿大、英国和德国等国均相继投入资金进行可燃冰资源调查和开采技术研究。目前，全球可燃冰资源调查取得重要成果，可燃冰开采模拟技术也逐步完善。

尽管可燃冰是公认的21世纪替代能源之一，但对其开发利用所引发的问题不容忽视。可燃冰对温度和压力很敏感，在输送过程中稍有不慎，就会使甲烷气体逸散到大气中从而加速温室效应。

## 8.3.4　可燃冰的全球分布与储量

研究发现，海洋可燃冰资源主要分布在北半球，且太平洋边缘海域资源最为丰富，其次是大西洋。其中勘查程度较高的美国布莱克海域资源量约350亿吨油当量、日本四国海槽资源量约27亿吨油当量、中国南海海域资源量约680亿吨油当量。

可燃冰主要赋存于大陆边缘的海底沉积物和陆上冻土带中，具有资源丰富、能量密度高、分布广、规模大及埋藏浅等特点。全球可燃冰资源量约为20万亿吨油当量，这相当于常规天然气地质资源量的50倍、煤炭及石油和天然气总含碳量的两倍。

可燃冰受其特殊的性质和形成时所需条件（低温、高压等）的限制，只分布于特定的地理位置和地质构造单元内。一般来说，除在高纬度地区出现的与永久冻土带相关的可燃冰之外，在海底发现的可燃冰通常存在水深300～500m以下（由温度决定），主要赋存于陆坡、岛屿和盆地的表层沉积物或沉积岩中，也可以散布于洋底，以颗粒状出现。这些地点的压力和温度条件使可燃冰的结构保持稳定。

从大地构造角度来讲，可燃冰主要分布在大陆边缘、大陆坡、海山、内陆海及边缘海深水盆地和海底扩张盆地等构造单元内。最近，研究人员在日本近海发现了可燃冰的储藏地点，并推测那里的可燃冰储量为7.4万亿立方米，相当于日本国内100多年的天然气消费量。研究发现西伯利亚的永久冻土下有大规模的可燃冰层，南北极圈的永久冻土、加勒比海沿岸、我国南海等大陆沿岸海底的可燃冰也相继被发现。预计世界的可燃冰总储量（换算成碳）是石油、煤炭等所有石化燃料总量的2倍以上。日本、美国、德国和加拿大政府着眼于商业化生产，将从明年开始进行世界首例开采试验。

### 8.3.5 我国可燃冰的现状与发展

我国南海天然气水合物的储量为700亿吨油当量，相当于目前陆上石油、天然气资源量总数的1/2。南海北部坡陆可燃冰储量约185亿吨油当量，相当于已探明南海油气地质储备的6倍，而东沙群岛以东的九龙甲烷礁，目前为世界上最大的冷泉溢溢区。

陆地方面，我国冻土面积为215万平方公里，天然气水合物形成及储存前景广阔。青藏高原可燃冰远景储量为350亿吨油当量，其中五道梁多年冻土区远景储量可供应90年。祁连山地区储量占陆地总储量的1/4。此外漠河盆地，西藏风火山、乌丽地区、羌塘盆地等都在进一步探测研究中。

经过近20年的不懈努力，我国的可燃冰资源勘查已取得重大突破。1999年，我国正式启动了对海域内可燃冰资源的专项调查与研究；2007年，首次在南海北部神狐海域通过钻探成功获取了可燃冰实物样品；2008年，在青海祁连山冻土区成功钻获可燃冰样品，证实我国是既有海域可燃冰，又有陆域可燃冰的少数国家之一。2013年，在珠江口盆地东部海域首次钻获高纯度可燃冰，其具有埋藏浅、厚度大、类型多、纯度高的特点，储量相当于 $1000 \times 10^8 \sim 1500 \times 10^8 \mathrm{m}^3$ 天然气。

我国可燃冰开发目前仍处于调查实验阶段，政府在2015年前投入至少10亿元加快它的开发速度，预计2020年前后实现工业开采，最快到2030年实现商业生产。

## 思 考 题

1. 海洋中可利用的能量有几种？试简介。
2. 简介潮汐电站的类型及工作方式。
3. 简介波浪能、温差能、盐差能发电的工作原理。
4. 地热能可分为哪几种类型？
5. 地热能有哪些利用形式？
6. 何谓可燃冰？简述其形成条件。
7. 可燃冰有哪些潜在的开采技术？

## 参 考 文 献

[1] 杨敏林，邹春荣. 潮汐电站建库及运行方案分析 [J]. 海洋技术，1997，16（1）：52-56.
[2] 不受气候影响不间断地发电首座水下潮汐电站在挪威问世 [J]. 能源综述，2004（3）：10-13.
[3] 邓隐北，熊文. 海洋能的开发与利用 [J]. 可再生能源，2004（3）：70-72.
[4] 武全萍，王桂娟. 世界海洋发电状况探析 [J]. 浙江电力，2002（5）：65-67.
[5] Prol R M. Ledesma. Evaluation of the reconnaissanll results in geothermal exploration using G/S. Geothermics, 2000, 29: 83-103.
[6] 杜文朋，包凤英，戴哈莉. 浅议当今世界海洋发电的发展趋势 [J]. 广东电力，2001，14（1）：16-18.
[7] 朱念. 波浪发电的转换机型机理及开发前景 [J]. 新能源，1996，18（3）：33-36.
[8] 李伟，赵镇南，王迅等. 海洋温差能发电技术的现状与前景 [J]. 海洋工程，2004，22（2）：105-108.
[9] 海水盐差发电 [J]. 太阳能，2003（2）：39-42.
[10] Warjield Hobbs G. 油页岩、煤层岩及地热资源开发前景评介 [J]. 天然气地球科学，1998，9（2）：38-40.
[11] 汪集旸，刘时彬，未化周. 21世纪中国地热能发展战略 [J]. 中国电力，2000，3（9）：85-94.

[12] 胡弘，朱永玲．地热用水文地质特征及变化趋势［J］．太阳能，2003（4）：41-43．
[13] 赵力，张启，涂光备．变温热源地热热泵系统的可用能分析［J］．太阳能学报，2002，23（5）：595-598．
[14] John. W, Lund, Derek H. Freeston. World-wide direct uses of geothermal energy 2000［J］. Geothermics, 2001, 30: 29-68.
[15] 蒋秋戈．地下能量利用的新技术——地热能系统与岩石工程［J］．采矿工程，2001（增刊）：19-23．
[16] 耿莉萍．中国地热资源的地理分布与勘探［J］．地质与勘探．1998，34（1）：50-54．
[17] Geng Rnilun. The methods and techniques drilling in some complicated conditions in China. Collected works of the "international symposium on borehode prilling in complicated condition", Leningrad, USSR. 1989, 6.
[18] 王改娥．开发地热新能源在通信中的应用［J］．通信电源技术，1996（2）：18-20．
[19] 张定源，施华主，田汉民．地热绿色新能源与可持续性发展［J］．火山地质与矿产，2001（4）：237-243．
[20] 杨家武，辛玉超，杨帆．海浪发电的典型装置和发展趋势［J］．科技创新导报，2015（9）：71-73．
[21] 张国贤．海蛇式波浪发电装置［J］．流体传动与控制，2015，71（4）：61-63．
[22] 徐超，石晶鑫，李德堂．自升式波浪能发电装置设计与试验研究［J］．船舶电气与通信，2015，151（1）：79-84．
[23] 谭思明，秦洪花，赵霞等．海洋波浪能领域国际专利竞争态势分析［J］．现代情报，2011（6）：14-17．
[24] 刘子铭，李东辉．国内海洋能发电技术发展研究及合理建议［J］．化工自动化及仪表，2015，42（9）：961-966．
[25] 闻耀保．海洋波浪能综合利用发电原理与装置［M］．上海：上海科学技术出版社，2013．
[26] 高腾飞．海洋平台与潮流能发电装置集成利用技术研究［D］．青岛：中国海洋大学，2014．
[27] 梁泽德．海洋温差能驱动的水下监测装置水动力学特性研究［J］．海岸工程，2015，34（3）：64-76．
[28] 仇汝臣，范宁，刘新新．基于ASPEN PLUS利用海洋温差能发电的模拟与优化［J］．当代化工，2015，44（9）：2232-2234．
[29] 赵严，胡梦青，阮慧敏．逆向电渗析法海水盐差能发电工艺研究［J］．过滤与分离，2015，25（1）：5-8．
[30] Sylwin Pawlowski, Philippe Sistat, et al. Mass transfer inreverse electrodialysis: Flow entrance effects and diffusion boundary layer thickness［J］. Journal of Membrane Science, 2014（471）: 72-83.
[31] Jun Gao, Wei Guo, Dan Feng, et al. High-PerformanceIonic Diode Membrane for Salinity Gradient［J］. Power Generation. JACS, 2014, 136, 12265-12272.
[32] David A. Vermaasa, Michel Saakesa, Kitty Nijmeijer. Early detection of preferential channeling in reverseelectrodialysis［J］. Electrochimica Acta, 2014, 117, 9-17.
[33] 杨先亮，黄文辉，秦志明．全天候工作海洋温差能太阳能联合热发电系统［J］．节能，2015，393（6）：33-37．
[34] 丁莹莹．我国海洋能产业技术创新系统研究［D］．哈尔滨：哈尔滨工程大学．
[35] 郑克綖．从能源革命谈中国地源热泵发展前景［J］．空调热泵，2015（10）：54-55．
[36] 马峰，王潇媛，王贵玲．浅层地热能与干热岩资源潜力及其开发前景对比分析［J］．科技导报 2015，33（19）：49-53．
[37] Cladouhos T T, Clyne M, Nichols M, et al. Newberry volcano EGSdemonstration stimulation modeling［J］. GRC Transactions, 2011, 35: 317-322.
[38] 张薇．我国地热资源开发利用的思考与探索［J］．科技导报，2015，33（19）：11-12．
[39] 马姝瑞．我国浅层地热能建筑快速扩张［J］．能源研究与利用，2015（5）：20-21．
[40] 高峰．大有希望的新能源——可燃冰［J］．中国工程咨询，2015，177（6）：36-37．
[41] 李双建，陈韶阳．深海资源——新一轮国际争夺的目标［J］．环球视线，2015（2）：55-56．

# 附 录

## 相关单位的换算关系

1mol $H_2$ = 2.0g = 22.4L

$H_2$ 燃烧热值：241.8kJ/mol (LHV) = 15BTU (British thermal units) /g

1kg $H_2$ = 33.3kW·h = 0.12GJ

1 立方英尺（c.f./ft³）$H_2$ = 2.53g $H_2$ = 28.32L $H_2$ = 0.028m³ $H_2$

1atm = 1.01bar = 14.7psi (pounds per square inch) = $1 \times 10^5$ Pa

1kW = 1000W = 1000J/s = 0.948Btu/s

1Btu/s = 1.41 马力

1ft³ = 28.32L

1m³ = 1000L = 35.31ft³

1gal = 3.79L = 0.133ft³

1L = 1000cm³

1mile（英里）= 5280ft（英尺）

1yard（码）= 3ft（英尺）

1ft（英尺）= 12in（英寸）

1mile = 1.60km

1in = 2.54cm = 1000mil（密耳）

1lb (pound，磅) = 454g

1kg = 2.2lb

摄氏温度（℃） $T_C = (T_F - 32)/1.8$

华氏温度（℉） $T_F = 1.8T_C + 32$

1toe（吨标准油）= 48.12GJ

1tce（吨标准煤）= 29.27GJ

$ = 美元

CDN-$ = 加拿大元

¥ = 人民币

1M = $10^6$

1G = $10^9$

1T = $10^{12}$

1E = $10^{18}$